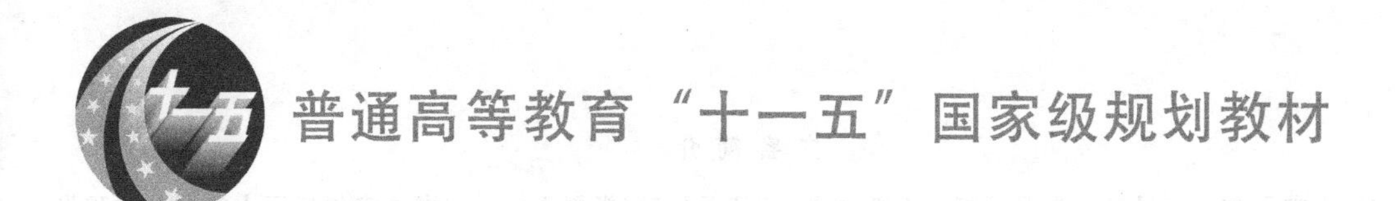

压力容器与过程设备

（第2版）

喻九阳　徐建民　郑小涛　编著

化学工业出版社
·北京·

内容简介

《压力容器与过程设备》为普通高等教育“十一五”国家级规划教材。本书内容包括压力容器与过程设备的特点、压力容器常用材料、回转壳体与平板应力分析的基本理论，压力容器及其零部件的常规设计方法；换热设备和塔设备的机械与结构设计；反应设备的结构和工艺设计要点。附录列出了压力容器与过程设备设计的常用标准和材料。本书面向地方高校和应用型院校本科学生的设计能力和实践创新能力培养，贯彻最新国家标准，配套线上资源并不断充实和更新，方便教师教学与学生自主学习。

本书可供高等院校过程装备与控制工程专业教学使用，也可供压力容器设计人员参考。

图书在版编目（CIP）数据

压力容器与过程设备/喻九阳，徐建民，郑小涛编著．—2版．—北京：化学工业出版社，2022.2（2023.7重印）
普通高等教育“十一五”国家级规划教材
ISBN 978-7-122-40486-2

Ⅰ.①压… Ⅱ.①喻…②徐…③郑… Ⅲ.①压力容器-高等学校-教材②化工过程-换热设备-高等学校-教材 Ⅳ.①TH49②TQ051.5

中国版本图书馆CIP数据核字（2021）第254225号

责任编辑：李玉晖　　文字编辑：林　丹　赵　越
责任校对：宋　玮　　装帧设计：张　辉

出版发行：化学工业出版社（北京市东城区青年湖南街13号　邮政编码100011）
印　　装：涿州市般润文化传播有限公司
787mm×1092mm　1/16　印张17　字数417千字　2023年7月北京第2版第2次印刷

购书咨询：010-64518888　　售后服务：010-64518899
网　　址：http://www.cip.com.cn
凡购买本书，如有缺损质量问题，本社销售中心负责调换。

定　价：55.00元

版权所有　违者必究

前言

“压力容器与过程设备”是过程装备与控制工程专业的特色主干课程。随着科学技术的发展，压力容器与过程设备的设计、制造以及相关的标准规范在不断更新改进。同时，过程装备与控制工程专业本科学生培养的教学改革也在不断深入。本书第1版旨在编写一本既重视基础理论学习，又有利于培养学生设计能力和实践创新能力的教材。经过多轮教学使用检验和经验积累，结合武汉工程大学“过程装备与控制工程”国家一流本科建设专业和“压力容器与过程设备”湖北省精品课程、湖北省精品资源公开课、湖北省一流本科课程等成果，编著者对第1版进行了修订。

本次修订希望让学生掌握压力容器与过程设备设计和分析的基本理论以及相关基础知识，熟悉和遵守相关标准、规范和法规，理解设计标准和规范的理论背景知识，既知道要怎么做，又懂得为什么要这么做，经过学习和实践设计出满足工程实际要求的容器和设备。因此，编著者在内容的取舍和表达等方面做了一些创新性的处理。本书主要有以下特点。

1. 基本理论阐述简明，重视基本概念及相关参数与工程实际的结合，便于学生理解和提高学习兴趣。如在讲述无力矩理论的应用时，因为圆柱形容器的周向应力是经向应力的2倍，其筒体上纵焊缝要比环焊缝危险；如果在筒体上开设椭圆孔，应使椭圆孔的长轴垂直于筒体的轴线，这样做有利于设备的安全。

2. 引入和遵照最新的设计标准、规范，更新和充实了承压设备设计中的关键技术问题，着眼设计技能的培养提高。如在讲述焊接接头系数时，对圆筒容器来说，主要存在纵向和环向两种焊接接头。圆筒计算厚度是依据周向应力公式并采用纵向焊接接头系数计算的，环向焊接接头系数在厚度计算中不起控制作用，但对环向焊接接头质量的要求不能降低，仍取相同的焊接接头系数。对于无纵向焊接接头的圆筒（无缝钢管制）焊接接头系数取1.0；对封头拼接接头的焊接接头系数一般按壳体的纵向焊接接头系数确定。

3. 本书收录承压设备重要及常用的法规和标准名录、承压设备用钢板国内外牌号对照表和许用应力数据表，可为课程设计、毕业设计等实践环节的训练提供方便。

4. 本次修订增加了能力训练和课程思政的内容，培养学生解决压力容器及过程设备相关复杂工程问题的能力，促进学生理解本专业大学生的历史使命并在今后工作中积极践行社会主义核心价值观。

本书共分9章。第1章为绪论，主要介绍了压力容器的分类方法和世界上主要的压力容器设计标准。第2章介绍压力容器常用钢材的性能要求与分类。第3章介绍回转壳体与平板的应力分析。第4～5章分别介绍了内外压容器及其零部件的设计方法。第6章介绍了卧式储罐的载荷分析、应力计算与校核。第7章介绍换热设备的机械设计。第8章介绍塔设备的机械设计。第9章介绍反应设备的结构设计和工艺计算。本书由武汉工程大学喻九阳教授、徐建民教授和郑小涛教授编著，冯兴奎教授审阅。喻九阳教授编写了本书的第1章和第8章，徐建民教授编写了第3～6章和附录，郑小涛教授编写了第2章、第7章和第9章。冯兴奎教授审阅了全书，提出了很多宝贵的建议和意见，对书稿质量的提高起到了很大的作用，在此表示衷心的感谢。

由于编著者水平有限，本书不足之处在所难免，恳请读者批评指正。

编著者

2021年10月于武汉

目录

1 绪论

1.1 过程工业在国民经济中的地位

工业生产种类繁多，从生产方式、扩大生产的方法以及生产过程中原材料所经受的主要变化来分，工业生产可以分为过程工业（Process Industry）与产品生产工业（Product Industry）两大类。

产品生产工业主要指生产电视机、汽车、飞机、冰箱、空调和机床等居民生活或企业生产所使用产品的工业。这类工业生产过程基本上是不连续的，主要对物料进行物理加工或机械加工，物料主要发生物理或结构形状变化。其产品大多为人类直接使用，以改善生产条件和生活品质。产品生产工业使用的原料，大部分为过程工业生产的产品，如果没有过程工业，就不可能有产品生产工业。

过程工业包括化工、石油炼制、石油化工、能源、冶金、建材、造纸、食品、核能、生物技术以及医药等工业领域，这类工业具有下列特点：

ⅰ. 生产使用的原料，多为自然资源；

ⅱ. 原料中的物质在生产过程中经过了化学变化或物理变化；

ⅲ. 生产过程多是密闭连续生产，且多具有压力、高（低）温及腐蚀等；

ⅳ. 它的产品大多用作产品生产工业的原料；

ⅴ. 产量的增加主要靠扩大工业生产规模（Scale-up）来达到；

ⅵ. 一般来说，这类工业污染较重，且治理比较困难。

过程工业的产品主要是工农业生产所需的原料及人民生活的必需品。过程工业的发展不仅极大丰富了我国的商品供应，而且使我国一些重要工业产品的产量跃居世界前列。

改革开放以来，我国过程工业已有较大的发展，但还不能完全满足市场需要，一些产品还需从国外进口，且进口数量较大。因此，我国过程工业尚有较大的发展空间，未来将继续保持较高的增长速度。近年来，过程工业的技术进步与技术创新步伐有所加快，其发展主要

涉及以下三个环节：物质的转化工艺；实现工艺的过程设备；为实现清洁、高效和低耗转化而进行的多个工艺控制系统的集成。

1.2 过程设备的特点及本书任务

过程设备是过程工业中必不可少的过程工艺、过程设备、过程控制三大核心技术之一。广义的过程设备包括过程静设备和过程机器及其中间的连接管线等。

本书所涉及的领域为压力容器与过程静设备的设计。过程静设备种类繁多，各类过程设备内部结构虽有不同，但基本都有一个承受压力的密闭外壳。承压外壳通称为压力容器，是保证设备安全运行的关键部分。因此，过程设备的设计和制造，大都以压力容器的设计和制造为主体，二者密切相关，互为一体。由于压力容器失效的事故损失和危害较大，故世界各国普遍都将其作为特种设备，对其设计、制造、使用和维护做出专门的规定和要求，并通过标准和法规加以实施和监督。过程设备的安全性，实际指的就是压力容器壳体的可靠性。

运行安全可靠、技术先进、经济合理，是过程设备设计的基本要求，且确保安全是第一位的，其经济性必须以安全性为前提。设备及其构件的强度、刚度、稳定性及密封性等安全指标必须满足有关规定要求，而经济性又往往与技术先进性分不开。节水、节能且无污染地实现工艺过程，是过程设备发展的重要标志和时代要求。目前过程设备发展的主要趋势是：单元设备大型化；传热、传质等单元设备高效、高精度及操作自动化以及三年以上无检修运行周期等。把握时代要求，尽可能地采用先进技术与工艺，可以取得安全与经济的综合效益。

基于上述理念，本书将从材料、结构、强度等方面，对压力容器与过程设备设计的有关基本理论、方法和技能进行分析论述。其中，重点是压力容器壳体的结构、应力分析与强度设计计算。

1.3 介质的危害性与压力容器的分类

压力容器一般指在工业生产中用于完成反应、传质、传热、分离和储存等生产工艺过程，并能承受一定压力的密闭容器。它在各种介质和环境十分苛刻的条件下进行操作，如高温、高压、易燃、易爆、有毒和腐蚀等。为便于压力容器的设计和安全管理，通常要对压力容器进行分类。

1.3.1 介质的危害性与分组

介质的危害性是指压力容器在生产过程中因事故致使介质与人体大量接触，发生爆炸或者因经常泄漏引起职业性慢性危害的严重程度，用介质的毒性程度和爆炸危害程度表示。

（1）介质的毒性程度

综合考虑急性毒性、最高容许浓度和职业性慢性危害等因素，将介质的毒性程度分为极度危害、高度危害、中度危害及轻度危害四个等级。危害介质在环境中的最高容许浓度分别为：极度危害，$<0.1\text{mg/m}^3$；高度危害，0.1（含）～1.0mg/m^3；中度危害，1.0（含）～10mg/m^3；轻度危害，$\geq 10\text{mg/m}^3$。

(2)易爆介质

指气体或者液体的蒸气、薄雾与空气混合形成的爆炸混合物，并且其爆炸下限小于10%，或者爆炸上限和爆炸下限的差值大于或者等于20%的介质。

(3)介质分组

压力容器的介质，根据其危害性的程度，分为两组。

第一组介质：毒性危害程度为极度、高度危害的化学介质、易爆介质、液化气体。

第二组介质：除第一组以外的介质。

介质的毒性危害程度和爆炸危害程度按照 HG/T 20660—2017《压力容器中化学介质毒性危害和爆炸危险程度分类》确定，HG/T 20660 没有规定的，由压力容器设计单位参照 GBZ 230—2010《职业性接触毒物危害程度分级》的原则，确定介质的组别。

1.3.2 压力容器分类

(1)按照设计压力的大小分类

按照容器内外压力的相对大小，压力容器可分为内压容器与外压容器。内压容器的内部压力大于外部压力，外压容器则相反。外压容器中，当容器外部环境为大气压力，而内部绝对压力小于一个大气压时称为真空容器。

按照设计压力 p 的大小，内压容器又分为如下四个等级：

ⅰ. 低压容器（代号 L），$0.1\text{MPa} \leqslant p < 1.6\text{MPa}$；

ⅱ. 中压容器（代号 M），$1.6\text{MPa} \leqslant p < 10.0\text{MPa}$；

ⅲ. 高压容器（代号 H），$10.0\text{MPa} \leqslant p < 100.0\text{MPa}$；

ⅳ. 超高压容器（代号 U），$p \geqslant 100.0\text{MPa}$。

(2)按作用原理和用途分类

ⅰ. 反应压力容器（代号 R），主要是用于完成介质的物理、化学反应的压力容器，如各种反应器、反应釜、聚合釜、合成塔、变换炉、煤气发生炉等；

ⅱ. 换热压力容器（代号 E），主要是用于完成介质的热量交换的压力容器，如各种热交换器、冷却器、冷凝器、蒸发器、加热器等；

ⅲ. 分离压力容器（代号 S），主要是用于完成介质的流体压力平衡缓冲和气体净化分离的压力容器，如各种分离器、过滤器、集油器、缓冲器、干燥塔等；

ⅳ. 储存压力容器（代号 C，其中球罐代号 B），主要是用于储存或盛装气体、液体、液化气体等介质的压力容器，如各种型式的储罐等。

在一种压力容器中，如同时具备两个以上的工艺作用原理时，应当按照工艺过程中的主要作用来划分。

(3)按安装方式分类

根据容器的安装方式可分为固定式压力容器和移动式压力容器。通常后者的设计制造要求更严些。

(4)按重要程度分类

为方便对压力容器进行安全监督和管理，我国根据容器发生事故的可能性以及发生事故后的二次危害程度的大小，对压力容器进行了综合分类。这种分类方法综合考虑了以下几种因素：设计压力的大小；工作介质的危害性；容器几何容积的大小。这种分类方法将压力容器分为Ⅰ、Ⅱ、Ⅲ类，从安全的角度反映压力容器的重要性和对压力容器的不同要求。设计时，首先应根据介质分组选择图 1-1 或图 1-2，再按设计压力和容积的大小划分压力容器的所属类别。该类别是拟定压力容器制造技术要求的基本依据，在设计图样上要予以标出。

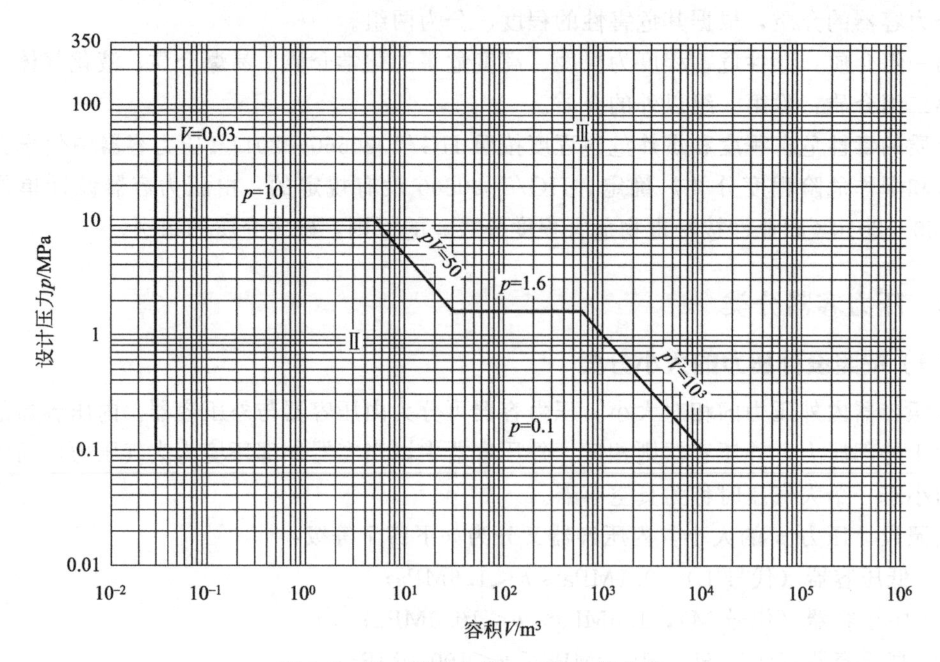

图 1-1 压力容器分类——第一组介质

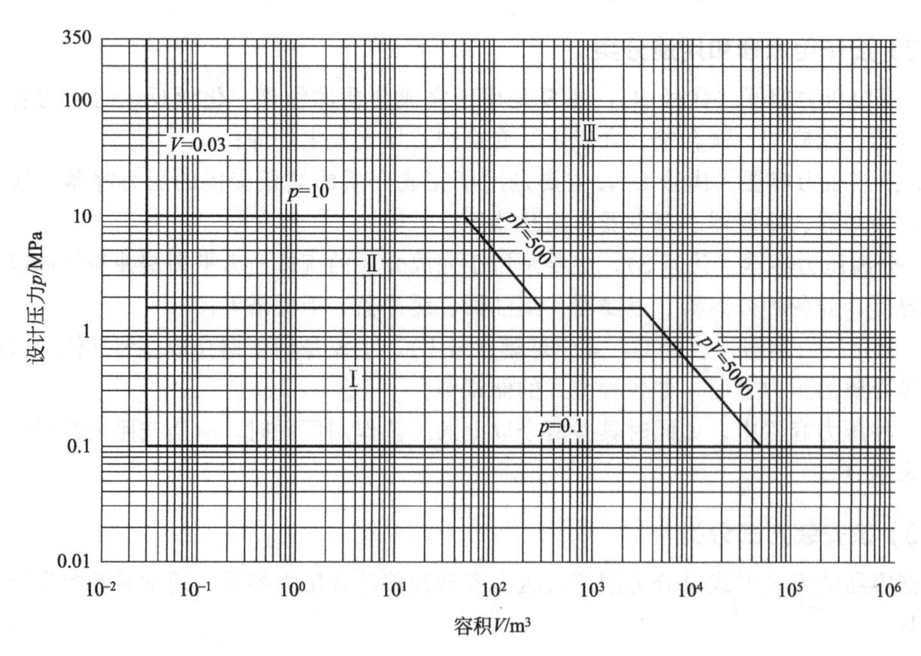

图 1-2 压力容器分类——第二组介质

对于多腔压力容器（如热交换器的管程和壳程、夹套压力容器等），应当分别对各压力腔进行分类，划分时设计压力取本压力腔的设计压力，容积取本压力腔的几何容积；以各压力腔的最高类别作为该多腔压力容器的类别，并且按照该类别进行使用管理。但是应当按照每个压力腔各自的类别分别提出设计、制造技术要求。

1.4 压力容器技术标准与技术法规

压力容器具有潜在的危险性，故不论国内还是国外，其设计制造都是依据有关技术标准和技术法规进行的。随着科学技术的进步与经验的积累，各国的标准与法规不断修改、补充、完善和提高，从而形成了本国的压力容器标准和法规体系。

1.4.1 标准与法规的异同关系

技术标准与技术法规都是为确保产品质量和使用安全可靠而制定的，但其属性、功用和内容侧重点则有区别。法规通常由政府主管部门制定颁布，属强制执行性的；而标准可由国家有关部门、企业或社会团体制定，可以是强制执行，也可以是推荐性的。在内容上，标准重在产品设计、制造和检验的具体内容与技术要求，是产品设计与生产制造的基本依据；而法规则多侧重产品质量保证和安全管理体系的有关内容与措施，是质量监控机构的执法依据，也是产品设计、制造必须满足的。

在技术法规中，大多都要引用相关标准，否则法规要求就不完整。产品按标准进行设计和生产制造，同时还要符合法规的有关规定要求，标准与法规相互补充协调，保证产品安全可靠。

在实际工作中，有时会遇到标准与法规不一致的情况，此时通常以较严者为准，以避免造成不必要的麻烦。

1.4.2 国外压力容器标准与法规

（1）美国压力容器标准与法规

美国是最早制定压力容器标准的国家，但美国没有全国统一的压力容器安全法律法规。美国机械工程师协会（ASME）标准在世界上影响广泛并具有权威性，在许多国家应用或被借鉴。ASME 标准有如下特点：

ⅰ. 规模庞大、内容全面、体系完整，是目前世界上最大的封闭型标准体系。即它不必借助其他标准或法规，仅依靠自身就可以完成压力容器的选材、设计、制造、检验、试验、安装及运行等全部环节。

ⅱ. 技术先进、安全可靠，修改更新及时，每三年出版一个新的版本，每年有两次增补。

目前，ASME 标准共有 12 卷，外加两个设计案例。其中与压力容器有关的主要是第Ⅷ卷《压力容器》、第Ⅹ卷《玻璃纤维增强塑料压力容器》和第Ⅻ卷《移动式压力容器》。而其中第Ⅷ卷又分为以下三个分篇。

ASME Ⅷ-1，即第 1 分篇《压力容器》，系常规设计标准，采用弹性失效设计准则，仅对总体薄膜应力加以限制，具有较强的经验性，设计计算简单，适用于设计压力≤20MPa 的情况。

ASME Ⅷ-2，即第2分篇《压力容器——另一规则》，系分析设计标准，采用不同的失效设计准则，对不同性质的应力，视其对容器危害程度的不同分别加以限制，适用于设计压力≤70MPa的情况。

ASME Ⅷ-3，即第3分篇《高压容器——另一规则》，系分析设计标准，适用于设计压力>70MPa的情况。

（2）欧盟压力容器标准与法规

欧洲原来的压力容器标准较为著名的有英国的BS5500、德国的AD和法国的CODAP等，但这些标准正逐步被废止。正在欧盟各国强制执行的承压设备法令（简称PED，属法规类），对于工作压力大于0.05MPa的锅炉、压力容器、管道、承压附件等的基本安全要求做出了规定。而与PED配套的EN协调标准共有700余件，内容涉及压力容器和工业管道的材料、部件、设计、制造、安装、使用、检验等诸多方面。其中EN13445系列标准是压力容器方面的基础标准，由总则、材料、设计、制造、检测和试验、铸铁压力容器和压力容器部件设计与生产要求、合格评定程序使用指南等7部分构成。此外还有简单压力容器通用标准EN286、系列基础标准EN764和一些特定压力容器产品标准，如换热器、液化气体容器、低温容器、医疗用容器等。

（3）日本压力容器标准与法规

日本对锅炉、压力容器、气瓶等特种设备颁布有许多法规，如《高压气体保安法》、《高压气体保安法实施令》及《一般高压气体保安规则》等，并配套执行相关的压力容器标准体系。

日本的压力容器标准体系与美国的ASME较为接近，且随着技术的进步，修改调整版本较多。现执行JISB8265《压力容器的构造——一般事项》和JISB8266《压力容器的构造——特定标准》体系。其中JISB8265标准包含材料、设计、焊接、加工、试验和检验等内容。

1.4.3 中国压力容器标准与法规

（1）中国压力容器标准系列

中国标准由四个层次组成：国家标准（代号为GB）；行业标准（曾经称为部颁标准或专业标准）；企业标准；地方标准。此处要明确，国家标准是最高级别和应用最广的标准，但其技术要求和质量指标往往是最低的，即仅是保证压力容器安全的底线。正因为如此，GB 150《压力容器》属强制执行标准。一般而言，仅满足国家标准的产品，可能只是一个合格的产品，而不一定是优质产品。通常行业或企业标准的技术指标高于相应国家标准指标。

目前以GB 150为核心的压力容器产品标准系列中，共有近10个国家标准和50个行业标准。其中有基础标准、材料标准、焊接标准、检验标准、设备元件标准、标准零部件标准和单项设备标准等，形成了压力容器标准体系的基本框架。我国的压力容器标准在技术内容上既参照了国外先进国家标准的相应要求，也考虑了我国压力容器行业各生产环节的现状，基本上能够满足行业的需要。

GB 150是针对固定式金属制压力容器的常规设计标准，其技术内容与ASME Ⅷ-1大致相当，是基于经验的设计方法，适用于设计压力 0.1MPa$\leqslant p \leqslant$35MPa，真空度不低于 0.02MPa。它采用弹性及失稳失效设计准则与最大主应力理论，设计计算简单，应用方便。该标准基本内容包括圆筒和球壳的设计计算、压力容器零部件结构和尺寸的确定、密封设计、超压泄放装置的设置及容器的制造、检验与验收要求等。

JB 4732《钢制压力容器——分析设计标准》适用于设计压力 0.1MPa$\leqslant p <$100MPa，真空度不低于 0.02MPa。其基本思路与 ASME Ⅷ-2 相同，以应力分析为基础，采用最大剪应力理论对容器进行分析设计和疲劳设计，是一种先进合理的设计方法，但设计计算工作量大。

NB/T 47003.1《钢制焊接常压容器》亦是常规设计标准，适用于设计压力−0.02MPa$< p <$0.1MPa。代号中的“T”表示推荐性标准。

以上三者均为压力容器基础标准。其他有关标准可参见附录Ⅰ。

（2）中国压力容器法规体系

为保证压力容器产品质量与安全生产，我国还建立了较为完整的压力容器法规体系，相应颁布了《中华人民共和国特种设备安全法》《特种设备安全监察条例》《特种设备生产和充装单位许可规则》《特种设备使用管理规则》等。2016 年修订颁布的 TSG 21《固定式压力容器安全技术监察规程》（简称《固容规》）是容器法规体系中的核心。它根据国内多年以来压力容器事故和管理实践经验教训，制定了某些较国家标准规定更为严格细致的条款，对工作压力大于等于 0.1MPa 的压力容器，从材料、设计、制造、安装、改造与修理、使用管理等环节做出了监督检查要求。以《固容规》为核心的技术法规体系促使中国压力容器的管理与监督工作规范化。国家和地方有关行政安全管理机构，依据这些法规来控制和监管压力容器的设计、制造、使用、维修等各个环节。

1.5 中国压力容器的质量保证措施

我国除制定和颁布了较为完整的压力容器标准和法规外，还根据《固容规》的要求，实行了一系列旨在确保压力容器安全的措施。

（1）压力容器设计资格取证制度

压力容器设计单位在取得特种设备（压力容器）设计许可证后，才能承接相应级别范围的设计任务，否则属非法无效设计。压力容器的设计总图上必须加盖设计单位设计专用印章（复印章无效），已加盖竣工图章的图样不得用于制造压力容器。设计专用印章有效期为 4 年，印章失效后的图样不得用于制造生产。从事压力容器的各级设计人员，除必须具备本书的压力容器专业理论知识外，还必须经过考核认证，获得个人设计资格证书，持证上岗。

（2）压力容器制造安装资格取证制度

压力容器制造单位在取得特种设备（压力容器）制造许可证后，才能承接相应级别范围的制造任务。持证单位从事压力容器焊接与无损探伤的人员，也必须经相应的培训考核，并取得相应的资格证书，持证上岗作业。压力容器设备的安装同样也必须履行资格证制度。

（3）压力容器使用登记备案管理制度

压力容器的使用单位，对新投运和在用的压力容器，必须向县级以上地方各级人民政府

特种设备安全监管部门办理使用登记，并领取《特种设备使用登记证》。对在用压力容器的安全附件、安全保护装置及其附属仪器仪表，必须按有关法规要求进行定期校验、检修。无证压力容器禁止使用。

思考题

1-1　压力容器分类常用的方式有哪几种？

1-2　在进行压力容器类别划分时，为什么要考虑 pV 值（压力和容积的乘积）的大小？

1-3　压力容器标准与法规有何区别？在不一致时应该如何处理？

能力训练题

1-1　查阅过程装备相关资料，调研我国过程装备发展的历史、当前先进过程装备的典型案例以及可能的发展方向，浅谈本专业大学生的历史使命和责任。

1-2　对比分析国内外压力容器相关的标准和法规体系，辨析其适用范围。

2. 压力容器用钢

正确选用材料是承压设备安全可靠运行的保障与技术先进、经济合理的体现，也是承压设备设计的基础和难点。

要做到正确选材，关键是掌握和熟悉材料的使用性能与制造工艺性能。前者如强度、塑性、韧性等力学性能及耐蚀性等特殊性能；后者主要指冷、热加工性能，特别是焊接与压力加工性能等。而材料所具有的性能，则取决于其化学成分和组织。因此，化学成分、组织、性能与使用是密不可分的。

过程设备操作工况复杂，除大多数承受压力外，许多还具有高温、低温及腐蚀等苛刻的环境，对设备用材料往往具有特殊性能要求。因此，涉及的材料品种类型繁多，有钢、铸铁、有色金属及非金属等，但使用最多最普遍的是各种钢材。故本章仅对承压设备，即压力容器用钢做简介。

2.1 钢的质量与性能影响因素

2.1.1 化学成分

钢中通常含有磷、硫、氮、氢、氧等杂质元素。作为杂质，这些元素对钢的性能均产生不利影响。

（1）硫、磷杂质

硫和磷是钢中的主要有害杂质，其含量是钢质量优劣的重要指标。硫是由生铁及燃料带入钢中的杂质，硫在钢中主要以 FeS 形式存在，FeS 会与 Fe 形成熔点较低的共晶体（熔点为 980℃）。当钢在 1200℃左右开始进行热加工时，分布在晶界的低熔点共晶体会发生熔化而导致开裂，这种现象称为热脆。钢中含有大量硫化物夹杂时，轧成钢板后易于造成分层。

硫还对钢的焊接性能有不良的影响，即容易导致焊接热裂纹。同时，在焊接过程中，硫

易于氧化，生成 SO_2 气体，使焊缝产生气孔和疏松。

磷是炼钢难以除尽的杂质，它可全部溶于铁素体中，使其强度、硬度提高，但使室温下钢的塑性、韧性急剧降低；并使无塑性转变温度有所升高，使钢变脆，这种现象称为冷脆。磷的存在也使焊接性能变坏，引起焊接热裂纹。

（2）氧、氮、氢微量气体元素

氧以各种夹杂物形式存在于钢中，常常是应力集中源，对钢的塑性和韧性很不利，容易导致时效，对无塑性转变温度极为不利。因此为保证钢的性能，必须严格控制这类夹杂物的数量、形状、大小和分布。

氮作为合金元素时可提高钢的强度，是有益的。但在不作为合金元素时它总是作为杂质在钢中少量存在，对钢的性能产生不利影响。对于低碳钢，Fe_4N 的析出，会导致时效和蓝脆现象。含微量 N 的低碳钢，在冷加工变形后就会有明显的时效现象和缺口敏感性。当钢中含有磷时，其脆化倾向更大。N 含量超过一定限度时，易在钢中形成气泡和疏松，使冷热加工变得困难。

氢是在冶炼时由锈蚀或含水炉料进入钢中的。它会使钢形成很多严重的缺陷，如白点、点状偏析、氢脆以及焊接热影响区的冷裂纹等。

（3）合金元素

碳是钢中的主要合金元素。对于压力容器用碳钢，大多含碳在 0.25%以下。这类钢随着含碳量的增加，强度、硬度升高，而塑性、韧性降低。特别是低温韧性，会随着含碳量增加急剧下降，同时钢的无塑性转变温度升高。碳也是影响焊接性能的主要元素，钢中含碳量高，其淬硬倾向大，产生焊接冷裂纹的倾向大；同时碳可促使硫化物形成偏析，故碳也是焊缝金属内热裂纹的促生元素。因此焊制压力容器均限用低碳钢。

钢是铁和碳的合金。除碳和存在少量 P、S、N、H、O 等杂质元素外，许多钢中还有目的地加入合金元素，如 Si、Mn、Cr、Ni、Mo、W、V、Ti、Nb、Al 等。但合金元素在钢中的作用和影响十分复杂，同一种合金元素，在不同钢中的作用也不同。例如 Cr，其在 40Cr 中的主要作用是提高淬透性，改善钢的热处理性能；在 12CrMo 中是提高热强性，抑制石墨化倾向；在 Cr13 型钢中是提高耐腐蚀性能，使钢具有不锈性等。掌握合金元素在不同种类钢中的作用和影响，是正确选材的基础。

2.1.2 冶炼方法与脱氧程度

（1）冶炼方法

炼钢的主要任务是把钢中的碳以及合金元素的含量调整至有关技术规定范围内，并使 P、S、N、H、O 等杂质的含量降至规定限量之下。冶炼方法不同，去除杂质的程度也不同，所炼钢的质量也有差别。炼钢设备及冶炼方法对钢的质量有直接影响。现代大生产的炼钢炉主要有氧气转炉、电弧炉、电渣炉和感应炉等。对于质量要求高的钢，为了进一步提高钢的内在质量，在前述炉内冶炼后，通常还采用脱 S、P、N、O 等精炼技术，进行二次精炼。测试证明，同一种钢，采用不同冶炼方法，对强度影响较小，但对韧性影响显著。

根据炼钢时选用的原材料、炉渣性质和炉衬材料的不同，通常把炼钢方法和炼钢炉分为碱性和酸性两类。碱性炉渣主要为CaO，去除 P、S 效果好，但钢中含 H 高。酸性炉渣主要

为 SiO_2，脱氧效果好，钢中气体含量比较低，而且氧化物夹杂少，所含硅酸盐夹杂物多呈球状，对锻件切向性能影响比较小，但不能去除 P、S，对炉料要求严格。

（2）脱氧程度

炼钢脱氧工艺和钢水脱氧程度，对钢的性能和质量具有显著影响。通常，用 Al、Si 等强脱氧剂生产的钢为镇静钢，用 Mn 等弱脱氧剂生产的钢为沸腾钢。

沸腾钢脱氧不完全、钢液含氧量较高，当钢水注入钢锭模后，碳氧反应产生大量气体，造成钢液沸腾，沸腾钢由此得名。沸腾钢锭没有大的集中缩孔，切头少、成材率高，而且沸腾钢生产工艺简单、成本低。但沸腾钢锭心部杂质较多，偏析较严重，组织不致密，有害气体元素含量较多；钢材韧性低，冷脆和时效敏感性较大，焊接性能较差。故我国已禁用沸腾钢作受压元件，该钢主要用于建筑工程结构及一些不重要的机器零部件中。

镇静钢脱氧完全，钢液含氧量低，钢液在钢锭模中较平静，不产生沸腾现象，镇静钢由此得名。镇静钢中没有气泡，组织均匀致密；由于含氧量低，杂质易于上浮，钢中夹杂物较少，纯净度高，冷脆和时效倾向小；同时，镇静钢偏析较小，性能比较均匀，质量较高；镇静钢的缺点是有集中缩孔，成材率低，价格较高。我国规定压力容器均须采用镇静钢。

从化学成分来看，沸腾钢含 Si 极微，一般不大于 0.07%。镇静钢则含 Si 较多，可达 0.17%。沸腾钢有优质钢，也有普通钢，但都是低碳钢；中、高碳钢及合金钢不生产沸腾钢。

2.1.3 热处理及交货状态

交货状态是指钢材产品的最终塑性变形加工或最终热处理的状态，如热轧和冷轧等。同一钢材可以有不同的交货状态。交货状态不同，钢材力学性能亦不同。订购钢材时，在货单、合同等单据上，必须注明是何种交货状态。当选定热处理状态交货时，还应注明是指钢材本身还是试棒，以免发生错误。

（1）热轧状态

钢材在热轧或锻造后不再对其进行专门热处理，冷却后直接交货，称为热轧状态。

热轧（锻）的终止温度一般为 800～900℃，之后一般在空气中自然冷却，因而热轧状态相当于正火处理。所不同的是因为热轧终止温度有高有低，不像正火加热温度控制严格，因而钢材组织与性能波动比正火大。目前不少钢铁企业严格控制终轧温度，并在终轧后采取强制冷却措施，因而钢的晶粒细化，交货钢材也可有较高的综合力学性能。

热轧状态交货的钢材，由于表面覆盖有一层氧化铁，因而具有一定的耐蚀性，储运保管的要求不像冷轧状态交货的钢材那样严格，大中型型钢、中厚钢板可以在露天货场存放。

（2）冷轧状态

经冷轧加工成型的钢材，不经任何热处理而直接交货的状态，称为冷轧状态。与热轧状态相比，冷轧状态的钢材尺寸精度高，表面质量好，表面粗糙度低。同种成分的钢冷轧态较热轧态强度高，但塑性低，这是冷塑性变形产生加工硬化的结果。

由于冷轧状态交货的钢材表面没有氧化铁覆盖，并且存在很大的内应力，极易遭受腐蚀或生锈。因而冷轧状态的钢材，其包装、储运均有严格的要求，一般均需在库房内保管，并应注意库房内的温度和湿度控制。

（3）退火状态

钢材出厂前经退火热处理，称为退火状态。退火的目的主要是消除和改善前道工序遗留的组织缺陷和内应力。容器大型锻件用钢，其铸锭要求进行扩散退火，以减轻显微偏析，改善枝晶性质并扩散钢中的氢，为锻造创造有利条件。铁素体不锈钢也常以退火状态供货。

（4）正火或正火+回火状态

钢材出厂前经正火热处理，称为正火状态。由于正火加热温度［亚共析钢为 Ac_3＋(30～50)℃］比热轧终止温度控制严格，因而钢材的组织、性能均匀。与退火状态的钢材相比，由于正火冷却速度较快，钢的组织中珠光体数量较多，珠光体层片及钢的晶粒细化，因而有较高的综合力学性能。

含V、Nb、Ti、N等元素的压力容器用钢，如15MnNiNbDR等，通过正火可形成细小的碳化物和氮化物，弥散分布于钢内，细化了晶粒，从而有效地提高了强度和韧性。若为热轧态，碳化物和氮化物不能充分析出，也不能弥散分布，对钢韧性不利。

（5）调质状态

正火钢是靠在正火中析出碳化物和氮化物以及细化晶粒来达到提高强度并兼备韧性符合要求的。但强度高，需加入的合金元素就多，使钢的韧性恶化，故正火钢能达到的强度是有限的。为此发展了低碳调质钢，这类钢的含碳量更低，其淬火组织为低碳马氏体，不仅强度高，且兼有良好的塑性和韧性，淬火后再加回火，可使其韧性进一步提高，具有更高的综合力学性能。例如07MnMoVR等为调质态供货。

同一种钢，不同的热处理状态，其冲击韧性不同。淬火高温回火组织韧性高，正火次之，辗轧状态最差。钢材经正火或调质后，还可将沿轧制方向被拉长的晶粒变为等轴晶粒，改善各向异性。

（6）固溶状态

钢材出厂经固溶处理，这种交货状态主要适用于奥氏体型不锈钢出厂前的处理。通过固溶处理，得到单相奥氏体组织，以提高钢的韧性、塑性及抗晶间腐蚀能力。

2.1.4 操作环境引起的钢组织与性能劣化

承压设备操作环境复杂，如高温、低温、腐蚀等。这些环境均可引起钢的组织和性能的劣化。

（1）高温、长期静载的蠕变

在高温和恒定载荷的作用下，金属材料会随时间的延长缓慢产生塑性变形，这种现象称为蠕变。碳钢的温度超过420℃，低合金钢的温度超过400～500℃时，在一定的应力作用下，均会发生蠕变。蠕变结果使压力容器材料产生蠕变脆化、应力松弛、蠕变变形和蠕变断裂。

蠕变会使原来的弹性变形部分变为塑性变形，从而使构件内的弹性应力释放而变小，这种现象称为应力松弛。高温环境中的螺栓连接，会因应力松弛而泄漏。

（2）高温下钢的组织与性能的劣化

在高温下长期工作的钢材，除蠕变外，有些钢还会有珠光体球化、石墨化、回火脆化、氢腐蚀和氢脆等组织与性能的劣化。

碳钢及低合金钢，其常温组织一般为片状铁素体＋珠光体。而片状珠光体是一种不稳定的组织，当温度较高时，原子活力增强，扩散速度增加，片状珠光体逐渐转变成球状，再积聚成大球团，从而使材料的屈服强度、抗拉强度、冲击韧性、蠕变极限和持久极限下降，这种现象称为珠光体球化。球化严重时，钢的强度，特别是蠕变极限和持久极限会明显下降，导致设备加速破坏。碳钢最易发生球化。Mo、Cr、V、Ti、Nb 因可形成稳定碳化物，可抑制球化，其中 Ti、Nb 效果最好。

钢在高温、应力长期作用下，珠光体内渗碳体自行分解出石墨的现象，即 $Fe_3 \longrightarrow 3Fe+C$（石墨），称为石墨化或析墨现象。石墨的强度很低，相当于金属内部形成了空穴，从而出现应力集中现象，使金属发生脆化，强度和塑性降低，冲击韧性降低得更多。石墨化分为四级，其中四级是最严重的石墨化，此时钢的韧性下降可达 70%。

石墨化现象只出现在高温下。对碳钢和碳锰钢，当温度在 425℃以上长期工作时都有可能发生石墨化。温度升高，石墨化加剧，但温度过高，非但不出现石墨化现象，反而使已生成的石墨与铁化合成渗碳体。要阻止石墨化现象，可在钢中加入与碳结合能力强的合金元素 Cr、Ti、V 等，但 Mo、Si、Al 等却起促进石墨化的作用。故锅炉用钢中对 Al 脱氧剂的用量有严格限制。

Cr-Ni 及 Cr-Mo 等低合金钢，在 370～595℃温度下长期作用或缓慢冷却时，其冲击功会显著下降而变脆。因为这一温度范围与一般热处理的回火温度一致，故称回火脆性或回火脆化。发生回火脆化的钢，其冲击功显著下降，无塑性转变温度上升，易产生裂纹和发生脆断事故。

氢腐蚀是指高温高压下氢与钢中的碳形成甲烷的化学反应，简称氢蚀。氢腐蚀有两种形式：一是 H 与钢表面的碳化合生成甲烷，引起钢表面脱碳，使力学性能恶化；二是 H 渗透到钢内部，与渗碳体反应生成甲烷。生成的甲烷聚集在晶界上，形成压力很高的气泡，致使晶界开裂。

影响氢腐蚀的因素主要有温度、氢分压、时间、合金成分、应力等。一般情况下，碳钢在 200℃以上的高压氢环境中才会发生氢腐蚀。钢中加入 Cr、Mo、V 等能形成稳定碳化物的元素，可提高钢抗氢腐蚀的能力。

在高温、高氢分压环境下工作的压力容器，氢还会以原子形式渗入到钢中，被钢的基体所溶解吸收。当容器冷却后，氢的溶解度便降低，促使形成分子氢的局部富集，使钢变脆，称为氢脆。

在核反应堆中的压力容器，除了受介质压力、高温载荷的作用外，还要受到中子辐照的影响。中子辐照后，将使材料的冲击韧性下降，无塑性转变温度上升，称为材料的辐照脆化。

材料的脆化单靠外观检查和无损检测不能有效地发现，因而由此引起的事故往往具有突发性。在设计阶段，预测材料性能是否会在使用中劣化，并采取有效的防范措施，对提高压力容器的安全性具有重要意义。

（3）低温下钢的脆化

具有体心立方或密排六方晶格的金属或合金，如压力容器中常用的碳钢及低合金钢，在低温环境下，其韧性会降低，且温度愈低，降低愈甚，从而导致钢脆化，无塑性转变温度升高。钢脆化后其缺口敏感性增加，易发生低应力脆性破坏。故低温环境下的压力容器必须具有足够的低温韧性及较低的无塑性转变温度。

（4）介质的腐蚀破坏

承压设备中的操作介质许多具有腐蚀性。腐蚀会使材料发生物理或化学变化，从而遭到破坏。腐蚀的类型、机理及其防治甚为复杂，是工程实践中的难点。以下是几种危害较大的典型腐蚀类型：碳钢、低合金钢及不锈钢在氢氧化钠溶液中的应力腐蚀开裂；奥氏体不锈钢的晶间腐蚀及在氯离子环境中的应力腐蚀开裂；低碳钢及低合金钢在液氨中的应力腐蚀开裂；燃料燃烧烟气中的硫腐蚀；燃油锅炉中的高温钒腐蚀等。

2.2 钢材分类与质量等级

1991年，我国参照国际标准，颁布了GB/T 13304《钢分类》标准。该标准按照化学成分将钢分为非合金钢、低合金钢和合金钢三大类；同时又按主要质量等级与主要性能或使用特点，将每一大类分为普通质量、优质质量和特殊质量三个质量等级。三个质量等级主要区别如下：

普通质量级，S、P杂质含量均≤0.045%（质量），生产过程中无特别质量控制要求，作一般构件用材料；

优质质量级，生产过程中需特别控制质量，比普通质量级有更好的质量要求，例如有良好的抗脆断性能或冷成型性或焊接性能等，一般优质级S、P含量均≤0.035%（质量）；

特殊质量级，生产过程中需特别严格控制质量和性能，例如严格控制S、P杂质含量和纯洁度，并按主要性能及使用特性严格控制某些专用性能，如低温韧性、钢板抗层状撕裂性能、抗核辐射性能等，特殊质量钢大多要限制S、P的含量均≤0.025%（质量）。

目前，我国钢材产品，尚未广泛采用GB/T 13304进行分类。现行的钢材分类标准与该标准分类的名称或质量等级也不尽相同。在我国工程界，通常按照化学成分、冶炼方法、出厂热处理状态、用途和S、P杂质的含量进行分类。

按照用途，分为建筑及工程用钢、结构钢、工具钢、特殊性能钢和专用钢等。其中专用钢有锅炉和压力容器用钢、造船用钢、桥梁用钢和气瓶用钢等。

钢材质量与冶炼方法、出厂检验内容及其指标等有关，但最简单的是按S、P杂质的含量划分钢的质量等级。许多专著传统上将碳钢分为三个质量等级，即普通碳钢S含量≤0.055%（质量）、P含量≤0.045%（质量）；优质钢S、P含量≤0.04%（质量）；高级优质钢S含量≤0.03%（质量）、P含量≤0.035%（质量）。但随着冶炼技术和使用要求的提高，现行钢材产品标准对S、P的限制均低于传统上的限制规定，并将钢的质量等级分为普通钢、优质钢、高级优质钢（牌号后加A）和特级优质钢（牌号后加E）四个等级。每个质量等级对S、P的限制，碳钢与合金钢并不完全相同，合金钢严于碳钢。

GB/T 699《优质碳素结构钢》中规定：S、P含量均≤0.035%（质量）。

GB/T 3077《合金结构钢》中规定：优质钢S、P含量均≤0.03%（质量）；高级优质钢

S、P含量均≤0.020%（质量）；特级优质钢S含量≤0.010%（质量）、P含量≤0.020%（质量）。

2.3 压力容器用钢

2.3.1 压力容器用钢的质量、性能要求与分类

（1）质量要求

ⅰ．冶炼方法　我国在《固容规》中要求，压力容器受压元件用钢应当是氧气转炉或者电炉冶炼的镇静钢。对标准抗拉强度下限值大于540MPa的低合金钢钢板及奥氏体-铁素体不锈钢钢板，以及用于设计温度低于－20℃的低温钢板和低温钢锻件，还应当采用炉外精炼工艺。

ⅱ．化学成分　用于焊接的碳钢与低合金钢，其C含量≤0.25%（质量），S、P含量均≤0.035%（质量）。压力容器专用钢中的碳钢与低合金钢（钢板、钢管和锻件），其S、P含量应符合以下要求：

碳钢及低合金钢，标准抗拉强度下限值小于或者等于540MPa时，S含量≤0.020%（质量）、P含量≤0.030%（质量），但在设计温度低于－20℃时为S含量≤0.012%（质量）、P含量≤0.025%（质量）；标准抗拉强度下限值大于540MPa时，S含量≤0.015%（质量）、P含量≤0.025%（质量），但在设计温度低于－20℃时为S含量≤0.010%（质量）、P含量≤0.020%（质量）。

可以看出，就S、P杂质含量而言，我国压力容器专用钢均达到或超过了高级优质钢或特级优质钢的限制水平。目前压力容器用碳钢与低合金钢，S、P含量限制最严的是欧洲标准。我国现行标准，对S、P含量的限制严于美国ASME标准的相应规定。

（2）加工工艺与力学性能要求

压力容器大多经弯、卷与焊接制成，因此其壳体钢板必须具有良好的压力加工与焊接性能。为此压力容器用钢必须是低碳钢，限其C含量≤0.25%（质量）。压力加工性能与钢的延伸率密切相关，用于压力容器的钢板，要求其延伸率不低于17%。焊接性能除与碳含量有关外，还与合金元素含量等因素有关。对于低合金钢，合金元素含量愈多，其焊接性愈差。为保证焊接质量与设备的使用安全，我国对合金元素含量较多的低合金钢，如压力容器用调质高强度钢板及低温承压设备用低合金钢锻件等，提出了碳当量或焊接裂纹敏感性组成的要求。

压力容器用钢必须具有足够的韧性，以降低缺口敏感性，防止脆性断裂的发生。强度高对减小壁厚、节省材料有利，但随着强度的升高，钢的韧性会降低。故压力容器用钢必须在满足韧性要求前提下提高强度。我国规定，在试验温度下，标准抗拉强度下限值小于或者等于450MPa的压力容器用钢的冲击功A_{KV}不低于20J。

屈强比即屈服极限与强度极限之比R_{eL}/R_m。该比值低，表明抗拉强度与屈服强度差距大，承载安全储备大，但弹性承载能力小；该比值愈大，R_{eL}愈接近R_m，断裂前塑性储备愈少，对应力集中敏感，抗疲劳性愈差。当R_{eL}/R_m较大时，应对边缘应力、应力集中等局部应力重点考虑，制造中尽量避免加工硬化、裂纹及残余应力。一般情况下，$R_{eL}/R_m>0.7$时应予以重视，R_{eL}/R_m为0.8～0.85时要特别对待。

此外，压力容器用钢必须满足操作环境而具有不同的特殊性能，例如高温热强性及对介质的耐腐蚀性能等。

（3）压力容器用钢的分类

各类压力容器用钢均按有关国家标准进行生产，在冶炼、检验和性能等方面，较一般结构用钢具有严格或特殊要求。因此，设计所选用的压力容器专用钢，必须在图样上标注其相应标准代号。

在 GB 150 中，按照用途和形态，压力容器受压元件用钢有钢板、钢管、钢棒和锻件四大类。其中钢板主要作承压壳体，钢管主要用于换热管及承压接管，钢棒主要用于承压紧固件螺栓、螺母，锻件用于法兰、管板和锻制容器壳体等。按照化学成分和使用特性，分为碳素钢、低合金高强度钢、中温抗氢钢、低温用钢及高合金不锈钢等。本节重点介绍压力容器专用钢板。

2.3.2 压力容器用钢板

压力容器专用钢板在 S、P 杂质含量，力学性能，内部及表面质量，检验验收指标和冶炼等方面均有严格要求。目前我国已颁布执行多个压力容器专用钢板标准，如 GB 713、GB 3531、GB 19189 和 GB/T 24511 等。表 2-1 为部分压力容器专用钢板的主要化学成分。

表 2-1 部分压力容器专用钢板的主要化学成分

钢板标准	牌号	化学成分(质量分数)/%									
		C	Si	Mn	Cr	Ni	Mo	Nb	V	P	S
GB 713—2014	Q245R	≤0.20	≤0.35	0.50~1.10	≤0.30	≤0.30	≤0.08	≤0.050	≤0.050	≤0.025	≤0.010
	Q345R	≤0.20	≤0.55	1.20~1.70	≤0.30	≤0.30	≤0.08	≤0.050	≤0.050	≤0.025	≤0.010
	Q370R	≤0.18	≤0.55	1.20~1.70	≤0.30	≤0.30	≤0.08	≤0.050	≤0.050	≤0.020	≤0.010
	18MnMoNbR	≤0.21	0.15~0.50	1.20~1.60	≤0.30	≤0.30	0.45~0.65			≤0.020	≤0.010
	13MnNiMoR	≤0.15	0.15~0.50	1.20~1.60	0.20~0.40	0.60~1.00	0.20~0.40			≤0.020	≤0.010
	15CrMoR	0.08~0.18	0.15~0.40	0.40~0.70	0.80~1.20	≤0.30	0.45~0.60			≤0.025	≤0.010
	14Cr1MoR	≤0.17	0.50~0.80	0.40~0.65	1.15~1.50	≤0.30	0.45~0.65			≤0.020	≤0.010
GB 3531—2014	09MnNiDR	≤0.12	0.15~0.50	1.20~1.60		0.30~0.80		≤0.04		≤0.02	≤0.008
GB 19189—2011	07MnMoVR	≤0.09	0.15~0.40	1.20~1.60	≤0.30	≤0.40	0.10~0.30		0.02~0.06	≤0.020	≤0.010

（1）GB 713《锅炉和压力容器用钢板》

GB 713 标准中，有碳钢、低合金高强度钢和 Cr-Mo 耐热钢三大类，共 12 个牌号。其中碳钢及部分低合金高强度钢牌号由 Q+屈服极限值+R 组成。例如 Q245R，Q 表示钢的屈服极限，其值不低于 245MPa，R 表示压力容器专用钢板。应注意，牌号中的屈服极限值，是在常温下由厚度小于 16mm 钢板测得，板厚大于 16mm 时，实际屈服极限均会低于该值。标准中含 Mo 的低合金高强度钢和 Cr-Mo 钢牌号由平均碳含量万分之几的数字＋合金元素字母＋R 组成，如 15CrMoR 和 18MnMoNbR 等。

Q245R 是标准中仅有的一个碳素钢牌号。它相当于旧牌号 20R，具有优良的压力加工与焊接性能，但强度偏低，在压力高、壁厚大时不宜采用。

低合金高强度钢的强度显著高于低碳钢，是由于加入了少量合金元素，其合金元素总含量一般不超过 3%，如表 2-1 所示。其中 Mn、Si 加入量较碳钢高一倍左右，起固溶强化作用，是主要添加元素；另有 V、Nb、Ti 等元素均以微量加入，可形成碳化物，阻止晶粒长大，从而细化晶粒，提高强度和韧性。合金元素越多，钢的强度提高越显著。例如 Q345R，它相当于旧牌号 16MnR，仅靠 Mn、Si 的固溶强化就使其屈服极限比碳钢 Q245R 提高了 100MPa，且由于合金元素含量较少，仍具有良好的焊接性能。

加有 V、Nb、Ti 等微量元素的钢板，通常以正火状态供货。正火可形成细小碳化物弥散分布于钢中，细化晶粒，提高强度和韧性。若为热轧态，碳化物不能充分析出，也不能弥散分布，对钢的韧性不利。

13MnNiMoR 和 18MnMoNR 均加有 Mo 强化元素，板厚均大于等于 30mm，其屈服极限分别为 390MPa 和 400MPa，但因合金元素较多，其焊接性变差。为保证有足够的韧性，含 Mo 钢均以正火＋回火状态供货。

上述碳钢及低合金高强度钢均无耐蚀、耐高温等特殊性能，限在 475℃以下无腐蚀环境使用。

在 475～600℃环境下，应采用 Cr-Mo 热强钢。GB 713 标准中列有六种 Cr-Mo 钢板，如 15CrMoR 和 12Cr2Mo1R 等。Cr 和 Mo 均可提高钢的热强性，同时还使钢具有优良的抗氢腐蚀性能。故 Cr-Mo 钢又称为中温抗氢钢。但由于 Cr、Mo 元素提高了钢的淬透性，使焊接性变差，易产生冷裂纹和再热裂纹。为保证焊接质量，预热、后热和焊后消除应力热处理等措施必不可少。

前已指出，Cr-Mo 钢长期处于 370～595℃温度时，会产生回火脆化。回火脆化随 Cr 含量增多而趋于严重，含 Cr 量 2%～3%时最为严重。一般认为回火脆化是由于 P、Sb、Sn 和 As（砷）等微量有害元素沿奥氏体晶界产生偏析所致，其中 P 影响最大。回火脆化是可逆的，钢脆化后在 593℃以上加热一段时间便可脱脆。

12Cr1MoVR 等加有 V 的钢，是 Cr-Mo 钢的改进型。加 V 后钢的高温强度、抗氢性能和抗回火脆化能力均有显著提高。

（2）GB 19189《压力容器用调质高强度钢板》

正火钢是靠正火时 V、Nb 等析出细小碳化物来提高强度并保证足够韧性的，加入合金元素越多，强度越高。但当合金元素多到一定范围时，钢的韧性会显不足，且焊接性恶化，故正火钢的最高屈服极限也就 400MPa 左右。为此发展了低碳调质钢，靠调质热处理的强化作用，使钢的强度有效提高，并兼备足够的韧性。

低碳调质钢的合金元素高于正火钢，但含碳量仅为后者的一半左右，这可保证在淬火后获得低碳马氏体。低碳马氏体，其碳的过饱和度不及高碳马氏体那么高，硬脆程度较小，从而使低碳调质钢的淬硬倾向反而比正火钢小，对防止焊接冷裂纹与简化焊接工艺措施十分有利。因此是一种低焊接裂纹敏感性钢，焊接时不预热或稍加预热也不致产生裂纹。

GB 19189 标准中，规定有四个牌号，如 07MnMoVR 等，其屈服极限均不低于

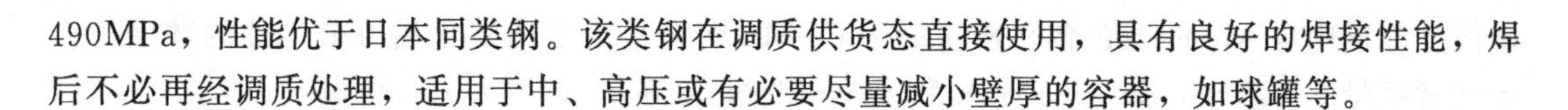

490MPa，性能优于日本同类钢。该类钢在调质供货态直接使用，具有良好的焊接性能，焊后不必再经调质处理，适用于中、高压或有必要尽量减小壁厚的容器，如球罐等。

（3）GB 3531《低温压力容器用钢板》

GB 150规定设计温度低于－20℃的碳素钢、低合金钢、双向不锈钢和铁素体不锈钢制容器，以及设计温度低于－196℃的奥氏体不锈钢制容器，应按低温压力容器有关规定选择材料。铝、铜是良好的低温用材料，但最多的是采用低温压力容器专用钢。低温用钢在冶炼质量和性能等方面均有更为严格的特殊要求。

钢在低温下会脆化而导致低温低应力脆性破坏，其破坏前无征兆，危害极大。为此，低温用钢必须具有尽量低的无塑性转变温度和足够的低温韧性。

钢中碳及杂质P、S、O、N、H等均会使低温韧性降低，特别是杂质P会急剧降低韧性。Mn和Ni是提高钢的低温韧性和降低无塑性转变温度的有效元素，而Ni的效果大大优于Mn。铝脱氧钢较硅脱氧钢具有更低的无塑性转变温度。低温用钢一般要求正火或正火＋回火交货，以便细化晶粒，消除组织不均，提高韧性，降低无塑性转变温度。

低温用钢通常分为－40℃、－70℃、－100℃、－196℃和－253℃五个等级，其中后二者分别为液氮和液氢的沸点。

GB 3531中有16MnDR、15MnNiDR、15MnNiNbDR、09MnNiDR、08Ni3DR和06Ni9DR六个牌号，都是以Mn、Ni为主添加元素，依次供－40℃、－45℃、－50℃、－70℃、－100℃和－196℃应用。牌号后的DR表示低温压力容器用钢板。

其中，06Ni9DR（俗称9镍钢）以其良好的耐低温冲击性能和极低的受热形变系数，被广泛应用于LNG船舶和LNG储运工程。

奥氏体钢无相变，没有无塑性转变温度，在很低温度下仍能保持高韧性。在－70～－253℃均可采用奥氏体钢，而在－196℃以下主要采用奥氏体钢。

（4）GB/T 24511《承压设备用不锈钢和耐热钢钢板和钢带》

在GB/T 24511标准中，共有33个承压设备用不锈钢牌号，其中奥氏体型不锈钢22个，奥氏体-铁素体型双相不锈钢8个，铁素体型不锈钢3个。

① 铁素体型不锈钢　铁素体型不锈钢的主加合金元素是Cr，其含量≥13%。Cr是铁素体形成元素，在含碳低和含铬高时，可使钢具有单一的铁素体组织，有效地提高电极电位，并能在钢表面生成致密的Cr_2O_3保护膜，从而使耐蚀性大大提高。这类钢的耐蚀性随Cr含量的增加呈跳跃式增长，故其典型牌号有Cr13型、Cr17型和Cr25型等。铁素体型不锈钢以耐氧化性介质腐蚀为最好，如硝酸和大部分有机酸等。但这类钢的无塑性转变温度高，韧性差，不适用于低温环境。

06Cr13和06Cr13A1是Cr13型铁素体不锈钢，由于含碳≤0.08%，具有良好的韧性、塑性和冷变形能力，深冲及可焊性良好，在水蒸气及含硫石油加工系统应用较多。

含铬量大于17%的钢，均属高铬铁素体型不锈钢，其耐蚀性较Cr13型钢好，适用于硝酸和次氯酸等强氧化环境。但这类钢具有475℃的脆性和σ相脆性，在900℃以上加热时会有晶粒长大和晶间腐蚀倾向。加有Ti、Mo等元素或含碳量很低的高铬铁素体不锈钢，如019Cr19Mo2NbTi等，其耐蚀性较Cr13型更好。

② 奥氏体型不锈钢　镍是奥氏体形成元素，铬镍两种元素适当配合可获得性能优越的铬镍奥氏体型不锈钢。

这类钢由于镍的加入而具有单一的奥氏体组织。它在硝酸、醋酸、冷磷酸、碱溶液等氧化性介质中均有良好的耐蚀性能，但不耐盐酸等还原性介质腐蚀。

奥氏体型不锈钢不但有良好的高温性能，而且具有面心立方晶格所特有的性能，塑性韧性好，无低温脆性，是优良的低温用钢。其缺点是热导率较碳钢低，线膨胀系数大；在450～850℃温度下受热后会产生$Cr_{23}C_6$，从而导致晶间腐蚀；在氯化物环境中具有应力腐蚀倾向。为克服这些耐蚀缺点，通常降低含碳量和加入某些合金元素。故这类钢的牌号很多，选用时应注意区别。

a. 加Ti、Nb型。例如06Cr18Ni11Ti等，加有微量强碳化物形成元素Ti或Nb，可减少和防止$Cr_{23}C_6$生成，提高抗晶间腐蚀能力。

b. 超低碳型。06Cr19Ni10与022Cr19Ni10，其含碳量分别≤0.08%和≤0.03%。后者为超低碳型，其抗晶间腐蚀性能显著优于前者，也优于加Ti型，但强度低。在525℃以上温度使用时，奥氏体不锈钢的含碳量应大于0.04%。

c. 加Mo、Cu型。例如06Cr17Ni12Mo2和022Cr17Ni12Mo2等，均加有少量Mo元素，而后者也是超低碳型。Mo、Cu等可提高钢在非氧化性介质中的钝化能力，加入2%～3%的Mo，就能提高在稀硫酸、磷酸等弱氧化性介质中的耐蚀性。但Mo是铁素体形成元素，为保证具有单一的奥氏体组织，必须提高奥氏体形成元素Ni的含量。故含Mo奥氏体钢中的Ni含量均高于非含Mo钢。加Mo奥氏体钢，可扩大用于弱氧化和一定的还原性介质，而非含Mo钢适用于强氧化性介质，如硝酸等。

d. 高Ni型。如06Cr25Ni20等，高温抗氧化性及耐蚀性好，适用于700℃以上高温承压元件。

③ 奥氏体-铁素体型双相不锈钢　如前所述，单相奥氏体钢在氯化物介质中易产生应力腐蚀破裂。实践证明，在奥氏体型不锈钢中具有50%左右铁素体时，可大大提高耐应力腐蚀和孔蚀的能力。提高Cr含量或加入Si、Mo铁素体形成元素，均可增加钢中铁素体的比例，由此得022Cr19Ni5Mo3Si2N等奥氏体-铁素体型双相不锈钢。这类钢适用于氯化物应力腐蚀及孔蚀环境。

(5) 复合钢板

在腐蚀环境中的压力容器，必要时应采用复合钢板。复合钢板由复层和基层两种材料组成。复层为不锈钢或钛等耐腐蚀材料，如06Cr13、06Cr19Ni10等。复层与介质接触，起防腐作用，其厚一般为3～6mm。基层起主要承载作用，通常为碳钢或低合金钢，如Q245R、15CrMoR等。采用复合钢板，可大大节省贵重耐腐蚀金属用量，降低设备造价。

2.3.3　压力容器用钢管与锻件

(1) 压力容器用钢管

目前我国颁布有多个压力容器专用钢管标准，如GB/T 8163《输送流体用无缝钢管》、GB 6479《高压化肥设备用无缝钢管》、GB 9948《石油裂化用无缝钢管》和GB/T 13296《锅炉、热交换器用不锈钢无缝钢管》等。常用钢管材料有10、20、Q345、Q390、15CrMo及不锈钢等。压力容器专用钢管，在化学成分、性能指标和检验要求等方面，较同种材料的一般用途结构钢管严格些。例如GB/T 8163规定，出厂前要逐根进行液压或超声、涡流等试验来检测，而一般结构钢管则不一定有这些要求。所以，凡承压设备用钢管，均应在设计图样上标明材料的标准代号。

（2）压力容器用锻件

锻造可以改善钢的宏观组织和提高力学性能。同一种钢，锻件质量和性能优于轧件。

① 压力容器用钢锻件分类与质量等级　根据尺寸和质量大小，HG/T 20581《钢制化工容器材料选用规定》规定压力容器用锻件分为中小型与大型锻件两大类。符合下列条件之一者均属中小型锻件：法兰尺寸不大于PN2.5MPa、DN600mm的人孔法兰或相当于该尺寸的其他环形锻件；锻件质量不大于800kg的饼状、筒形和异形锻件（如三通、阀体等）；直径不大于200mm且质量不大于1500kg的条形或轴类锻件。超过中小型锻件条件者均属大型锻件。

按照检验项目和检验率，压力容器用锻件分为Ⅰ、Ⅱ、Ⅲ、Ⅳ四个质量等级。由低到高，检验要求愈严格。Ⅰ级仅逐件做硬度检验，无其他检验要求；Ⅱ、Ⅲ、Ⅳ级均进行拉伸和冲击检验；但Ⅱ、Ⅲ级为每批检验一件，而Ⅳ级为每件必检；Ⅲ、Ⅳ级均增加逐件进行超声波检验。但低温用钢锻件无Ⅰ级，按Ⅱ、Ⅲ、Ⅳ级选用。

目前我国有三个压力容器用钢锻件标准：NB/T 47008《承压设备用碳素钢和合金钢锻件》、NB/T 47009《低温承压设备用低合金钢锻件》和NB/T 47010《承压设备用不锈钢和耐热钢锻件》。

通常，使用介质毒性为极度或高度危害的锻件以及公称厚度大于300mm的锻件，应选用Ⅲ级或Ⅳ级。图样上牌号后应标出锻件级别，如15CrMoⅢ等。

② 大型锻件的特点及要求　锻造是高压容器的加工方法之一，尤其超高压容器，大都由锻造制成。锻造容器用钢，多属于大型锻件。大型锻件与中小型锻件相比，其显著特点是钢中的成分、夹杂物和气体更易产生偏析，且纵向和横向、心部和表面的机械性能不一致。大型锻件中的氢扩散困难，即使经扩散退火，钢中含氢仍较小锻件多，尤其是心部。氢会产生白点，降低钢的塑性。

为提高大型锻件的质量，还应注意冶炼方法和加工工艺。对于重要锻件，如超高压容器锻件，要求采用酸性炉衬电炉冶炼的镇静钢，最好采用真空冶炼、真空脱气或电渣重熔等先进工艺，以减少氢含量，提高钢的纯洁度。氧化物夹杂少，所含硅盐酸夹杂物大多呈球状，对锻件切向性能影响较小。

大型锻件要求具有良好的淬透性，在韧性要求高时必须有好的抗回火脆性。回火脆性大的钢不宜做大截面锻件。通常含适量Mo和W的钢抗回火脆性好。

大型锻件用钢应注意的工艺性能包括铸锭性能、锻造性能、白点敏感性、回火脆性倾向和可焊性等。

思考题

2-1　S、P杂质对钢有何不利影响？我国现行钢材产品标准按照S、P含量，将碳素结构钢及合金结构钢分为几个质量等级？其S、P限制有何区别？

2-2　在高温和低温环境下的压力容器对钢的性能有何不同要求？为什么？

2-3　加有微量元素V、Nb、Ti等的压力容器用钢板如Q370R，通常以正火态供货，而13MoNiMoR等含Mo钢板则以正火＋回火供货，为什么？

2-4　低温用钢中为什么以Mn、Ni为主加元素？

能力训练题

2-1 试对下列环境选择适宜材料：

300℃及 $p=0.8$MPa，无腐蚀；-30℃及 $p=1.5$MPa，无腐蚀；520℃及 $p=2$MPa，氢腐蚀；200℃及 $p=0.5$MPa，氯化物应力腐蚀。

2-2 奥氏体不锈钢有超低碳型、加 Ti（Nb）型、加 Mo 型及奥氏体-铁素体双相钢，这些钢在性能和应用上有何区别？

2-3 查阅国内外材料标准等资料，对比国内外相同牌号的常用压力容器用钢的化学成分，对比其差异，并分析其对机械性能的影响。

3 承压设备应力分析基础

设备设计的核心问题是研究设备在各种机械载荷与热载荷作用下，有效地限制变形和抵抗破坏的能力，即处理强度、刚度和稳定性等问题，以保证设备的安全性和经济性。因此，对承压设备进行较为充分的载荷、应力和变形分析，构成了设备设计的理论基础。

承压设备的应力分析有三种基本研究方法：第一种是解析法，即以弹性与塑性力学和板壳理论为基础的精确数学解，这是一种直接而省事的方法；第二种是数值法，即以弹性与塑性力学和板壳理论为基础的结构有限单元法数值解，这种方法需以计算机为工具；第三种是实验应力分析法，如电测法和光弹性法等，对于复杂几何形状或受载条件的容器，这是一种有效的应力分析方法，也是验证解析法或数值法计算结果的主要途径。

3.1 回转薄壳的应力分析

工业生产过程中使用的承压设备通常是回转壳体，是一种以两个曲面为界，且曲面之间的距离远比其他方向小得多的物体。两曲面之间的距离为壳体的厚度。平分壳体厚度的曲面称为壳体中面。根据中面的形状，最常见壳体有球壳、圆柱壳、圆锥壳和椭球壳等。按照壳体的厚度 δ 与内曲面直径 D_i 的比值，工程上一般把 $\delta/D_i \leqslant 0.1$ 或 $D_o/D_i \leqslant 1.2$ 的壳体称为薄壳，反之称为厚壳。本节主要对薄壁壳体进行应力分析。

3.1.1 回转薄壳的无力矩理论与几何特性

(1) 轴对称问题

常见的承压设备壳体一个重要几何特征是其中面由一条平面曲线或直线绕同平面内的轴线回转一周而成，这种壳体称为“回转壳体”。显然，这类壳体的几何形状对称于回转轴线，故称为轴对称结构。承压设备壳体通常承受轴对称载荷作用。所谓轴对称载荷就是指壳体任一横截面上的载荷对称于回转轴线，但是沿轴线方向的载荷可以按照任意规律变化，例如均匀的气体压力或液体静压力等。如果支承容器的边界也对称于轴线，则壳体因外载荷作用而引起的内力和变形也必定轴对称。分析这种容器壳体的应力和变形问题，统称为轴对称问题。

(2) 无力矩理论与有力矩理论

壳体由于受力变形产生应力，这些应力可用作用在壳体中面上的内力（矩）代替。在回转薄壳的轴对称问题中，壳体中面上的内力（矩）可以分为两类，即作用在壳体中面内的薄膜内力和弯曲内力（矩）。薄膜内力是因中面的拉伸、压缩和剪切变形而产生的，如图 3-1 中的法向力 N_φ、N_θ。因为构成薄膜内力的应力沿壳体厚度均匀分布，材料强度可以充分利用，所以壳体材料最省，重量最轻。弯曲内力（矩）是因中面的曲率、扭率改变而产生的，在轴对称问题中，只有横向剪切力 Q_φ 和弯矩 M_φ、M_θ，不存在扭矩，如图 3-1（a）。在薄壳理论中，如果考虑作用在壳体中面内的薄膜内力和弯曲内力（矩），这种理论称为有力矩理论或弯曲理论。但是在薄壁壳体中，其弯曲内力（矩）与薄膜内力相比很小，如果略去不计，将使壳体计算大大简化，此时壳体的应力状态仅由法向力 N_φ、N_θ 确定，称为无矩应力状态，如图 3-1（b）所示。基于这一近似假设求解这些薄膜内力的理论，称为无力矩理论或薄膜理论。对于薄壁壳体，不计弯曲应力而用薄膜理论求解的精确度，仍可满足足够的强度要求，所以其应力分析和强度计算是以薄膜理论为基础。

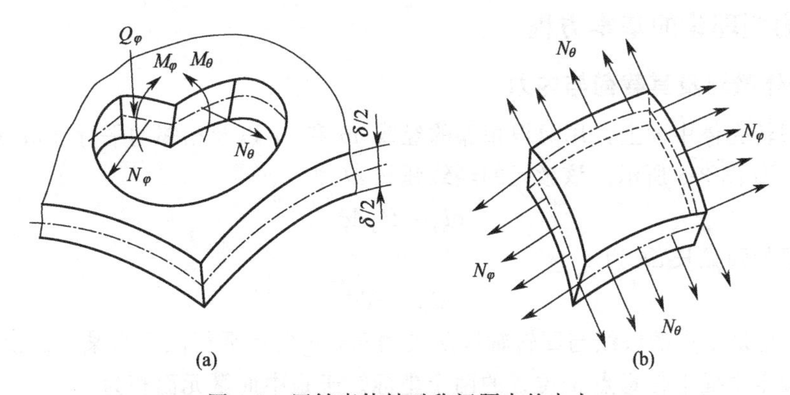

图 3-1 回转壳体轴对称问题中的内力

(3) 回转壳体的几何概念

回转壳体的中面是回转曲面，它由一根平面曲线或直线绕同平面内的一根轴线旋转一周而成，这一平面曲线或直线称为母线。如图 3-2(a) 所示回转壳体的中面，是由平面曲线 OA 绕轴线 OO' 旋转一周而得，OA 即母线。通过回转轴线的平面叫经线平面，经线平面与中面的交线，称为经线，如 OA'。垂直于回转轴线的平面与中面的交线所形成的圆，称为平行圆，该圆的半径叫作平行圆半径，以 r 表示。经线 OA' 上在任一点 a 的曲率半径，称为第 1 曲率半径，以 R_1 表示，在图上为线段 O_1a。过点 a 与经线垂直的平面切割中面也形成一曲线 BaB'，此曲线在 a 点的曲率半径称为第 2 曲率半径，以 R_2 表示，它等于沿 a 点法线 $\boldsymbol{n}$ 的反方向至与旋转轴相交的距离 O_2a。第 1 曲率半径反映了壳体的形状，第 2 曲率半径反映了壳体的大小，同一点 a 的第 1 曲率半径与第 2 曲率半径的中心都在 a 点的法线上。根据图 3-2(b) 的几何关系，可得

$$r = R_2 \sin\varphi \tag{3-1a}$$

$$dr = R_1 d\varphi \cos\varphi \tag{3-1b}$$

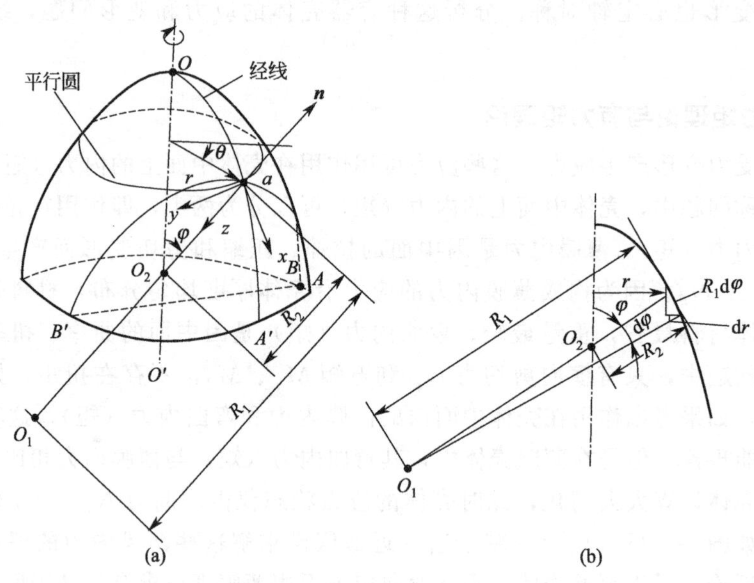

图 3-2 回转壳体中面的几何参数

3.1.2 无力矩理论的基本方程

（1）壳体微元及其载荷与内力

在上述回转壳体中面上，用两根相邻的经线 ab 和 cd 以及相邻的平行圆 ac 和 bd 截取壳体微元 $abcd$，如图 3-3 所示。该微元的经线弧长 ab 为

$$dl_1 = R_1 d\varphi \tag{3-2a}$$

微元的平行圆弧长 ac 为

$$dl_2 = r d\theta \tag{3-2b}$$

式中，φ 角是 a 点的法线与回转轴线所夹的角，θ 角是平行圆上自某一起点算起的圆心角，它们是确定中面上任意点 a 位置的两个坐标。于是中面微元面积为

$$dA = R_1 d\varphi \times r d\theta \tag{3-3}$$

微元上的外载荷为轴对称与壳体表面垂直的压力，即 $p_z = p_z(\varphi)$。

根据无力矩理论和轴对称性，壳体微元上有以下内力分量：

N_φ——经向薄膜内力，即作用在单位长度的平行圆上的拉伸或压缩力，力的方向沿经线的切线方向，单位为 N/mm，拉伸为正，压缩为负；

N_θ——周向薄膜内力，即作用在单位长度经线上的拉伸或压缩力，力的方向沿平行圆的切线方向，单位为 N/mm，拉伸为正，压缩为负。

因为轴对称，N_φ、N_θ 不随 θ 变化。对于微小单元，可以假设 N_θ 沿微元经线方向不变化，而 N_φ 的对应边上，因 φ 增加了微量，故有相应的增量 $(dN_\varphi/d\varphi)d\varphi$。

（2）微元体平衡方程

作用在壳体微元上的内力分量和外载荷组成一个平衡力系，根据平衡条件可得到各个内力分量与外载荷的关系式。先将坐标轴规定为：x、y 轴在 a 点分别与经线和平行圆相切，z 轴与中面垂直，它们彼此正交。以 z 轴指向旋转轴为正方向，按右手规则图示 x、y 轴方

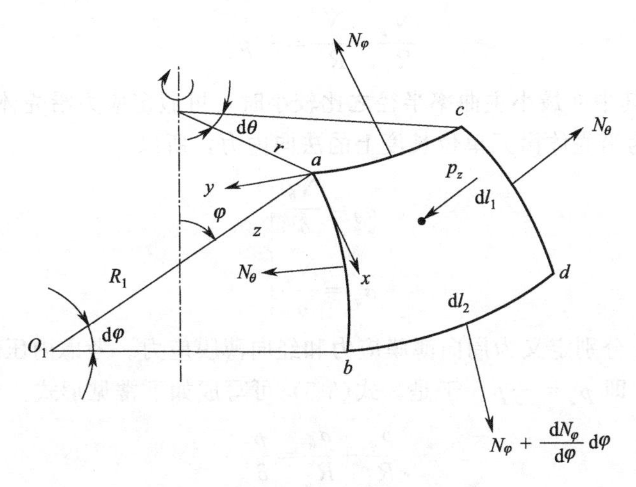

图 3-3　回转壳体微元的外力与内力

向为正方向。微元在 z 轴方向力的平衡条件为 $\sum F_z=0$。

由图 3-4(a) 可见，列出 $F_z=0$ 的平衡方程为

$$[N_\varphi+(dN_\varphi/d\varphi)d\varphi][r+(dr/d\varphi)d\varphi]d\theta\sin d\varphi+2N_\theta R_1 d\varphi\sin(d\theta/2)\sin\varphi+ p_z(R_1 d\varphi)(r d\theta)\cos(d\varphi/2)=0 \tag{3-4}$$

式(3-4) 中第一项是 bd 边的经向力在 z 方向的投影；第二项是 ab 边和 cd 边的周向力在 z 方向的投影；第三项是作用在微元上 z 方向的外力分量。需要说明的是 ac 边的经向力指向 x 的负方向，大小为 $N_\varphi r d\theta$，它因与 z 方向垂直，故 z 方向没有分力。

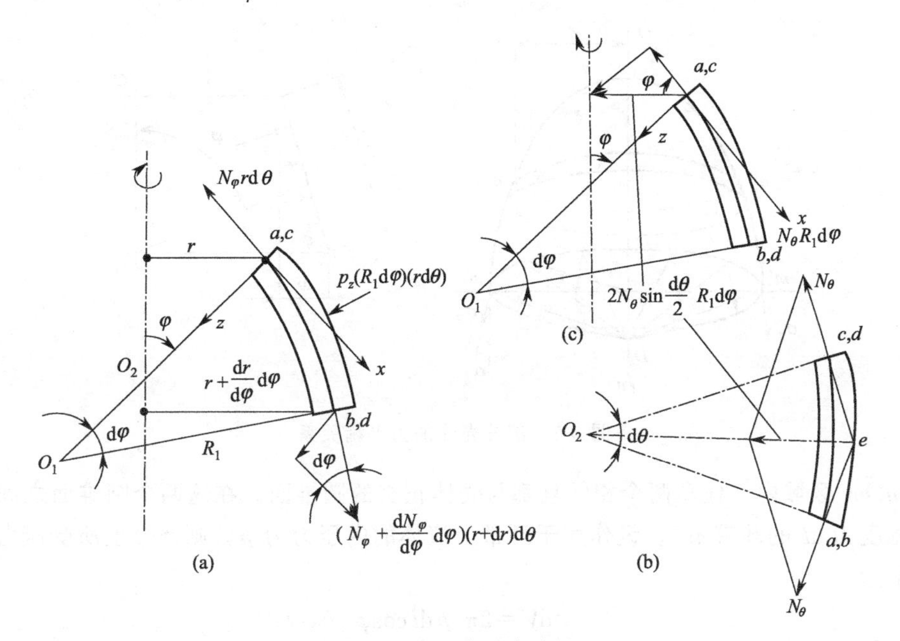

图 3-4　微元力平衡关系

忽略上式中的高阶小量，且因 $d\varphi$ 和 $d\theta$ 很小，$\sin d\varphi\approx d\varphi$，$\sin(d\theta/2)\approx d\theta/2$，$\cos(d\varphi/2)\approx1$，并代入 $r=R_2\sin\varphi$，经整理后得

$$\frac{N_\varphi}{R_1}+\frac{N_\theta}{R_2}=-p_z \tag{3-5}$$

当壳体壁厚与其中面最小主曲率半径之比较小时，可假定应力沿壳体壁厚 δ 方向均匀分布。因 N_θ 和 N_φ 为沿壳体微元单位长度上的法向内力，所以

$$\left.\begin{aligned}\sigma_\theta=\frac{N_\theta}{\delta}\\ \sigma_\varphi=\frac{N_\varphi}{\delta}\end{aligned}\right\} \tag{3-6}$$

式中，σ_θ 和 σ_φ 分别定义为周向薄膜应力和经向薄膜应力。考虑内压载荷 p 作用方向与图示 p_z 方向相反，即 $p_z=-p$。于是，式(3-5) 可写成如下常见形式

$$\frac{\sigma_\varphi}{R_1}+\frac{\sigma_\theta}{R_2}=\frac{p}{\delta} \tag{3-7}$$

式(3-7) 表征旋转薄壳任一点两向薄膜应力与压力载荷间的关系，称为微体平衡方程。因由拉普拉斯首先导出，故又称为拉普拉斯方程。

（3）区域平衡方程

微体平衡方程式(3-7) 中有两个未知量 σ_φ 和 σ_θ，必须再找一个补充方程才能求解应力。此方程可从部分容器的静力平衡条件中求得。

过 mm' 作一与壳体正交的圆锥面 mDm'，取截面以上 mOm' 部分容器作为分离体，如图 3-5 所示。

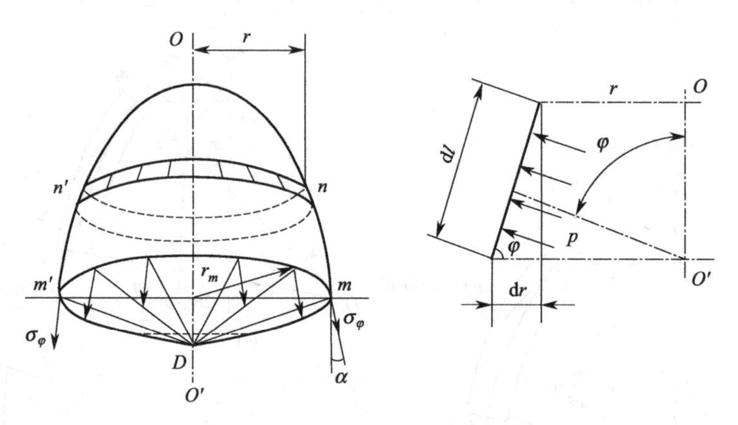

图 3-5　部分壳体的力平衡关系

在 mOm' 区域内，任作两个相邻且都与壳体正交的圆锥面。在这两个圆锥面之间，壳体中面是宽度为 dl 的环带 nn'。设作用于环带上流体的内压力为 p，则环带上所受压力沿 OO' 轴的分量为

$$\mathrm{d}V=2\pi r p\,\mathrm{d}l\cos\varphi \tag{3-8}$$

由图 3-5 可知

$$\cos\varphi=\frac{\mathrm{d}r}{\mathrm{d}l} \tag{3-9}$$

所以，在 mOm' 区域内，压力 p 沿 OO' 轴方向产生的合力为

$$V=2\pi\int_0^{r_m} pr\,\mathrm{d}r \tag{3-10}$$

而作用于该区域截面 mm' 上内力的轴向分量为

$$V'=2\pi r_m\sigma_\varphi\delta\cos\alpha=2\pi r_m\sigma_\varphi\delta\sin\varphi \tag{3-11}$$

式中，α 为截面 mm' 处的经线切向与回转轴 OO' 的夹角，r_m 为 mm' 处的平行圆半径。

容器 mOm' 区域上，外载荷轴向分量 V，应与 mm' 截面上的内力轴向分量 V' 相平衡，所以

$$V=V'=2\pi r_m\sigma_\varphi\delta\sin\varphi \tag{3-12}$$

此式称为壳体的区域平衡方程式，它表征经向应力 σ_φ 与总轴向外力间的关系。式(3-7) 与式(3-12) 合称为无力矩理论的两个基本方程。

3.1.3 无力矩理论的应用及条件

利用无力矩理论基本方程，可以求解回转薄壳的薄膜应力。对于具体问题来说，按图 3-5 所示 φ 角确定平行圆截取的无支承部分壳体，可按式(3-10) 直接求得 V，并代入区域平衡方程式(3-12) 求出 σ_φ，然后再由微体平衡方程式(3-7) 求得 σ_θ。

（1）受气体内压作用下容器壳体的薄膜应力

当容器承受气体内压 p 作用时，压力垂直作用在容器壳体的内表面，各处压力相等，则 $p=$常数，由式(3-10) 可得外载荷轴向力分量

$$V=2\pi\int_0^{r_m} pr\,\mathrm{d}r=\pi r_m^2 p$$

由式(3-12) 及式(3-1a) 可得经向应力

$$\sigma_\varphi=\frac{V}{2\pi r_m\delta\sin\varphi}=\frac{pr_m}{2\delta\sin\varphi}=\frac{pR_2}{2\delta} \tag{3-13}$$

由式(3-7) 可得周向应力

$$\sigma_\theta=\frac{pR_2}{\delta}-\frac{R_2}{R_1}\sigma_\varphi=\sigma_\varphi\left(2-\frac{R_2}{R_1}\right) \tag{3-14}$$

利用式(3-13) 和式(3-14) 可以方便地计算气压作用下常用典型薄壳中的两相薄膜应力。

① 球形容器　球壳几何形状对称于球心，其 $R_1=R_2=R$，故代入式(3-13) 和式(3-14)，得

$$\sigma_\varphi=\sigma_\theta=\frac{pR}{2\delta} \tag{3-15}$$

由式(3-15) 可知，球形容器不考虑支承，受均匀内压 p 作用时，壁内各处的周向薄膜应力 σ_θ 和经向薄膜应力 σ_φ 均为恒值，且二者相等；其值与内压 p 和中面半径 R 成正比，与容器壁厚 δ 成反比。

② 圆柱形容器　两端封闭的圆柱形容器壳体，$R_1=\infty$，$R_2=R$，故由式(3-13) 和式(3-14) 得

$$\left.\begin{aligned}\sigma_\varphi&=\frac{pR}{2\delta}\\ \sigma_\theta&=\frac{pR}{\delta}=2\sigma_\varphi\end{aligned}\right\} \tag{3-16}$$

由式(3-16) 可知，圆柱形容器不考虑支承，受均匀内压 p 作用时，壁内各处的周向薄膜应力 σ_θ 是经向薄膜应力 σ_φ 的 2 倍；其值与内压 p 和中面半径 R 成正比，与容器壁厚 δ 成反比。因此，圆柱形容器筒体上纵焊缝要比环焊缝危险，如果要在承压圆柱形容器筒体上开设椭圆孔，应使椭圆孔的长轴垂直于筒体的轴线，这样做有利于设备的安全。对比球壳可知，在直径和壁厚相同时，承受同样压力的球形容器，其壁内应力仅为圆筒周向应力的一半。

③ 圆锥形壳体　图 3-6 是一受均匀内压 p 作用的圆锥形容器壳体，其 $R_1=\infty$，$R_2=x\tan\alpha$，α 为半锥顶角，将它们代入式(3-13) 和式(3-14) 得

$$\left.\begin{aligned}\sigma_\varphi&=\frac{pR_2}{2\delta}=\frac{p\tan\alpha}{2\delta}x=\frac{pr}{2\delta\cos\alpha}\\ \sigma_\theta&=2\sigma_\varphi=\frac{p\tan\alpha}{\delta}x=\frac{pr}{\delta\cos\alpha}\end{aligned}\right\}\tag{3-17}$$

由上式可知，圆锥形容器不考虑支承，受均匀内压 p 作用时，壳体各处的周向薄膜应力 σ_θ 是经向薄膜应力 σ_φ 的 2 倍；σ_φ 和 σ_θ 均与 x 及 $\tan\alpha$ 成正比，且距锥顶愈远，应力愈大。因此，在锥壳上开孔时，应尽可能开在锥顶或其附近；同时，半锥顶角愈大，锥壳中的应力水平愈高，当半锥顶角 $\alpha>60°$时，锥壳受力接近于薄板弯曲，壁内将产生较大的弯曲应力，而基于无力矩理论的薄膜应力将与此存在过大的偏差，故规定锥壳半顶角不宜大于 60°，否则应按平板计算。

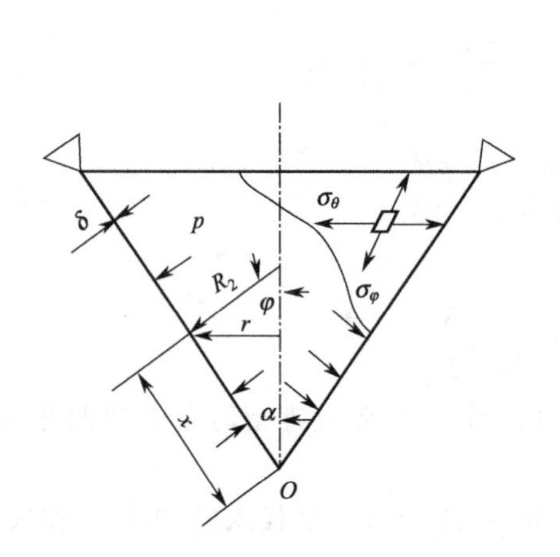

图 3-6　承受内压的圆锥形壳体

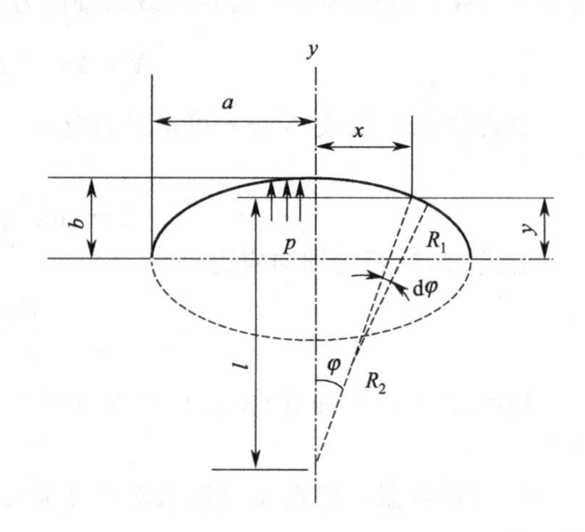

图 3-7　承受内压的椭球形壳体

④ 椭球形壳体　椭球形壳体常用作压力容器的封头，如图 3-7 所示，图中 a 和 b 分别为其长半轴和短半轴。在均匀内压 p 作用下，壳体中的应力也可按式(3-13) 和式(3-14) 计算，但 R_1 和 R_2 沿经线各点是变化的。

已知椭圆曲线方程为
$$\frac{x^2}{a^2}+\frac{y^2}{b^2}=1$$

即
$$y=\pm\frac{b}{a}\sqrt{a^2-x^2}$$

其一阶和两阶导数分别为
$$y'=\frac{-bx}{a\sqrt{a^2-x^2}}=-\frac{b^2x}{a^2y}$$

$$y''=-\frac{b^4}{a^2y^3}$$

由图 3-7 可知
$$\tan\varphi=y'=\frac{x}{l}$$

故
$$l=\frac{x}{y'}=-\frac{a}{b}\sqrt{a^2-x^2}$$

而
$$R_2=\sqrt{l^2+x^2}$$

据此可得
$$R_2=\frac{(a^4y^2+b^4x^2)^{1/2}}{b^2} \tag{3-18}$$

又由微分几何可知
$$R_1=\left|\frac{[1+(y')^2]^{3/2}}{y''}\right|=\frac{(a^4y^2+b^4x^2)^{3/2}}{a^4b^4} \tag{3-19}$$

因此，将式(3-18) 和式(3-19) 代入式(3-13) 和式(3-14)，得

$$\sigma_\varphi=\frac{pR_2}{2\delta}=\frac{p(a^4y^2+b^4x^2)^{1/2}}{2\delta b^2} \tag{3-20}$$

$$\sigma_\theta=\sigma_\varphi\left(2-\frac{R_2}{R_1}\right)=\frac{p(a^4y^2+b^4x^2)^{1/2}}{\delta b^2}\left[1-\frac{a^4b^2}{2(a^4y^2+b^4x^2)}\right] \tag{3-21}$$

在壳体顶点处 $x=0$、$y=b$，由式(3-20) 和式(3-21) 得

$$\sigma_\varphi=\sigma_\theta=\frac{pa^2}{2b\delta} \tag{3-22}$$

在壳体的赤道处 $x=a$、$y=0$，于是得到

$$\left.\begin{aligned}\sigma_\varphi&=\frac{pa}{2\delta}\\ \sigma_\theta&=\frac{pa}{\delta}\left(1-\frac{a^2}{2b^2}\right)\end{aligned}\right\} \tag{3-23}$$

椭球壳应力与其长短半轴之比 $m=\dfrac{a}{b}$ 密切相关。由前述分析和图 3-8 可以看出以下几点：

a. 椭球壳各点应力随 x 不同而变化，承受均匀内压 p 时，σ_φ 及 σ_θ 值均随 x 增加而减小。其中 σ_φ 全部为拉应力，顶点处最大，赤道处最小；σ_θ 在 $\dfrac{a}{b}\leqslant\sqrt{2}$ 时全部为拉应力，而在 $\dfrac{a}{b}>\sqrt{2}$ 时，赤道附近变为压应力，且随 $\dfrac{a}{b}$ 增大，压应力值及其作用范围均会增大。

b. 在顶点 $x=0$ 处，最大 σ_φ 与最大 σ_θ 相等，且随 $\dfrac{a}{b}$ 增加而增大；在赤道 $x=a$ 处，σ_θ 具有最大压应力。

c. $\dfrac{a}{b}=1$ 时，即为半球壳，此时壳体深度大，不利于冲压加工，但其应力最小，分布最佳。$\dfrac{a}{b}$ 愈大，壳体的深度愈小，应力分布愈不均匀。当 $\dfrac{a}{b}=2$ 时，顶点及赤道处分别具有绝对值相等的最大拉应力和压应力，且其值 $\dfrac{pa}{\delta}$ 恰与同样条件圆筒的周向应力 σ_θ 相等，应力大

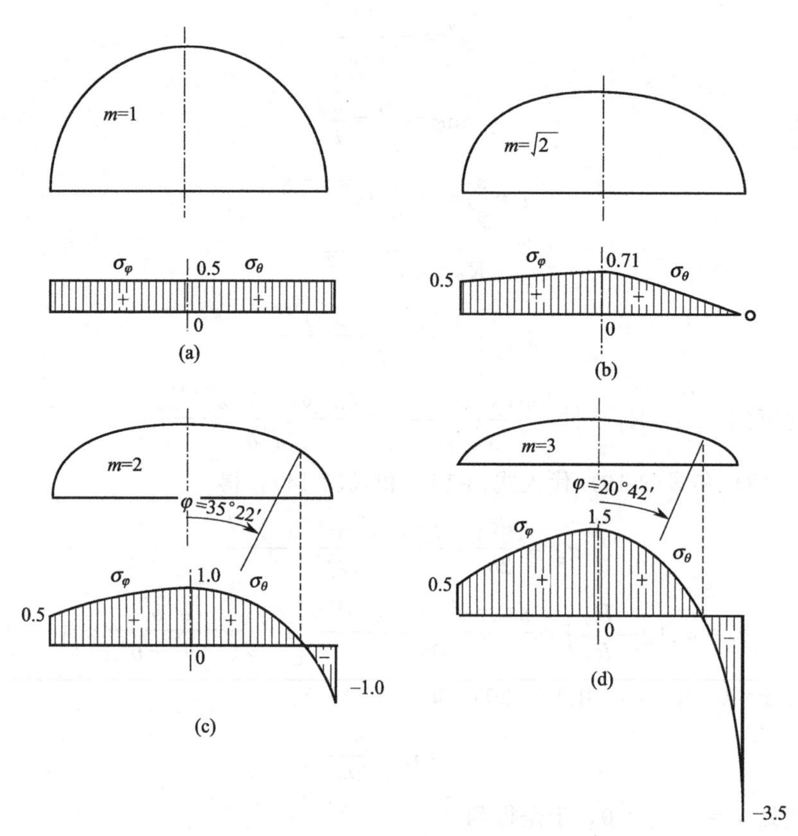

图 3-8 不同 $m=\dfrac{a}{b}$ 值下内压椭球壳体中的应力分布

小及其分布较为合理，壳体深度也利于制造。故我国以 $\dfrac{a}{b}=2$ 作为标准椭圆形封头优先采用。

由于“赤道”附近压缩应力 σ_θ 随 $\dfrac{a}{b}$ 值的增加而迅速增大，尤其对于大直径薄壁封头，可能沿周边出现皱褶而失稳，在容器进行耐压试验时尤其要防止发生这类破坏。

（2）储存液体的容器

当容器盛装液体时，壳体内壁面法向将受到液体静压强的作用，它同样是一种轴对称载荷，这一点与承受气压相同，所不同的是液体静压强大小随液体深度而变化，有时液面上方还同对受到气体压力的作用。这些容器壳体中的薄膜应力一般也可用式(3-7) 和式(3-12) 求解。

① 中部支承半径为 R 的圆柱形储液罐　如图 3-9(a) 所示，罐的底部自由，顶部密闭，液面上方的气体内压力为 p_0，充液密度为 ρ，罐体厚度为 δ。

圆筒 *ab* 段：其上任意一点，仅受气压 p_0 作用，其 $p=p_0$，$R_1=\infty$，故可直接用式(3-16) 求解，得其经向薄膜应力 σ_φ 和周向薄膜应力 σ_θ 为

$$\left.\begin{aligned}\sigma_\varphi&=\frac{p_0R}{2\delta}\\ \sigma_\theta&=\frac{p_0R}{\delta}=2\sigma_\varphi\end{aligned}\right\}\qquad(3\text{-}24)$$

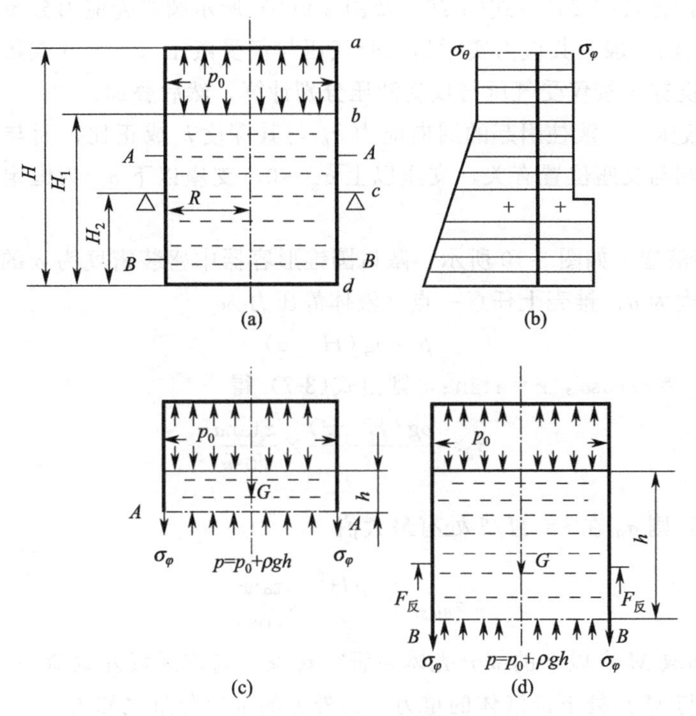

图 3-9 中部支承的圆柱形储液罐

圆筒 *bc* 段：其 A—A 断面上任一点处，受有压力载荷 $p=p_0+\rho gh$ 的作用，其中 h 为断面至液面距离，g 为重力加速度，因圆筒 $R_1=\infty$，$R_2=R$，故 σ_θ 可由式(3-7) 求解。另再考察图 3-9(c) 所示 A—A 断面以上部分区域的平衡，在不计壳体自重时，作用于该区域的轴向外载荷有液体重力 G 和 A—A 断面的压力 $p=p_0+\rho gh$ 产生向上的支承力 P，则其合力 V 为

$$V=P-G=\pi R^2(p_0+\rho gh)-\pi R^2\rho gh=\pi R^2 p_0$$

将 V 及 $\sin\dfrac{\pi}{2}=1$ 代入式(3-12) 可求得 σ_φ，再由式(3-7) 求得 σ_θ。由此得 bc 段上任意点的经向和周向薄膜应力分别为

$$\left.\begin{aligned}\sigma_\varphi&=\frac{p_0R}{2\delta}\\ \sigma_\theta&=\frac{(p_0+\rho gh)R}{\delta}\end{aligned}\right\}\tag{3-25}$$

圆筒 *cd* 段：其 B—B 断面上任一点处，作用于图 3-9(d) 所示 B—B 断面以上部分区域的轴向外载荷除有液体重力 G 和承受的压力 $p=p_0+\rho gh$ 外，尚有支座反力 $F_{反}=\pi R^2\rho gH_1$，其总轴向外力变为

$$V=P-G+F_{反}=\pi R^2(p_0+\rho gh)-\pi R^2\rho gh+\pi R^2\rho gH_1=\pi R^2(p_0+\rho gH_1)$$

同理将 p 和 V 代入式(3-7)、式(3-12) 内，则 cd 段圆筒壁内任意点的经向和周向薄膜应力分别为

$$\left.\begin{aligned}\sigma_\varphi&=\frac{(p_0+\rho gH_1)R}{2\delta}\\ \sigma_\theta&=\frac{(p_0+\rho gh)R}{\delta}\end{aligned}\right\}\tag{3-26}$$

由三段应力计算式(3-24)～式(3-26) 及图 3-9(b) 所示圆筒壳应力分布图可以看出：

ⅰ. 对于 bc 及 cd 段，其应力实际是仅受气压与仅受液压（$p_0=0$ 或敞口）时的应力相加之和，故此情况亦可按仅受气压与仅受液压分别计算，然后叠加；

ⅱ. 在仅受液压时，液柱引起的周向应力 σ_θ 与其深度 h 成正比，而与圆筒壳的支座无关，但经向应力则与支座位置有关，支座以上 $\sigma_\varphi=0$，支座以下 σ_φ 为恒定值，与液柱总深 H_1 有关。

② 圆锥形储液罐 如图 3-10 所示，敞口圆锥形容器中盛装密度为 ρ 的液体，其上端自由支承，壳体厚度为 δ。锥壳上任意一点处液体静压力为

$$p=\rho g(H-z)$$

又因 $R_1=\infty$，$R_2=r/\cos\alpha$，$r=z\tan\alpha$，则由式(3-7) 得

$$\sigma_\theta=\frac{\rho g(H-z)}{\delta}\times\frac{z\tan\alpha}{\cos\alpha} \tag{3-27}$$

若令 $\frac{d\sigma_\theta}{dz}=0$，则 σ_θ 在 $z=H/2$ 处有最大值

$$\sigma_{\theta\max}=\frac{\rho g H^2}{4\delta}\times\frac{\tan\alpha}{\cos\alpha}$$

求 σ_φ 时，如取 M 点以下的部分壳体为研究对象，则该区域外载荷为 M 点处上部液体所产生的静压力与 M 点处下部液体的重力，二外力的轴向分量之和为

$$V=\pi r^2\rho g\left(H-z+\frac{1}{3}z\right)=\pi r^2\rho g\left(H-\frac{2}{3}z\right)$$

将 V 值代入式(3-12) 得

$$\sigma_\varphi=\frac{\pi r^2\rho g\left(H-\frac{2}{3}z\right)}{2\pi r\delta\cos\alpha}=\frac{\rho g\left(H-\frac{2}{3}z\right)z\tan\alpha}{2\delta\cos\alpha} \tag{3-28}$$

同理，$\frac{d\sigma_\varphi}{dz}=0$，$\sigma_\varphi$ 在 $z=\frac{3}{4}H$ 处有最大值

$$\sigma_{\varphi\max}=\frac{3}{16}\times\frac{H^2\rho g\tan\alpha}{\delta\cos\alpha}$$

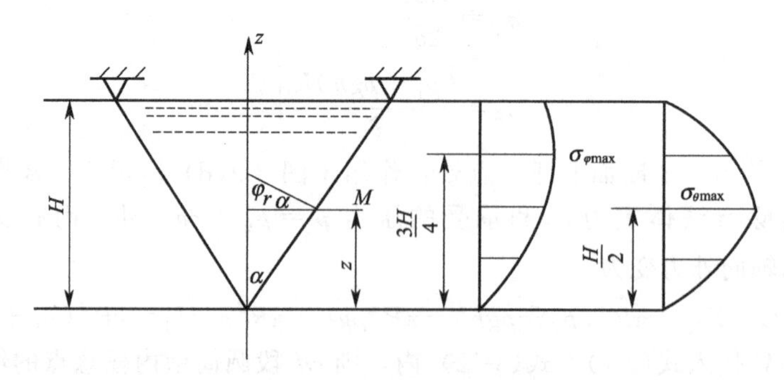

图 3-10 圆锥形储液罐

③ 球形储液罐 图 3-11 为一充满液体的球形储罐，壳体厚度为 δ，沿对应 φ_0 的平行圆 A—A 处支承。设液体的密度为 ρ，则作用在角 φ 处壳体上任一点液体静压力为 $p=\rho gR$（$1-\cos\varphi$）。

ⅰ. 当 $\varphi<\varphi_0$ 时：因 $R_1=R_2=R$，$r=R\sin\varphi$，故任意截面上部分壳体上合力的竖直分

量为

$$
\begin{aligned}
V &= \int_0^{\varphi} 2\pi r p R \cos\varphi \mathrm{d}\varphi \\
&= 2\pi\rho g R^3 \int_0^{\varphi} (1-\cos\varphi)\cos\varphi\sin\varphi \mathrm{d}\varphi \\
&= 2\pi\rho g R^3 \left[\frac{1}{6} - \frac{1}{2}\cos^2\varphi\left(1-\frac{2}{3}\cos\varphi\right)\right]
\end{aligned} \tag{3-29}
$$

将式(3-29) 代入式(3-12)，再由式(3-7) 可求得

$$
\left.
\begin{aligned}
\sigma_{\varphi} &= \frac{V}{2\pi r\delta\sin\varphi} = \frac{\rho g R^2}{6\delta}\left(1-\frac{2\cos^2\varphi}{1+\cos\varphi}\right) \\
\sigma_{\theta} &= \frac{pR}{\delta} - \sigma_{\varphi} = \frac{\rho g R^2}{6\delta}\left(5-6\cos\varphi+\frac{2\cos^2\varphi}{1+\cos\varphi}\right)
\end{aligned}
\right\} \tag{3-30}
$$

ⅱ. 当 $\varphi > \varphi_0$ 时：任意截面上部分壳体在竖直方向所受的外力 V 除按式(3-29) 的计算值外，还受到支承环的反力 F。在不计壳体自重时，F 等于球壳内液体的全部重量，即 $F=\frac{4}{3}\pi R^3\rho g$，所以

$$
V = \frac{4}{3}\pi R^3 \rho g + 2\pi\rho g R^3 \left[\frac{1}{6} - \frac{1}{2}\cos^2\varphi\left(1-\frac{2}{3}\cos\varphi\right)\right]
$$

由式(3-12)、式(3-7) 可得

$$
\left.
\begin{aligned}
\sigma_{\varphi} &= \frac{\rho g R^2}{6\delta}\left(5+\frac{2\cos^2\varphi}{1-\cos\varphi}\right) \\
\sigma_{\theta} &= \frac{\rho g R^2}{6\delta}\left(1-6\cos\varphi-\frac{2\cos^2\varphi}{1-\cos\varphi}\right)
\end{aligned}
\right\} \tag{3-31}
$$

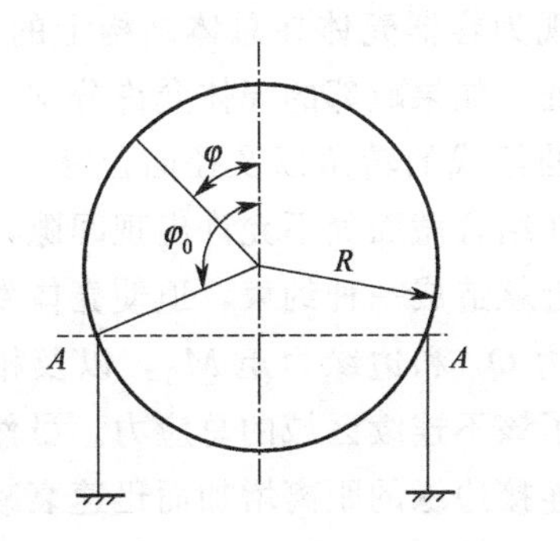

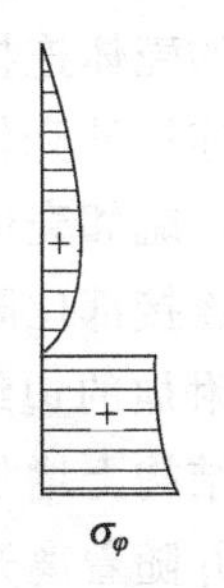

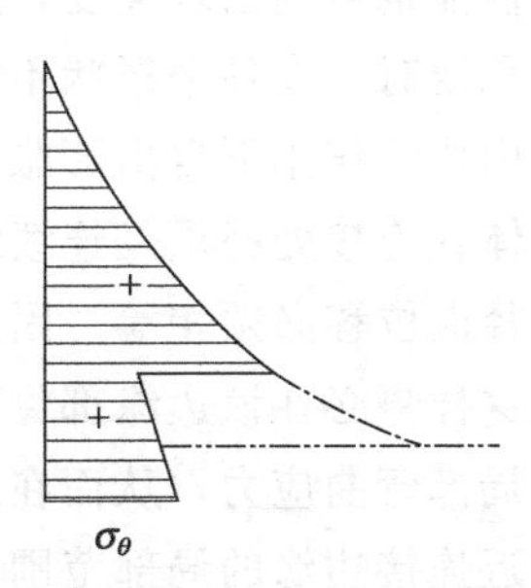

图 3-11 球形储液罐

比较式(3-30) 和式(3-31) 可以看出，在支承环 ($\varphi=\varphi_0$) 处 σ_{φ} 及 σ_{θ} 不连续，突变量分别为 $\pm\frac{2\rho g R^2}{3\delta\sin^2\varphi_0}$，其突变是支座反力引起的。突变导致支座 A—A 附近球壳局部弯曲变形，产生局部弯曲应力，以保持应力与位移的连续性。此时不能用无力矩理论计算支承处应力，必须用有力矩理论进行分析才与实际相符。

(3) 无力矩理论的应用条件

按无力矩理论假设，轴对称条件下的薄壳中只有薄膜应力 σ_{φ} 和 σ_{θ}，没有弯曲应力和剪

应力。对于非常薄的壳体，因为完全不能承受弯曲变形，无矩应力状态是它唯一的应力状态；但对于实际容器，壳体总有一定的抗弯刚度，必定要引起伸长（或压缩）和弯曲变形，但在一定条件下，壳体内产生的薄膜应力比弯曲应力和剪应力大得多，以致后者可忽略不计，此时也近似为无矩应力状态。实现这种无矩应力状态，壳体的几何形状、加载方式以及支承应同时满足以下三个条件：

① 壳体的厚度、中面曲率和载荷连续，没有突变，且构成壳体材料的物理性能相同；

② 壳体的边界处不受横向剪力、弯矩和转矩作用；

③ 壳体边界处的约束沿经线的切线方向，不得限制边界处的转角与挠度。

显然，同时满足上述条件非常困难，理想的无矩状态并不容易实现，一般情况下，边界附近往往同时存在弯曲应力和薄膜应力。在很多实际问题中，一方面按无力矩理论求出问题的解，另一方面对弯矩较大的区域再用有力矩理论进行修正。联合使用有力矩理论和无力矩理论，解决了大量的薄壳问题。

3.1.4 回转薄壳的边缘问题分析

如上所述，实际容器的壳体必须在特定的形状、受载和边界条件下方可能达到或接近无矩应力状态。一般来说，壳体中只产生薄膜内力的边界条件很难实现。如在壳体边缘附近，因局部经线曲率急剧变化而存在明显的弯曲变形，边界附近不仅有薄膜内力，还存在不可忽略的较大弯曲内力（矩）。这种情况，在壳体的应力分析中必须加以考虑。

（1）不连续效应

工程实际中容器的壳体大部分是由圆筒形、球形、椭球形、圆锥形等几种简单壳体组合而成，并且还装有支座、法兰和接管等。不仅如此，沿壳体轴线方向的壁厚、载荷、温度和材料的物理性能也可能出现突变，这些因素均可表现为容器壳体在总体结构上的不连续性。当容器整体承压时，在各个形状不相同的壳体连接处，如果毗邻的壳体允许分别作为一个独立的元件在内压的作用下自由膨胀，则连接处壳体的经线的转角以及径向位移一般不相等；而实际的壳体在连接处必须是连续结构，毗邻壳体在结合截面处不允许出现间隙，即其经线的转角以及径向位移必须相等。因此在连接部位附近就造成一种约束，迫使壳体发生局部的弯曲变形，这样势必在该边缘部位引起附加的边缘力 Q_0 和边缘力矩 M_0，以及相应的抵抗这些外力的局部弯曲应力，从而在总体结构上增加了该不连续区域的总应力。虽然这些附加应力只限靠近连接边缘的局部范围内，并随着离开连接边缘的距离增加而迅速衰减，但其数值有时要比由于内压而产生的薄膜应力大得多。由于这种现象只发生在连接边缘，因而称为不连续效应或边缘效应。由此而引起的局部应力称为不连续应力或边缘应力。

（2）边缘问题分析的基本方法

容器的边缘应力可以根据一般壳体理论计算，但较复杂。工程上采用一种比较简便的解法，把壳体应力分解为两个部分。一是薄膜解或称主要解，即壳体的无力矩理论的解。求得的薄膜应力与相应的载荷同时存在，这类应力称为一次应力。它是由于外载荷所产生，随外载荷的增大而增大，因此，当它超过材料屈服点时就能导致壳体的破坏或大面积变形。二是有矩解或次要解，即在两壳体连接边缘处切开后，自由边界上受到的边缘力和边缘力矩作用时的有力矩理论的解，求得的应力又称二次应力。它是由于相邻部分材料的约束或结构自身约束所产生的应力，有自限性，因此，它超过材料屈服点时就产生局部屈服或较小的变形，连接边缘处壳体不同的变形就可协调，从而得到一个较有利的应力分布结果。将上述两种解叠加后就可以得到保持总体结构连续的最终解，而总的应力由上述一次薄膜应力和二次应力叠加而成。这种方法可用下面半球形封头与圆筒组合容器的壳体为例说明。

图 3-12 为一在内压作用下的半球形封头与圆筒连接处的部分壳体。现将半球形与圆筒壳在连接处沿平行圆切开，在内压作用下，两壳体各自的薄膜应力与边界处中面的薄膜变形如表 3-1 所示。

表 3-1 圆筒和半球在压力 p 作用下的薄膜应力和薄膜变形

项目	经向应力	周向应力	平行圆径向位移	转角
圆筒	$\sigma_{1\varphi}^{p}=\dfrac{pR}{2\delta_1}$	$\sigma_{1\theta}^{p}=\dfrac{pR}{\delta_1}$	$\omega_1^p=-\dfrac{pR^2}{E\delta_1}\left(1-\dfrac{\mu}{2}\right)$	$\theta_1^p=0$
半球	$\sigma_{2\varphi}^{p}=\dfrac{pR}{2\delta_2}$	$\sigma_{2\theta}^{p}=\dfrac{pR}{2\delta_2}$	$\omega_2^p=-\dfrac{pR^2}{2E\delta_2}\left(1-\dfrac{\mu}{2}\right)$	$\theta_2^p=0$

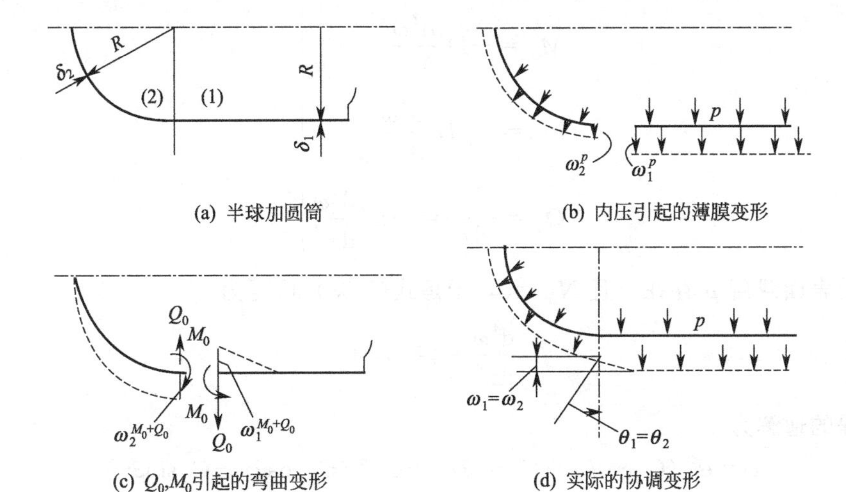

图 3-12 容器不连续分析

显然，两壳体的平行圆径向位移不相等，即 $\omega_1^p\neq\omega_2^p$，但是两者连成一体后的实际结构是连在一起的，因此两部分在连接处将产生边缘力 Q_0 和边缘力矩 M_0，由它们引起的弯曲变形与薄膜变形叠加后，两部分壳体的总变形量一定相等，即

$$\left.\begin{aligned}\omega_1^p+\omega_1^{Q_0}+\omega_1^{M_0}=\omega_2^p+\omega_2^{Q_0}+\omega_2^{M_0}\\ \theta_1^p+\theta_1^{Q_0}+\theta_1^{M_0}=\theta_2^p+\theta_2^{Q_0}+\theta_2^{M_0}\end{aligned}\right\}\tag{3-32}$$

式中，ω^p、ω^{Q_0}、ω^{M_0} 和 θ^p、θ^{Q_0}、θ^{M_0} 分别表示 p、Q_0 和 M_0 在壳体连接处产生的平行圆径向位移和经线转角，下标“1”表示圆筒，“2”表示半球壳。式(3-32) 是两个以 M_0、Q_0 为未知量的二元一次联立方程组，解此方程组可求得 M_0、Q_0。这组方程表示保持壳体中面连续的条件，所以称为变形协调方程。求得 M_0、Q_0 后，边缘弯曲解即可求出，它与薄膜解叠加，即得问题的全解。

(3) 圆柱壳受边缘力和边缘力矩作用的弯曲解

如图 3-12 所示，在圆柱壳的边缘上受到沿圆周均匀分布的边缘力 Q_0 和边缘力矩 M_0 的

作用。轴对称加载的圆柱壳有力矩理论的基本微分方程为

$$\frac{d^4\omega}{dx^4}+4\beta^4\omega=\frac{p}{D'}+\frac{\mu}{D'R}N_x \tag{3-33}$$

式中　D'——壳体的抗弯刚度，$D'=\frac{E\delta^3}{12(1-\mu^2)}$；

ω——径向位移；

N_x——单位圆周长度上的轴向薄膜内力，可直接由圆柱壳轴向力平衡关系求得；

x——所考虑点离圆柱壳边缘的距离；

β——因次为（长度）$^{-1}$ 的系数，$\beta=\sqrt[4]{\frac{3(1-\mu^2)}{R^2\delta^2}}$。

由圆柱壳有力矩理论，解出 ω 后可得内力为

$$\left.\begin{aligned}N_\theta&=-E\delta\frac{\omega}{R}+\mu N_x\\M_x&=-D'\frac{d^2\omega}{dx^2}\\M_\theta&=-\mu D'\frac{d^2\omega}{dx^2}\\Q_x&=\frac{dM_x}{dx}=-D'\frac{d^3\omega}{dx^3}\end{aligned}\right\} \tag{3-34}$$

若圆柱壳无表面载荷 p 存在，且 $N_x=0$，于是式(3-33) 可写为

$$\frac{d^4\omega}{dx^4}+4\beta^4\omega=0 \tag{3-35}$$

此齐次方程的通解为

$$\omega=e^{\beta x}(C_1\cos\beta x+C_2\sin\beta x)+e^{-\beta x}(C_3\cos\beta x+C_4\sin\beta x) \tag{3-36}$$

式中，C_1、C_2、C_3 和 C_4 为积分常数，由圆柱壳两端的边界条件确定。

当圆筒有足够长度时，随着 x 的增加，弯曲变形逐渐衰减以至消失，这要求式(3-36) 中含 $e^{\beta x}$ 项为零，亦即 $C_1=C_2=0$，于是式(3-36) 可写成

$$\omega=e^{-\beta x}(C_3\cos\beta x+C_4\sin\beta x) \tag{3-37}$$

圆筒边界条件为

$$\left.\begin{aligned}(M_x)_{x=0}&=-D'\left(\frac{d^2\omega}{dx^2}\right)_{x=0}=M_0\\(Q_x)_{x=0}&=-D'\left(\frac{d^3\omega}{dx^3}\right)_{x=0}=Q_0\end{aligned}\right\} \tag{3-38}$$

将式(3-37) 代入后，可解得

$$C_3=-\frac{1}{2\beta^3D'}(Q_0+\beta M_0),C_4=\frac{M_0}{2\beta^2D'}$$

因此 ω 的最后表达式为

$$\omega=\frac{e^{-\beta x}}{2\beta^3D'}[\beta M_0(\sin\beta x-\cos\beta x)-Q_0\cos\beta x] \tag{3-39}$$

最大挠度发生在 $x=0$ 的边缘上，即

$$\left.\begin{aligned}(\omega)_{x=0}&=-\frac{1}{2\beta^2 D'}M_0-\frac{1}{2\beta^3 D'}Q_0\\ \theta&=-\left(\frac{d\omega}{dx}\right)_{x=0}=-\frac{1}{\beta D'}M_0-\frac{1}{2\beta^2 D'}Q_0\end{aligned}\right\}\tag{3-40}$$

上述两式中的 ω 和 θ 即为 M_0 和 Q_0 在连接处引起的平行圆径向位移和经线转角，并可改写为如下形式

$$\left.\begin{aligned}\omega^{M_0}&=-\frac{1}{2\beta^2 D'}M_0\\ \omega^{Q_0}&=-\frac{1}{2\beta^3 D'}Q_0\\ \theta^{M_0}&=-\frac{1}{\beta D'}M_0\\ \theta^{Q_0}&=-\frac{1}{2\beta^2 D'}Q_0\end{aligned}\right\}\tag{3-41}$$

将式(3-39) 及其各阶导数代入式(3-34)，就可得到圆筒中各内力的计算公式

$$\left.\begin{aligned}N_x&=0\\ N_\theta&=-E\delta\frac{\omega}{R}=2\beta R e^{-\beta x}[\beta M_0(\cos\beta x-\sin\beta x)+Q_0\cos\beta x]\\ M_x&=-D'\left(\frac{d^2\omega}{dx^2}\right)=\frac{e^{-\beta x}}{\beta}[\beta M_0(\cos\beta x+\sin\beta x)+Q_0\sin\beta x]\\ M_\theta&=\mu M_x\\ Q_x&=-D'\left(\frac{d^3\omega}{dx^3}\right)=-e^{-\beta x}[2\beta M_0\sin\beta x-Q_0(\cos\beta x-\sin\beta x)]\end{aligned}\right\}\tag{3-42}$$

由这些内力在壳体中产生的应力为

$$\sigma_x^M=\frac{12M_x}{\delta^3}z$$

$$\sigma_\theta^M=\frac{12M_\theta}{\delta^3}z$$

$$\sigma_\theta^N=\frac{N_\theta}{\delta}$$

式中，应力符号右上角标注 M 表示由边缘弯曲引起的应力。如 σ_x^p 和 σ_θ^p 表示内压 p 产生的薄膜应力，则发生在圆筒连接边缘区域壳体外内表面$\left(z=\mp\frac{\delta}{2}\right)$上的总应力为

$$\left.\begin{aligned}\sum\sigma_x&=\sigma_x^p+\sigma_x^M=\frac{pR}{2\delta}\mp\frac{6M_x}{\delta^2}\\ \sum\sigma_\theta&=\sigma_\theta^p+\sigma_\theta{}^N+\sigma_\theta^M=\frac{pR}{\delta}+\frac{N_\theta}{\delta}\mp\frac{6M_\theta}{\delta^2}\end{aligned}\right\}\tag{3-43}$$

(4) 边缘应力计算举例

当一般回转壳（如球形壳、椭球壳、锥形壳等）与圆柱壳连接时，将产生边缘效应，在

这些壳体的边缘处同样存在边缘力和边缘力矩。求这些边缘力和边缘力矩引起的内力和变形需要应用一般回转壳的有力矩理论，其精确分析远比圆柱壳复杂，超出了本书的范围。以下仅就厚圆平板与圆柱壳的连接情况说明边缘应力的计算。

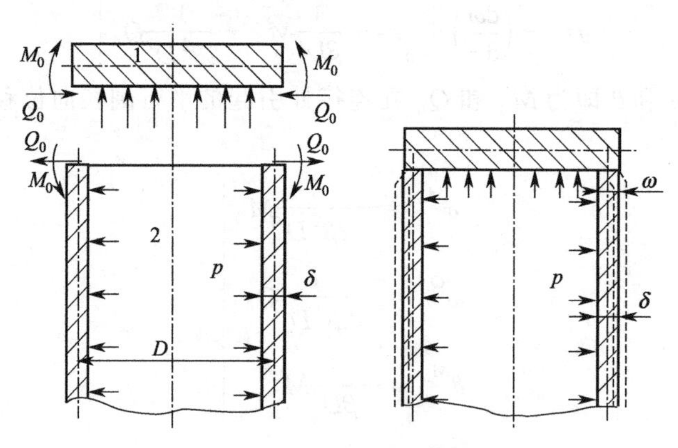

图 3-13　厚圆平板与圆柱壳的连接

1—封头；2—筒体

带厚圆平板的圆筒如图 3-13 所示，内部作用均匀分布的压力为 p。用一假想截面将圆筒与圆板在连接部位切开，则它们之间有相互作用的边缘剪力 Q_0 和边缘弯矩 M_0。由于圆平板很厚，它抵抗变形的能力远大于圆筒，可假设连接处没有位移和转角，即

$$\left.\begin{aligned} \omega_1^p=\omega_1^{M_0}=\omega_1^{Q_0}=0 \\ \theta_1^p=\theta_1^{M_0}=\theta_1^{Q_0}=0 \end{aligned}\right\} \tag{3-44}$$

对于圆筒有

$$\left.\begin{aligned} \omega_2^p&=-\frac{pR^2}{2E\delta}(2-\mu),\theta_2^p=0 \\ \omega_2^{M_0}&=-\frac{1}{2\beta^2 D'}M_0,\theta_2^{M_0}=-\frac{1}{\beta D'}M_0 \\ \omega_2^{Q_0}&=-\frac{1}{2\beta^3 D'}Q_0,\theta_2^{Q_0}=-\frac{1}{2\beta^2 D'}Q_0 \end{aligned}\right\} \tag{3-45}$$

将式(3-44) 及 (3-45) 代入变形协调方程式(3-32) 得

$$\left.\begin{aligned} -\frac{pR^2}{2E\delta}(2-\mu)-\frac{1}{2\beta^2 D'}M_0-\frac{1}{2\beta^3 D'}Q_0=0 \\ -\frac{1}{\beta D'}M_0-\frac{1}{2\beta^2 D'}Q_0=0 \end{aligned}\right\} \tag{3-46}$$

解得

$$\left.\begin{aligned} M_0&=\beta^2 D'\frac{pR^2}{E\delta}(2-\mu) \\ Q_0&=-2\beta^3 D'\frac{pR^2}{E\delta}(2-\mu) \end{aligned}\right\} \tag{3-47}$$

式中负号表示 Q_0 的实际方向与图示方向相反。对于钢材，$\mu=0.3$，$\beta=\frac{\sqrt[4]{3(1-\mu^2)}}{\sqrt{R\delta}}=$

$\frac{1.258}{\sqrt{R\delta}}$，则

$$\left.\begin{aligned} M_0&=0.257pR\delta \\ Q_0&=-0.66p\sqrt{R\delta} \end{aligned}\right\} \tag{3-48}$$

将式(3-48) 代入式(3-42)，求出 $x=0$ 时的内力 N_θ 和内力矩 M_x、M_θ，再将所求的内力 N_θ 和内力矩 M_x、M_θ 代入式(3-43)，即可算得钢制筒体连接处的应力分别是

$$(\Sigma\sigma_x)_{\max}=2.05\frac{pR}{\delta}（在 \beta x=0 处，内表面）$$

$$(\Sigma\sigma_\theta)_{\max}=0.62\frac{pR}{\delta}（在 \beta x=0 处，内表面）$$

可见，与厚平板连接的圆柱壳边缘处的最大应力为壳体的经向应力，其值远大于远离结构不连续处圆柱壳中的薄膜应力。

(5) 边缘应力的特点

不同结构组合壳在连接边缘处有不同的边缘应力。有的边缘效应显著，其应力可达到很大的数值。但它们都有一个共同特征，即影响范围很小，这些应力只存在于连接处附近的局部区域。例如当 $\beta x\approx\pi$，即 $x=\frac{\pi}{\beta}$时，根据式(3-42) 可知，$|M_x|\approx e^{-\pi M_0}=0.043M_0$，即经向弯矩已衰减掉 95.7%；若离边缘的距离大于$\frac{\pi}{\beta}$，则可忽略边缘力和边缘力矩的作用。对于钢材 $\mu=0.3$，则 $x=\frac{\pi}{\beta}=\frac{\pi\sqrt{R\delta}}{\sqrt[4]{3(1-\mu^2)}}\approx2.45\sqrt{R\delta}$，在多数情况下，$2.45\sqrt{R\delta}$ 与壳体半径 R 相比是一个很小的数值。这种性质称为边缘应力的局部性。

其次，边缘应力是毗邻壳体薄膜变形不相等和两部分的变形受到弹性束缚所致。因此对于用塑性好的材料制造的压力容器，当不连续边缘区应力过大，一旦出现部分屈服变形时，这种弹性约束即自行缓解，变形不会继续发展，边缘应力也不再无限制地增加。这种性质称为边缘应力的“自限性”。

由于边缘应力具有局部性和自限性两个特点，除了分析设计必须做详细的应力分析以外，对于静载荷下塑性材料的容器，在设计中一般不做具体计算，而采取结构上做局部调整的方法，以限制其应力水平。这些方法不外是在连接处采用挠性结构，如不同形状壳体的圆弧过渡，不等厚壳体的削薄连接等；或采取局部加强措施和减少外界引起的附加应力，如焊接残余应力、支座处的集中应力、开孔接管的应力集中等。但是对于承受低温或循环载荷的容器，或用脆性较大的材料制造的容器，因过高的边缘应力使材料对缺陷十分敏感，可能导致容器的疲劳失效或脆性破坏，因而在设计中通常要核算边缘应力。

3.2 圆平板中的应力分析

部分容器的平板封头、人孔或手孔盖、反应器催化床的支承板以及板式塔的塔板等，它们的形状通常是圆形平板或中心有孔的圆环形平板，这是组成容器的一类重要构件。与讨论薄壳一样，描述圆板几何特征也用中面、厚度和边界支承条件，圆板的中面是平面。对于薄

板，其厚度与直径之比小于或等于五分之一，否则称为厚板。

大多数圆板或圆环形板承受对称于圆板中心轴的横向载荷，所以圆板的应力和变形具有轴对称性质。圆板在横向载荷作用下，其基本受力特征是双向弯曲，即径向弯曲和周向弯曲，所以板的强度主要取决于厚度。大多数实际问题中，板弯曲后中面上的点在法线方向的位移很小，即挠度 ω 远小于板厚度 δ。当 $\frac{\omega}{\delta} \ll 1$ 时，称为薄板的小挠度问题。本书主要讨论圆形薄板在轴对称横向载荷下小挠度弯曲的应力和变形问题。

对于弹性小挠度薄板，采用类似材料力学中直梁理论的近似假设，可大大简化理论分析。这些假设为：

ⅰ. 板弯曲时其中面保持中性，即板中面内的点无伸缩和剪切变形，只有沿中面法线的挠度；

ⅱ. 板变形前中面的法线，在弯曲后仍为直线，且垂直于变形后的中面；

ⅲ. 垂直于板面的正应力与其他应力相比很小，可略去不计。

因为问题具有静不定性质，需要建立平衡方程、几何方程和物理方程，最后得到挠度微分方程，解得圆板中的应力。

3.2.1 圆板轴对称弯曲的基本方程

(1) 圆板中的内力

如图 3-14 所示的微元是用相距 $\mathrm{d}r$ 的两同心圆柱截面与夹角 $\mathrm{d}\theta$ 的两半径平面截出，微元的上下面即是圆板的表面。因轴对称，板内无扭矩，且除同心圆柱截面上有横向剪力 Q_r 外，其他截面上剪力均为零；在微元侧面上有径向弯矩 M_r、周向弯矩 M_θ 作用，它们都与 θ 无关，仅是坐标 r 的函数。这些内力（矩）沿中面单位长度均匀连续分布，内力单位为 N/mm，力矩单位为 N·mm/mm。在垂直板面方向承受轴对称表面载荷 $p_z = p_z(r)$ 的作用。

对于圆板通常采用圆柱坐标系 r、θ 和 z，将变形前中面的圆心作为坐标原点。z 通过圆心垂直于中面，向下为正方向；r 为中面上的点离开圆心的距离；θ 为极角。若建立直角坐标，x 与 r 对应，y 则沿 θ 的切向，内力（矩）方向的规定与上一节薄壳分析中一样，故图示内力皆为正值。

(2) 平衡方程

根据图示微元上的力和力矩，可列出六个平衡条件：$\sum F_x = 0$，$\sum F_y = 0$，$\sum F_z = 0$；$\sum M_x = 0$，$\sum M_y = 0$，$\sum M_z = 0$。但因 x 和 y 方向无力，也无对 z 轴的力矩，而对 x 轴的力矩平衡条件又是自动满足，所以只留下两个平衡方程。由 $\sum F_z = 0$，得

$$\left(Q_r + \frac{\mathrm{d}Q_r}{\mathrm{d}r}\mathrm{d}r\right)(r + \mathrm{d}r)\mathrm{d}\theta - Q_r r \mathrm{d}\theta + p_z r \mathrm{d}\theta \mathrm{d}r = 0$$

展开上式，合并同类项，略去三阶小量，并消去因子 $\mathrm{d}r\mathrm{d}\theta$，则简化为

$$\frac{\mathrm{d}(Q_r r)}{\mathrm{d}r} = -p_z r \tag{3-49}$$

式(3-49) 表明剪力 Q_r 与 p_z 的关系。其次，由 $\sum M_y = 0$，有

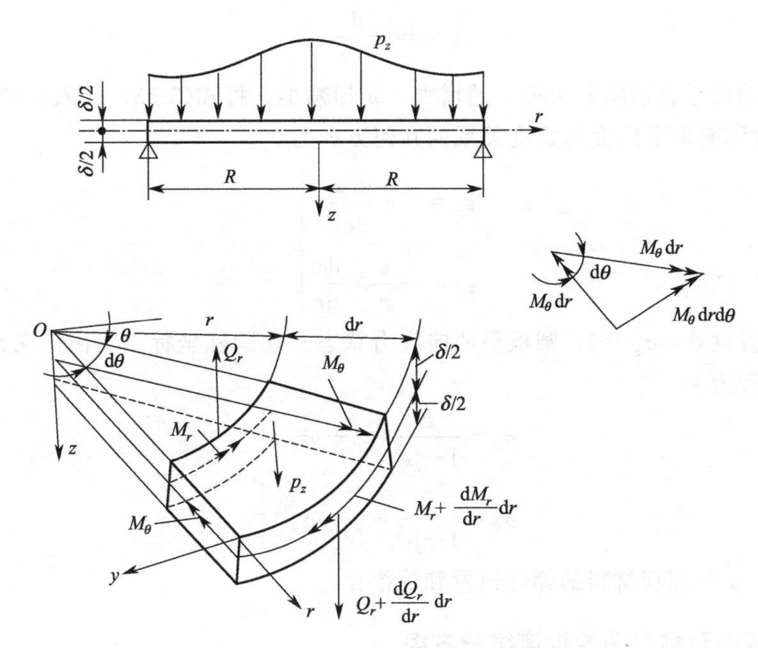

图 3-14 圆板中的内力分量与载荷

（弯矩以双箭头矢量表示，弯曲方向按右手规则）

$$\left(M_r+\frac{\mathrm{d}M_r}{\mathrm{d}r}\mathrm{d}r\right)(r+\mathrm{d}r)\mathrm{d}\theta-M_r r\mathrm{d}\theta-2M_\theta\mathrm{d}r\sin\left(\frac{\mathrm{d}\theta}{2}\right)-Q_r r\mathrm{d}\theta\mathrm{d}r+p_z r\mathrm{d}\theta\mathrm{d}r\ \frac{\mathrm{d}r}{2}=0$$

经展开后略去三阶小量，$\sin\left(\frac{\mathrm{d}\theta}{2}\right)\approx\frac{\mathrm{d}\theta}{2}$，并消去因子 $\mathrm{d}r\mathrm{d}\theta$，最后得

$$\frac{\mathrm{d}(rM_r)}{\mathrm{d}r}-M_\theta=Q_r r \tag{3-50}$$

式(3-49) 和式(3-50) 中含有 M_r、M_θ 和 Q_r 三个未知内力，显然要解出它们需借助补充方程。

（3）几何方程与物理方程

受轴对称载荷圆板的弯曲变形也对称于中心轴，挠度 ω 仅取决于坐标 r，与 θ 无关，所以只需考虑图 3-15 所示圆板的直径截面的变形情况。$\overline{AB}$ 是此截面上任一沿半径 r 方向并与中面相距 z 的微小长度段，$\overline{AB}=\mathrm{d}r$。在板变形后，根据第二个假设，$A$ 点和 B 点的横截面 $m—n$ 和 $m_1—n_1$ 仍垂直于变形后的中曲面，并分别转过角 φ 和 $\varphi+\mathrm{d}\varphi$，故 $\overline{AB}$ 的径向应变为

$$\varepsilon_r=\frac{z(\varphi+\mathrm{d}\varphi)-z\varphi}{\mathrm{d}r}=z\ \frac{\mathrm{d}\varphi}{\mathrm{d}r} \tag{3-51}$$

而过 A 点的圆周线的周向应变为

$$\varepsilon_\theta=\frac{2\pi(r+z\varphi)-2\pi r}{2\pi r}=z\ \frac{\varphi}{r} \tag{3-52}$$

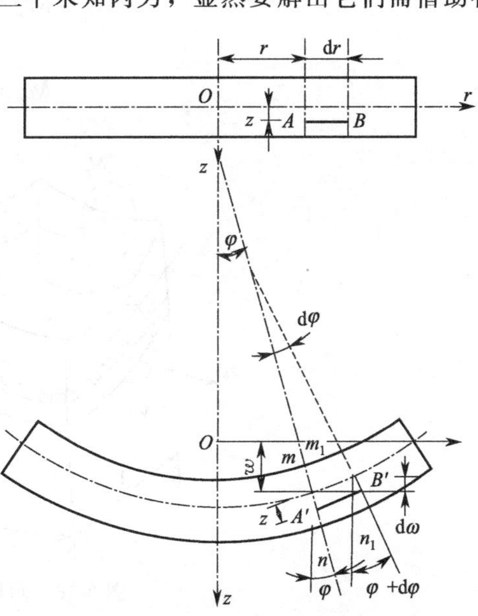

图 3-15 圆板对称弯曲的变形关系

作为小挠度
$$\varphi=-\frac{\mathrm{d}\omega}{\mathrm{d}r} \tag{3-53}$$

等式右边的负号表示随着半径 r 的增大，ω 却减小。将式(3-53) 代入式(3-51) 和式(3-52)，即得轴对称变形下应变与挠度关系的几何方程为

$$\left.\begin{aligned}\varepsilon_r&=-z\frac{\mathrm{d}^2\omega}{\mathrm{d}r^2}\\ \varepsilon_\theta&=-\frac{z}{r}\times\frac{\mathrm{d}\omega}{\mathrm{d}r}\end{aligned}\right\} \tag{3-54}$$

根据基本假设ⅲ，$\sigma_z=0$，圆板呈两向应力状态。在圆柱坐标下，由广义胡克定律可得圆板的物理方程为

$$\left.\begin{aligned}\sigma_r&=\frac{E}{1-\mu^2}(\varepsilon_r+\mu\varepsilon_\theta)\\ \sigma_\theta&=\frac{E}{1-\mu^2}(\varepsilon_\theta+\mu\varepsilon_r)\end{aligned}\right\} \tag{3-55}$$

式中，E、μ 为圆板材料的弹性模量和泊松比。

（4）圆板轴对称弯曲的挠度微分方程

将式(3-54) 代入式(3-55) 得

$$\left.\begin{aligned}\sigma_r&=-\frac{Ez}{1-\mu^2}\left(\frac{\mathrm{d}^2\omega}{\mathrm{d}r^2}+\frac{\mu}{r}\times\frac{\mathrm{d}\omega}{\mathrm{d}r}\right)\\ \sigma_\theta&=-\frac{Ez}{1-\mu^2}\left(\frac{1}{r}\times\frac{\mathrm{d}\omega}{\mathrm{d}r}+\mu\frac{\mathrm{d}^2\omega}{\mathrm{d}r^2}\right)\end{aligned}\right\} \tag{3-56}$$

如图 3-16 所示，σ_r、σ_θ 沿板厚线性分布，中性面处应力为零。它们的合力（矩）即为沿微元中面周边作用的径向弯矩 M_r 和周向弯矩 M_θ，故

$$\left.\begin{aligned}M_r&=\int_{-\frac{\delta}{2}}^{\frac{\delta}{2}}\sigma_r z\,\mathrm{d}z\\ M_\theta&=\int_{-\frac{\delta}{2}}^{\frac{\delta}{2}}\sigma_\theta z\,\mathrm{d}z\end{aligned}\right\} \tag{3-57}$$

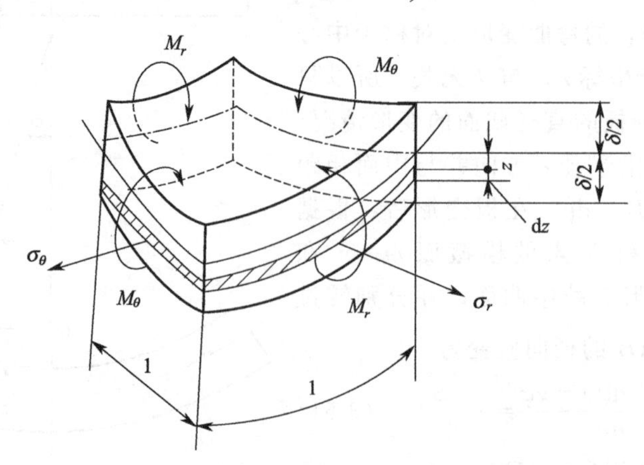

图 3-16　圆板的应力及合成内力矩

将式(3-56) 分别代入上式，积分后得

$$\left.\begin{aligned}M_r&=-D'\left(\frac{\mathrm{d}^2\omega}{\mathrm{d}r^2}+\frac{\mu}{r}\times\frac{\mathrm{d}\omega}{\mathrm{d}r}\right)\\M_\theta&=-D'\left(\frac{1}{r}\times\frac{\mathrm{d}\omega}{\mathrm{d}r}+\mu\frac{\mathrm{d}^2\omega}{\mathrm{d}r^2}\right)\end{aligned}\right\}\tag{3-58}$$

式中，$D'=\dfrac{E\delta^3}{12(1-\mu^2)}$，称为圆平板的抗弯刚度，表征其抵抗弯曲的能力，与几何尺寸及材料性能有关。比较式(3-58) 与式(3-56)，可得应力与弯矩的关系为

$$\left.\begin{aligned}\sigma_r&=\frac{12M_r}{\delta^3}z\\\sigma_\theta&=\frac{12M_\theta}{\delta^3}z\end{aligned}\right\}\tag{3-59}$$

最后，把式(3-58) 代入平衡方程式(3-50) 即得

$$\frac{\mathrm{d}^3\omega}{\mathrm{d}r^3}+\frac{1}{r}\times\frac{\mathrm{d}^2\omega}{\mathrm{d}r^2}-\frac{1}{r^2}\times\frac{\mathrm{d}\omega}{\mathrm{d}r}=-\frac{Q_r}{D'}$$

上式可改写为

$$\frac{\mathrm{d}}{\mathrm{d}r}\left[\frac{1}{r}\times\frac{\mathrm{d}}{\mathrm{d}r}\left(r\frac{\mathrm{d}\omega}{\mathrm{d}r}\right)\right]=-\frac{Q_r}{D'}\tag{3-60}$$

把式(3-60) 代入式(3-49)，则得到

$$\frac{1}{r}\times\frac{\mathrm{d}}{\mathrm{d}r}\left\{r\frac{\mathrm{d}}{\mathrm{d}r}\left[\frac{1}{r}\times\frac{\mathrm{d}}{\mathrm{d}r}\left(r\frac{\mathrm{d}\omega}{\mathrm{d}r}\right)\right]\right\}=\frac{p_z}{D'}\tag{3-61}$$

式(3-61) 是在轴对称载荷作用下小挠度圆板的挠度微分方程式。它是一个四阶常微分方程，在由边界条件确定积分常数后，便可得到确定的 ω 解，将 ω 代入式(3-58)，即得 M_r 和 M_θ，进而由式(3-59) 计算圆板中任一点的应力。如剪力 Q_r 可直接由力平衡条件求得，也可利用式(3-60) 求解 ω。

3.2.2 均布载荷下圆板中的应力

用于容器的圆板通常受到均布横向载荷的作用，即 $p_z=p=$常数，则式(3-61) 的一般解为

$$\omega=C_1r^2\ln r+C_2r^2+C_3\ln r+C_4+\frac{pr^4}{64D'}\tag{3-62}$$

式中，C_1、C_2、C_3、和 C_4 为积分常数，可由圆板中心和周边条件决定。将式(3-62) 代入式(3-60)，得

$$Q_r=-D'\left(\frac{4C_1}{r}+\frac{pr}{2D'}\right)\tag{3-63}$$

对于实心圆板，在板中心 $r=0$ 处，由于 p 为有限量，该处的挠度和剪力应是有限量，故必有 $C_1=C_3=0$，此时式(3-62) 简化为

$$\omega=C_2r^2+C_4+\frac{pr^4}{64D'}\tag{3-64}$$

并有

$$-\varphi=\frac{\mathrm{d}\omega}{\mathrm{d}r}=2C_2r+\frac{pr^3}{16D'}\tag{3-65}$$

$$\left.\begin{aligned}M_r&=-D'\left[2(1+\mu)C_2+\frac{(3+\mu)pr^2}{16D'}\right]\\M_\theta&=-D'\left[2(1+\mu)C_2+\frac{(1+3\mu)pr^2}{16D'}\right]\\Q_r&=-\frac{pr}{2}\end{aligned}\right\}\tag{3-66}$$

以上各式中 C_2、C_4 将由圆板周边的支承条件确定。下面讨论两种典型支承情况。

（1）周边简支圆板

图 3-17(a) 周边简支表示周边不允许有挠度，但可以自由转动，因而周边不存在径向弯矩。此时边界条件为 $r=R$ 时，$\omega=0$，$M_r=0$，将此条件分别代入式(3-64) 和式(3-66) 并解此方程可得

$$C_2=-\frac{(3+\mu)pR^2}{(1+\mu)32D'}$$

$$C_4=\frac{(5+\mu)pR^4}{(1+\mu)64D'}$$

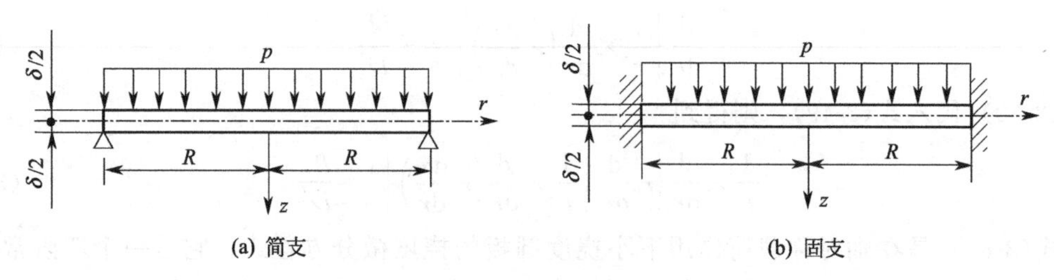

图 3-17 承受均布横向载荷的圆板

将 C_2、C_4 代入式(3-64)，得圆板的挠度

$$\omega=\frac{p}{64D'}(R^2-r^2)\left(\frac{5+\mu}{1+\mu}R^2-r^2\right)\tag{3-67}$$

且有
$$\frac{d\omega}{dr}=-\frac{pr}{16D'}\left(\frac{3+\mu}{1+\mu}R^2-r^2\right)$$

在圆板中心 $r=0$ 处有最大挠度

$$\omega_{max}=(\omega)_{r=0}=\frac{(5+\mu)pR^4}{(1+\mu)64D'}=\frac{3(1-\mu)(5+\mu)}{16E\delta^3}pR^4\tag{3-68}$$

在圆板周边 $r=R$ 处，转角为

$$\varphi=\left(-\frac{d\omega}{dr}\right)_{r=R}=\frac{pR^3}{8D'(1+\mu)}\tag{3-69}$$

将积分常数 C_2 代入式(3-66)，就可得圆板中的弯矩和横向力

$$\left.\begin{aligned}M_r&=\frac{p}{16}(3+\mu)(R^2-r^2)\\M_\theta&=\frac{p}{16}[(3+\mu)R^2-(1+3\mu)r^2]\\Q_r&=\frac{-pr}{2}\end{aligned}\right\}\tag{3-70}$$

将式(3-70) 代入式(3-59) 得

$$\left.\begin{aligned}\sigma_r&=\frac{3pz}{4\delta^3}(3+\mu)(R^2-r^2)\\\sigma_\theta&=\frac{3pz}{4\delta^3}[(3+\mu)R^2-(1+3\mu)r^2]\end{aligned}\right\}\tag{3-71}$$

在板的上下表面 $z=\mp\dfrac{\delta}{2}$处，其弯曲应力值为

$$\left.\begin{aligned}\sigma_r&=\mp\frac{3p}{8\delta^2}(3+\mu)(R^2-r^2)\\\sigma_\theta&=\mp\frac{3p}{8\delta^2}[(3+\mu)R^2-(1+3\mu)r^2]\end{aligned}\right\}\tag{3-72}$$

显然，在板中心 σ_r、σ_θ 最大，它们的数值为

$$(\sigma_r)_{\max}=(\sigma_\theta)_{\max}=\mp\frac{3(3+\mu)}{8\delta^2}pR^2\tag{3-73}$$

式中正号表示拉应力，负号表示压应力。图 3-18 (a) 是周边简支圆板下表面的 σ_r、σ_θ 分布曲线。

在工程设计中重视的是最大挠度和最大正应力，挠度反映板的刚度，应力则反映其强度。由式(3-68) 和式(3-73) 可见，最大挠度和最大应力与圆板的材料、半径、厚度有关。因此，若构成圆板的材料和载荷已确定，则减小半径或增加厚度都可减小挠度和降低最大正应力，当圆板的几何尺寸和载荷一定，则选用 E、μ 较大的材料，可减小最大挠度值。然而最大应力只与 $3+\mu$ 成正比，与 E 无关，而 μ 的数值变化范围小，故改变材料并不能获得所需要的应力状态。

（2）周边固支圆板

图 3-17(b) 周边固支的圆板表示其支承处不允许有转动和挠度，这样的边界条件为 $r=R$，$\omega=0$，$\dfrac{d\omega}{d\varphi}=0$。代入式(3-64) 和式(3-65) 中可得

$$C_2=-\frac{pR^2}{32D'},\ C_4=\frac{pR^4}{64D'}$$

再将 C_2、C_4 值代入式(3-64) 可得

$$\omega=\frac{p}{64D'}(R^2-r^2)\tag{3-74}$$

显然，最大挠度仍发生在板中心处

$$\omega_{\max}=\frac{pR^4}{64D'}=\frac{3(1-\mu^2)}{16E\delta^3}pR^4\tag{3-75}$$

将积分常数 C_2 代入式(3-66) 得

$$\left.\begin{aligned}M_r&=\frac{p}{16}[(1+\mu)R^2-(3+\mu)r^2]\\M_\theta&=\frac{p}{16}[(1+\mu)R^2-(1+3\mu)r^2]\end{aligned}\right\}\tag{3-76}$$

将式(3-76) 代入式(3-59) 得

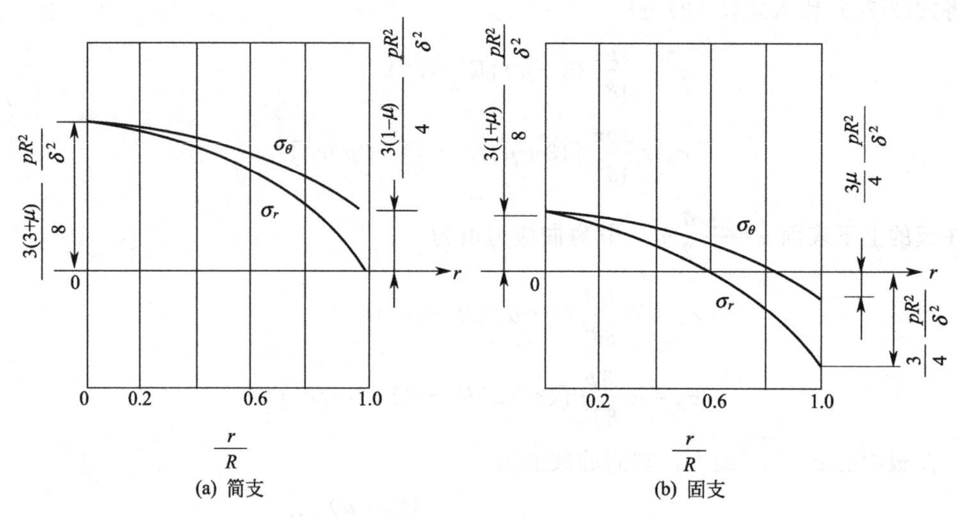

图 3-18　圆板的弯曲应力分布（板下表面）

$$\left.\begin{aligned}\sigma_r&=\frac{3pz}{4\delta^3}[(1+\mu)R^2-(3+\mu)r^2]\\\sigma_\theta&=\frac{3pz}{4\delta^3}[(1+\mu)R^2-(1+3\mu)r^2]\end{aligned}\right\}$$

在板的上下表面 $z=\mp\frac{\delta}{2}$ 处，其弯曲应力值为

$$\left.\begin{aligned}\sigma_r&=\mp\frac{3p}{8\delta^2}[(1+\mu)R^2-(3+\mu)r^2]\\\sigma_\theta&=\mp\frac{3p}{8\delta^2}[(1+\mu)R^2-(1+3\mu)r^2]\end{aligned}\right\}\tag{3-77}$$

显然，板的最大应力在板边缘上下表面（$z=\mp\frac{\delta}{2}$）上，即

$$(\sigma_r)_{\max}=\mp\frac{3}{4\delta^2}pR^2\tag{3-78}$$

图 3-18(b) 是周边固支圆板下表面的应力分布曲线。

圆平板受载后，除产生正应力外，还存在由内力 Q_r 引起的剪应力。在均布载荷 p 作用下，圆平板柱面上的最大剪力 $(Q_r)_{\max}=\frac{pR}{2}$（$r=R$ 处）。近似采用矩形截面梁中最大剪应力公式得到

$$\tau_{\max}=\frac{3}{2}\times\frac{(Q_r)_{\max}}{1\times\delta}=\frac{3}{4}\times\frac{pR}{\delta}$$

将其与最大正应力公式对比，最大正应力与 $(R/\delta)^2$ 同一量级；而最大剪应力则与 (R/δ) 同一量级。因而对于 $R\gg\delta$ 的薄板，板内的正应力远比剪应力大。

比较式(3-68) 与 (3-75) 及式(3-73) 与式(3-78)，并取 $\mu=0.3$，得周边简支与固支时的最大挠度及最大应力比值分别为

$$\frac{\omega^s_{\max}}{\omega^f_{\max}}=\frac{5+0.3}{1+0.3}=4.08$$

$$\frac{\sigma_{\max}^{s}}{\sigma_{\max}^{f}}=\frac{\frac{3\times(3+0.3)}{8}}{\frac{3}{4}}=1.65$$

综上所述，受均布载荷圆形薄板有如下特点：

ⅰ. 板内为两向应力 σ_r 及 σ_θ，而剪应力相对较小，可以忽略不计。

ⅱ. σ_r 及 σ_θ 均为弯曲应力，沿板厚呈线性分布，最大值在上下表面，中面为零。

ⅲ. σ_r 及 σ_θ 沿半径分布，与周边支承方式有关，实际结构常介于固支和简支之间。

ⅳ. 周边简支圆板的最大应力在板中心，周边固支圆板的最大应力在板周边；而周边简支及周边固支圆板的最大挠度均在板中心；同样条件下，简支时的最大挠度是固支时的 4 倍，最大应力是固支时的 1.65 倍，因此，使圆板接近固支受载，可使其应力及变形显著减小。

ⅴ. 薄板的最大应力 $\sigma_{\max}$ 与 $\left(\frac{R}{\delta}\right)^2$ 成正比，而薄壳中的薄膜应力与 $\left(\frac{R}{\delta}\right)$ 成正比。故在同样条件下，薄板厚度较薄壳大得多。

3.2.3 轴对称载荷下环形板中的应力

如图 3-19 所示，具有中心圆孔的薄圆板称为环形薄板。若环形板的外半径与内半径分别用 a 和 b 表示，当 $\frac{a-b}{2a}$ 的比值不太小时，环形板仍主要受弯曲，故仍可利用上述圆板的基本方程求解其应力和挠度。但式(3-62) 中的积分常数 C_1、C_3 不再等于零，四个积分常数将分别由内外边缘的边界条件决定。

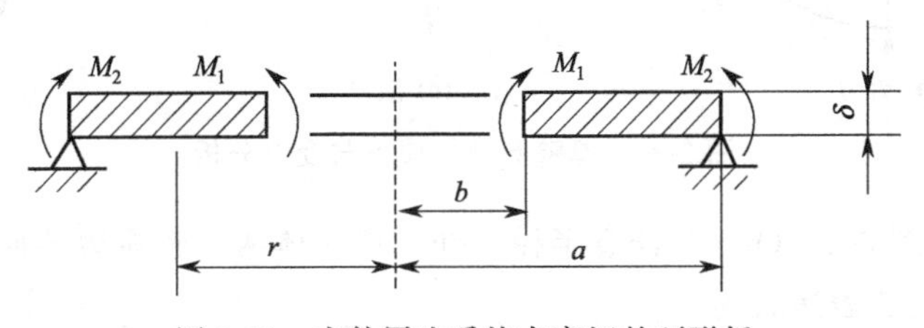

图 3-19 内外周边受均布弯矩的环形板

3.3 厚壁圆筒应力分析

如前所述，$K>1.2$ 的容器称为厚壁容器。与薄壁容器相比，厚壁容器承受压力载荷作用时所产生的应力具有如下特点：

ⅰ. 薄壁容器中的应力只考虑经向和周向两向应力，而忽略径向应力；但厚壁容器中的径向应力较大，不能忽略不计，应做三向应力分析。

ⅱ. 在薄壁容器中，将二向薄膜应力视为沿壁厚均匀分布，而厚壁容器沿壁厚出现应力梯度，前述薄膜假设将不能成立。

ⅲ. 因内外壁间的温差随壁厚的增加而增大，由此产生的温差应力相应增大，因此厚壁容器中的温差应力也应考虑。

厚壁圆筒与薄壁圆筒的应力分析方法也不相同。薄壁筒体中，由于壳壁很薄，应力沿厚度均匀分布，仅根据微元平衡方程和区域平衡方程，即可求得壳体中的应力。厚壁圆筒中的三个应力分量，其中周向应力及径向应力沿厚度非均匀分布，其应力仅取微元平衡不能求解，必须建立几何方程、物理方程、力平衡方程，才能确定厚壁筒中各点的应力大小。

厚壁圆筒有单层式和组合式两大类。本节讨论的是单层厚壁圆筒的弹性应力、弹塑性应力和自增强原理。

3.3.1 厚壁圆筒弹性应力分析

（1）内压单层厚壁圆筒中的弹性应力

由于厚壁圆筒具有几何轴对称性，其应力和变形也对称于轴线。图 3-20（a）所示是一个切出的沿轴向为单位长度的厚壁筒单元体薄片，其上作用着径向应力 σ_r、周向应力 σ_θ 和轴向应力 σ_z。在三向应力中，轴向应力 σ_z 不随半径 r 变化。

σ_θ 与 σ_r 的求解以位移为基本未知量较为方便。即以变形的几何关系（几何方程）导出应变表达式，再以胡克定律所表达的应力-应变关系（物理方程）导出应力表达式，另外再以微体平衡关系导出周向应力和径向应力的关系式(平衡方程)，最后便可求解各向应力。

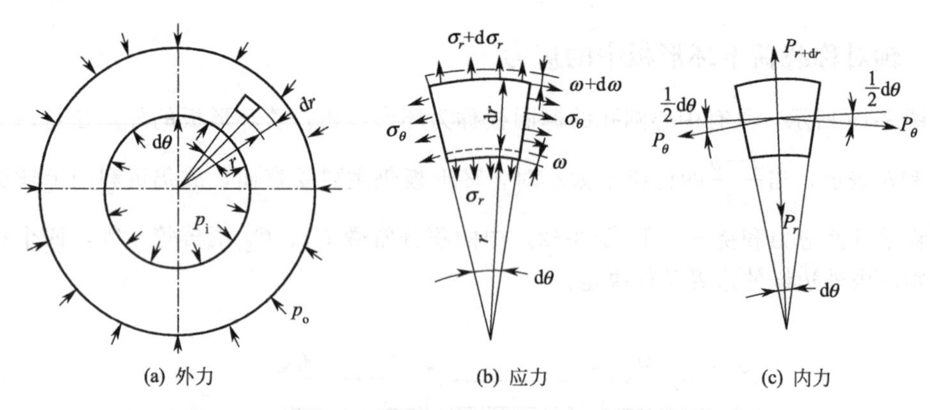

图 3-20 厚壁圆筒的应力与变形分析

① 几何方程 图 3-20（b）在任意半径 r 处，单元体两条圆弧边的径向位移分别为 ω 和 $\omega+\mathrm{d}\omega$，可导出其应变表达式为

$$\left.\begin{aligned}&\text{径向应变}\quad \varepsilon_r=\frac{(\omega+\mathrm{d}\omega)-\omega}{\mathrm{d}r}=\frac{\mathrm{d}\omega}{\mathrm{d}r}\\&\text{周向应变}\quad \varepsilon_\theta=\frac{(r+\omega)\mathrm{d}\theta-r\mathrm{d}\theta}{r\mathrm{d}\theta}=\frac{\omega}{r}\end{aligned}\right\}\tag{3-79}$$

对第 2 式求导并变换可得

$$\frac{\mathrm{d}\varepsilon_\theta}{\mathrm{d}r}=\frac{1}{r}(\varepsilon_r-\varepsilon_\theta)\tag{3-80}$$

② 物理方程 按广义胡克定律可表示为

$$\left.\begin{aligned}\varepsilon_r&=\frac{1}{E}[\sigma_r-\mu(\sigma_\theta+\sigma_z)]\\\varepsilon_\theta&=\frac{1}{E}[\sigma_\theta-\mu(\sigma_r+\sigma_z)]\end{aligned}\right\}\tag{3-81}$$

由上述两式可得

$$\varepsilon_r-\varepsilon_\theta=\frac{(1+\mu)}{E}(\sigma_r-\sigma_\theta)\tag{3-82}$$

同时对（3-81）式的第 2 式求导，可得（σ_z 为沿 r 均匀分布的常量）

$$\frac{d\varepsilon_\theta}{dr}=\frac{1}{E}\left(\frac{d\sigma_\theta}{dr}-\mu\frac{d\sigma_r}{dr}\right)$$

另外将式(3-82) 代入式(3-80) 得

$$\frac{d\varepsilon_\theta}{dr}=\frac{(1+\mu)}{rE}(\sigma_r-\sigma_\theta)$$

由这两式相等可得

$$\frac{d\varepsilon_\theta}{dr}-\mu\frac{d\varepsilon_r}{dr}=\frac{(1+\mu)}{r}(\sigma_r-\sigma_\theta) \tag{3-83}$$

③ 平衡方程　由图 3-20(c) 的微体平衡关系可得出下列方程

$$(\sigma_r+d\sigma_r)(r+dr)d\theta-\sigma_r r d\theta-2\sigma_\theta dr\sin\frac{d\theta}{2}=0$$

因 $d\theta$ 极小，故 $\sin\frac{d\theta}{2}\approx\frac{d\theta}{2}$，再略去二级微量 $d\sigma_r dr$，上式可简化为

$$\sigma_\theta-\sigma_r=r\frac{d\sigma_r}{dr} \tag{3-84}$$

为消去 σ_θ，将式(3-83) 代入式(3-84)，整理得

$$r\frac{d^2\sigma_r}{dr^2}+3\frac{d\sigma_r}{dr}=0$$

由该微分方程求解，便可得 σ_r 的通解。将 σ_r 再代入式(3-84) 得 σ_θ

$$\sigma_r=A-\frac{B}{r^2}\qquad \sigma_\theta=A+\frac{B}{r^2} \tag{3-85}$$

当内外壁同时分别受内压 p_i 及外压 p_o 作用时，根据内外壁处的边界条件 $r=R_i$，$\sigma_r=-p_i$ 和 $r=R_o$，$\sigma_r=-p_o$ 可求得积分常数

$$A=\frac{p_iR_i^2-p_oR_o^2}{R_o^2-R_i^2}\qquad B=\frac{(p_i-p_o)R_i^2R_o^2}{R_o^2-R_i^2}$$

式中，R_i、R_o 分别为圆筒的内半径和外半径。将 A 与 B 代入式(3-85) 便可得 σ_r 和 σ_θ 的解，如式(3-86) 所示。而经向（轴向）应力 σ_z，则可由轴向平衡按截面法求得

$$\sigma_z=\frac{\pi R_i^2p_i-\pi R_o^2p_o}{\pi(R_o^2-R_i^2)}=\frac{p_iR_i^2-p_oR_o^2}{R_o^2-R_i^2}=A$$

则在内外压共同作用下厚壁圆筒的三向应力表达式为

$$\left.\begin{aligned}&\text{周向应力}\quad \sigma_\theta=\frac{p_iR_i^2-p_oR_o^2}{R_o^2-R_i^2}+\frac{(p_i-p_o)R_i^2R_o^2}{R_o^2-R_i^2}\times\frac{1}{r^2}\\&\text{径向应力}\quad \sigma_r=\frac{p_iR_i^2-p_oR_o^2}{R_o^2-R_i^2}-\frac{(p_i-p_o)R_i^2R_o^2}{R_o^2-R_i^2}\times\frac{1}{r^2}\\&\text{轴向应力}\quad \sigma_z=\frac{p_iR_i^2-p_oR_o^2}{R_o^2-R_i^2}\end{aligned}\right\} \tag{3-86}$$

该式首先由拉美（Lame）导出，故称拉美公式。

当仅有内压作用时，上式可以简化，即令 $p_o=0$，并将 $r=R_i$ 和 $r=R_o$ 分别代入式

(3-86)，便可得到表 3-2，仅在内压作用下厚壁圆筒的内、外壁应力计算式。$K=\frac{R_o}{R_i}$，可表示圆筒的壁厚特征。

表 3-2 单层厚壁圆筒在内压作用下的筒壁应力

应力	任意半径 r 处	内表面 $r=R_i$ 处	外表面 $r=R_o$ 处
径向应力 σ_r	$\frac{p_i}{K^2-1}\left(1-\frac{R_o^2}{r^2}\right)$	$-p_i$	0
周向应力 σ_θ	$\frac{p_i}{K^2-1}\left(1+\frac{R_o^2}{r^2}\right)$	$p_i\left(\frac{K^2+1}{K^2-1}\right)$	$p_i\left(\frac{2}{K^2-1}\right)$
轴向应力 σ_z	$\frac{p_i}{K^2-1}$	$\frac{p_i}{K^2-1}$	$\frac{p_i}{K^2-1}$

在仅受内压时，三向应力沿壁厚分布如图 3-21 所示，其周向应力 σ_θ 及轴向应力 σ_z 均为拉应力，而径向应力 σ_r 为压应力。各应力有如下特点：

ⅰ. 内壁周向应力 σ_θ 为所有应力中的最大值，其值为 $\sigma_\theta=p_i\frac{K^2+1}{K^2-1}$，恒大于内压 p_i，表明材料屈服将首先在内壁发生。

ⅱ. 径向应力 σ_r 在内壁处为 $\sigma_r=-p_i$，外壁处 $\sigma_r=0$。

ⅲ. 轴向应力 σ_z 为恒值，沿壁厚均布，其值为 $\sigma_z=\frac{1}{2}(\sigma_\theta+\sigma_r)$，在外壁处 $\sigma_z=\frac{1}{2}\sigma_\theta$。

ⅳ. σ_θ 和 σ_r 沿壁厚分布不均，K 值愈大，即壁厚愈大，分布愈不均。以 σ_θ 为例，内外壁处的 σ_θ 之比 $\frac{(\sigma_\theta)_i}{(\sigma_\theta)_o}=\frac{K^2+1}{2}$，当 K 值趋近于 1 时，应力沿壁厚接近于均布，此即为薄壁容器；当 $K=1.1$ 时内外壁应力之差为 10%；而 $K=1.3$ 时，内外壁应力之差达 35%。可见，在 K 较大时，若采用薄膜应力公式进行计算，则计算所得应力值及其沿壁厚分布，都将与壁内的实际应力产生过大误差。因此，工程中通常把 $K\leqslant1.2$ 作为薄壁与厚壁圆筒的理论分界线。

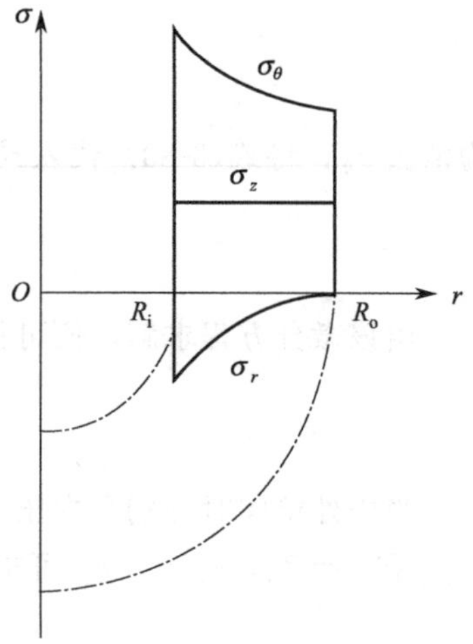

图 3-21 单层厚壁筒内压作用下的应力分布图

（2）单层厚壁圆筒中的温差应力

① 温差应力方程　对无保温层的厚壁容器，若内部有高温介质，内外壁面必然形成温差。由于内外壁材料的热膨胀变形存在相互约束，变形不是自由的，就导致出现温差应力。例如内加热时，内壁温度高于外壁，内层材料的自由热膨胀变形必大于外层，但内层变形又受到外层材料的限制，因此内层材料出现了压缩温差应力，而外层材料则出现拉伸温差应力；当外加热时，内外层温差应力的方向则相反。

单层厚壁圆筒中的温差应力也是三向应力，其计算式与拉美公式的推导有许多相似之处，即也必须应用几何方程、物理方程和微体平衡方程及一些边界条件。但其中的物理方程和边界条件有所不同，现介绍如下。

设厚壁筒中远离边缘区的任一单元体由原来的 0 升温到 t℃时，如果不存在变形约束，则其自由的各向热应变均相同，即 $\varepsilon_r^t=\varepsilon_\theta^t=\varepsilon_z^t=\alpha t$（$\alpha$ 为弹性体材料的线膨胀系数,℃$^{-1}$）。若弹性体存在变形约束，则会产生热应力 σ^t，其中每个单元体的各向应变是各向热应变与各向热应力所引起的弹性应变之和。因此类似式(3-81) 的物理方程为

$$\left.\begin{aligned}\varepsilon_r&=\frac{1}{E}[\sigma_r{}^t-\mu(\sigma_\theta{}^t+\sigma_z{}^t)]+\alpha t\\ \varepsilon_\theta&=\frac{1}{E}[\sigma_\theta{}^t-\mu(\sigma_r{}^t+\sigma_z{}^t)]+\alpha t\\ \varepsilon_z&=\frac{1}{E}[\sigma_z{}^t-\mu(\sigma_r{}^t+\sigma_\theta{}^t)]+\alpha t\end{aligned}\right\}\tag{3-87}$$

由于所考虑的单元体远离边缘区，厚壁筒各个横截面在变形前后始终保持为平面，即轴向应变 ε_z 不随半径 r 而变化，$\varepsilon_z=$常量。设圆筒任意半径 r 处的径向位移为 ω，则由式(3-87) 可导出径向和周向的热应力

$$\left.\begin{aligned}\sigma_r^t&=2G\left[\frac{\mathrm{d}\omega}{\mathrm{d}r}+\frac{\mu}{1-2\mu}\left(\frac{\mathrm{d}\omega}{\mathrm{d}r}+\frac{\omega}{r}+\varepsilon_z\right)-\frac{1+\mu}{1-2\mu}\alpha t\right]\\ \sigma_\theta^t&=2G\left[\frac{\omega}{r}+\frac{\mu}{1-2\mu}\left(\frac{\mathrm{d}\omega}{\mathrm{d}r}+\frac{\omega}{r}+\varepsilon_z\right)-\frac{1+\mu}{1-2\mu}\alpha t\right]\end{aligned}\right\}\tag{3-88}$$

式中，$G=\dfrac{E}{2\ (1+\mu)}$，将上二式代入微体平衡方程式(3-84)，得到以下微分方程

$$\frac{\mathrm{d}^2\omega}{\mathrm{d}r^2}+\frac{1}{r}\times\frac{\mathrm{d}\omega}{\mathrm{d}r}-\frac{\omega}{r^2}=\left(\frac{1+\mu}{1-\mu}\right)\alpha\ \frac{\mathrm{d}t}{\mathrm{d}r}$$

$$\frac{\mathrm{d}}{\mathrm{d}r}\left[\frac{1}{r}\times\frac{\mathrm{d}}{\mathrm{d}r}(\omega r)\right]=\left(\frac{1+\mu}{1-\mu}\right)\alpha\ \frac{\mathrm{d}t}{\mathrm{d}r}$$

其解为

$$\omega=\left(\frac{1+\mu}{1-\mu}\right)\frac{\alpha}{r}\int_{R_\mathrm{i}}^{r}tr\,\mathrm{d}r+\frac{1}{2}C_1r+\frac{1}{r}C_2$$

式中，C_1 及 C_2 为积分常数。此式代入式(3-88)，并根据传热学中的圆筒体在稳定传热时的温度场方程，任意 r 处的温度 t 为

$$t=\frac{t_\mathrm{i}\ln\dfrac{R_\mathrm{o}}{r}+t_\mathrm{o}\ln\dfrac{r}{R_\mathrm{i}}}{\ln\dfrac{R_\mathrm{o}}{R_\mathrm{i}}}$$

式中，t_i 为内壁 $r=R_\mathrm{i}$ 处的壁温，t_o 为外壁 $r=R_\mathrm{o}$ 处的壁温。设 $\Delta t=t_\mathrm{i}-t_\mathrm{o}$，并应注意到内外表面处 $\sigma_r^t=0$ 的边界条件，则最后导出稳定传热状态的三向温差应力表达式，即劳伦兹公式为

$$\left.\begin{aligned}&\text{周向温差压力}\quad\sigma_\theta^t=\frac{E\alpha\Delta t}{2(1-\mu)}\left(\frac{1-\ln K_r}{\ln K}-\frac{K_r^2+1}{K^2-1}\right)\\ &\text{径向温差压力}\quad\sigma_r^t=\frac{E\alpha\Delta t}{2(1-\mu)}\left(-\frac{\ln K_r}{\ln K}+\frac{K_r^2-1}{K^2-1}\right)\\ &\text{轴向温差压力}\quad\sigma_z^t=\frac{E\alpha\Delta t}{2(1-\mu)}\left(\frac{1-2\ln K_r}{\ln K}-\frac{2}{K^2-1}\right)\end{aligned}\right\}\tag{3-89}$$

式中 E，α，μ——材料的弹性模量、线膨胀系数及泊松比，E 的单位为 MPa；

Δt——筒体内外壁的温差，$\Delta t = t_i - t_o$，℃；

K，K_r——筒体的外半径 R_o 分别与内半径 R_i 和任意半径 r 之比。

令 $P_t = \dfrac{E\alpha\Delta t}{2(1-\mu)}$，则按式(3-89) 计算出的内外壁面处的温差应力如表 3-3 及图 3-22 所示。

表 3-3 单层厚壁圆筒中的温差应力

温差应力	任意半径 r 处	内表面 $r=R_i$ 处	外表面 $r=R_o$ 处
径向 σ_r^t	$P_t\left(-\dfrac{\ln K_r}{\ln K}+\dfrac{K_r^2-1}{K^2-1}\right)$	0	0
周向 σ_θ^t	$P_t\left(\dfrac{1-\ln K_r}{\ln K}-\dfrac{K_r^2+1}{K^2-1}\right)$	$P_t\left(\dfrac{1}{\ln K}-\dfrac{2K^2}{K^2-1}\right)$	$P_t\left(\dfrac{1}{\ln K}-\dfrac{2}{K^2-1}\right)$
轴向 σ_z^t	$P_t\left(\dfrac{1-2\ln K_r}{\ln K}-\dfrac{2}{K^2-1}\right)$	$P_t\left(\dfrac{1}{\ln K}-\dfrac{2K^2}{K^2-1}\right)$	$P_t\left(\dfrac{1}{\ln K}-\dfrac{2}{K^2-1}\right)$

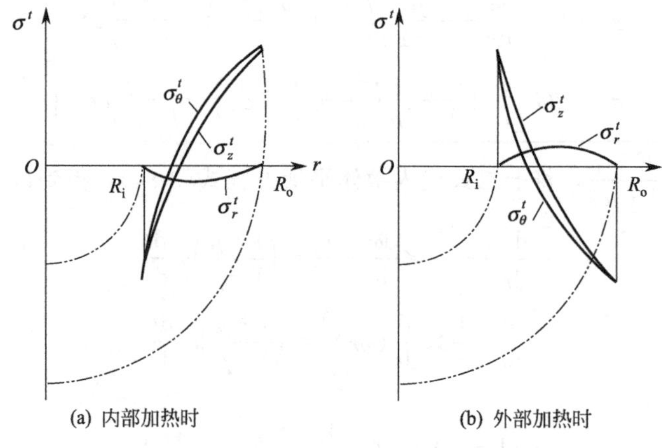

图 3-22 单层厚壁圆筒中的温差应力分布

圆筒中的温差应力及分布大体有如下规律：

ⅰ. 温差应力的大小与内外壁的温差 Δt 成正比，而与温度的绝对值无关。壁厚愈大，K 值愈大，Δt 值也愈大，表 3-3 中的 P_t 也愈大。应注意，$\Delta t = t_i - t_o$，内加热时 Δt 为正，外加热时 Δt 为负，但 Δt 为正时温差应力不一定为正。

ⅱ. 内壁面或外壁面处的温差应力最大。虽然径向温差应力 σ_r^t 在内外壁面均为 0，且 σ_r^t 在各任意半径处的数值均很小，但周向和轴向温差应力在壁面处均为最大，从安全角度来说，内外壁面是首先需要考虑的部位。内加热时最大拉伸温差应力在外壁面，外加热时则在内壁面。但不论是内加热还是外加热，内外壁处的 σ_θ^t 与 σ_z^t 均相等，且沿壁厚各点 $\sigma_z^t = \sigma_\theta^t + \sigma_r^t$，内外壁温差应力之差 $|\sigma_i^t - \sigma_o^t| = 2P_t$。

② 温差应力的工程近似计算 从式(3-89) 和表 3-3 可知，温差应力的计算较繁，工程上常采用近似计算方法。表 3-3 中的 $\left(\dfrac{1}{\ln K}-\dfrac{2K^2}{K^2-1}\right)$ 及 $\left(\dfrac{1}{\ln K}-\dfrac{2}{K^2-1}\right)$ 是 K 的函数，但其值均接近于 1，而近似取 1 时可使计算大为简化。其次 $P_t = \dfrac{E\alpha}{2(1-\mu)}\Delta t$ 中的 E 和 α 虽然均与温度有关，但随温度变化的趋向正好相反，其乘积 $E\alpha$ 值变化不大，因此可近似地视为材料

的常数。若令 $m=\frac{E\alpha}{2(1-\mu)}$，则单层厚壁圆筒内外壁处的最大温差应力近似计算式为

$$\sigma_\theta^t=\sigma_z^t\approx m\Delta t \tag{3-90}$$

式中，m 值可由表 3-4 查取。

表 3-4 材料的 m 值 $\left(m=\frac{E\alpha}{2(1-\mu)}\right)$（$E$ 的单位为 MPa）

材料	高碳钢	低碳钢	低合金钢	Cr-Co 钢，Mo 钢，Cr-Ni 钢
m	1.5	1.6	1.7	1.8

对于包扎式、热套式及绕带式等多层容器，因层与层间免不了存在间隙或锈蚀，增加了热阻，会使壁内温差较单层式稍大。当设计温度小于 350℃，且无保温层时，其温差应力近似式为

$$\sigma_\theta^t\approx\sigma_z^t=2.0\Delta t \tag{3-91}$$

式中，σ^t 的单位为 MPa；内外壁温差 Δt 近似取

$$\left.\begin{array}{ll}\text{室外容器} & \Delta t=0.2\delta\ ℃\\ \text{室内容器} & \Delta t=0.15\delta\ ℃\end{array}\right\} \tag{3-92}$$

式中，δ 为圆筒实际总壁厚，mm。

③ 不计温差应力的条件 凡符合下列条件之一者，均表示温差应力已小到可以忽略而不予考虑：

ⅰ. 内外壁面的温差 $\Delta t\leqslant 1.1p$ 时（p 为设计内压，MPa）的内压内加热单层圆筒。这是因为 p 小时壁厚较薄，温差应力不大，且内壁处温差应力为压应力，对内压产生的拉应力有改善作用。但当外加热时，内壁面的温差应力为拉应力，与内压产生的拉应力叠加，使应力状况恶化，此时温差应力不应忽略，而应对组合应力进行校核。

ⅱ. 有良好的保温层，此时内外壁的温差很小。

ⅲ. 高温操作的容器，因为热应力具有自限性，若材料发生屈服流动或蠕变变形，温差应力也随之降低或消失。

（3）内压与温差同时作用的厚壁圆筒中的应力

当厚壁筒既受内压又受温差作用时，在弹性变形前提下筒壁的综合应力则为两种应力的叠加，叠加时应当按各向应力代数相加，即

$$\Sigma\sigma_r=\sigma_r+\sigma_r^t,\ \Sigma\sigma_\theta=\sigma_\theta+\sigma_\theta^t,\ \Sigma\sigma_z=\sigma_z+\sigma_z^t \tag{3-93}$$

具体计算式见表 3-5，分布情况见图 3-23。内加热与外加热的情况仍取决于 P_t 的正负号，内加热时 Δt 为正，外加热时 Δt 为负。

由图可见，内压内加热情况下内壁应力综合后得到改善，而外壁有所恶化。外加热时则相反，内壁的综合应力恶化，而外壁应力得到很大改善。

表 3-5 厚壁圆筒中内压与温差的综合应力

综合应力	筒体内表面 $r=R_i$	筒体外表面 $r=R_o$
径向 $\Sigma\sigma_r$	$-p$	0
周向 $\Sigma\sigma_\theta$	$(p-P_t)\frac{K^2+1}{K^2-1}+P_t\frac{1-\ln K}{\ln K}$	$(p-P_t)\frac{2}{K^2-1}+P_t\frac{1}{\ln K}$
轴向 $\Sigma\sigma_z$	$(p-2P_t)\frac{1}{K^2-1}+P_t\frac{1-2\ln K}{\ln K}$	$(p-P_t)\frac{2}{K^2-1}+P_t\frac{1}{\ln K}$

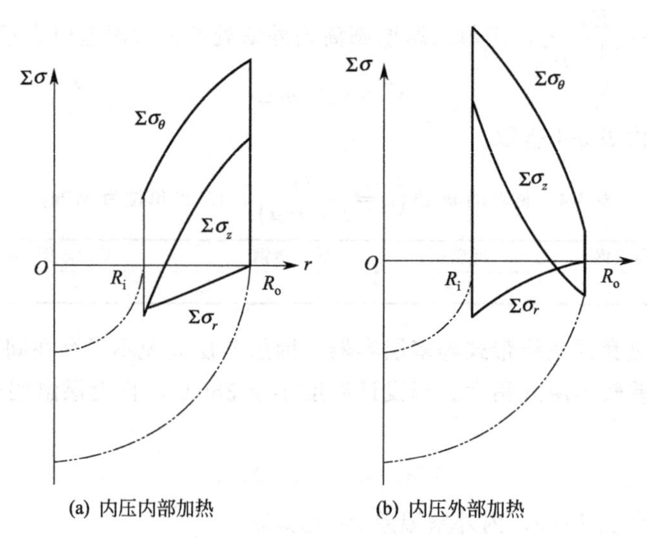

图 3-23　厚壁筒内的综合应力

3.3.2　厚壁圆筒弹塑性应力分析

当内压大到使内壁材料屈服后，再增加压力时则屈服层向外扩展，从而在靠近内壁处形成塑性区，而塑性区之外仍为弹性区，筒体处于弹塑性状态。弹塑性的交界面为与圆筒同心的圆柱面，设交界面圆柱的半径为 R_c。现分析 R_c 与内压 p_i 的关系及弹性区塑性区内的应力分布。

设想从单层厚壁圆筒上远离边缘处的区域切取一筒节，并沿 R_c 处分成弹性区与塑性区，如图 3-24 所示。设弹塑性区交界面上的径向压力为 p_c，则弹性区所受内压为 p_c，外压为 0，而塑性区所受内压为 p_i，外压为 p_c。

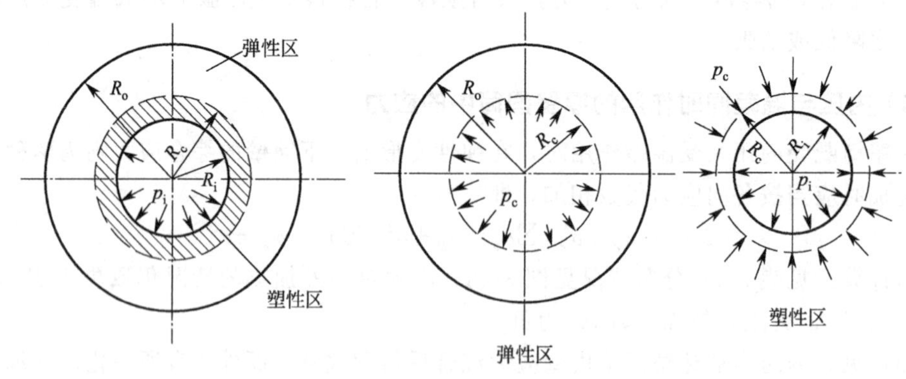

图 3-24　处于弹塑性状态的单层厚壁圆筒的分解

（1）塑性区

处于塑性状态时，式(3-84) 的微体平衡方程仍成立，即

$$\sigma_\theta-\sigma_r=r\frac{\mathrm{d}\sigma_r}{\mathrm{d}r}$$

在拉伸屈服行为符合理想塑性材料情况下，按 Tresca 屈服条件，当最大剪应力达到材

料的剪切屈服强度 τ_s 时便进入屈服状态，即

$$\tau_{max}=\frac{1}{2}(\sigma_\theta-\sigma_r)=\tau_s=\frac{1}{2}R_{eL} \tag{3-94}$$

此处 τ_s 为材料单向拉伸屈服强度 R_{eL} 的一半，代入式(3-84) 积分得

$$\sigma_r=R_{eL}\ln r+A$$

积分常数 A 按边界条件确定：$r=R_i$ 处 $\sigma_r=-p_i$；$r=R_c$ 处 $\sigma_r=-p_c$。

利用 $r=R_i$ 处边界条件和积分式可得塑性区内 σ_r 的表达式；将 σ_r 表达式代入 Tresca 屈服条件，则可得塑性区内 σ_θ 的表达式；再利用 $\sigma_z=\frac{1}{2}(\sigma_\theta+\sigma_r)$关系可得到塑性区内 σ_z 的表达式，即

$$\left.\begin{aligned}\sigma_r&=R_{eL}\ln\frac{r}{R_i}-p_i\\\sigma_\theta&=R_{eL}\left(1+\ln\frac{r}{R_i}\right)-p_i\\\sigma_z&=R_{eL}\left(0.5+\ln\frac{r}{R_i}\right)-p_i\end{aligned}\right\} \tag{3-95}$$

将 $r=R_c$、$\sigma_r=-p_c$ 代入式(3-95) 中的第 1 式，便可得弹塑性区交界面上的压力 p_c

$$p_c=-R_{eL}\ln\frac{R_c}{R_i}+p_i \tag{3-96}$$

（2）弹性区

弹性区相当于承受 p_c 内压的弹性圆筒，其 $K_c=\frac{R_o}{R_c}$，按 Lame 式(3-86) 或表 3-2 可得弹性区内壁 $r=R_c$ 处的应力表达式

$$(\sigma_r)_{r=R_c}=-p_c$$

$$(\sigma_\theta)_{r=R_c}=p_c\left[\frac{(R_o/R_c)^2+1}{(R_o/R_c)^2-1}\right]=p_c\left(\frac{K_c^2+1}{K_c^2-1}\right)$$

因该弹性区的内壁处于屈服状态，应符合屈服条件式(3-94)，即

$$(\sigma_\theta)_{r=R_c}-(\sigma_r)_{r=R_c}=2\tau_s=R_{eL}$$

将 $(\sigma_\theta)_{r=R_c}$ 及 $(\sigma_r)_{r=R_c}$ 代入，则得

$$p_c=\frac{R_{eL}}{2}\times\frac{R_o^2-R_c^2}{R_o^2}=\frac{R_{eL}}{2}\times\frac{K_c^2-1}{K_c^2} \tag{3-97}$$

考虑到弹性区与塑性区是同一连续体内的两个部分，界面上的 p_c 应为同一数值，即式(3-96) 与式(3-97) 相等，则可导出塑性区达 R_c 处时的内压 p_i 的表达式

$$p_i=R_{eL}\left(0.5-\frac{R_c^2}{2R_o^2}+\ln\frac{R_c}{R_i}\right) \tag{3-98}$$

弹性区半径为 r 处的各应力可按弹性应力分析中的 Lame 式(3-86) 列出，但式中内压 p_i 应改为 p_c，而 p_c 按式(3-97) 代入得

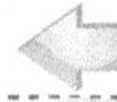

$$\left.\begin{aligned}\sigma_r&=\frac{R_{eL}}{2}\times\frac{R_c^2}{R_o^2}\left(1-\frac{R_o^2}{r^2}\right)=\frac{R_{eL}}{2K_c^2}(1-K_r^2)\\\sigma_\theta&=\frac{R_{eL}}{2}\times\frac{R_c^2}{R_o^2}\left(1+\frac{R_o^2}{r^2}\right)=\frac{R_{eL}}{2K_c^2}(1+K_r^2)\\\sigma_z&=\frac{R_{eL}}{2}\times\frac{R_c^2}{R_o^2}=\frac{R_{eL}}{2K_c^2}\end{aligned}\right\}\tag{3-99}$$

若按 Mises 屈服条件（$\sigma_\theta-\sigma_r=\frac{2}{\sqrt{3}}R_{eL}$），亦可导出类似的上述各表达式。

现将弹塑性分析中所导出的各种应力表达式列于表 3-6 中，弹性区与塑性区中的应力分布如图 3-25（a）中的曲线所示，可见当出现屈服时塑性区与弹性区的应力分布有明显区别。但卸载之后，塑性区变形不能完全恢复，弹性区则要恢复弹性变形，因此在塑性区产生残余压应力，而在弹性区产生残余拉应力，其分布如图 3-25（b）所示。

表 3-6 整体式厚壁圆筒塑-弹性状态的应力（$p_o=0$ 时）

屈服条件	应力	塑性区 $R_i\leqslant r\leqslant R_c$	弹性区 $R_c\leqslant r\leqslant R_o$
Tresca	径向应力 σ_r	$R_{eL}\ln\frac{r}{R_i}-p_i$	$\frac{R_{eL}}{2}\times\frac{R_c^2}{R_o^2}\left(1-\frac{R_o^2}{r^2}\right)$
	周向应力 σ_θ	$R_{eL}\left(1+\ln\frac{r}{R_i}\right)-p_i$	$\frac{R_{eL}}{2}\times\frac{R_c^2}{R_o^2}\left(1+\frac{R_o^2}{r^2}\right)$
	轴向应力 σ_z	$R_{eL}\left(0.5+\ln\frac{r}{R_i}\right)-p_i$	$\frac{R_{eL}}{2}\times\frac{R_c^2}{R_o^2}$
	p_i 与 R_c 关系	$p_i=R_{eL}\left(0.5-\frac{R_c^2}{2R_o^2}+\ln\frac{R_c}{R_i}\right)$	
Mises	径向应力 σ_r	$\frac{2}{\sqrt{3}}R_{eL}\ln\frac{r}{R_i}-p_i$	$\frac{R_{eL}}{\sqrt{3}}\times\frac{R_c^2}{R_o^2}\left(1-\frac{R_o^2}{r^2}\right)$
	周向应力 σ_θ	$\frac{2}{\sqrt{3}}R_{eL}\left(1+\ln\frac{r}{R_i}\right)-p_i$	$\frac{R_{eL}}{\sqrt{3}}\times\frac{R_c^2}{R_o^2}\left(1+\frac{R_o^2}{r^2}\right)$
	轴向应力 σ_z	$\frac{R_{eL}}{\sqrt{3}}\left(1+2\ln\frac{r}{R_i}\right)-p_i$	$\frac{R_{eL}}{\sqrt{3}}\times\frac{R_c^2}{R_o^2}$
	p_i 与 R_c 关系	$p_i=\frac{R_{eL}}{\sqrt{3}}\left(1-\frac{R_c^2}{R_o^2}+2\ln\frac{R_c}{R_i}\right)$	

3.3.3 自增强原理

自增强处理就是将厚壁筒在使用前进行大于工作压力的超压处理，目的是超压处理卸载后形成预应力使工作时壁内应力趋于均匀。如前所述，超压时可形成塑性区和弹性区。卸压后，塑性区将有残余应变，而弹性区又受到该残余应变的阻挡恢复不到原来的位置，两区间便形成互相作用力。无疑，塑性区中形成残余压应力，弹性区中形成残余拉应力，也就是筒壁中形成了预应力。

工作时重新加载到工作压力，筒壁内重新建立由 Lame（拉美）公式所确定的弹性应力，与残留的预应力叠加后塑性区的总应力有所下降，外部弹性区的总应力有所上升，沿整个筒壁的应力分布就比较均匀，应力分布得到改善，承载能力提高，如图 3-25(c) 所示。这种自增强处理技术在超高压容器中常有应用。按式(3-98) 可计算塑性区达到 R_c 时的自增强处理压力 p_i。

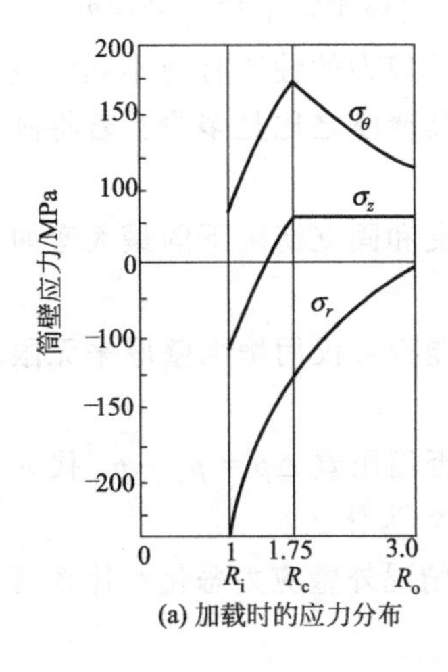

(a) 加载时的应力分布

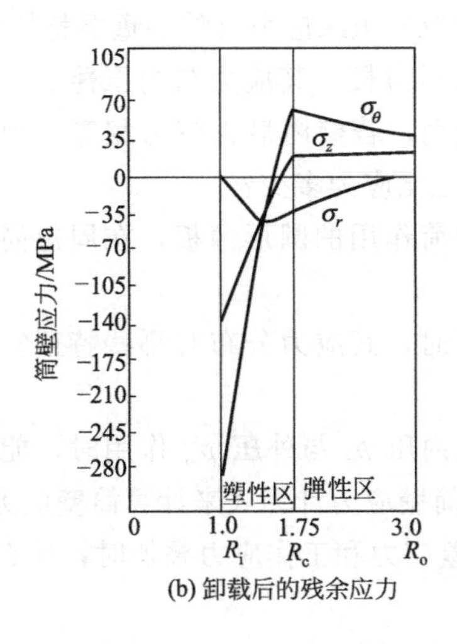

(b) 卸载后的残余应力

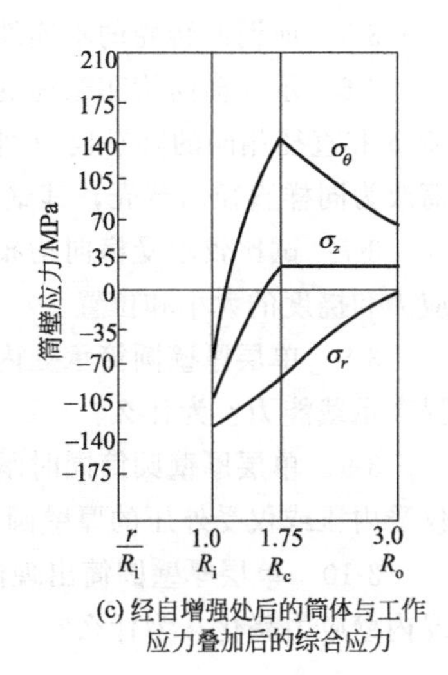

(c) 经自增强处后的筒体与工作应力叠加后的综合应力

图 3-25 弹-塑性区的应力分布

卸载时，若卸除的压力为 Δp，则卸压到 0 时 $\Delta p=p_i$，由 Δp 按表 3-2 中 Lame 公式可计算出卸除的三向弹性应力 $\Delta\sigma$（包括 $\Delta\sigma_\theta$，$\Delta\sigma_r$，$\Delta\sigma_z$），故卸载后的残余应力 σ' 为

$$\sigma'=\sigma-\Delta\sigma$$

式中的 σ 是自增强处理压力 p_i 作用下的塑性区应力与弹性区应力，分别见式(3-95) 及式(3-99)，均含三向应力。自增强卸载后筒壁的残余应力如图 3-25(b) 所示，内侧塑性区卸载后受到很明显的压应力。工作时操作压力总低于自增强压力，因而操作压力引起的弹性应力与卸载后的残余应力相叠加而得的合成应力，要比未经自增强处理的操作压力下的弹性应力低许多，如图 3-25(c) 所示。

厚壁筒自增强处理的方法一种是液压法，另一种是机械型压法。液压法是采用超高压的液压泵对已密闭的厚壁筒进行加压使内层筒壁发生塑性变形；机械型压法是用冲头或水压机将有过盈的心轴压入厚壁筒，或用桥式起重机将心轴拉过厚壁筒等方法使筒壁内部区域发生塑性变形。

自增强处理相当于做爆破试验过程中的中途卸载，显然自增强处理并不能改变筒体的爆破压力。自增强的优点只在于可以提高筒体的弹性承载能力，这是残余压应力做出的贡献。另外残余压应力的存在使原先内壁处的最大拉伸应力得以明显降低，因而在工作状态下加压卸压循环中的应力幅也随之降低，这对延长筒体疲劳寿命是非常有利的。因此对承受交变载荷的超高压筒体来说进行事先的自增强处理是很有必要的。但如在长期高温或波动载荷环境中时，自增强残余应力会逐步衰减。若衰减至 50%以上时，应重新进行自增强处理。

思考题

3-1 试解释下列名词术语：母线、经线、平行圆，第 1 曲率半径、第 2 曲率半径，平行圆半径。

3-2 实际的薄壁设备壳体，当承受均匀内压时，沿器壁厚度的各点上是否有弯曲应力？若有，为什么无力矩理论中不考虑？

3-3 无力矩理论的基本方程及其意义是什么？应用无力矩理论有什么限制？

3-4 标准椭圆形封头，我国为何取 $a/b=2$？

3-5 何谓回转壳的不连续效应？边缘应力有哪些重要特征？工程实际中如何考虑？

3-6 承受横向均布载荷的圆形薄板，其应力与内压薄壁圆筒应力的性质有何不同？载荷 p 和直径相同的圆平板与圆筒壳，若壁内最大应力相等，则其壁厚之比是多少？若将圆筒改为同样直径的球壳，其壁厚之比应为多少？

3-7 试比较承受横向均布载荷作用的圆形薄板，在周边简支和固支情况下的最大弯曲应力和挠度的大小和位置。

3-8 单层厚壁圆筒承受内压时，其应力分布有哪些特征？能否可仅用增加壁厚来无限提高承载能力？为什么？

3-9 单层厚壁圆筒同时承受内压 p_i 与外压 p_o 作用时，能否用压差 $\Delta p = p_i - p_o$ 代入仅受内压或仅受外压的厚壁圆筒筒壁应力计算式来计算筒壁应力？为什么？

3-10 单层厚壁圆筒出现温差应力和工作应力叠加时，什么情况外壁应力恶化？什么情况内壁应力恶化？为什么？

习题

3-1 试用图 3-26 中所注尺寸符号写出各回转壳体中 A 和 A' 点的第 1 曲率半径和第 2 曲率半径以及平行圆半径。

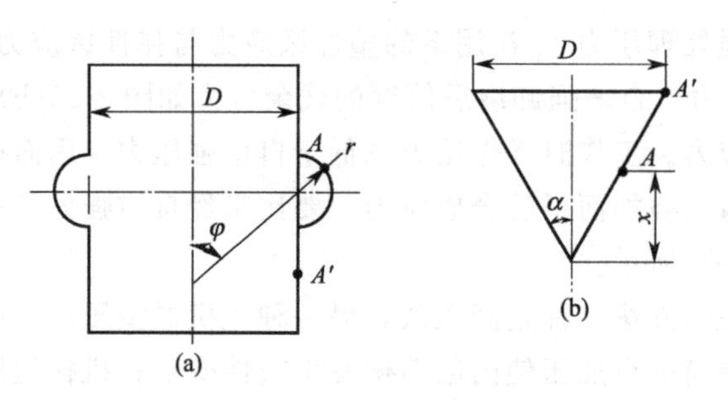

图 3-26 习题 3-1 附图

3-2 图 3-27 为一碟形封头，已知 R、r、D、φ，求碟形封头的公切点 a、b、c 所分 aa、ab、bc 三段不同曲面上的第 1 曲率半径 R_1 和第 2 曲率半径 R_2。

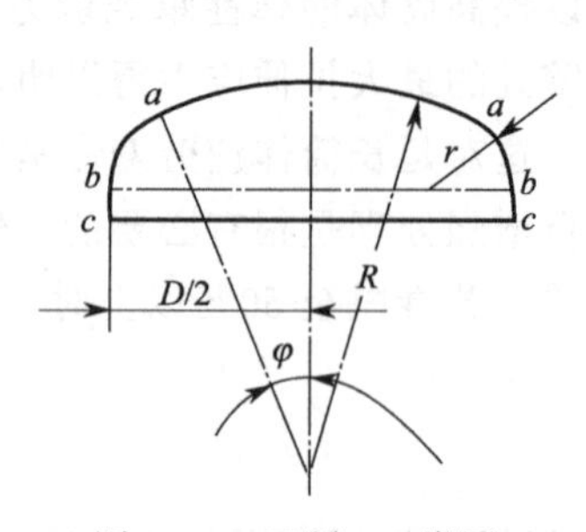

图 3-27 习题 3-2 附图

3-3 图 3-28 为三个直径 D、壁厚 δ 和高度 H 都相同的容器，容器内充满常压液体，液体密度为 ρ，整个壳体均通过悬挂式支座支承在立柱上，试问：

(1) 三个容器的底板所受到的液体总压力是否相同？为什么？

(2) 三个容器所受到的支承反力是否相同（不计容器自重）？为什么？

(3) 三个容器的 $A—A$ 横截面上的σ_φ 是否相等？为什么？写出 σ_φ 计算式。

(4) 三个容器的 $B—B$ 横截面上的σ_φ 是否相等？为什么？写出 σ_φ 计算式。

(5) 若三个容器均直接置于地面上，那么三个容器的 $A—A$ 横截面上的σ_φ 是否相等？为什么？

(6) 三个容器筒体上各对应点处（按同一高度考虑）的 σ_θ 是否相等，为什么？写出 σ_θ 计算式。

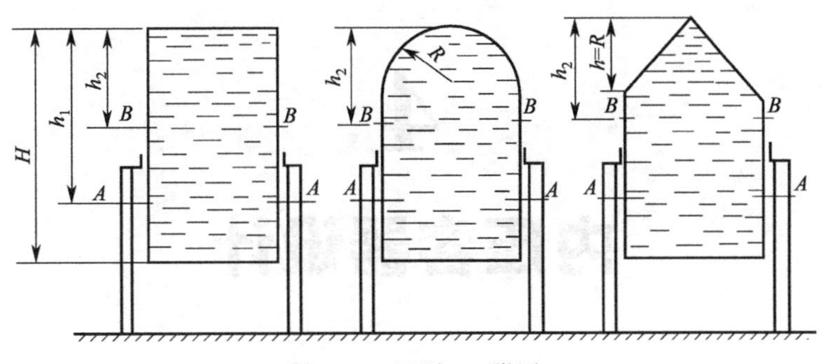

图 3-28 习题 3-3 附图

3-4 有一周边刚性固定的圆平板，半径 $R=500\text{mm}$，板厚 $\delta=38\text{mm}$，板表面作用有 $p=3.0\text{MPa}$ 的均布压力，试求板的最大挠度和应力（取材料的 $E=2\times10^5\text{MPa}$，$\mu=0.3$）。

3-5 习题 3-4 中的圆平板如改为周边简支，其最大挠度和应力又为多少？并将计算结果与上题做比较。

3-6 一内径 $D_i=1220\text{mm}$，外径 $D_o=1520\text{mm}$ 的圆筒，承受 35MPa 的内压，试计算下列各应力的数值并确定出现的位置和方向：(1) 最大周向应力；(2) 最大径向应力；(3) 最大轴向应力。

能力训练题

3-1 查阅资料，利用有限元方法分析内压作用下厚壁圆筒的弹性应力分布和弹性极限压力，并与理论解进行对比，讨论二者的联系和差异。

3-2 查阅资料，利用有限元方法分析内压作用下厚壁圆筒的弹塑性应力分布和塑性极限压力，并与理论解进行对比，讨论二者的联系和差异。

3-3 查阅资料，利用有限元方法分析内压和温度梯度共同作用下厚壁圆筒的弹性和弹塑性应力分布，并与理论解进行对比，讨论二者的联系和差异。

3-4 查阅资料，利用有限元方法分析自增强作用后厚壁圆筒的残余应力以及自增强厚壁圆筒在工作压力下的应力分布，并与理论解进行对比，讨论二者的联系和差异。

3-5 查阅资料，根据理想弹塑性模型，推导工作压力条件下厚壁圆筒的最佳自增强设计压力，并基于有限元方法进行自增强压力优化分析，讨论二者的联系和差异，撰写小论文。

3-6 查阅资料，总结承压设备中常见残余应力的形式及其产生的原因，辨析它们的利害关系，以及在工程设计中的处理方式。

4 内压容器设计

压力容器设计包括工艺设计和机械设计两部分。工程实践中工艺设计通常由工艺专业人员进行，主要是选定设备形式，并通过工艺计算确定设备的直径、高度等尺寸。而机械设计则由过程装备与控制工程专业人员完成，主要是选择适宜的材料及确定具体的结构尺寸，进行强度计算和绘制设备及其零部件的图样等。

按照工程设计阶段，可分为初步设计和施工设计两类设计文件。初步设计文件是对主要设备编制的初步文件，其内容主要是总图或装配图及必要的主要部件图，必要的技术条件、计算书和说明书等。初步设计文件常用作技术论证，也是施工设计的基础。而用于制造、安装施工的文件则称为施工设计文件。它要满足施工的全部要求，内容完整翔实，其图样必须包括全部零部件图。

压力容器属于特种设备，其设计、制造及安装单位均须经考核审查，取得相应资质后方可承接所授予范围内的业务。设计单位及其主要负责人必须对压力容器的设计质量负责。

压力容器设计工程师除具备必需的专业应力分析理论基础外，还应熟悉有关现行国家法令、规范和标准，并具有制造、安装、使用和维护等工程实践的知识与经验。

4.1 概述

4.1.1 压力容器设计文件

压力容器的设计文件包括强度计算书或者应力分析报告、设计图样、制造技术条件、风险评估报告（第Ⅲ类压力容器或者用户要求的其他压力容器），必要时还应当包括安装及使用维护保养说明。

设计图样包括总图、装配图及零部件图等。总图与装配图的形式和基本内容是类同的，但二者功用不同，内容的完整性有差别。总图表示设备的主要结构和尺寸、技术特性、技术要求等，其内容均强调“主要的”而非完整齐全。在初步设计、技术论证和为用户提供的设备图中，通常采用总图。而装配图是表示设备的结构和尺寸、各零部件之间关系、技术特性和技术要求等，其内容必须完整清晰，满足装配的全部需要，例如附有必需的节点放大图等。当装配图能反映总图应有的内容，而又不影响装配图的清晰度时，可以不绘制总图。设计文件中的强度计算书或者应力分析报告、设计总图、风险评估报告应当按照《固容规》的要求履行审批签署手续。

压力容器的设计委托方应当以正式书面形式向设计单位提出压力容器设计条件，常用设计条件图表示，是机械设计的依据。设计条件至少包含以下内容：操作参数（包括工作压力、工作温度范围、液位高度、接管载荷等）；压力容器使用地及其自然条件（包括环境温度、抗震设防烈度、风和雪载荷等）；介质组分与特性；预期使用年限；几何参数和管口方位以及设计需要的其他设计条件。

4.1.2 压力容器失效与设计准则

（1）压力容器失效形式

压力容器的失效大致可分为强度失效、刚度失效、失稳失效和泄漏失效等四大类。

① 强度失效　因材料屈服或断裂引起的压力容器失效，称为强度失效，包括韧性断裂、脆性断裂、疲劳断裂、蠕变断裂、腐蚀断裂等。压力容器的断裂就意味着爆炸或泄漏，危害极大。韧性断裂和脆性断裂是两种常见典型断裂形式。韧性断裂的特征是断后有肉眼可见的宏观变形，如整体鼓胀，周长延伸率可达10%～20%，基本无碎片，断口与主应力方向呈45°，断裂时应力通常达到材料的强度极限。脆性断裂的特征是断裂时容器没有鼓胀，即无明显的塑性变形，其断口齐平，并与最大应力方向垂直，常呈碎片状，危害大，断裂时其应力往往远低于材料的屈服极限，故称低应力脆性断裂。

② 刚度失效　由于构件过度的弹性变形引起的失效，称为刚度失效。例如，露天置立的塔在风载荷作用下，若发生过大的弯曲变形，会破坏塔的正常工作或塔体受到过大的弯曲应力。

③ 失稳失效　在压应力作用下，压力容器突然失去其原有的规则几何形状引起的破坏称为失稳失效。例如，承受外压或真空的容器，就存在失稳的可能性。

④ 泄漏失效　由于泄漏而引起的失效，称为泄漏失效。例如密封面的泄漏及局部开裂或穿孔引起的泄漏。

（2）压力容器设计准则

表征压力容器达到失效时的应力或应变等定量指标，称为失效判据。为防止容器发生失效，使其安全可靠，通常在失效判据中引入安全系数，从而得到与失效判据相对应的强度或刚度等计算式，这就是设计准则。同一种失效形式，可因表征其失效时的理论基础及其力学性能参量不同，有时会有一个以上的失效判据，此时的设计准则表达式也会相应有几种。例如弹性失效准则就是这样。

压力容器技术发展至今，各国设计规范中已经逐步形成如下设计准则：强度上防失效的设计准则有弹性失效设计准则、塑性失效设计准则、爆破失效设计准则、安定性设计准则、疲劳设计准则、蠕变设计准则、低应力脆断设计准则等。另外还有防刚度失效的位移设计准则、防失稳的失稳失效设计准则及防泄漏的泄漏失效设计准则。而在各种失效设计准则中，应用最普遍的是弹性失效设计准则。我国 GB 150 也是采用弹性失效设计准则。

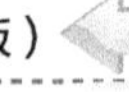

（3）压力容器设计方法

压力容器设计有常规设计与应力分析设计两种方法。二者采用的设计准则、应力计算方法、内容及其判据和制造技术要求等均有差异，是两个独立体系，应择其一单独使用，不能混用。常规设计又称规则设计（design by rule），它以结构具体、计算简单可靠、应用经验丰富而被广泛采用。而应力分析设计（design by analysis）体现了技术先进、经济合理，但计算复杂，技术要求高，故目前仅对某些特殊要求的重要结构使用。

我国大多数压力容器采用常规设计，其相应的强制性通用标准为 GB 150；而某些特殊要求的压力容器采用应力分析设计，其相应强制性行业标准为 JB 4732。GB 150 和 JB 4732 分别代表了不同的设计方法与设计理念，应注意和理解二者间的区别。

① 设计准则不同：前者采用弹性及失稳失效准则；而后者采用弹塑性、塑性和疲劳失效准则等。

② 应力强度计算方法不同：前者以材料力学及板壳理论的平均薄膜应力为基础，对局部高应力给予应力增强系数，以最大主应力理论计算应力强度；而后者以板壳理论与弹塑性力学为基础，对应力进行详细分类，按最大剪应力理论进行应力强度计算。

③ 应力强度限制条件不同：前者应力不加区别，均以 $\sigma \leqslant [\sigma]$ 限制；后者按不同性质应力区别对待，以不同安全系数进行限制。

④ 适用条件不同：前者限标准中规定的压力容器通用结构，压力不大于 35MPa，不适用疲劳设计；而后者适用于各种压力容器结构，压力可达 100MPa，可用于疲劳设计。

应力分析设计的压力容器，壁厚较小，节省材料，并能保证在各种苛刻条件下长期安全运行，但其设计工作量大，对材料、制造、检验及运行操作条件要求更为严格。因此，应力分析设计目前仅在具有特殊复杂结构或承受疲劳破坏载荷及某些大型高压容器的设计中考虑采用，而大多通用压力容器仍采用常规设计。

本章重点论述典型受压壳体及附件的常规设计，最后简单介绍应力分析设计。

4.2 内压圆筒与球壳强度计算

4.2.1 圆筒的结构形式

圆筒形容器具有结构简单、易于制造等优点，是应用最广泛的压力容器。塔器、反应器、换热器和分离器等典型过程设备，均具有一个圆筒形容器外壳。圆筒形容器壳体由圆筒和其两端封头组成。通常圆筒有单层式和多层复合式两大类。单层式圆筒多由钢板卷焊而成，广泛用于中低压设备，也有整体锻造和锻焊式圆筒，用于高压设备。多层复合式圆筒均用于高压容器，有多层包扎式、热套式、绕板式和绕带式等结构。

（1）多层包扎式

这是目前世界上应用最广、制造和使用经验最丰富的复合式高压圆筒结构。如图 4-1 所示，先用薄壁圆筒作为内筒（一般内筒厚 14～20mm），在其外面逐层包扎层板以形成必要的厚度。层板选用 4～8mm 的薄板，卷成半圆形板片或几分之一圆周的板片，形同“瓦片”，在专用的包扎机上包扎，使层板与内筒贴紧，然后将板的纵焊缝焊好并磨平即告一层包扎成功，如此逐层包扎到所需厚度即成筒节，最后由环焊缝将筒节连成筒体。

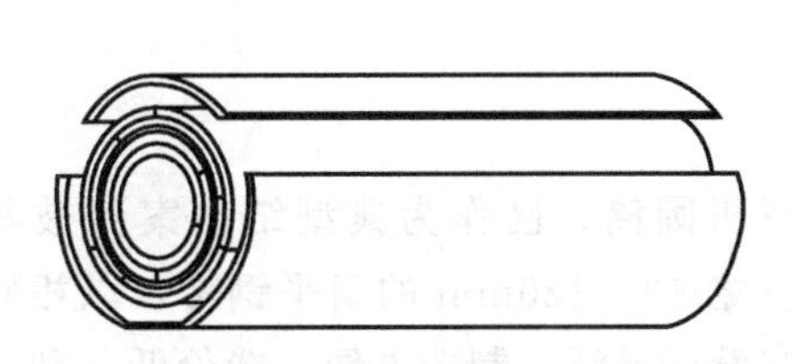

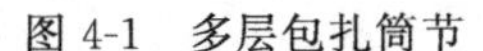

图 4-1 多层包扎筒节

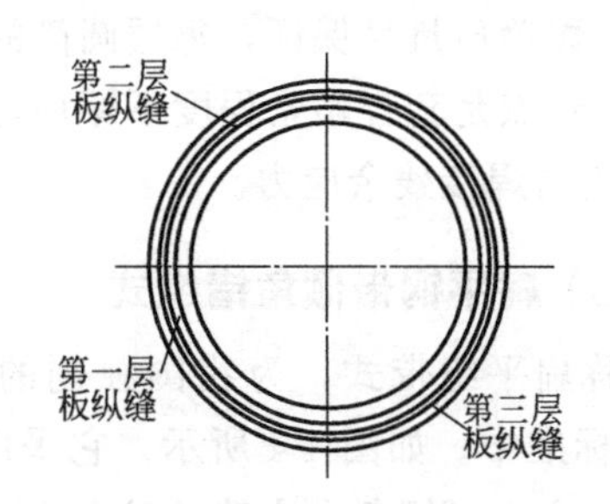

图 4-2 多层包扎筒节层板纵缝错开形式

由于高压容器筒体的材料在承载时一般不受剪力作用，因此将厚壁制成薄板组合体，不会对承载能力产生影响。实际上层板与层板之间不可能完全贴紧，总有些间隙，在加载时有可能消除这些间隙，即使存在一些间隙也不会影响筒体的承载能力。为避免因纵缝焊接质量不好而影响强度，应将各层纵焊缝相互错开一个角度，这样就不会明显影响筒体的整体强度。层板纵缝错开的情况可参见图 4-2。每个筒节上应开安全孔，如图 4-3。这种小孔可使层间空隙中的气体在工作时因温度升高而排出，也可以当内筒出现泄漏时通过小孔排出，作监察报警之用。

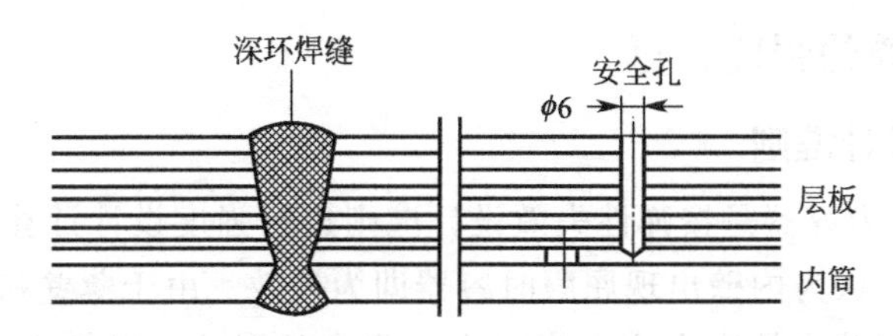

图 4-3 多层包扎筒节上深环焊缝及安全小孔

多层包扎式具有如下特点：

ⅰ. 原材料供应方便，只需薄板，质量比厚板容易达到要求；

ⅱ. 制造中不需大型加工设备，只需一般卷板机和一台结构并不复杂的包扎机；

ⅲ. 改善了筒体的应力分布，因为每包扎一层，纵缝焊完时的收缩便使层板贴紧内筒并形成压应力，层数愈多，内层压应力愈大，受载后筒体内外壁应力趋于均匀，对强度更有利；

ⅳ. 较单层安全，薄板韧性易保证，爆破时仅是层板撕开大缺口，而无碎片，同时纵缝错开后避免了纵向的深焊缝，消除了沿深厚纵缝裂开的危险；

ⅴ. 缺点是制造工序多，周期长，钢板利用率低（仅 60%左右）。

（2）热套式

采用 30mm 以上的厚钢板，卷焊成直径不同但可过盈配合的筒节，然后将外层筒加热到计算好的温度，进行套合，冷却收缩后便配合紧密，逐层套合到所需厚度。套合好的筒节加工出环缝坡口再拼焊成整台容器。

热套式特点为：

ⅰ. 层数少，多为 2～3 层，生产工序少，周期短，明显优于多层包扎式；

ⅱ. 材料来源广泛且利用率高，中厚板的来源比厚板来源多，且质量比厚板好，材料利用率比层板包扎式约高 15%～20%；

ⅲ. 焊缝质量易保证，每层圆筒的纵焊缝均可分别进行探伤；

ⅳ. 缺点是套合贴紧程度不够均匀，套合成整体容器后需要热处理，以消除套合预应力及环焊缝的焊接残余应力。

（3）扁平钢带倾角错绕式

简称扁平绕带式，为我国独创的一种绕带式高压圆筒，已作为典型结构案例被收入ASME标准中。如图4-4所示，它采用厚4～8mm、宽40～120mm的扁平钢带，以相对容器周向15°～30°倾角在内筒外壁交错绕制而成，具有设计灵活、制造方便、造价低、利于中小型制造厂制造等优点。

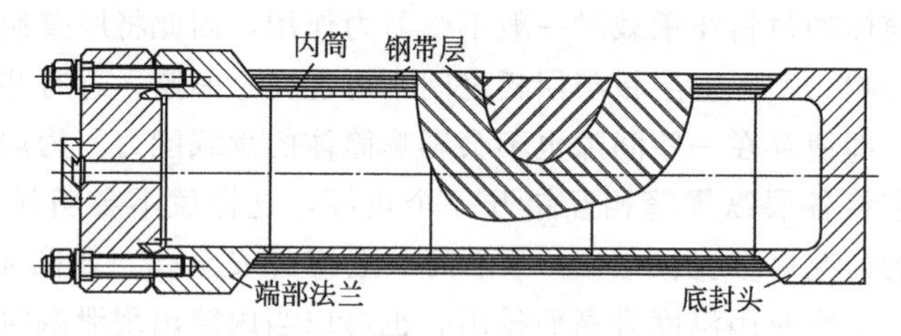

图4-4 扁平绕带式厚壁容器结构形式

4.2.2 $K\leqslant1.5$圆筒的强度计算

（1）弹性失效设计准则

在GB 150中，压力容器是按弹性失效设计准则进行强度设计计算的。即将容器壁内的应力限制在弹性阶段，认为内壁出现屈服时容器即为失效。由于薄壁和厚壁容器分别为两向和三向应力状态，故其壁内的应力应考虑三个主应力的影响，以相当应力（应力强度）σ_{eq}进行计算。根据材料力学中的四个强度理论，σ_{eq}有四个计算式。因第二强度理论结果与容器失效实验相差较大，在容器设计中各国均不采用。对塑性材料，第四强度理论结果与实验符合较好，但计算较繁，容器设计中应用较少。应用多的是第一、第三强度理论。

第一强度理论即最大主应力理论，适用于脆性材料。认为在三个主应力中，只要最大主应力σ_1达到单向拉伸屈服极限R_{eL}即$\sigma_1=R_{eL}$时便为失效。

为防止失效，对极限应力R_{eL}除以安全系数，并以许用应力取代R_{eL}，则第一强度理论的弹性设计准则强度计算式为

$$\sigma_{eq1}=\sigma_1\leqslant[\sigma] \tag{4-1}$$

第三强度理论，即最大剪应力理论，适用于塑性材料。认为最大剪应力达到单向拉伸屈服剪切强度τ_s，即$\tau_{max}=\tau_s$时材料失效。

由材料力学知，$\tau_{max}=\frac{1}{2}(\sigma_1-\sigma_3)$，$\tau_s=\frac{1}{2}R_{eL}$，则失效判据可由主应力表达为

$$\sigma_1-\sigma_3=R_{eL}$$

与前述第一强度理论同理，可得第三强度理论的弹性设计准则强度式为

$$\sigma_{eq3}=\sigma_1-\sigma_3\leqslant[\sigma] \tag{4-2}$$

对于$K\leqslant1.2$的薄壁内压容器，其主应力分别为$\sigma_1=\sigma_\theta$，$\sigma_2=\sigma_\varphi$，$\sigma_3=\sigma_r=0$，代入式(4-1)与式(4-2)可得$\sigma_{eq1}=\sigma_{eq3}=\sigma_1$，即此时第一、第三强度理论的应力强度均等于最大主应力σ_θ，二者结果相同。但若为$K>1.2$的厚壁容器，因其$\sigma_3\neq0$，两式的结果就不同了。

另外，压力容器用材料，一般均具有良好的塑性，按理应采用式（4-2）第三强度理论。但因为第一强度理论仅考虑最大主应力，应用简便，又有长期的使用经验，通过调整安全系数，其计算结果与其他强度理论并无明显差别。因此，不少国家的压力容器标准仍采用第一强度理论。我国 GB 150 也是以式（4-1）第一强度理论作为压力容器强度设计基础的。

（2）内压圆筒强度计算公式推导

由式（4-1）可知，第一强度理论是将容器壁内的最大主应力控制在材料许用应力水平进行计算的。分析指出，对于 $K \leqslant 1.2$ 的薄壁圆筒，其最大主应力由无力矩理论导出的薄膜应力公式计算，即

$$\sigma_1 = \sigma_\theta = \frac{pD}{2\delta} \leqslant [\sigma]$$

结合工程实际，考虑温度的影响，以材料在设计温度下的许用应力 $[\sigma]^t$ 取代常温下的许用应力 $[\sigma]$，并考虑焊接接头对筒体强度的削弱，将许用应力乘以焊接接头系数 ϕ，则式（4-1）变为

$$\frac{pD}{2\delta} \leqslant [\sigma]^t \phi$$

为便于工程应用，以计算压力 p_c 取代上式中的内压 p，以 $D_i + \delta$ 取代中径 D，便得到圆筒计算壁厚的强度计算式

$$\delta = \frac{p_c D_i}{2[\sigma]^t \phi - p_c} \tag{4-3}$$

该式即为以内径表示的薄壁圆筒中径公式。在 GB 150《压力容器》标准中，扩大到用于 $K \leqslant 1.5$，即 $p_c \leqslant 0.4[\sigma]^t \phi$ 的单层内压圆筒强度设计。

当需要对在役容器或已知尺寸的容器进行强度校核时，其应力强度或许用压力应分别满足式（4-4）和式（4-5）。

$$\sigma^t = \frac{p_c (D_i + \delta_e)}{2\delta_e} \leqslant [\sigma]^t \phi \tag{4-4}$$

$$[p_w] = \frac{2\delta_e [\sigma]^t \phi}{D_i + \delta_e} \geqslant p_c \tag{4-5}$$

式中 $[\sigma]^t$——设计温度下圆筒材料的许用应力，MPa；

D_i——圆筒内直径，mm；

p_c——计算压力，MPa；

$[p_w]$——设计温度下的许用压力，MPa；

σ^t——计算压力下圆筒的计算应力，MPa；

δ_e——圆筒有效厚度，$\delta_e = \delta_n - C$，mm；

δ_n——圆筒名义厚度，mm；

C——厚度附加量，$C = C_1 + C_2$，mm。

应当注意，式（4-3）中 δ 是满足计算压力下强度所需的厚度，称为计算厚度，而设计图样上标注的是名义厚度。各厚度意义如下：

设计厚度 $\delta_d = \delta + C_2$，系计算厚度 δ 与腐蚀裕量 C_2 之和，是保证强度和规定设计寿命的厚度。

名义厚度 $\delta_n=\delta_d+C_1+$圆整量，是指设计厚度与钢材厚度负偏差之和，再向上圆整后的规格厚度，即设计图样上标注的厚度；但在压力加工中存在减薄时，制造厂还要在计入加工减薄量后第二次圆整，其圆整值称为钢材厚度，而在不计减薄量时，名义厚度即为钢材厚度。

有效厚度 $\delta_e=\delta_n-C$，系名义厚度与厚度附加量之差，是反映容器实际承载能力的厚度，用于强度校核计算。

各种厚度间的关系如图 4-5 所示。

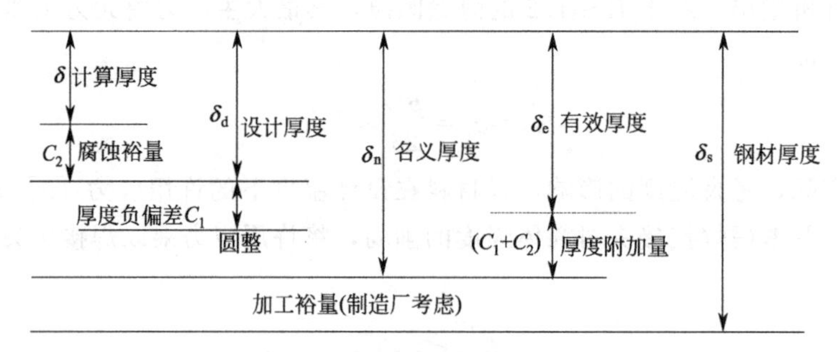

图 4-5 各厚度之间的关系

当设计压力较小时，计算的厚度有时很小。为满足焊接工艺对厚度的要求，并保证在制造、运输和安装过程中有足够的刚度，GB 150 中规定碳素钢、低合金钢制容器加工成形后不包括腐蚀裕量的最小厚度不小于 3mm；高合金钢制容器的最小厚度应不小于 2mm。

（3）中径公式使用说明与分析

中径公式有薄壁圆筒中径公式及厚壁圆筒中径公式两个，二者表达式均为式（4-3）。其主要区别在于薄壁中径公式是以中径为压力作用范围，按第一强度理论导出；而厚壁中径公式是以内径为压力作用范围，按第三强度理论导出。GB 150 中采用的是薄壁圆筒中径公式。现对有关问题做分析说明。

ⅰ. 薄壁中径公式是按照弹性失效设计准则和第一强度理论，将薄壁圆筒中的最大主应力，即周向薄膜应力控制在材料许用应力以内导出的。该式限用于 $p_c\leqslant 0.4[\sigma]^t\phi$，即$K\leqslant 1.5$。

因为 $K=\dfrac{D_o}{D_i}$（D_o、D_i 分别为外径和内径），则 $\delta=\dfrac{1}{2}(D_o-D_i)=\dfrac{1}{2}(K-1)D_i$。以 $\delta=\dfrac{1}{2}(K-1)D_i$ 及 $K=1.5$ 代入式（4-3）即得 $p_c=0.4[\sigma]^t\phi$。

ⅱ. 对于热套式、多层包扎式、绕板式和绕带式等多层复合高压圆筒，其壁厚亦按式（4-3）中径公式进行计算，区别仅在于许用应力 $[\sigma]^t\phi$。多层复合式圆筒需采用内筒及层板的组合许用应力代替，其计算式可参见 GB 150。

ⅲ. 中径公式仅计算了内压产生的应力。当在较高温度时，圆筒壁内尚可能产生较大的热应力，按理设计时应计入热应力的影响。但由于实际受热设备大都采用了良好的保温措施，且在运行中一般均严格控制加热和冷却速度，以降低热应力。故热应力一般不会影响圆筒的强度，因此 GB 150 中规定对热应力不进行校核计算。

ⅳ. 按规定，设计压力 $p\geqslant 10\text{MPa}$ 时属高压或超高压容器，而 $K\geqslant 1.2$ 时称为厚壁圆筒。应注意，高压容器不一定是厚壁容器，而厚壁容器通常是高压或超高压容器。在 GB

150中，设计压力低于35MPa的圆筒壁厚均按式（4-3）薄壁中径公式计算，这涵盖了低、中、高压圆筒。而$K\leqslant 1.5$则涵盖了薄壁与厚壁圆筒，这表明将薄壁中径公式扩大应用到$1.2<K\leqslant 1.5$的厚壁圆筒。

厚壁圆筒的应力是由弹性应力分析推导出的拉美公式进行计算的。而拉美公式表征圆筒壁内任一点具有三向应力，其中轴向应力沿壁厚均布，而周向和径向应力是非均布，且其不均匀程度随K值增大而增大。三向应力中，周向应力有最大值，为最大主应力。在受内压时，周向拉应力内壁处最大，外壁处最小。拉美公式能真实地反映圆筒壳内应力的分布规律及大小，是圆筒应力的精确解，既适用于厚壁圆筒，也适用于薄壁圆筒。

薄壁圆筒是按应力沿壁厚均布假设导出的薄膜应力公式，按其计算的应力大小及分布，与实际并不完全相符，是一种工程误差允许范围内的近似解，其与拉美公式精确解的误差随K值的增加而增大。在$\sigma_1=\sigma_\theta=\dfrac{pD}{2\delta}$薄膜应力式中，应力与直径成正比，以不同直径代入进行计算，其结果将是内径时σ_θ最小，外径时σ_θ最大。表4-1示出，以中径计算的周向薄膜应力最接近拉美公式精确计算的内壁最大周向应力。在$K=1.2$时，仅低0.9%；在$K=1.5$时，低3.8%，仍在工程误差许可范围内。这就是薄壁中径公式之所以能够扩大用于$K\leqslant 1.5$厚壁圆筒计算的原因。

表 4-1　不同直径时圆筒薄膜应力与拉美公式应力比较

周向应力	以K表示的计算式	$K=1.2$计算值	$K=1.5$计算值	$K=1.5$时与拉美公式的误差/%
拉美公式内壁最大周向应力$\sigma_{\theta拉}$	$\dfrac{K^2+1}{K^2-1}p_c$	$5.55p_c$	$2.6p_c$	
以中径计周向薄膜应力$\sigma_{\theta中}$	$\dfrac{K+1}{2(K-1)}p_c$	$5.5p_c$	$2.5p_c$	−3.8
以内径计周向薄膜应力$\sigma_{\theta内}$	$\dfrac{p_c}{K-1}$	$5p_c$	$2.0p_c$	−23
以外径计周向薄膜应力$\sigma_{\theta外}$	$\dfrac{Kp_c}{K-1}$	$6p_c$	$3.0p_c$	+15.3

4.2.3 $K>1.5$圆筒的强度计算

$K>1.5$的厚壁圆筒，通常为高压或超高压容器。因在内压作用下，厚壁圆筒内壁与外壁处的最大与最小周向应力之比为$\dfrac{1}{2}(K^2+1)$，故对于$K>1.5$的圆筒，其应力沿壁厚分布的不均匀程度将随K的增大趋于严重。例如在$K=1.5$时，内壁与外壁处的周向应力之比为1.625；在$K=2$时，其比例达2.5。这表明内壁材料达屈服时，外壁处的应力尚很低，材料受力很不均匀，材料的强度未能得到充分利用。同时，如图4-6所示，K值愈大，由增加壁厚获得的周向应力降低幅度愈小，表明靠增加壁厚来提高强度的效果

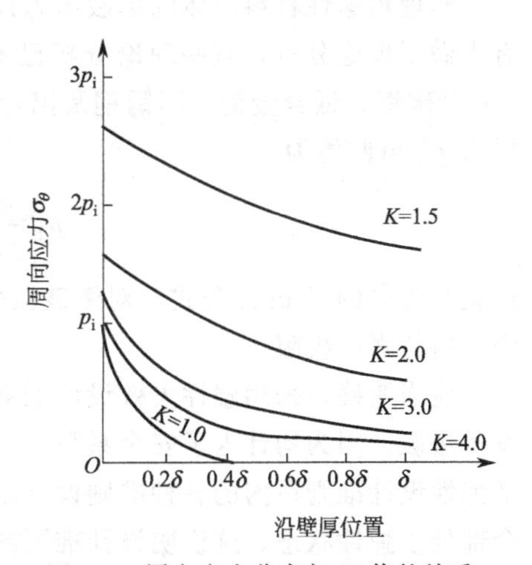

图4-6　周向应力分布与K值的关系

很差，不经济。另外，由于圆筒内壁的周向应力总是大于内压，而材料均存在一个屈服极限压力，达此压力时，无论如何增大壁厚，也不能避免内壁发生屈服，说明弹性失效设计准则承载能力是有限的。

弹性失效设计准则是以将内壁的最大应力强度限制在许用应力以内为依据的。但如上所述，对于 $K>1.5$ 的厚壁圆筒，当内壁达屈服时，其余壁厚材料均还处于弹性状态，仍能继续承载，筒体并不会发生整体破坏，此时弹性失效设计准则就保守了。为此，对于 $K>1.5$ 的圆筒，常采用塑性或爆破失效设计准则进行设计。

（1）塑性失效设计准则

塑性失效设计准则认为由内壁到外壁整个壁厚达到屈服为失效。发生整体屈服失效的压力称为圆筒的极限载荷或整体屈服压力，以 p_{so} 表示。其失效判据为

$$p_w = p_{so}$$

对 p_{so} 除以全屈服安全系数 n_{so}，得塑性失效设计准则的强度式

$$p_w \leqslant [p_w] = \frac{p_{so}}{n_{so}} \tag{4-6}$$

式中 p_{so}——圆筒全屈服压力，MPa，按 Tresca 式（3-98）令 $R_c=R_o$ 计算；

n_{so}——全屈服安全系数，按 2.0～2.2 选取；

p_w，$[p_w]$——工作压力和许用压力，MPa。

（2）爆破失效设计准则

压力容器材料塑性良好，屈服后一般因应变硬化而强度上升，故圆筒的爆破压力要大于全屈服压力。爆破失效设计准则认为圆筒全屈服后仍有继续承载的能力，以达爆破时为失效状态。爆破时所承受的最高压力称为爆破压力，以 p_b 表示。其失效判据为

$$p_w = p_b$$

计入爆破安全系数 n_b，得爆破失效设计准则的强度式为

$$p_w \leqslant [p_w] = \frac{p_b}{n_b} \tag{4-7}$$

非理想塑性材料筒体的爆破压力计算涉及塑性大变形理论，早在 20 世纪 50～60 年代已有人做了理论分析，有些理论分析已有较高的精度，但较为繁复。Faupel（福贝尔）曾对 150 个碳钢、低合金钢、不锈钢及铝青铜等材料制成的模拟高压容器做过爆破试验，对爆破压力 p_b 可归纳为

$$p_b = \frac{2}{\sqrt{3}} R_{eL} \left(2 - \frac{R_{eL}}{R_m}\right) \ln K$$

这就是著名的 Faupel 公式，对爆破压力 p_b 所用的爆破安全系数为 $n_b=2.5～3.0$。式中 R_m 为材料的强度极限。

应当明确，采用塑性失效设计准则和爆破失效设计准则，并非容许筒体进入整体屈服和发生爆破。因为均计入了安全系数，允许承受的载荷距圆筒发生整体屈服或爆破还甚远，包括弹性设计准则在内的各种准则设计出的高压筒体实际上连内壁也不会屈服，整个筒体都会全部处于弹性状态。这说明设计准则的出发点虽然反映了设计思想不同的先进观点，但至今尚由于材料、制造及操作等因素的复杂性，规范的制定者仍不敢容许内壁出现屈服，因而控制安全系数后反映在筒体设计壁厚上只有不大的差别。

4.2.4 球壳的强度计算

与圆筒壳同理，球壳亦采用第一强度理论对其薄膜应力强度进行限制。以球壳薄膜应力强度 $\sigma_1=\sigma_\varphi=\sigma_\theta=\frac{pD}{4\delta}$ 代入式（4-1）并考虑工程实际情况可得

$$\delta=\frac{p_c D_i}{4[\sigma]^t\phi-p_c} \tag{4-8}$$

此式即为内压球壳的中径公式。GB 150 规定的适用条件为 $p_c\leqslant 0.6[\sigma]^t\phi$，相当于 $K\leqslant 1.353$ 的球壳。此时球壳薄膜中径公式计算的应力较厚壁球壳内壁精确值约大 9.9%，偏于安全。

当对现有球壳进行应力校核时，可采用式（4-9）

$$\sigma^t=\frac{p_c(D_i+\delta_e)}{4\delta_e}\leqslant[\sigma]^t\phi \tag{4-9}$$

式中符号意义与圆筒相同。比较式（4-3）与式（4-8）可知，在设计压力、直径和材料相同时，球壳壁厚约为圆筒的一半。

4.2.5 设计参数的确定

（1）设计压力 p

设计压力是指设定的容器顶部的最高表压力，与相应的设计温度一起作为设计载荷条件，其值不低于容器的工作压力。

容器的工作压力 p_w 是指在正常工作情况下，容器顶部可能达到的最高表压力。

当容器无超压泄放装置时，中低压容器设计压力通常取 1.10 倍工作压力，高压容器通常取 1.05 倍工作压力；当装有超压泄放装置时，其设计压力不得低于超压泄放装置的动作压力。对于设计图样中注明最高允许工作压力（MAWP）的压力容器，超压泄放装置的动作压力不得高于该容器的最高允许工作压力。

对于常温储存液化气体的固定式压力容器，应当以规定温度下的工作压力为基础确定设计压力，具体可参见 TSG 21《固容规》。

（2）计算压力 p_c

在相应设计温度下，用以确定元件厚度的压力，包括液柱静压力等附加载荷。当液柱静压力小于设计压力的 5%时可忽略不计。

（3）设计温度 t

设计温度是指压力容器在正常工作条件下，设定的元件温度（沿元件截面的温度平均值）。设计温度与设计压力一起作为设计载荷条件。

设计温度不得低于元件金属在工作状态下可能达到的最高温度。但对于 0℃以下的金属温度，设计温度不得高于元件金属可能达到的最低温度。当容器各部分在工作情况下的金属温度不同时，可分别设定各部分的设计温度。

必须注意，金属温度与容器内部的物料温度、环境温度、保温条件、物料的物理状态和运动状态等有关。因此，严格地讲，容器元件的金属温度应通过传热计算或实测来确定。当

金属温度无法用传热计算或实测结果来确定时，对容器内壁与介质直接接触，且有外保温（或保冷）容器的设计温度可按表4-2确定。

表 4-2 设计温度选取

单位：℃

最高或最低工作温度 t_0	容器的设计温度 t
$t_0 \leqslant -20$	介质正常工作温度减0～10，或取最低工作温度
$-20 < t_0 \leqslant 15$	介质正常工作温度减5～10，或取最低工作温度
$15 < t_0 \leqslant 350$	介质正常工作温度加15～30，或取最高工作温度
$t_0 > 350$	$t = t_0 + (15 \sim 5)$

从设计压力与设计温度的定义看，设计压力对应于整台容器，而设计温度原则上对应于具体元件。这是因为同一容器（压力腔）各个部分（元件）的受压情况理论上相等，实际上也只是差不同的液柱静压力；而同一容器的各个部分的金属温度可能因为反应热的生成、换热面的存在等情况产生很大差异。

（4）厚度附加量 C

$C = C_1 + C_2$，mm。其中 C_1 为材料厚度负偏差，按相应材料的标准选取。我国现行标准压力容器专用钢板，如GB 713及GB 3531等，不论板厚大小，其负偏差均为0.3mm；而GB/T 24511《承压设备用不锈钢和耐热钢钢板和钢带》，大于5mm板厚负偏差亦为0.3mm，仅薄板负偏差是变化的，如表4-3所示。

表 4-3 承压设备用耐热钢、不锈钢钢板和钢带厚度负偏差 C_1（括号内为较高精度）

单位：mm

板 厚	公称宽度			
	≤1200	>1200～1500	>1500～1800	>1800～2100
2.0～2.5	0.22(0.20)	0.25(0.23)	0.29(0.27)	—
>2.5～3.0	0.25(0.23)	0.28(0.26)	0.30(0.28)	0.30(0.30)
>3.0～4.0	0.28(0.26)	0.30(0.28)	0.30(0.30)	0.30(0.30)
>4.0～5.0	0.30(0.28)	0.30(0.30)	0.30(0.30)	0.30(0.30)

C_2 为腐蚀裕量，对均匀腐蚀的压力容器，根据预期的压力容器使用年限和介质对材料的腐蚀速率确定，同时还应当考虑介质流动对受压元件的冲蚀、磨损等影响。介质对材料的腐蚀速率可查有关的防腐手册。推荐的容器设计使用寿命如下：一般容器、换热器10年，分馏塔类、反应器、高压换热器20年，球形容器25年，重要的反应容器（如厚壁加氢反应器、氨合成塔等）30年。

介质为压缩空气、水蒸气或水的碳素钢或低合金钢制容器，腐蚀裕量 C_2 不小于1mm；石油化工设备可按表4-4确定其腐蚀裕量。对于不锈钢，当介质的腐蚀性极微时，取 $C_2=0$。腐蚀裕量如果超过6mm，应采用更耐腐蚀的材料，如复合钢板、堆焊层或衬里层等。

表 4-4 石油化工设备的腐蚀裕量 C_2

腐蚀程度	极轻微腐蚀	轻微腐蚀	腐蚀	重腐蚀
腐蚀速率/(mm/年)	<0.05	0.05～0.13	>0.13～0.25	>0.25
腐蚀裕量/mm	0～1(含)	1～3(含)	3～5(含)	≥6

（5）许用应力及安全系数

许用应力是压力容器设计中的基本参数，代表了元件的许可强度，由材料的力学性能除以相应的安全系数来确定。许用应力大小与材料种类及其力学性能、设计温度、安全系数等密切相关。

设计温度不同，考虑材料的力学性能指标亦不同。设计温度为常温时，仅考虑材料常温时的屈服强度和抗拉强度；在蠕变以下较高温度时，除常温性能指标外，还应考虑设计温度下材料的屈服强度；当设计温度达到材料蠕变温度时，除常温性能及设计温度下屈服强度外，还应考虑蠕变极限和持久强度极限。通常，碳钢或低合金钢设计温度大于420℃，铬钼耐热钢大于450℃，奥氏体不锈钢大于550℃时有可能发生蠕变。按照上述温度范围，应考虑的材料力学性能按下式择项除以相应的安全系数，取其中的最小者即为设计温度下的许用应力 $[\sigma]^t$。

$$[\sigma]^t=\min\left\{\frac{R_m}{n_b},\frac{R_{eL}}{n_s},\frac{R_{eL}^t}{n_s},\frac{R_D^t}{n_d},\frac{R_n^t}{n_n}\right\}$$

式中 R_m——材料常温时的抗拉强度，MPa；

R_{eL}，R_{eL}^t——材料常温和设计温时的屈服强度，MPa；

R_D^t——设计温度下材料经10万小时断裂时的持久强度极限，MPa；

R_n^t——设计温度下，材料在蠕变速度为 10^{-7} mm/(mm·h)时的蠕变极限，MPa；

n_b，n_s，n_d，n_n——对应抗拉强度、屈服强度、持久强度极限及蠕变极限的安全系数，对于钢材（螺栓材料除外），$n_b=2.7$、$n_s=1.5$、$n_d=1.5$、$n_n=1.0$。

安全系数与材料种类及其力学性能指标、元件功用、载荷性质以及设计、制造、检验技术的先进可靠程度等有关，并随着科学技术的发展逐步降低。例如对于钢，其 n_b 我国已由最初的3.5～4.0调整为2.7。材料种类不同，安全系数不同，例如钢 $n_b=2.7$，铝、铜及其合金 $n_b=3.0$；同种材料力学性能指标不同，安全系数不同，如钢 $n_b=2.7$，而 $n_s=1.5$；设计方法不同，安全系数不同，如对于钢，GB 150常规设计取 $n_b=2.7$，而JB 4732分析设计取 $n_b=2.6$；元件功用与载荷性质不同，如法兰螺栓与容器壳体、地脚螺栓等其安全系数也是不同的。法兰螺栓的安全系数高于其他受压元件的安全系数，其原因和特点为：

ⅰ. 在紧固螺栓的操作中，螺栓预紧力难以定量控制，一般会大于设计值，同时为保证密封，往往也希望螺栓预紧力适当大些。

ⅱ. 操作过程中的载荷循环或波动可能使螺栓伸长，引起连接松动、垫片松弛，需要多次紧固螺栓。

ⅲ. 法兰与螺栓存在温度差，以及两者材料的线膨胀系数不同会引起热应力。

ⅳ. 螺栓在用扳手拧紧时往往出现过力超载现象，这对小直径的螺栓可能引起屈服，所以小直径螺栓采用了较高的安全系数；螺栓的安全系数，还应考虑到法兰系统的严格密封要求，螺栓不允许出现塑性变形。正因为如此，螺栓的许用应力只能按材料的屈服强度除以安全系数来确定，即 $[\sigma]^t=\frac{R_{eL}}{n_s}$ 或 $\frac{R_{eL}^t}{n_s}$。式中碳钢 $n_s=2.5\sim2.7$，低合金钢及马氏体高合金钢 $n_s=2.7\sim3.5$，直径小取大值。

对于地脚螺栓和法兰螺栓而言，法兰螺栓在压力载荷作用下是均匀承载，其中之一发生屈服就意味着全部螺栓进入屈服状态，所以，法兰螺栓应严格控制在弹性范围内。而地脚螺栓仅是用以抵抗倾覆而承受拉应力的，由于受力最大的螺栓是位于迎风向和地震方向最外侧的一个，一旦受力最大的地脚螺栓因过载而屈服，其他螺栓承受的载荷将重新分配，不致使整个塔器发生倾倒。因此，碳钢材料地脚螺栓的安全系数不小于1.6，低合金钢材料地脚螺

栓的安全系数不小于2.0，其值均低于法兰螺栓的安全系数。

在压力容器设计中，材料的安全系数和许用应力均可由GB 150查取。

（6）焊接接头系数ϕ

用焊接方法制造的压力容器，应当考虑焊接接头对强度的削弱。焊接接头系数ϕ是指对接接头强度与母材强度之比值，用以反映由于焊接材料、焊接缺陷和焊接残余应力等因素使焊接接头强度被削弱的程度，是焊接接头力学性能的综合反映。焊接接头系数主要根据受压元件的焊接接头形式和无损检测的比例确定。GB 150对钢制焊接容器的接头系数做了如下规定：

双面焊对接接头和相当于双面焊的全焊透对接接头：全部无损探伤，$\phi=1.00$；局部无损探伤，$\phi=0.85$。

单面焊对接接头（沿焊缝根部全长有紧贴基本金属的垫板）：全部无损探伤，$\phi=0.9$；局部无损探伤，$\phi=0.8$。

对圆筒容器来说，主要存在纵向和环向两种焊接接头。圆筒计算厚度是依据周向应力公式并采用纵向焊接接头系数计算的，环向焊接接头系数在厚度计算中不起控制作用，但对环向焊接接头质量的要求不能降低，仍取同一焊接接头系数。对于无纵向焊接接头的圆筒（无缝钢管制）取$\phi=1.0$。

对封头拼接接头的焊接接头系数一般按壳体的纵向焊接接头系数确定。

4.2.6 耐压试验

GB 150规定，压力容器制成后，应当进行耐压试验。耐压试验的目的是最终检验容器的整体强度和可靠性，以高于设计压力的试验介质综合考查容器的制造质量、各受压元件的强度和刚性、焊接接头和各连接面的密封性能等。对于现场制造的大型压力容器，还有检验基础沉降的作用。

耐压试验分为液压试验、气压试验以及气液组合试验三种。若因承重等原因无法进行液压试验，进行气压试验又耗时过长，可根据承重能力先注入部分液体，然后进行气液组合试验。气液组合试验用液体、气体应当分别符合液压试验和气压试验的有关要求。试验的升降压要求、安全防护要求以及试验的合格标准按气压试验的有关规定执行。

（1）耐压试验的一般要求

耐压试验的种类、要求和试验压力值应在图样上注明。一般采用液压试验，试验介质通常为洁净的水。液压试验合格后，应当立即将水渍去除干净。无法完全排净吹干时，对奥氏体不锈钢制容器，应控制水的氯离子含量不超过25mg/L。

由于结构或支承原因，不能向压力容器内充满液体，以及运行条件不允许残留试验液体的压力容器，可采用气压试验。气压试验所用气体应为干燥洁净空气、氮气或其他惰性气体，通常采用空气。由于气体具有可压缩性，气压试验有一定的危险。为此气压试验要求对焊接接头做全部无损探伤，试验单位的安全部门应当进行现场监督，而且要有安全防范措施才能进行。

为防止发生低温低应力脆断，我国《固容规》对耐压试验温度做了规定：试验温度（容器壁金属温度）应较其无塑性转变温度（NDT）至少高30℃，如因板厚等因素造成材料

NDT 升高，则还需相应提高试验温度。

（2）试验压力及应力校核

试验压力是指耐压试验时设于容器顶部压力表上的指示值。《固容规》中规定，对于钢及有色金属材料，试验压力值按式（4-10）或式（4-11）计算。

液压试验压力
$$p_T=1.25p\frac{[\sigma]}{[\sigma]^t} \tag{4-10}$$

直立容器卧置进行液压试验时，试验压力 p_T 还应加上液柱静压力。

气压试验压力和气液组合试验压力
$$p_T=1.1p\frac{[\sigma]}{[\sigma]^t} \tag{4-11}$$

式中 p——设计压力，或在用容器铭牌上的最高允许工作压力，MPa；

$[\sigma]$——容器元件材料在试验温度下的许用应力，MPa；

$[\sigma]^t$——容器元件材料在设计温度下的许用应力，MPa。

由于耐压试验通常在常温下进行，因而试验压力以$\frac{[\sigma]}{[\sigma]^t}$系数进行修正，以保证容器实际设计温度下预期达到的应力水平。压力容器各元件（圆筒、封头、接管、法兰等）所用材料不同时，计算试验压力应当取各元件材料$\frac{[\sigma]}{[\sigma]^t}$比值中的最小值。

压力试验前，应按式（4-12）和式（4-13）对容器进行强度校核。

$$\sigma_T=\frac{p_T(D_i+\delta_e)}{2\delta_e}\leqslant 0.9\phi R_{eL}\text{（液压试验）} \tag{4-12}$$

$$\sigma_T=\frac{p_T(D_i+\delta_e)}{2\delta_e}\leqslant 0.8\phi R_{eL}\text{（气压试验、气液组合试验）} \tag{4-13}$$

直立容器立置进行液压试验时，式（4-12）中试验压力 p_T 项后应加上液柱静压力。

4.2.7 泄漏试验

压力容器泄漏试验必须在耐压试验合格后进行，目的是检查容器是否存在不允许的泄漏，重点为焊缝及各连接部位。如发现泄漏，修补后应重新进行耐压试验和泄漏试验。需进行泄漏试验的容器，其图样上应注明试验方法、试验压力、试验介质及检验要求等。

（1）泄漏试验条件

GB 150 规定，介质毒性程度为极度、高度危害或不允许有微量泄漏的容器应当进行泄漏试验。在 HG/T 20584《钢制化工容器制造技术要求》中对需进行泄漏试验的容器有更具体的规定：

ⅰ. 介质为易爆时；

ⅱ. 介质为极度危害或高度危害；

ⅲ. 对真空有较严格要求时；

ⅳ. 如有泄漏将危及容器的安全（如衬里等）和正常操作者。

（2）泄漏试验方法

根据试验介质的不同，泄漏试验分为气密性试验、氨检漏试验、卤素检漏试验及氦检漏试验等。

① 气密性试验　以空气或其他惰性气体，加压至设计压力，焊缝及连接部位涂肥皂水，检查泄漏，小型容器亦可浸入水中检查。

② 氨检漏试验　利用氨易溶于水，在微湿空间极易渗透检漏的特点，用试纸检查泄漏的方法。目前，常用的氨检漏试验有三种方法：

氨-空气法，即在空气中混入约1%（体积）的氨作为试验介质，其试验压力与上述气密性试验压力相同，主要用于压力容器密封面及焊缝的泄漏试验。

氨-氮气法，即在氮气中充入10%～30%（体积）的氨作为试验介质，常用于充氨空间较大，且不易达到93.7kPa（绝压50mmHg）的真空以及管壳程压差较大的换热器与泄漏要求较高的容器检验。

100%氨气法，试验时用真空泵将容器抽真空至真空度93.7kPa，然后注入2～3kPa的纯氨进行检测，试验后再用真空泵将氨抽至水中，常用于小容器及松衬里容器的泄漏试验。

不论采用何种氨检漏方法，其所要求的氨的浓度、试验压力、保压时间及氨检漏灵敏度的要求等，均应在设计图样上注明。

③ 卤素检漏试验　以卤素为介质，用试纸检查泄漏的方法。这是一种高灵敏度的检漏方法，将压力容器抽真空后，利用氟利昂和其他卤素压缩空气作为示踪气体，在压力容器待检部位用铂离子吸气探针进行探测发现泄漏。在卤素检漏中，卤素化合物的重要意义在于其有足够的蒸汽压力可用作示踪气体。此法常用于不锈钢及钛设备的泄漏检测，若用于碳素钢及低合金钢时，应注意清除铁锈及烃类污染物，保持容器内部的清洁与干燥。

④ 氦检漏试验　这也是一种高灵敏度的检漏方法，将受压件抽真空后，利用氦压缩空气作为示踪气体，在待检部位用氦质谱分析仪的吸气探针进行探测发现泄漏。由于氦检漏试验的灵敏度很高，因此对工件清洁度和试验环境要求更高，一般仅用于对泄漏有特殊要求的场合，如核容器等。

对经气压试验合格的容器，是否需再做泄漏试验，应在设计图样上注明。由于不同试验介质的渗透性强弱不同，如用空气进行气压试验时不漏，并不能保证用氨或氦进行泄漏试验时不漏，这需要设计者根据气压试验与满足泄漏试验所选择的介质进行判断，如二者选择的试验介质相同，则气压试验合格的容器无需再进行泄漏试验。

4.3 内压封头设计

压力容器封头包括半球形、椭圆形、碟形和无折边球形（或称为球冠形）等凸形封头以及圆锥形、平板封头等，如图4-7所示。

4.3.1 封头的结构类型与特点

封头的结构形式是按工艺过程、承载能力、制造技术方面的要求而确定的。

半球形封头，如图4-7（a），是半个球壳。按无力矩理论计算，需要的厚度是同样直径圆筒的二分之一。若厚度取与圆筒一样大小，则由不连续分析可知，两者连接处的最大应力比圆筒周向薄膜应力仅大3.1%。故从受力来看，球形封头是最理想的结构形式，但缺点是深度大，直径小时，整体冲压困难，大直径采用分瓣冲压其拼焊工作量亦较大。

碟形封头，如图4-7（b），是由球面、过渡段以及圆柱直边段三个不同曲面组成。虽然

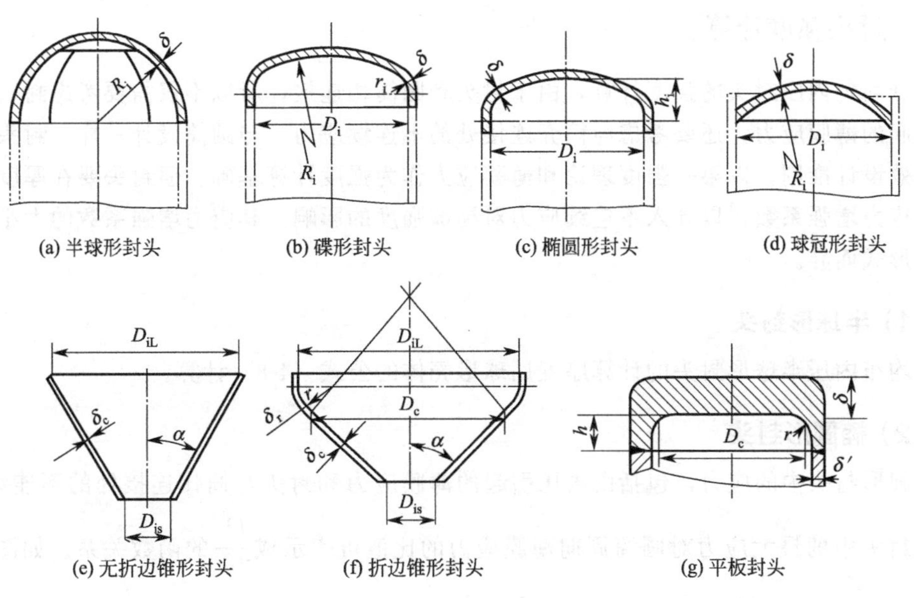

图 4-7　容器常见封头形式

由于过渡段的存在降低了封头的深度，方便了成型加工，但在三部分连接处，由于经线曲率发生突变，在过渡区边界上不连续应力比内压薄膜应力大得多，故受力状况不佳。

椭圆形封头，如图 4-7（c），是由半个椭球面和一个圆柱直边段组成，它吸取了半球形封头受力好和碟形封头深度浅的优点。由于椭圆部分经线曲率平滑连续，封头中的应力分布比较均匀。对于 $a/b=2$ 的标准封头，封头与直边连接处的不连续应力较小，可不予考虑，所以它的结构特性介于半球形和碟形封头之间。

球冠形封头，如图 4-7（d），是部分球面封头与圆筒直接连接，它结构简单、制造方便，常用作容器中两个独立受压室的中间封头，也可用作端盖。封头与筒体连接处的角焊缝应采用全焊透结构。在球面与圆筒连接处其曲率半径发生突变，且两壳体因无公切线而存在横向推力，所以产生相当大的不连续应力，这种封头一般只能用于压力不高的场合。

锥形封头有两种形式：一种是图 4-7（e）所示的无折边锥形封头，一般用于 $\alpha \leqslant 30°$ 的场合；另一种是与筒体连接处有一过渡圆弧和一个圆柱直边段的折边锥形封头，如图 4-7（f）所示。就强度而论，锥形封头的结构并不理想，但是封头的形式在很多场合取决于容器的使用要求。对于气体的均匀进入和引出、悬浮或黏稠液体和固体颗粒等排放、不同直径圆筒的过渡，锥形封头是理想的结构形式，而且在厚度较薄时，制造亦较方便。

平板封头，图 4-7（g）所示，是各种封头中结构最简单、制造最容易的一种。因其受弯曲，所以同样直径的压力容器，采用平板封头厚度会很大，耗材多且笨重。

综上所述，从受力情况来看，半球形封头最好，椭圆形、碟形封头其次，锥形封头更次之，而平板封头最差；从制造角度来看，平板封头最易，锥形封头其次，碟形、椭圆形封头更次，而半球形封头最难。在实际生产中，大多数中低压容器采用椭圆形封头；常压或直径不大的高压容器常用平板封头；半球形封头一般用于低压，但随着制造技术水平的提高，高压容器亦逐渐采用；锥形封头用于压力不高的设备。

我国 GB/T 25198《压力容器封头》规定了半球形、椭圆形、碟形、球冠形、平底形和锥形封头的制造、检验、验收要求，同时给出了常用形式与基本参数，供设计时选用。

4.3.2 封头强度计算

对受均匀内压封头的强度计算，由于封头和圆筒相连接，所以不仅需要考虑封头本身因内压引起的薄膜应力，还要考虑与筒壳连接处的不连续应力。与圆筒设计一样，封头亦采用弹性失效设计准则，以第一强度理论和薄膜应力作为强度计算基础。但封头要在厚度计算式中引入应力增强系数，以计入不连续应力对局部强度的影响。其应力增强系数的大小随封头的结构形式而异。

（1）半球形封头

受均布内压半球形封头的计算厚度用球形壳体的公式（4-8）计算。

（2）椭圆形封头

椭圆形封头中的应力，包括由内压引起的薄膜应力和封头与筒体连接处的不连续应力。椭圆形封头中的最大应力对圆筒周向薄膜应力的比值可表示成$\frac{D_i}{2h_i}$的函数关系。如图4-8所示，封头中最大应力的位置和大小均随$\frac{D_i}{2h_i}$的改变而变化。在$\frac{D_i}{2h_i}=1.0\sim2.5$范围内，封头采用以下简化式近似代替该曲线

$$K=\frac{1}{6}\left[2+\left(\frac{D_i}{2h_i}\right)^2\right] \tag{4-14}$$

K 称为应力增强系数或形状系数，即 K 等于封头上的最大应力与对接圆筒的周向薄膜应力的比值。因此椭圆形封头的计算厚度 δ_h 即为与其连接的圆筒计算厚度的 K 倍，即

$$\delta_h=\frac{Kp_cD_i}{2[\sigma]^t\phi-p_c}$$

GB 150 中的计算公式稍与此不同

$$\delta_h=\frac{Kp_cD_i}{2[\sigma]^t\phi-0.5p_c} \tag{4-15}$$

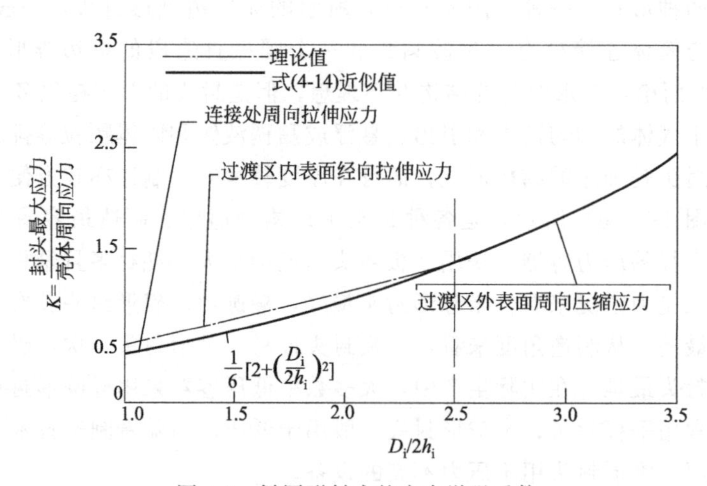

图 4-8 椭圆形封头的应力增强系数

式（4-15）右边分母中的系数 0.5 是考虑对理论计算精度的修正，也考虑到与半球形封头的一致性，即当$\frac{D_i}{2h_i}=1$时，形状系数 $K=0.5$，此时椭圆形封头实际上已变为半球形封头，将 $K=0.5$ 代入式（4-15），则计算厚度表达式与式（4-8）一致。对于$\frac{D_i}{2h_i}=2$的标准椭圆形封头，式（4-15）中的 $K=1$。

(3) 碟形封头

碟形封头的壁厚计算方法是以 Höhn 所做的试验为依据的。试验表明，在内压作用下过渡区的应力首先达到屈服，并测得产生此屈服所需的压力，同时计算了在该压力下球面中央部分的薄膜应力，然后把屈服应力与该薄膜应力之比（应力增强系数）作为过渡区内半径与球面半径之比$\frac{r}{R_i}$的函数进行标绘，得到了图 4-9 中虚线所示的曲线，并建立了关联式。图中实线是 Maker 对 Höhn 实验曲线的建议曲线，可用下式表示

$$M=\frac{1}{4}\left(3+\sqrt{\frac{R_i}{r}}\right) \tag{4-16}$$

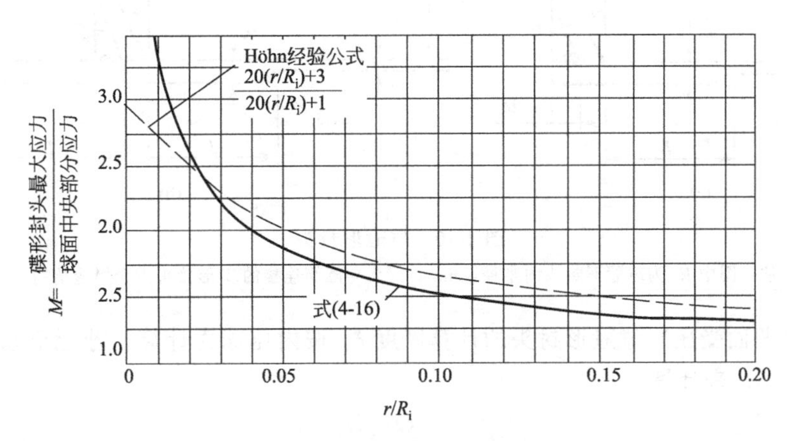

图 4-9 碟形封头的应力增强系数

因此，标准中也采用了与椭圆形封头相似的应力增强系数 M 而引入碟形封头的计算壁厚式，即

$$\delta_h=\frac{Mp_cR_i}{2[\sigma]^t\phi-0.5p_c} \tag{4-17}$$

由图示曲线可知，碟形封头过渡区半径 r 小，M 值大，对强度不利，故 r 不宜过小。系数 M 表示碟形封头上的最大应力与封头中心球壳薄膜应力的比值，即封头的最大应力为球壳薄膜应力的 M 倍。

椭圆形和碟形封头，边缘过渡区在内压作用下均产生压应力，存在失稳的可能。为防失稳，对 $D_i/2h_i \leqslant 2$ 的椭圆形封头和 $R_i/r \leqslant 5.5$ 的碟形封头，其有效厚度应不小于封头内直径的 0.15%，其他椭圆形封头和碟形封头的有效厚度应不小于封头内直径的 0.3%。但当确定封头厚度时已考虑了内压下的弹性失稳问题，或是按分析法进行设计时，可不受此限制。

另外，标准碟形封头和椭圆形封头均有直边段，如图 4-7（b）、（c）所示。这主要是使封头与筒体连接的环焊缝避开边缘的高应力区，同时也为了在制造时便于封头和筒体的组对焊接。

值得提出的是，由于碟形封头存在两处几何不连续，并且不连续应力较大，所以通常推荐采用几何形状连续变化的椭圆形封头。

（4）球冠形封头

球冠形封头，即无折边球形封头，系部分球壳。球面封头内半径一般取 $R_i=(0.9\sim1.0)$ 倍筒体内直径。封头与圆筒的连接无公切线，两者内力不能在一条线自行平衡，因而相互间产生径向横推力。在内压作用下，封头对圆筒产生的横推力是指向旋转轴的，对连接焊缝具有拉裂作用，同时也产生很大的边缘经向弯曲应力。此时球壳中的薄膜应力较边缘应力小得多，为非控制因素。所以球冠形封头的强度计算是按应力分类原则，以 $3[\sigma]^t$ 限制连接边缘的最大综合应力强度。

球冠形封头可用作端封头，也可用作容器中两独立受压室的中间封头，如采用加强段结构，其形式如图4-10所示。

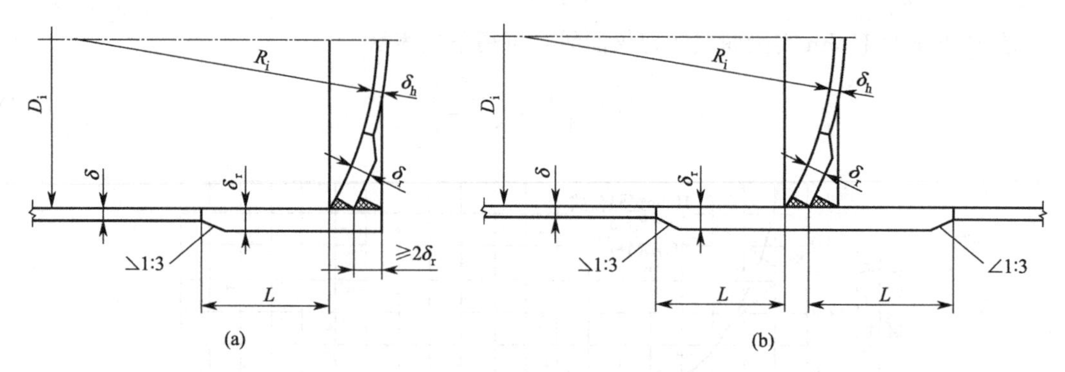

图4-10 球冠形封头

注：图中 R_i 为球冠形封头内半径，mm；封头与圆筒连接的T形接头为全焊透结构。

受内压（凹面受压）球冠形封头的计算厚度 δ_h 按内压球壳计算，球冠形端封头加强段厚度按式（4-18）来计算。

$$\delta_r=\frac{Qp_cD_i}{2[\sigma]^t\phi-p_c} \tag{4-18}$$

式中，D_i 为圆筒内径，ϕ 为圆筒纵焊缝焊接接头系数，系数 Q 由图4-11查取。Q 值与 R_i/D_i 和 $\frac{p_c}{[\sigma]^t\phi}$ 有关。前者反映球冠形封头的内半径 R_i 大时对边缘应力的影响大，Q 值亦大；后者反映连接处封头和圆筒厚度小时对边缘应力的影响大，Q 值亦大。

为经济起见，通常仅在连接附近将圆筒与球冠做成等厚的加强短节，称为加强段，加强段的长度 L，应不小于圆筒轴向边缘弯曲应力的衰减长度 $\sqrt{2D_i\delta_r}$。

（5）锥形封头

在内压作用下，锥形壳中的薄膜应力沿轴向是变化的，其值随直径和半顶角的增大而增大，在锥底处有最大值；同时，在与圆筒壳连接处产生的边缘应力也随着半顶角的增大而显著增大。故在半顶角较大时，必须考虑边缘应力的影响。

通常锥壳顶部有开口，其直径小，称为小端；而锥底直径最大，称为大端。由于锥壳的受力特点，大端与小端结构形式的选定也有所不同。对于大端，当锥壳半顶角 $\alpha\leqslant30°$ 时，

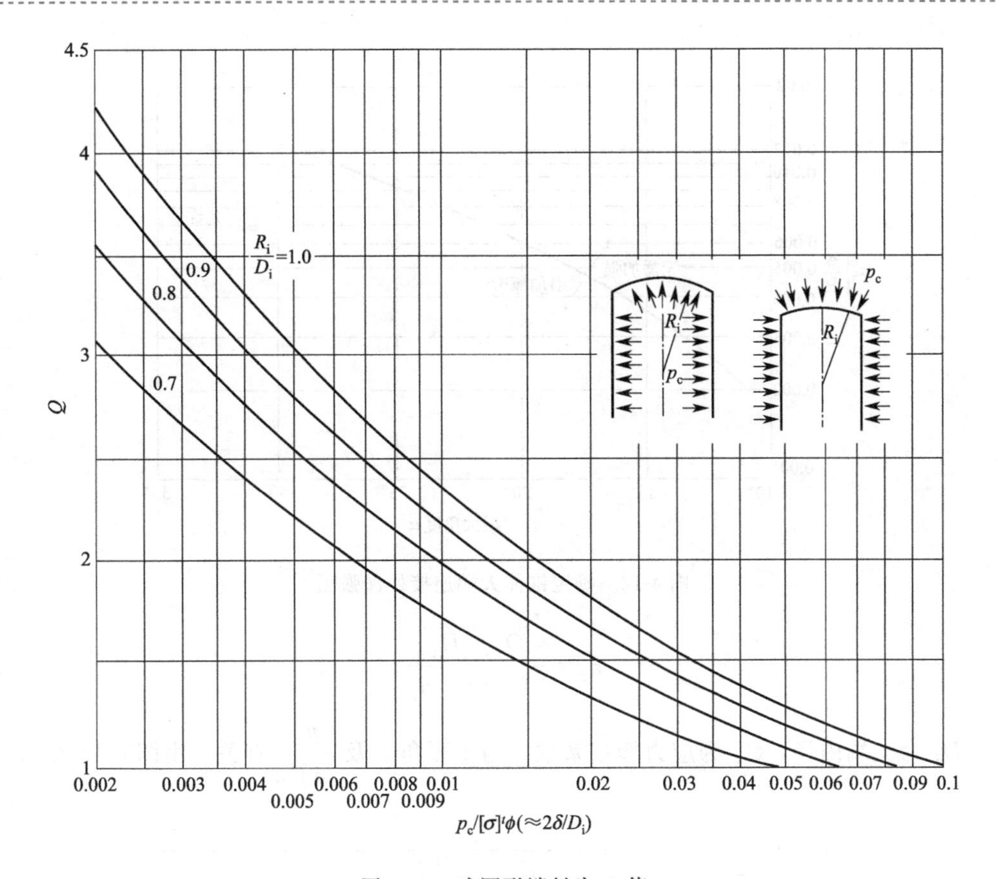

图 4-11 球冠形端封头 Q 值

可以采用无折边结构；当 $\alpha>30°$时，应采用带过渡段的折边结构。对于小端，当锥壳半顶角 $\alpha\leqslant 45°$时，可以采用无折边结构；当 $\alpha>45°$时，应采用带过渡段的折边结构。

① 锥壳厚度 在内压作用下，锥底直径最大处具有最大应力。对以薄膜应力承载的锥壳，由第一强度理论，将最大周向薄膜应力控制在一倍 $[\sigma]^t$ 内进行强度计算。据此得到锥壳的计算厚度为

$$\delta_c=\frac{p_c D_c}{2[\sigma]_c^t\phi-p_c}\times\frac{1}{\cos\alpha} \tag{4-19}$$

式中，D_c、ϕ、$[\sigma]_c^t$ 分别为锥壳大端内径、纵向焊接接头系数及锥壳材料在设计温度下的许用应力。

② 无折边锥壳加厚段 无折边锥壳与圆筒的连接处，为无公切线连接，这与球冠形封头与圆筒的连接是一样的，也存在横推力及较大边缘应力的问题，且其危害随半顶角的增大而趋严重。因此在半顶角较大时，也如球冠形封头强度计算那样，对连接处以经向弯曲应力为主的应力强度予以 3 $[\sigma]^t$ 限制，并进行局部加厚。故无折边锥形封头有加厚与不加厚两种结构，且大端和小端均要进行加厚强度计算。同一端相连处锥壳与圆筒的加厚段应取等厚。

对于大端，设计时首先按图 4-12 判断连接处是否需要局部加厚。若不需要加厚，按式(4-19) 计算；若需加厚，则按图 4-13 所示，对锥壳和圆筒加设等厚的加厚段，其厚度按式(4-20) 计算。

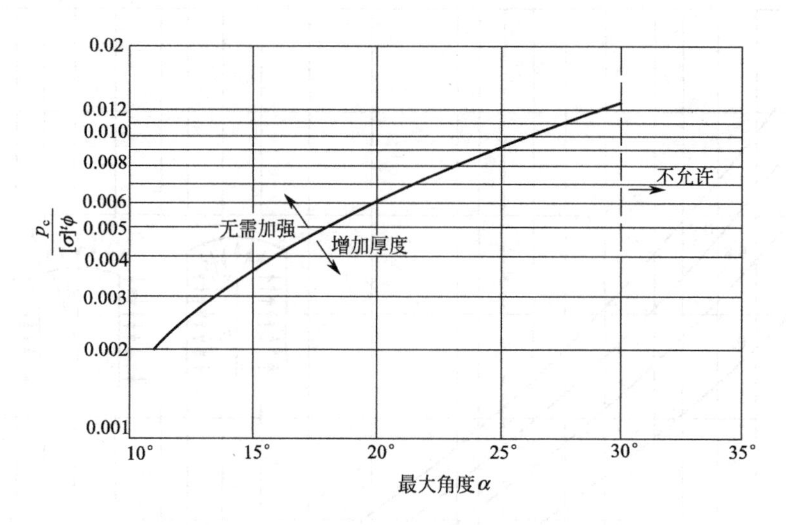

图 4-12 确定锥体大端连接处加强图

$$\delta_r=\frac{Q_1 p_c D_i}{2[\sigma]^t\phi-p_c} \tag{4-20}$$

式中，D_i 为大端内径；Q_1 为应力增强系数，与半顶角 α 及 $\frac{p_c}{[\sigma]^t\phi}$ 有关，由图 4-13 查取。

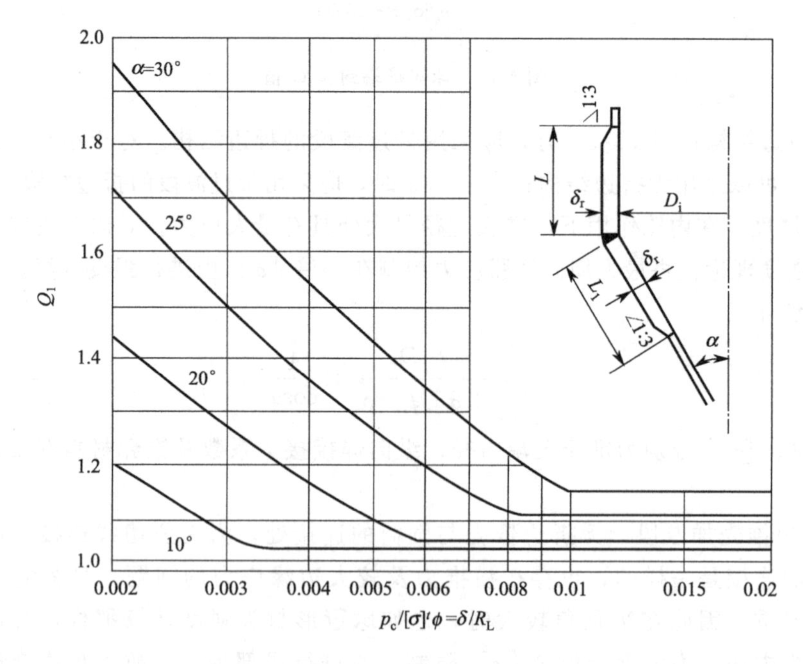

图 4-13 锥壳大端连接处的 Q_1 值

注：曲线系按最大等效应力绘制，控制值为 3 $[\sigma]^t$

小端与大端加厚段的计算步骤及其公式是类似的，可详见 GB 150。但按照应力分类原则，所计算的应力强度及其控制准则却完全不同：大端应力强度以连接处的二次经向弯曲应力为主，为一次薄膜应力加二次局部弯曲应力，以 3 $[\sigma]^t$ 予以限制；而小端应力强度为总体与局部周向薄膜应力之和，本应以 $1.5[\sigma]^t$ 限制，但为安全计，GB 150 以 $1.1[\sigma]^t$ 予以限制。由此导致大、小端计算参数也有区别：

ⅰ. 大端与小端的加厚判别及其应力增强系数不同，均应在 GB 150 相应的不同图表中查取。

ⅱ. 大端焊接接头系数 ϕ 是针对经向弯曲应力，取连接环焊缝的；而小端是针对局部环向薄膜应力，取锥壳、圆筒纵缝及其连接的环缝中的小者。

ⅲ. 大端加厚段长度按不小于经向弯曲应力的衰减长度，即锥壳为$\sqrt{2D_{iL}\delta_r/\cos\alpha}$，圆筒为$\sqrt{2D_{iL}\delta_r}$；而小端则按不小于局部环向薄膜应力的衰减长度，即锥壳为$\sqrt{2D_{is}\delta_r/\cos\alpha}$，圆筒为$\sqrt{2D_{is}\delta_r}$。其中 D_{iL} 为锥壳大端直边段内直径，D_{is} 为锥壳小端直边段内直径。

③ 折边锥形封头厚度　当 $\alpha>30°$时，局部边缘应力会随 α 增大而急剧增大，从而导致加厚段过厚，不经济。此时采用锥壳连接端设置类似碟形封头那样的过渡圆弧段，此即折边锥形封头。折边锥形封头由锥壳段、过渡圆弧段及与其相连的圆筒段三部分组成，如图 4-7 (f) 所示。不同曲面的经线以公切线相连，故无横推力，有效地缓解了边缘应力。折边锥形封头强度计算包括大端折边厚度、小端折边厚度及中间锥壳厚度三部分，且三者计算并不完全相同。若使封头具有同一厚度，应取三者中的大者。现仅介绍大端折边厚度计算，小端折边与锥壳厚度计算可参见 GB 150。

大端圆弧段厚度和与其相连部分锥壳段厚度分别按式（4-21）和式（4-22）计算，取其中大者为折边锥壳大端厚度。二式均按一倍 $[\sigma]^t$ 控制应力强度。但前式是按当量碟形封头导出，限制圆弧内的经向综合应力；而后者是由式（4-19）导出，限制的是锥壳段最大周向薄膜应力。通常式（4-22）计算值较大。

$$\delta_r=\frac{Kp_cD_{iL}}{2[\sigma]_c^t\phi-0.5p_c} \tag{4-21}$$

式中，K 为应力增强系数，由$\frac{r}{D_{iL}}$和 α 角的大小查表 4-5 确定；r、D_{iL} 和 α 见图 4-7 (f)。

表 4-5　系数 K 值

α	r/D_{iL}					
	0.10	0.15	0.20	0.30	0.40	0.50
10°	0.6644	0.6111	0.5789	0.5403	0.5168	0.5000
20°	0.6956	0.6357	0.5986	0.5522	0.5223	0.5000
30°	0.7544	0.6819	0.6357	0.5749	0.5329	0.5000
35°	0.7980	0.7161	0.6629	0.5914	0.5407	0.5000
40°	0.8547	0.7604	0.6981	0.6127	0.5506	0.5000
45°	0.9253	0.8181	0.7440	0.6402	0.5635	0.5000
50°	1.0270	0.8944	0.8045	0.6765	0.5804	0.5000
55°	1.1608	0.9980	0.8859	0.7249	0.6028	0.5000
60°	1.3500	1.1433	1.0000	0.7923	0.6337	0.5000

$$\delta_r=\frac{fp_cD_{iL}}{[\sigma]_c^t\phi-0.5p_c} \tag{4-22}$$

式中，f 为系数，$f=\dfrac{1-\dfrac{2r}{D_{iL}}(1-\cos\alpha)}{2\cos\alpha}$，其值列于表4-6。

表 4-6 系数 f 值

α	r/D_{iL}					
	0.10	0.15	0.20	0.30	0.40	0.50
10°	0.5062	0.5055	0.5047	0.5032	0.5017	0.5000
20°	0.5257	0.5225	0.5193	0.5128	0.5064	0.5000
30°	0.5619	0.5542	0.5465	0.5310	0.5155	0.5000
35°	0.5883	0.5773	0.5663	0.5442	0.5221	0.5000
40°	0.6222	0.6069	0.5916	0.5611	0.5305	0.5000
45°	0.6657	0.6450	0.6243	0.5828	0.5414	0.5000
50°	0.7223	0.6945	0.6668	0.6112	0.5556	0.5000
55°	0.7973	0.7602	0.7230	0.6486	0.5743	0.5000
60°	0.9000	0.8500	0.8000	0.7000	0.6000	0.5000

当半顶角 $\alpha>60°$ 时，锥壳受力接近圆平板，主要以弯曲应力承载，此时按平板或应力分析做强度计算。

（6）平板封头（平盖）

圆形平板封头厚度的计算以圆形平板的应力分析为基础。对受横向均布压力且 $\mu=0.3$ 的钢制圆板，其最大应力为

$$\left.\begin{aligned}&\text{周边固支}(\sigma_r)_{max}=\pm\frac{3}{4}p\left(\frac{R}{\delta}\right)^2=\pm0.188p\left(\frac{D}{\delta}\right)^2\\&\text{周边简支}(\sigma_r)_{max}=\pm\frac{3}{8}(3+\mu)p\left(\frac{R}{\delta}\right)^2=\pm0.31p\left(\frac{D}{\delta}\right)^2\end{aligned}\right\}$$

由于实际平板封头与圆筒体相连接，真实的支承既不是固支也不是简支。在承受均布压力时，危险应力可能出现在平板封头的中心部分，也可能在圆筒与平封头的连接部位，取决于具体的连接结构形式和筒体的尺寸参数，所以上式可写成如下一般形式

$$\sigma_{max}=\pm Kp\left(\frac{D}{\delta}\right)^2$$

于是，根据强度条件，圆形平板封头的计算厚度可按下式计算

$$\delta_p=D_c\sqrt{\frac{Kp_c}{[\sigma]^t\phi}} \tag{4-23}$$

式中，K 为结构特征系数，D_c 为封头的计算直径。部分平盖之 K、D_c 选取如表4-7所示，其余可参见GB 150。

对于正方形、矩形、椭圆形等非圆形平板封头，若按照平板理论分析，其解比较复杂，所以将上述同样结构圆板厚度计算公式中的系数乘以一修正系数 Z，作为计算这些特殊形状平板封头的厚度。

表 4-7　部分平盖系数 K 选择表

固定方法	序号	简　图	结构特征系数 K	备　注
与圆筒一体或对接	1	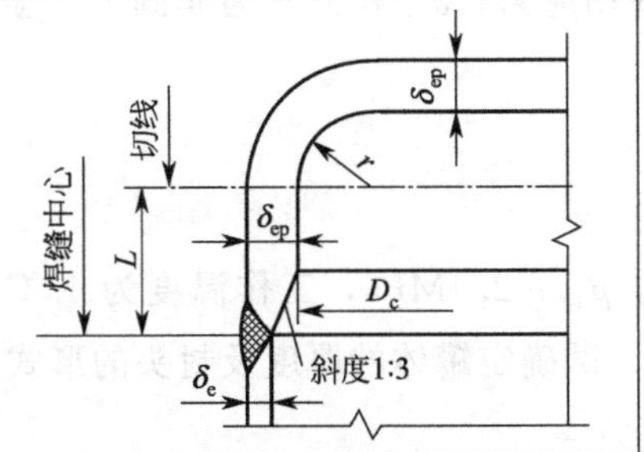	0.145	仅适用于圆形平盖 $p_c \leqslant 0.6\text{MPa}$ $L \geqslant 1.1\sqrt{D_i\delta_e}$ $r \geqslant 3\delta_{ep}$
角焊或组合焊缝连接	2	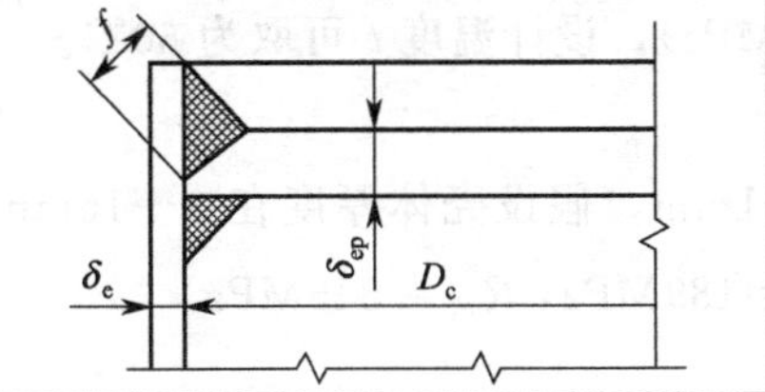	圆形平盖：$0.44m$ $(m=\delta/\delta_e)$， 且不小于 0.3； 非圆形平盖：0.44	$f \geqslant 1.4\delta_e$
	3	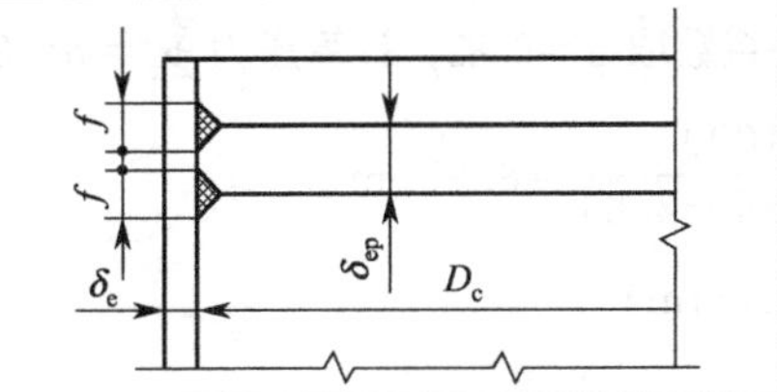	圆形平盖：$0.44m$ $(m=\delta/\delta_e)$， 且不小于 0.3； 非圆形平盖：0.44	$f \geqslant \delta_e$
螺栓连接	4	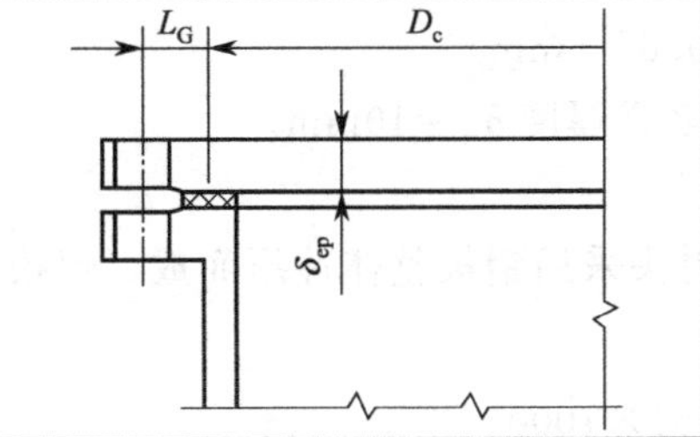	圆形平盖： 操作时 $0.3+\dfrac{1.78WL_G}{p_c D_c^3}$ 预紧时 $\dfrac{1.78WL_G}{p_c D_c^3}$；	
	5	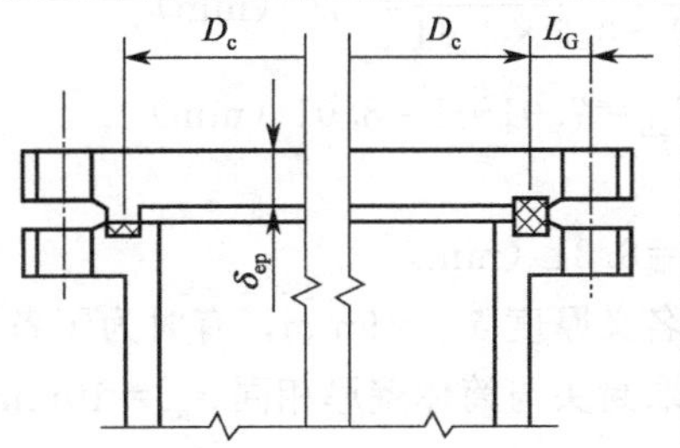	非圆形平盖： 操作时 $0.3Z+\dfrac{6WL_G}{p_c La^2}$ 预紧时 $\dfrac{6WL_G}{p_c La^2}$	

对于表 4-7 中序号 2、3 所示非圆形平盖，按式（4-24）计算

$$\delta = a\sqrt{\frac{KZp_c}{[\sigma]^t\phi}} \tag{4-24}$$

上式中 Z 为非圆形平盖的形状系数。

$$Z=3.4-2.4\left(\frac{a}{b}\right)\text{，且 } Z\leqslant 2.5$$

对于表 4-7 中序号 4、5 所示非圆形法兰平盖，按式（4-25）计算

$$\delta=a\sqrt{\frac{Kp_c}{[\sigma]^t\phi}} \tag{4-25}$$

式中，预紧时，$[\sigma]^t$ 取常温时平盖材料的许用应力；a、b 分别为非圆形平盖的短轴和长轴长度，mm。

设计举例

某厂需设计一卧式回流液罐，罐的工作压力 $p_w=2.4\text{MPa}$，工作温度为45℃，基本无腐蚀，罐的内直径为1000mm，罐体长3200mm，试确定罐体的厚度及封头的形式和厚度。

解 （1）确定设计压力、设计温度

取设计压力 $p=1.1p_w=1.1\times2.4=2.64$（MPa），设计温度 t 可取为60℃。

（2）选材，确定 $[\sigma]$、$[\sigma]^t$、R_{eL}

根据工作条件，材料选为Q345R，取 $C_2=1\text{mm}$，假设壳体厚度在3～16mm范围内，查GB 150.2中表2可得 $[\sigma]=189\text{MPa}$，$[\sigma]^t=189\text{MPa}$，$R_{eL}=345\text{MPa}$。

（3）筒体壁厚设计

考虑采用双面对接焊，局部无损探伤，焊接接头系数取 $\phi=0.85$，计算压力 $p_c=p=2.64\text{MPa}$

筒体计算厚度 $\delta=\dfrac{p_cD_i}{2[\sigma]^t\phi-p_c}=\dfrac{2.64\times1000}{2\times189\times0.85-2.64}=8.28(\text{mm})$

则筒体设计厚度 $\delta_d=\delta+C_2=8.28+1=9.28(\text{mm})$

按GB 713，$C_1=0.3\text{mm}$

则筒体名义厚度 $\delta_n\geqslant\delta_d+C_1=9.28+0.3=9.58$（mm）

考虑钢板常用规格厚度，向上圆整可取筒体名义厚度 $\delta_n=10\text{mm}$。

（4）封头壁厚设计

选用标准椭圆形封头，其形状系数 $K=1$，封头采用钢板整体冲压而成，焊接接头系数取 $\phi=1.0$，故封头计算厚度

$$\delta_h=\frac{Kp_cD_i}{2[\sigma]^t\phi-0.5p_c}=\frac{1\times2.64\times1000}{2\times189\times1-0.5\times2.64}=7.01(\text{mm})$$

取 $C_{2h}=1\text{mm}$，则封头设计厚度 $\delta_{dh}=\delta_h+C_{2h}=7.01+1=8.01$（mm）

同上取 $C_{1h}=0.3\text{mm}$

则封头名义厚度 $\delta_{nh}\geqslant\delta_{dh}+C_{1h}=8.01+0.3=8.31$（mm）

考虑钢板常用规格厚度，向上圆整可取封头名义厚度 $\delta_{nh}=9\text{mm}$，有时为了备料和焊接上的方便，在计算值差别不大及耗材不多时，可取封头与筒体壁厚相同 $\delta_{nh}=10\text{mm}$。

（5）试验压力的确定

采用液压试验，试验压力 $p_T=1.25p\dfrac{[\sigma]}{[\sigma]^t}=1.25\times2.64\times\dfrac{189}{189}=3.3$（MPa）

（6）试验应力校核

$$\sigma_T=\frac{p_T(D_i+\delta_e)}{2\delta_e}=\frac{3.3\times[1000+(10-0.3-1)]}{2\times(10-0.3-1)}=191.31(\text{MPa})$$

而 $0.9\phi R_{eL}=0.9\times0.85\times345=263.9$（MPa）

满足 $\sigma_T\leqslant0.9\phi R_{eL}$，液压试验应力校核合格。

4.4 内压容器开孔及补强设计

压力容器及设备由于工艺上和检验、安装、检修等方面的需要，不可避免地要开孔，并往往有接管或凸缘。

容器壳体上的开孔应为圆形、椭圆形或长圆形。容器开孔接管后在应力分布与强度方面将带来如下影响：一方面开孔后使承载截面减小，破坏了原有的应力分布，并产生应力集中；另一方面接管处容器壳体与接管形成不连续结构而产生边缘应力。这两种因素均使开孔或开孔接管部位的局部应力比壳体中的薄膜应力大，有时可达器壁基本应力的3倍以上。这种现象称为开孔或接管部位的应力集中。

常用应力集中系数 K_t 来描述开孔接管处的应力集中特性。若未开孔时的名义应力为 σ，开孔后按弹性方法计算出的最大应力若为 σ_{max}，则弹性应力集中系数的定义为

$$K_t=\frac{\sigma_{max}}{\sigma}$$

压力容器开孔接管以后，除了有应力集中现象，接管上有时还有其他外载荷，又由于材质和制造缺陷等各种因素的综合作用，开孔接管附近就成为压力容器的破坏源，是疲劳破坏和脆性断裂的高发区。因此，对于开孔附近的应力集中以及补强措施必须给予足够的重视。

4.4.1 开孔应力集中及应力集中系数

（1）平板开小圆孔的应力集中

① 单向拉伸应力作用　图4-14（a）所示为无限平板受单向拉伸应力 σ 作用。根据弹性力学中无限平板开小圆孔的应力集中问题的解可知 A、B 两点的应力为

$$\left.\begin{aligned}\sigma_A&=3\sigma\\ \sigma_B&=-\sigma\end{aligned}\right\}\tag{4-26}$$

在这种情况下的应力集中系数为　$K_t=\frac{\sigma_{max}}{\sigma}=\frac{3\sigma}{\sigma}=3$

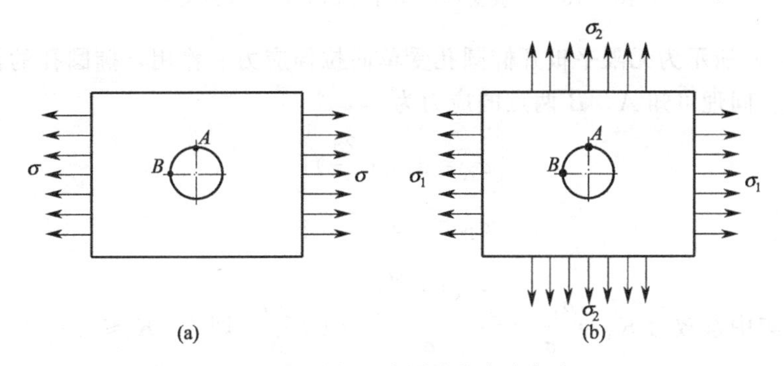

图4-14　平板开小圆孔的应力集中

② 两向拉伸应力作用　图4-14（b）所示为无限平板受 $\sigma_1 \geqslant \sigma_2$ 两向拉伸应力作用。综合图4-14（a）的情况可得 A、B 两点的应力为

$$\left.\begin{aligned}\sigma_A&=3\sigma_1-\sigma_2\\\sigma_B&=3\sigma_2-\sigma_1\end{aligned}\right\}\tag{4-27}$$

比较可得
$$K_t=\frac{\sigma_{max}}{\sigma_1}=\frac{3\sigma_1-\sigma_2}{\sigma_1}\tag{4-28}$$

当 $\sigma_1=\sigma_2=\sigma$ 时
$$K_t=\frac{\sigma_{max}}{\sigma_1}=\frac{3\sigma-\sigma}{\sigma}=2\tag{4-29}$$

当 $\sigma_1=\sigma$，$\sigma_2=\frac{1}{2}\sigma$ 时
$$K_t=\frac{\sigma_{max}}{\sigma_1}=\frac{3\sigma-0.5\sigma}{\sigma}=2.5\tag{4-30}$$

（2）平板开椭圆孔的应力集中

设 a、b 分别为椭圆孔的长半轴和短半轴，根据压力容器有关规范，开椭圆孔时，$1<\frac{a}{b}\leqslant 2$。

① 单向拉伸应力作用　图 4-15（a）所示为无限平板开椭圆孔受单向拉伸应力 σ 作用，椭圆孔的长轴与拉伸应力的方向一致。根据弹性力学中无限平板开椭圆孔的应力集中问题的解可知 A、B 两点的应力为

$$\left.\begin{aligned}\sigma_A&=\sigma\left(1+\frac{2b}{a}\right)\\\sigma_B&=-\sigma\end{aligned}\right\}\tag{4-31}$$

此时应力集中系数为 $K_t=\frac{\sigma_{max}}{\sigma}=\frac{\sigma\left(1+\frac{2b}{a}\right)}{\sigma}=1+\frac{2b}{a}$，即 $2\leqslant K_t<3$。

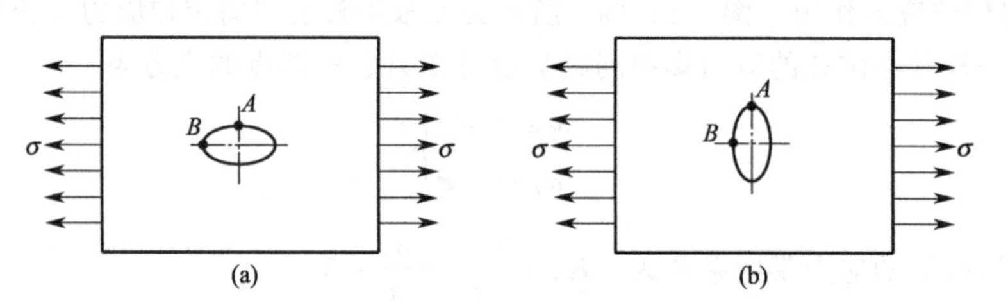

图 4-15　平板受单向拉伸开椭圆孔的应力集中

图 4-15（b）所示为无限平板开椭圆孔受单向拉伸应力 σ 作用，椭圆孔的长轴与拉伸应力的方向垂直。同理可知 A、B 两点的应力为

$$\left.\begin{aligned}\sigma_A&=\sigma\left(1+\frac{2a}{b}\right)\\\sigma_B&=-\sigma\end{aligned}\right\}\tag{4-32}$$

此时应力集中系数为 $K_t=\frac{\sigma_{max}}{\sigma}=\frac{\sigma\left(1+\frac{2a}{b}\right)}{\sigma}=1+\frac{2a}{b}$，即 $3<K_t\leqslant 5$。

② 双向拉伸应力作用

ⅰ. 图 4-16（a）所示为无限平板开椭圆孔受 $\sigma_1\geqslant\sigma_2$ 双向拉伸应力作用，椭圆孔的长轴与拉伸应力 σ_1 的方向一致。综合图 4-15 两种情况，A、B 两点的应力为

$$\left.\begin{aligned}\sigma_A&=\sigma_1(1+\frac{2b}{a})-\sigma_2\\ \sigma_B&=-\sigma_1+\sigma_2(1+\frac{2a}{b})\end{aligned}\right\}\tag{4-33}$$

当 $\sigma_1=\sigma_2=\sigma$ 时，相当于在球壳上开椭圆孔，则上式变为

$$\left.\begin{aligned}\sigma_A&=\frac{2b}{a}\sigma\\ \sigma_B&=\frac{2a}{b}\sigma\end{aligned}\right\}\tag{4-34}$$

此时应力集中系数为 $K_t=\frac{\sigma_{max}}{\sigma}=\frac{\frac{2a}{b}\sigma}{\sigma}=\frac{2a}{b}$，即 $2<K_t\leqslant4$。 (4-35)

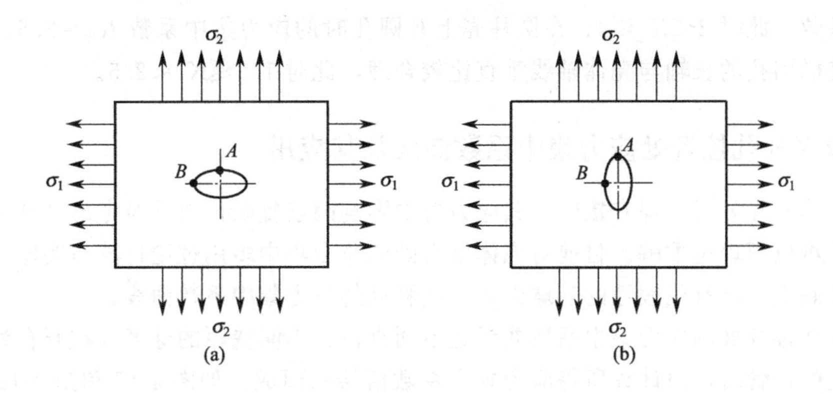

图 4-16　平板受双向拉伸开椭圆孔的应力集中

当 $\sigma_1=2\sigma_2=\sigma$ 时，相当于在圆柱壳上开椭圆孔，并代入式（4-33）可得

$$\left.\begin{aligned}\sigma_A&=\sigma(0.5+\frac{2b}{a})\\ \sigma_B&=\sigma(\frac{a}{b}-0.5)\end{aligned}\right\}\tag{4-36}$$

此时应力集中系数为 $K_t=\frac{\sigma_{max}}{\sigma}=\frac{\sigma(0.5+\frac{2b}{a})}{\sigma}=0.5+\frac{2b}{a}$，即 $1.5\leqslant K_t<2.5$。 (4-37)

ⅱ. 图 4-16（b）所示为无限平板开椭圆孔受 $\sigma_1\geqslant\sigma_2$ 双向拉伸应力作用，椭圆孔的长轴与拉伸应力 σ_1 的方向垂直。综合图 4-15 两种情况，A、B 两点的应力为

$$\left.\begin{aligned}\sigma_A&=\sigma_1(1+\frac{2a}{b})-\sigma_2\\ \sigma_B&=-\sigma_1+\sigma_2(1+\frac{2b}{a})\end{aligned}\right\}\tag{4-38}$$

当 $\sigma_1=\sigma_2=\sigma$ 时，相当于在球壳上开椭圆孔，则上式变为

$$\left.\begin{aligned}\sigma_A&=\frac{2a}{b}\sigma\\ \sigma_B&=\frac{2b}{a}\sigma\end{aligned}\right\}\tag{4-39}$$

此时应力集中系数为 $K_t=\frac{\sigma_{max}}{\sigma}=\frac{\frac{2a}{b}\sigma}{\sigma}=\frac{2a}{b}$，即 $2<K_t\leqslant4$。 (4-40)

当 $\sigma_1=2\sigma_2=\sigma$ 时，相当于在圆柱壳上开椭圆孔，并代入式（4-38）可得

$$\left.\begin{aligned}\sigma_A&=\sigma(0.5+\frac{2a}{b})\\ \sigma_B&=\sigma(\frac{b}{a}-0.5)\end{aligned}\right\} \tag{4-41}$$

此时应力集中系数为 $K_t=\frac{\sigma_{max}}{\sigma}=\frac{\sigma(0.5+\frac{2a}{b})}{\sigma}=0.5+\frac{2a}{b}$，即 $2.5<K_t<4.5$。 (4-42)

综上所述，可得出以下结论：在球壳上开圆孔的应力集中系数 $K_t=2$，小于开椭圆孔的应力集中系数，此时 $2<K_t\leqslant4$；在圆柱壳上开圆孔时的应力集中系数 $K_t=2.5$，若开椭圆孔，则应使椭圆孔的长轴与壳体轴线垂直比较合理，此时 $1.5\leqslant K_t<2.5$。

4.4.2 球壳开孔接管处应力集中系数曲线及其应用

承压壳体开孔处通常焊有接管，其应力集中影响因素复杂，要同时考虑开孔及接管等的综合影响，难以用理论求解。目前对壳体接管处的应力集中多用理论计算与实验应力分析相结合的方法确定，具有代表性的是球壳开孔接管处的应力集中系数曲线。

球壳开孔接管处的应力集中系数曲线是不同直径、不同壁厚的球壳，在开孔处焊有不同直径和厚度的接管时，由计算所得应力集中系数值绘制而成，如图 4-17 和图 4-18 所示。图中曲线横坐标 ρ 称为开孔系数，系无因次量，其值为

$$\rho=\frac{r}{R}\sqrt{\frac{R}{\delta}}=\frac{r}{\sqrt{R\delta}} \tag{4-43}$$

式中 R，r——球壳与接管的平均半径；

δ——球壳的壁厚；

$\sqrt{R\delta}$——球壳上局部应力的衰减长度。

所以开孔系数 ρ 是指开孔大小与壳体局部应力衰减长度的比值。

由图中曲线可知，开孔系数 ρ 越大，则应力集中系数 K_t 越高，亦即开孔与接管区的应力峰值越高。K_t 还与接管壁厚和壳体壁厚的比值 $\frac{\delta_t}{\delta}$ 有关。如果在同一壳体上开同样大小的孔，球壳和接管的壁厚越厚，K_t 越小，所以也可采用增加接管壁厚的方法降低应力集中系数。

应力集中系数曲线的应用有一定限制，一般对开孔大小及球壳壁厚的限制分别为

$$0.01\leqslant\frac{r}{R}\leqslant0.4 \qquad 30\leqslant\frac{R}{\delta}\leqslant150$$

$\frac{r}{R}$ 过大或过小时，图中曲线的 K_t 值会有较大的误差；而当 $\frac{R}{\delta}<30$ 时，为厚壁容器，实际应力集中系数要比由上述曲线求得的小些；当 $\frac{R}{\delta}>150$ 时，表明容器器壁极薄，由于

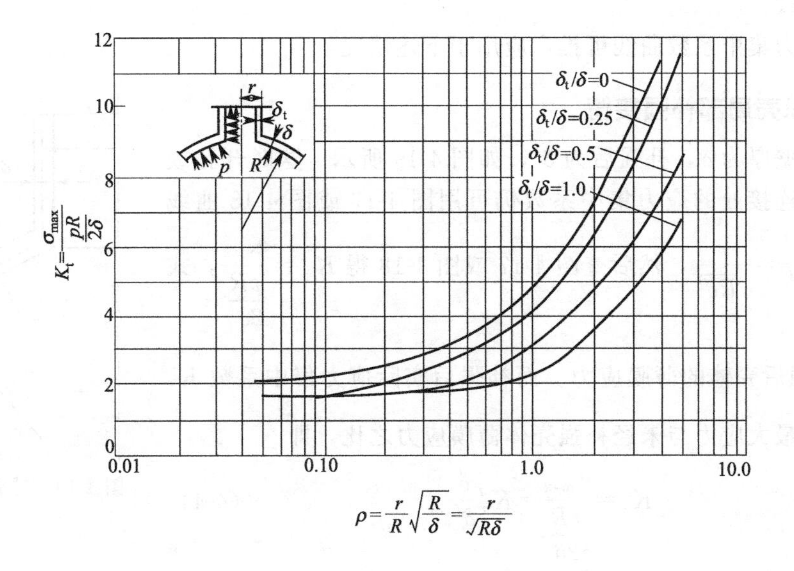

图 4-17 球壳开孔带有平齐接管的应力集中系数

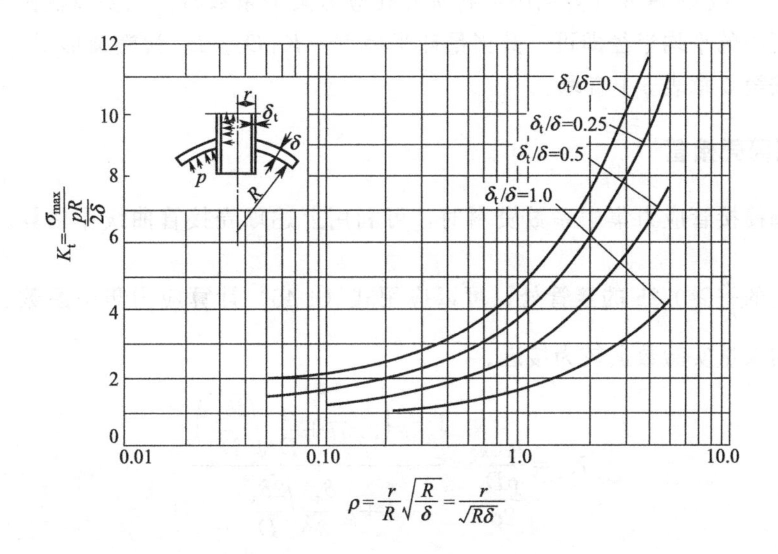

图 4-18 球壳开孔带有插入接管的应力集中系数

开孔造成的局部弯曲效应比较大，因此，实际应力集中系数则比上述曲线求得的数值要大些。

根据开孔系数 ρ，在应力曲线图中可查得应力集中系数 K_t，并由下式计算球壳接管处的最大应力。

$$\sigma_{max}=K_t\frac{pR}{2\delta}$$

图 4-17 及图 4-18 适用于球壳单个径向接管的应力集中。图中 $\frac{\delta_t}{\delta}=0$ 相当于仅有开孔而

无接管的曲线。

球壳应力集中系数曲线可推广应用于下述情况：

（1）球壳局部补强接管

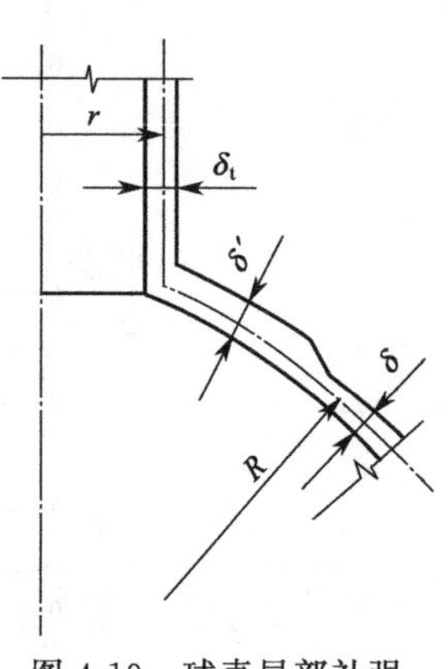

图 4-19 球壳局部补强

若球壳壁厚为 δ，补强后为 δ'，如图 4-19 所示。这时开孔或接管与壳体连接处的应力集中系数仍可用图 4-17 或图 4-18 曲线确定。先算 $\rho=\frac{r}{\sqrt{R\delta'}}$，然后查图 4-17 或图 4-18 得 $K_t'=\frac{\sigma_{max}}{\frac{pR}{2\delta'}}$，式中 $\frac{pR}{2\delta'}$ 为补强后壳体的薄膜应力。而补强后实际应力集中系数 K_t 应为补强后最大应力与未经补强壳体薄膜应力之比，即

$$K_t=\frac{\sigma_{max}}{\frac{pR}{2\delta}}=K_t'\frac{\delta}{\delta'} \tag{4-44}$$

（2）椭圆封头接管

利用图 4-17 或图 4-18 计算椭圆形封头开孔应力集中系数时，只要以椭圆形封头当量球半径代替球壳中的平均半径即可。其当量球半径 $R=K_1D_i$。D_i 为椭圆形封头内径；K_1 为折算系数，按第 5 章表 5-1 查取。

（3）圆筒壳接管

在缺乏圆筒接管应力集中系数资料时，可利用上述球壳接管曲线作估算。对于 $\frac{D}{\delta}\geqslant 10$ 的薄壁圆筒上的 $\frac{d}{R}\geqslant 0.25$ 的接管处，可以应用式（4-45）计算应力集中系数。由该式计算所得的数值与大量实验数据较为接近。

$$K_t=\frac{\sigma_{max}}{\frac{pD}{2\delta}}=\frac{1+\rho\left(2.57+\frac{d}{D}\sqrt{\frac{2\delta_t}{D}}\right)}{1+\rho\frac{\delta_t}{\delta}\sqrt{\frac{2\delta_t}{D}}} \tag{4-45}$$

式中 ρ——开孔系数，$\rho=\frac{d}{\sqrt{2D\delta}}$；

D，δ——筒体平均直径及壁厚；

d，δ_t——接管平均直径及壁厚。

4.4.3 开孔补强设计

开孔部位的应力集中将引起壳体局部的强度削弱。若开孔很小并有接管，且接管又足以使强度的削弱得以补偿，则不需另行补强。若开孔较大，此时就应采取适当的补强措施，这就是开孔补强设计。不同要求的容器，开孔补强设计的要求也不同。一般的容器只要通过补强将应力集中系数降低到一定范围即可。而需按“疲劳设计”要求设计的容器则应严格限制

开孔接管部位的最大应力。经补强后的开孔接管区可以使应力集中系数降低，但不能完全消除应力集中。

(1) 不需补强的最大孔径

当开孔直径较小时，应力集中现象不太严重，且常常有各种强度富裕量的存在。例如实际壁厚超过强度需要；焊接接头系数小于1且开孔位置又不在焊缝上；接管的壁厚可能大于计算值，有多余的壁厚；接管根部有填角焊缝等。所有这些都起到了降低应力集中从而也降低了开孔处最大应力的作用。同时，由于应力峰值的局部性和自限性，故在一定直径范围内的开孔，允许不需要另行补强。

各国规范对不需另行补强的最大开孔直径有不同的规定，但相差不大。均基于开孔系数 $\rho \leqslant 0.1$ 时应力集中系数较小且趋于稳定。我国 GB 150 规定，当壳体开孔满足下述全部要求时可允许不需另行补强。

ⅰ. 设计压力 $p \leqslant 2.5$MPa；

ⅱ. 两相邻开孔中心的距离（对曲面间距以弧长计算）应不小于两孔直径之和，对于三个或以上相邻开孔中心的距离（对曲面间距以弧长计算）应不小于该两孔直径之和的2.5倍；

ⅲ. 接管外径小于或等于89mm；

ⅳ. 接管壁厚满足表4-8的要求，表中接管壁厚的腐蚀裕量为1mm，需要加大腐蚀裕量时应相应增加壁厚；

ⅴ. 开孔不得位于A、B类焊接接头上；

ⅵ. 钢材的标准抗拉强度下限值 $R_m \geqslant 540$MPa 时，接管与壳体的连接宜采用全焊透的结构形式。

表 4-8　允许不另行补强的最大开孔直径　　单位：mm

接管外径	25	32	38	45	48	57	65	76	89
接管壁厚	≥3.5			≥4.0		≥5.0		≥6.0	

(2) 补强结构及适用条件

容器壳体开孔补强有补强圈补强和整体补强两种结构形式。采用补强圈补强时，应遵循下列规定：

ⅰ. 容器设计压力小于6.4MPa；

ⅱ. 设计温度不大于350℃；

ⅲ. 钢材的标准抗拉强度下限值小于540MPa；

ⅳ. 补强圈厚度不大于1.5倍壳体开孔处的名义厚度；

ⅴ. 壳体开孔处的名义厚度不大于38mm；

ⅵ. 不用于铬钼钢制容器；

ⅶ. 不用于盛装极度、高度危害介质的容器；

ⅷ. 不用于承受疲劳载荷的容器。

补强圈补强是最常见的补强结构，如图4-20所示，在开孔周围贴焊补强圈。补强圈的材料和厚度一般与壳体相同，补强圈与壳体间采用填角搭接焊，为了保证补强效果，两者之间必须紧密焊牢。为了便于焊后检验，在补强圈上开有一个M10泄漏孔，以便通入0.4～

0.5MPa 压缩气体进行焊缝泄漏试验。同时，补强圈可能覆盖在壳体的焊缝上，虽然规范规定被覆盖的焊缝须 100%无损探伤，但由于腐蚀等各种原因，焊缝处可能有泄漏，这时泄漏孔还可以发出泄漏信号，起到报警的作用。通常补强圈多置于壳壁外表面，主要是便于焊接及检验。

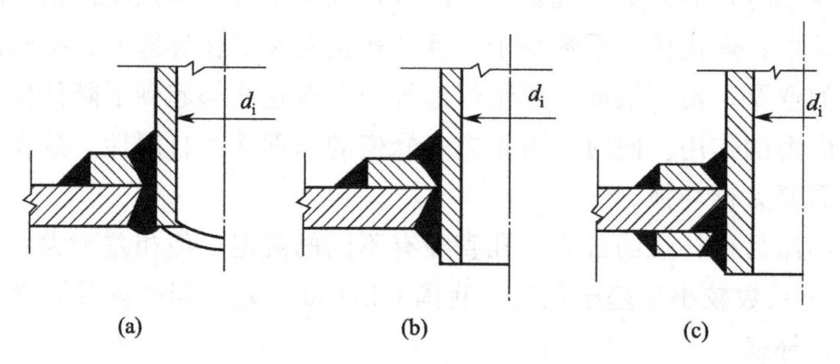

图 4-20　补强圈补强结构

补强圈结构简单，取材容易，便于制造，使用经验丰富，但补强圈不能与壳体完全贴合成一整体，其整体性较差，抗疲劳性能差。补强圈与壳壁间存在一层静止空气隙，使内外壁之间的传热效果差，可能产生附加的温差应力。同时补强圈与容器器壁连接处的搭接焊缝，使容器形状突变，造成较高的局部应力。在焊接过程中，容器器壁对焊缝金属具有很大的约束作用，妨碍其冷却收缩，焊根处易出现焊接裂纹。强度级别高的材料对焊接裂纹比较敏感，因此材料强度级别较高时不宜使用。当补强圈的厚度较大时，则角焊缝过大，不连续应力就很大，也就是局部应力很大，因此当补强圈厚度较大时不宜采用。对于高温、高压或受载有反复波动的重要压力容器均不宜采用这种补强结构。

当补强圈补强不能采用时，应考虑整体补强。整体补强是指增加壳体厚度，或用全焊透的结构形式将厚壁管或整体补强锻件与壳体相焊的补强结构。

厚壁管补强如图 4-21 所示。这种结构的特点是接管的加厚部分正处于最大应力区域内，故能有效地降低应力集中系数。厚壁管结构简单、焊缝少，焊接质量容易检验，是一种较为理想的补强结构。若条件许可，推荐以厚壁管代替补强圈进行补强。

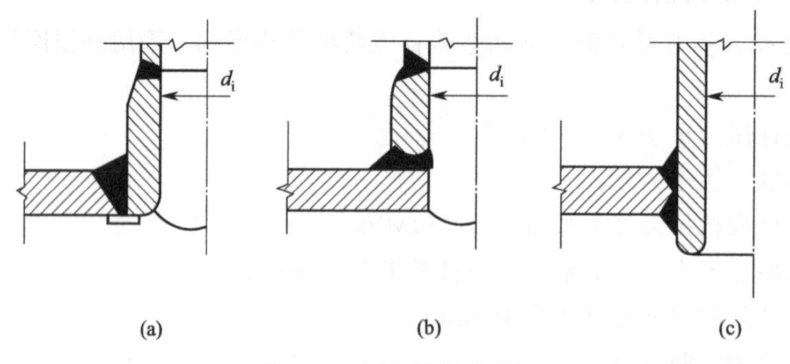

图 4-21　厚壁管补强结构

厚壁管在壳体上的放置方式分为图 4-21（a）的平齐插入式、图 4-21（b）的安放式、图 4-21（c）的内伸插入式三种结构。试验结果表明，完全焊透的内伸插入式结构效果最佳；未焊透的内伸插入式疲劳寿命虽然较完全焊透低，但制造方便且寿命比平齐插入管要长。为使抗疲劳效果更好，应采用全焊透结构，并对转角焊缝打磨圆滑。

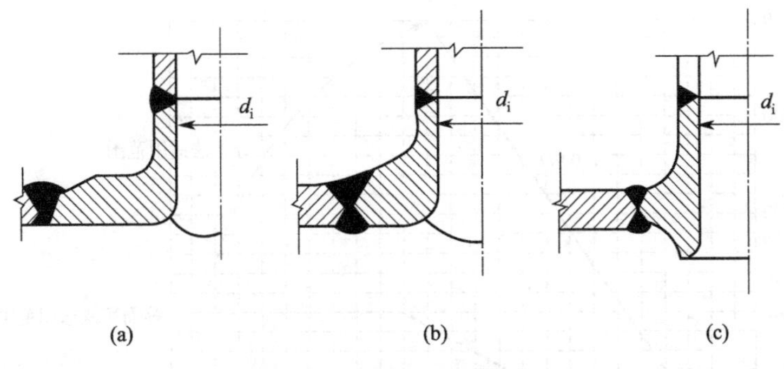

图 4-22 整锻件补强结构

整锻件补强如图 4-22 所示。其优点是补强金属集中于开孔应力最大的部位，应力集中系数最小；并且采用对接焊接接头，使焊缝及其热影响区离开最大应力点的位置，抗疲劳性能好，疲劳寿命只降低 10%～15%左右。图 4-22（b）为密集补强结构，又加大过渡圆角半径，补强效果更佳；但整锻件制造较困难，加工量大，成本高，只在高压容器及核容器等重要设备中使用。

（3）开孔补强设计方法

开孔边缘存在一次总体薄膜应力、二次弯曲应力和峰值应力。三种应力性质不同，对容器失效的危害程度亦不同。开孔补强设计方法有等面积法、分析法和压力面积法。GB 150 采用的是等面积法和分析法。而对于大开孔，HG/T 20582《钢制化工容器强度计算规定》中采用的是压力面积法。

使开孔接管处的补强金属等于或大于由于开孔丧失掉的金属面积，称为等面积法。该法以弹性失效为基础，将一次总体薄膜应力强度限制在许用应力范围内。补强针对的是由压力载荷引起的平均薄膜应力，而对二次弯曲应力和峰值应力均未考虑。此法简单，在一般条件下安全可靠，故广为中、低压容器开孔补强设计采用。

（4）等面积法和分析法的适用范围

等面积法适用于压力作用下壳体和平封头上的圆形、椭圆形或长圆形开孔。当在壳体上开椭圆形或长圆形孔时，孔的长径与短径之比应不大于 2.0。GB 150 对等面积法的适用范围规定如下：

ⅰ. 当圆筒内径 $D_i \leqslant 1500\text{mm}$ 时，开孔最大直径 $d_{op} \leqslant D_i/2$，且 $d_{op} \leqslant 520\text{mm}$；当圆筒内径 $D_i > 1500\text{mm}$ 时，开孔最大直径 $d_{op} \leqslant D_i/3$，且 $d_{op} \leqslant 1000\text{mm}$；

ⅱ. 凸形封头或球壳的开孔最大直径 $d_{op} \leqslant D_i/2$ ；

ⅲ. 锥形封头的开孔最大直径 $d_{op} \leqslant D_i/3$，D_i 为开孔中心处的锥壳内直径。

开孔最大直径 d_{op} 对椭圆形或长圆形开孔指长轴尺寸。

而分析法是根据弹性薄壳理论得到的应力分析法，用于内压作用下具有径向接管圆筒的开孔补强设计，其适用范围如下：$d \leqslant 0.9D$ 且 $\max[0.5, d/D] \leqslant \delta_{et}/\delta_e \leqslant 2$，其中 D 为圆筒中面直径，d 为接管中面直径。分析法与等面积法适用的开孔率范围比较见图 4-23。

（5）等面积法设计计算

等面积补强的面积是指孔中心沿壳体纵向截面上的投影面积，如图 4-24 所示。应使补

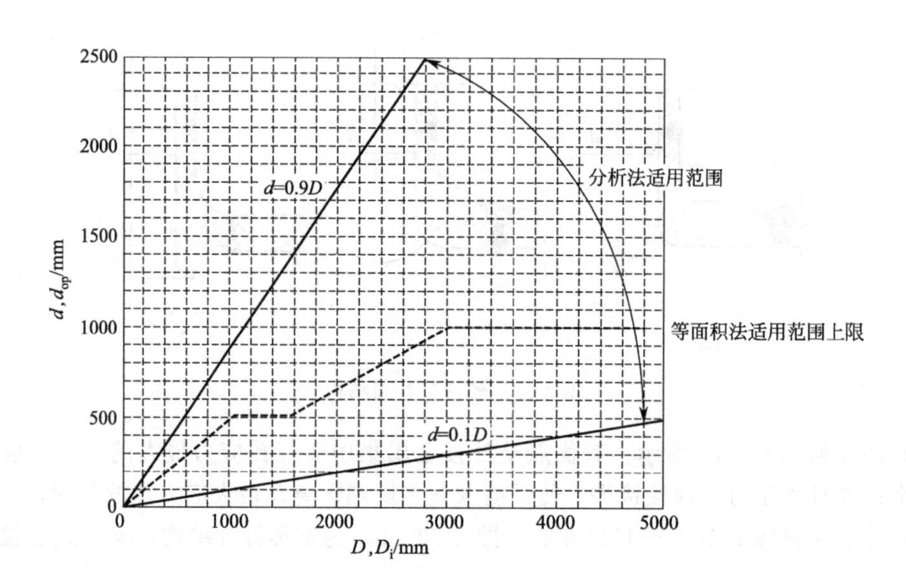

图 4-23 圆筒开孔补强分析法与等面积法适用范围

强的面积不小于开孔所挖掉的金属面积。

① 壳体开孔所需补强面积 A　内压圆筒或球壳开孔所需补强面积按式（4-46）计算

$$A=d_{op}\delta+2\delta\delta_{et}(1-f_r) \tag{4-46}$$

式中　d_{op}——开孔直径，mm，圆形孔取接管内直径加上接管 2 倍厚度附加量，即 $d_{op}=d_i+2C_t$，椭圆或长圆孔应取计算截面上的弦长加接管 2 倍厚度附加量；

δ_{et}——接管有效厚度，mm，$\delta_{et}=\delta_{nt}-C_t$；

δ_{nt}——接管名义厚度，mm；

f_r——材料强度削弱系数，即设计温度下接管材料与壳体材料许用应力之比，当该比值大于 1.0 时取 $f_r=1.0$，对安放式接管取 $f_r=1.0$；

δ——壳体开孔处的计算厚度，mm，按下述方法确定。

ⅰ. 圆筒或球壳分别按式（4-3）和式（4-8）计算。

ⅱ. 对于锥壳（或锥形封头）按式（4-19）计算，式中 D_c 为开孔中心处锥壳内直径。

ⅲ. 若开孔位于椭圆形封头中心 80％封头内直径的范围内，δ 按式（4-47）计算，否则按式（4-15）计算。

$$\delta=\frac{K_1 p_c D_i}{2[\sigma]^t\phi-0.5p_c} \tag{4-47}$$

式中 K_1 为由椭圆形长短轴比值决定的系数，按第 5 章表 5-1 查取。

ⅳ. 若开孔位于碟形封头球面部分内，δ 按式（4-48）计算，否则按式（4-17）计算。

$$\delta=\frac{p_c R_i}{2[\sigma]^t\phi-0.5p_c} \tag{4-48}$$

② 有效补强范围　由于应力集中的局部性，等面积补强法认为在图 4-24 所示的 $WXYZ$ 的矩形范围内实施补强是有效的，超过此范围实施补强没有作用。

有效宽度 B

$$B=\max\begin{cases}2d_{op}\\ d_{op}+2\delta_n+2\delta_{nt}\end{cases}$$

式中，δ_n 为壳体的名义厚度；$B=2d_{op}$ 是沿壳体经线方向补强范围，它是依据受均匀拉伸作用的开小孔大平板孔边局部应力集中的衰减范围确定的。

外伸接管有效补强高度：$h_1=\min\begin{cases}\sqrt{d_{op}\delta_{nt}}\\ \text{接管实际外伸高度}\end{cases}$

内伸接管有效补强高度：$h_2=\min\begin{cases}\sqrt{d_{op}\delta_{nt}}\\ \text{接管实际内伸高度}\end{cases}$

$h=\sqrt{d_{op}\delta_{nt}}$ 是沿接管轴线方向补强范围，它是依据圆柱壳在端部均布载荷作用时柱壳中局部周向薄膜应力的衰减范围确定的。

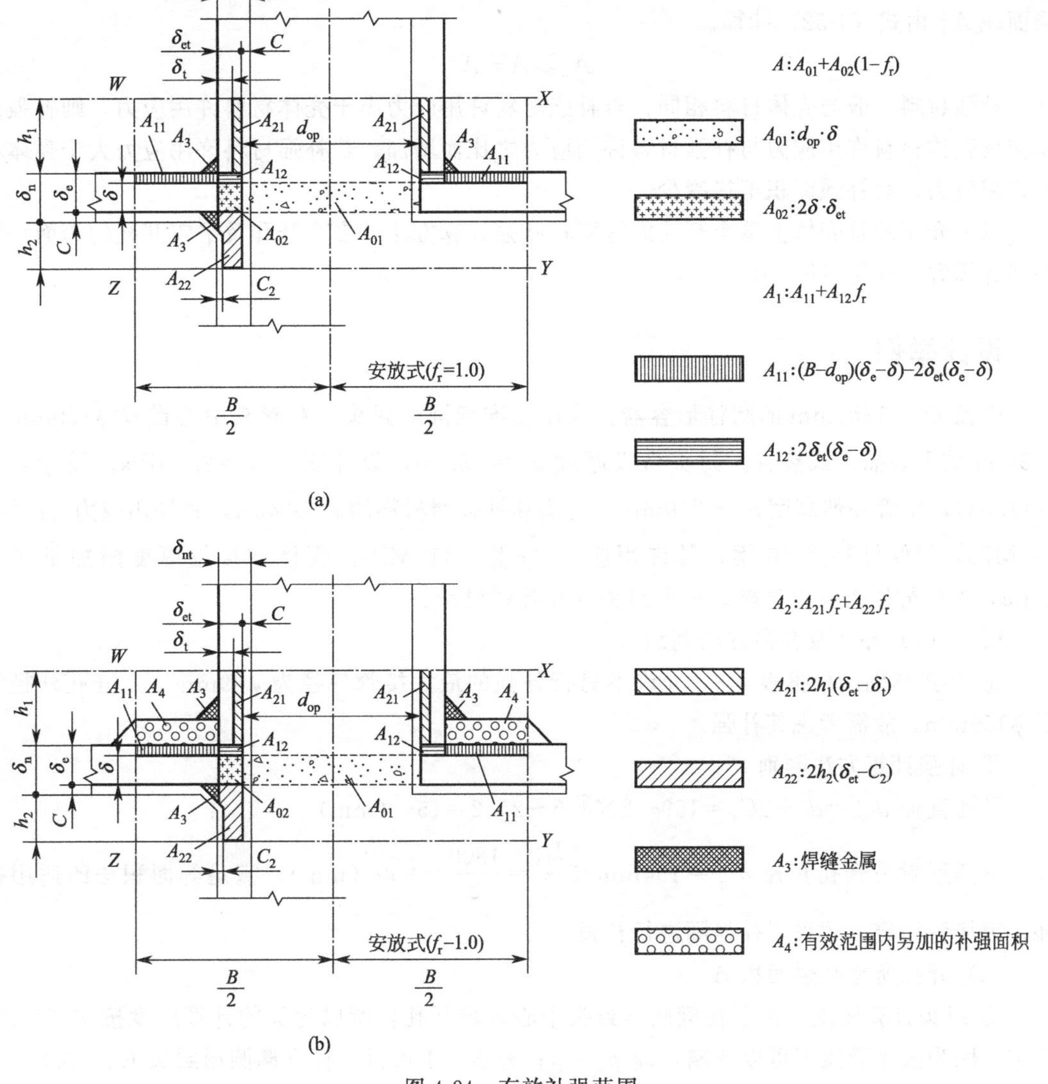

图 4-24　有效补强范围

③ 补强面积　在有效补强区范围内，可作为补强的截面积 A_e 按式（4-49）计算

$$A_e=A_1+A_2+A_3 \tag{4-49}$$

式中　A_1——壳体有效厚度减去计算厚度之外的多余面积，mm^2，按式（4-50）计算；

A_2——接管有效厚度减去计算厚度之外的多余面积，mm^2，按式（4-51）计算；

A_3——焊缝金属的截面积（见图4-24），mm^2，可根据角焊缝的具体尺寸计算确定。

$$A_1=(B-d_{op})(\delta_e-\delta)-2\delta_{et}(\delta_e-\delta)(1-f_r) \tag{4-50}$$

$$A_2=2h_1(\delta_{et}-\delta_t)f_r+2h_2(\delta_{et}-C_{2t})f_r \tag{4-51}$$

式中，δ_t 为接管计算厚度，mm。

式（4-51）第一项为外伸接管补强部分，第二项为内伸接管补强部分。因内伸接管的内外表面都受压，相互抵消了压力的作用，故第二项不需减 δ_t，但其外表面也与介质直接接触，故要多减一个接管的腐蚀裕量 C_{2t}。

若 $A_e \geqslant A$，则开孔后不需要另加补强；若 $A_e < A$，则开孔后需要另加补强。其另加补强面积 A_4 由式（4-52）计算。

$$A_4 \geqslant A-A_e \tag{4-52}$$

补强材料一般与壳体材料相同，若补强材料许用应力小于壳体材料许用应力，则补强面积应按壳体材料许用应力与补强材料许用应力之比而增加。若补强材料许用应力大于壳体材料许用应力，则补强面积不得减少。

以上介绍的是壳体上单个开孔的等面积补强计算方法。多个开孔及平盖开孔的等面积法补强计算方法详见GB 150。

设计举例

内径 $D_i=1800$mm 的圆柱形容器，采用标准椭圆形封头，在封头中心设置 $\phi159$mm×4.5mm 的平齐插入式接管。封头名义厚度 $\delta_n=18$mm，设计压力 $p=2.5$MPa，设计温度 $t=150$℃，接管外伸高度 $h_1=200$mm。封头和补强圈材料均为Q345R，其许用应力 $[\sigma]^t=183$MPa，接管材料为10钢，其许用应力 $[\sigma]^t_t=115$MPa。壳体和接管厚度附加量均取2mm，液体静压力可以忽略。试做封头开孔补强设计。

解 （1）补强及补强方法判别

① 补强判别　根据表4-8，允许不另行补强的最大接管外径为 $\phi89$mm。此开孔外径等于 $\phi159$mm，故需考虑其补强。

② 补强计算方法判别

开孔直径 $d_{op}=d_i+2C_t=159-2\times4.5+2\times2=154$（mm）

本凸形封头开孔直径 $d_{op}=154\text{mm}<\dfrac{D_i}{2}=\dfrac{1800}{2}=900$（mm），满足等面积法的适用条件。因接管已定，故采用补强圈进行补强。

（2）开孔所需补强面积 A

① 封头计算厚度　由于在椭圆形封头中心区域开孔，所以封头的计算厚度按式（4-47）确定。因为液体静压力可以忽略，即 $p_c=p$；查表5-1可得，标准椭圆形封头 $K_1=0.9$；又因开孔处焊接接头系数 $\phi=1.0$，故封头计算厚度

$$\delta=\frac{K_1p_cD_i}{2[\sigma]^t\phi-0.5p_c}=\frac{0.9\times2.5\times1800}{2\times183\times1.0-0.5\times2.5}=11.10(\text{mm})$$

② 开孔所需补强面积

强度削弱系数 $f_r=\dfrac{[\sigma]_t^t}{[\sigma]^t}=\dfrac{115}{183}=0.628$，接管有效厚度为

$$\delta_{et}=\delta_{nt}-C_t=4.5-2=2.5(\text{mm})$$

即开孔所需补强面积

$A=d_{op}\delta+2\delta\delta_{et}(1-f_r)=154\times11.10+2\times11.10\times2.5\times(1-0.628)=1730(\text{mm}^2)$

(3) 补强范围

① 有效宽度 $B=\max\begin{cases}2d_{op}\\d_{op}+2\delta_n+2\delta_{nt}\end{cases}$

$$=\max\begin{cases}2\times154=308\\154+2\times18+2\times4.5=199\end{cases}=308\text{mm}$$

② 外伸接管有效补强高度 $h_1=\min\begin{cases}\sqrt{d_{op}\delta_{nt}}=\sqrt{154\times4.5}=26.3\\\text{接管实际外伸高度}=200\end{cases}$

$=26.3\text{mm}$

③ 内伸接管有效补强高度 $h_2=\min\begin{cases}\sqrt{d_{op}\delta_{nt}}=\sqrt{154\times4.5}=26.3\\\text{接管实际外伸高度}=0\end{cases}$

$=0\text{mm}$

(4) 补强面积

① 壳体有效厚度减去计算厚度之外的多余面积 A_1

$A_1=(B-d_{op})(\delta_e-\delta)-2\delta_{et}(\delta_e-\delta)(1-f_r)$

$=(308-154)\times(18-2-11.10)-2\times2.5\times(18-2-11.10)\times(1-0.628)$

$=745(\text{mm}^2)$

② 接管有效厚度减去计算厚度之外的多余面积 A_2

接管计算厚度 $\delta_t=\dfrac{p_cd_i}{2[\sigma]_t^t\phi-p_c}=\dfrac{2.5\times150}{2\times115\times1-2.5}=1.65$ (mm)

所以 $A_2=2h_1(\delta_{et}-\delta_t)f_r+2h_2(\delta_{et}-C_{2t})f_r$

$=2\times26.3\times(2.5-1.65)\times0.628+0$

$=28(\text{mm}^2)$

③ 焊缝金属的截面积 A_3（焊脚取 8mm）

因是平齐插入式接管，所以 $A_3=2\times\dfrac{1}{2}\times8\times8=64$ (mm^2)

④ 需另加补强面积 A_4

因 $A_e=A_1+A_2+A_3=745+28+64=837$ (mm^2)

故需另加补强面积 $A_4\geqslant A-A_e=1730-837=893$ (mm^2)

(5) 补强圈设计

根据接管公称直径 DN150 选补强圈，参照 JB/T 4736《补强圈》取补强圈外径 $D_2=300\text{mm}$，内径 $D_1=163\text{mm}$，因 $B=308\text{mm}>D_2$，补强圈在有效补强范围内。

补强圈计算厚度为 $\delta'=\dfrac{A_4}{D_2-D_1}=\dfrac{893}{300-163}=6.52\text{mm}$

考虑腐蚀裕量 2mm 和钢板厚度负偏差 0.3mm 并经圆整，取补强圈名义厚度为 9mm 即

可。但为了便于备料，也可取18mm。

4.5 密封连接设计

在承压设备和管道中，由于生产工艺或安装检修的需要，通常采用可拆卸的密封连接结构。其中法兰连接是最典型的可拆密封连接，在中低压容器和管道中被广泛采用。法兰连接的基本元件是法兰、垫片和螺栓螺母，依次称为被连接件、密封件和连接件，如图4-25所示。在高压条件下，密封要求高，实现密封的难度大。故高压容器及管道的可拆密封连接结构复杂，类型也多，但其基本元件的组成和作用与法兰连接类似。本节重点介绍法兰密封连接设计。

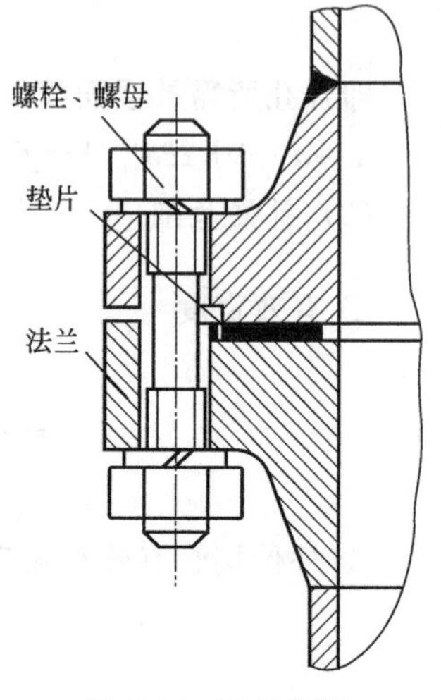

图4-25 法兰连接

4.5.1 法兰连接概述

（1）法兰分类

① 按照法兰用途，分为管法兰与压力容器法兰。

管法兰是指用于管道与管道或管道与管件之间连接的法兰；压力容器法兰是指用于容器筒节与筒节或筒节与封头之间连接的法兰。

② 按法兰接触面的宽窄，分为窄面法兰和宽面法兰两大类型。

窄面法兰是指垫片接触面位于法兰螺栓孔包围的圆周范围内的法兰连接，常见法兰均属此类；宽面法兰是指垫片接触面分布于法兰螺栓中心圆内外两侧的法兰连接，其垫片宽度较大，仅用于低压的一般介质场合。

③ 法兰按其整体性程度，分为整体法兰、松式法兰及任意式法兰。

松式法兰是指法兰未能有效地与容器或接管连接成一整体，计算中认为容器或接管不与法兰共同承受法兰力矩的作用，法兰力矩完全由法兰本身来承担。活套法兰、螺纹法兰及焊缝不开坡口的平焊法兰均属松式法兰，如图4-26(a)～(c)所示。

整体法兰是指法兰、法兰颈部及容器或接管三者能有效地连接成一整体，共同承受法兰力矩的作用，其刚性好，强度高，典型的有长颈对焊法兰及乙型平焊法兰，如图4-26(d)～(f)所示。

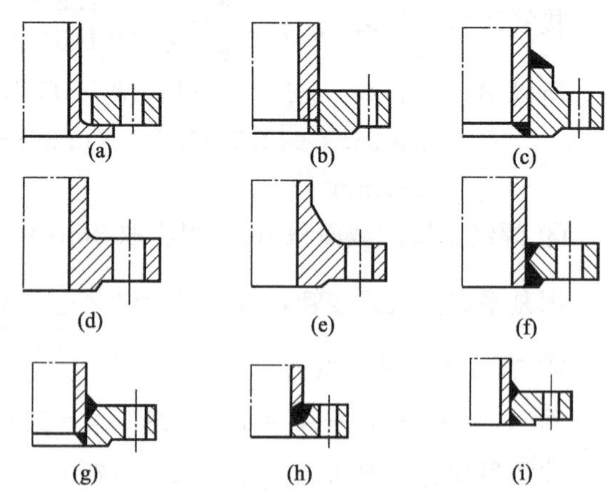

图4-26 法兰结构形式

任意式法兰是指整体性程度介于上述两者之间的法兰。其容器或接管与法兰虽未形成一整体结构，但可作为一个结构元件，共同承担法兰力矩的作用。典型的有未全部焊透的平焊法兰，如图4-26(g)～(i)所示。

（2）法兰标准

为简化设计、方便使用、降低成本，我国已制订了一系列法兰标准。在实际设计工作中，应尽可能选用标准法兰，只有无法选用标准法兰时，才自行设计。法兰标准根据用途有管法兰和压力容器法兰两套标准。要注意相同公称直径、公称压力的管法兰与压力容器法兰的连接尺寸是不同的，二者不能互相套用。

① 公称直径和公称压力　公称直径是容器及管道标准化以后的尺寸系列。对容器而言，当其筒体由钢板卷制而成，则其公称直径是指容器的内径；当筒体直径较小时可直接采用无缝钢管制作，此时公称直径是指钢管的外径。设计时应将工艺计算初步确定的设备直径，调整为符合表 4-9 所规定的公称直径。

对管子或管件而言，其公称直径是指名义直径，又称为公称通径，既不是外径，也不是内径，是与其内径相接近的某个数值。公称通径相同的管子外径是相同的，但由于壁厚可有多个，显然内径也是多个。我国石油化工行业广泛使用的钢管公称通径和钢管外径配有 A、B 两个系列，详见表 4-10。A 系列为国际通用系列，俗称英制管；B 系列为国内沿用系列，俗称公制管。

表 4-9　压力容器的公称直径　　单位：mm

筒体由钢板卷制而成	300	350	400	450	500	550	600	650	700	750	800	850
	900	950	1000	1100	1200	1300	1400	1500	1600	1700	1800	1900
	2000	2100	2200	2300	2400	2500	2600	2700	2800	2900	3000	3100
	3200	3300	3400	3500	3600	3700	3800	3900	4000	4200	4300	4400
	4500	4600	4700	4800	4900	5000	5100	5200	5300	5400	5500	5600
	5700	5800	5900	6000								
筒体由无缝钢管制作	159		219		273		325		377		426	

表 4-10　钢管公称通径和外径　　单位：mm

公称通径 DN		10	15	20	25	32	40	50	65	80	100
钢管外径	A	17.2	21.3	26.9	33.7	42.4	48.3	60.3	76.1	88.9	114.3
	B	14	18	25	32	38	45	57	76	89	108
公称通径 DN		125	150	200	250	300	350	400	450	500	600
钢管外径	A	139.7	168.3	219.1	273	323.9	355.6	406.4	457	508	610
	B	133	159	219	273	325	377	426	480	530	630
公称通径 DN		700	800	900	1000	1200	1400	1600	1800	2000	
钢管外径	A	711	813	914	1016	1219	1422	1626	1829	2032	
	B	720	820	920	1020	1220	1420	1620	1820	2020	

公称压力是容器或管道的标准化压力等级，即按标准化的要求将工作压力划分为若干个压力等级。公称压力以“PN”表示。每个公称压力是表示一定材料和一定操作温度下的最大允许工作压力。我国公称压力系列如表 4-11 所示。

表 4-11　法兰公称压力等级 PN

压力容器法兰/MPa		0.25	0.60	1.00	1.60	2.50	4.00	6.40					
管法兰/bar[1]	欧洲体系	2.5	6	10	16	25	40	63	100	160			
	美洲体系	20 (Class150)		50 (Class300)		110 (Class600)		150 (Class900)		260 (Class1500)		420 (Class2500)	

[1] 1bar＝10^5Pa。

② 压力容器法兰标准　NB/T 47020～47027《压力容器法兰、垫片、紧固件》是国家能源局颁布的行业标准，适用于公称压力 0.25～6.40MPa，工作温度-70～450℃的碳钢、低合金钢制压力容器法兰。它包括长颈对焊法兰、甲型平焊法兰和乙型平焊法兰三种结构形式以及垫片和紧固件等共 8 个标准。长颈对焊法兰为整体法兰，其强度、刚度较大，适用于较高温度，压力可达 6.40MPa；甲型平焊法兰，其角焊缝较小，或不开坡口焊接，不能保证法兰与筒壳同时受力，按活套法兰考虑，最高适用压力 1.60MPa；乙型平焊法兰，法兰上焊有较厚筒节，且焊缝较大，质量可靠，视为整体法兰，最高适用压力 4.00MPa。

该标准中法兰的公称压力等级是以 Q345R 板材（甲型和乙型平焊法兰）或 16Mn 锻件（长颈对焊法兰），工作温度为 200℃时的最大允许工作压力为基准制定的。在同一公称压力下，温度升高或降低，允许的工作压力相应地降低或提高；若温度不变而所选的材料不同，则允许的工作压力也不同。例如，公称压力为 0.60MPa 的甲型或乙型平焊法兰，用 Q345R 制造，在 200℃时它的最大允许工作压力为 0.60MPa，而在 300℃时它的最大允许工作压力为 0.51MPa；再如公称压力为 0.60MPa 的甲型或乙型平焊法兰，当使用温度 200℃不变时，如果把法兰材料改为强度低于 Q345R 的 Q245R，则此时法兰的最大允许工作压力只有 0.45MPa。总之，只要法兰的公称直径、公称压力确定了，法兰的尺寸也就确定了。至于这个法兰的最大允许工作压力是多少，那就要看法兰的工作温度和制造材料。所以选定的标准容器法兰的公称压力等级必须满足确定材料的法兰在工作温度下的最大允许工作压力不低于工作压力。

特别强调的是，当容器的筒体选用无缝钢管时，它配用的标准法兰要选用管法兰而不是容器法兰；当真空度为 600mmHg 以下时，真空容器压力容器法兰公称压力等级一般应不小于 0.60MPa；当真空度大于或等于 600mmHg 时，真空容器压力容器法兰公称压力等级一般应不小于 1.00MPa。

表 4-12 列出了 0.60MPa 和 1.00MPa 公称压力等级的甲型和乙型平焊法兰在不同温度和材料下的最大允许工作压力数值。

表 4-12　甲型、乙型平焊法兰适用材料及最大允许工作压力

公称压力 PN /MPa	法兰材料		工作温度/℃				备注
			≥20～200	250	300	350	
0.60	板材	Q235B	0.40	0.36	0.33	0.30	工作温度下限 20℃
		Q235C	0.44	0.40	0.37	0.33	
		Q245R	0.45	0.40	0.36	0.34	
		Q345R	0.60	0.57	0.51	0.49	
	锻件	20	0.45	0.40	0.36	0.34	工作温度下限 0℃
		16Mn	0.61	0.59	0.53	0.50	
		20MnMo	0.65	0.64	0.63	0.60	
1.00	板材	Q235B	0.66	0.61	0.55	0.50	工作温度下限 20℃
		Q235C	0.73	0.67	0.61	0.55	
		Q245R	0.74	0.67	0.60	0.56	
		Q345R	1.00	0.95	0.86	0.82	
	锻件	20	0.74	0.67	0.60	0.56	工作温度下限 0℃
		16Mn	1.02	0.98	0.88	0.83	
		20MnMo	1.09	1.07	1.05	1.00	

③ 管法兰标准　国际上管法兰标准主要有两个体系，一个是以欧盟 EN 为代表的欧洲

管法兰标准体系，公称压力采用 PN 表示；另一个是以美国 ASME 为代表的美洲管法兰标准体系，公称压力采用 Class 等级表示。同一标准体系内，各国法兰基本上可以相互配用，但两个不同体系间的法兰则不能互换或配用。这两个体系，在我国国家标准、机械行业标准和化工行业标准中均有参照应用，如表 4-13 所示。其中化工行业标准系列的适用范围广，材料品种齐全，设计选择时应优先采用。

表 4-13 管法兰标准

配管	欧洲体系(PN 系列)	美洲体系(Class 系列)
英制管	GB/T 9112～9124 HG/T 20592～20605	GB/T 9112～9124 HG/T 20615～20626
公制管	HG/T 20592～20605 JB/T 74～86	

管法兰的公称压力是以设定材料屈服极限 225MPa 为基准，计算不同工作温度下最大允许工作压力。当法兰的材料和工作温度不同时，最大允许工作压力会降低或升高。因此，确定管法兰的公称压力等级时，也要根据管法兰的工作温度和法兰材料综合考虑。

按设计压力、设计温度，选择接管法兰的压力等级和密封面形式，尚应考虑介质毒性或易燃易爆特性等。

HG/T 20583《钢制化工容器结构设计规定》中规定：对易燃、易爆或毒性程度为中度和轻度危害的介质，管法兰的公称压力应不低于 1.6MPa；对毒性程度为极度和高度危害或强渗透介质，接管法兰的公称压力应不低于 2.0MPa；对低温容器、高温容器、疲劳容器以及第三类压力容器的接管法兰应尽量采用带颈对焊管法兰。

（3）法兰密封机理及其影响因素

① 法兰密封机理　根据流体力学可知，当容器内外压力差的绝对值大于连接处的阻力降时，法兰连接将会产生泄漏（内漏或外漏）。法兰连接的泄漏主要包括从垫片渗透泄漏和从压紧面的界面泄漏两种形式，而从压紧界面泄漏是主要的失效形式，如图 4-27 所示。

容器内外压力差通常由工艺条件所确定，一般情况下是不可改变的。因此，只有通过增加连接处的阻力降，使容器内外压力差的绝对值不大于连接处的阻力降，才能保证不会产生泄漏。而增加连接处的阻力降，可采用提高螺栓预紧力、改变垫片的材料、改进密封面的形状等方法来实现。

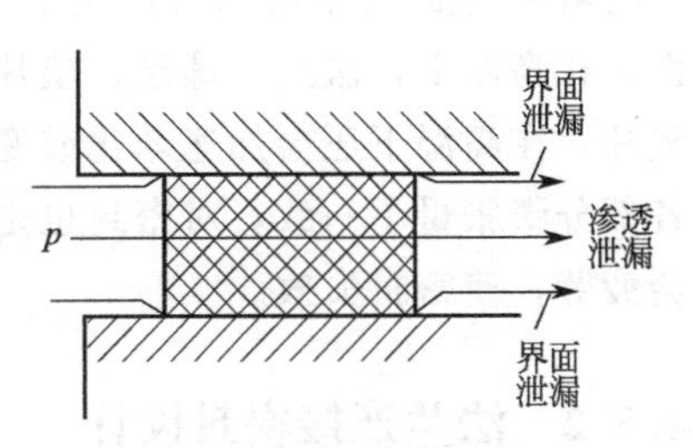

图 4-27 界面泄漏与渗透泄漏

② 影响法兰连接密封的因素　在实际工作中，影响法兰连接密封的因素是多方面的，有正常因素也有非正常因素，如不正确的安装方法、压紧面和垫片的损伤等。从设计考虑，影响法兰密封的主要因素有垫片性能、压紧面形式与加工质量、螺栓预紧力、法兰刚度、操作条件等。

ⅰ. 垫片性能　垫片是重要的密封元件。适宜的垫片变形和回弹能力是形成密封的必要条件。垫片的变形包括弹性变形和塑性变形，但仅弹性变形具有回弹能力。

回弹能力是指在施加介质压力时，垫片能否适应法兰面的分离，它可用来衡量垫片密封性能的好坏。回弹能力大，便能适应操作压力和温度的波动，密封性能就好。

垫片的变形和回弹性能与垫片材料、形状、结构、螺栓预紧力、压紧面提供的表面约

束、操作条件（压力、温度、介质）等有关。

ⅱ. 压紧面形式与加工质量　压紧面又称密封面，直接与垫片接触，是传递螺栓力使垫片变形的表面约束。为了达到预期密封效果，压紧面的形式和表面粗糙度应与选用的垫片相适应。使用金属垫片的压紧面，法兰尺寸精度要求高，压紧面粗糙度通常要求达到 1.6～0.4μm；对于软质垫片，压紧面过于光滑反而不利，一般粗糙度达到 12.5～32μm 就够了。粗糙度过小，界面上阻力变小，对阻止介质的泄漏不利。在压紧面上不允许有径向刀痕或划痕。

为使垫片产生弹性变形或塑性变形，垫片材料的硬度应低于法兰材料的硬度，一般取低于 40HB 为宜。否则垫片将会在压紧时损伤法兰压紧面。

实践证明，压紧面的平直度和压紧面与法兰中心轴线垂直同心，是保证垫片均匀压紧的前提。减小压紧面与垫片的接触面积，可以有效地降低预紧力，但若接触面积过小，则易压坏垫片。

ⅲ. 螺栓预紧力　螺栓预紧力是影响密封的一个重要因素。预紧力必须使连接处实现初始密封条件，并保证垫片不被压坏或挤出。提高螺栓预紧力，可以增加垫片的密封能力，其原因是减小了密封面间的间隙，促使垫片变形，使渗透性垫片材料的毛细管缩小，并且提高了操作时垫片的工作密封比压，使压紧面保持良好的密封状态。螺栓预紧力必须均匀地作用在垫片上，因此，在密封所需的预紧力一定时，减小螺栓直径，增加螺栓个数，对密封是有利的。

ⅳ. 法兰刚度　法兰刚度不足，会引起轴向翘曲变形，特别是当螺栓数目较少时，螺栓间的法兰密封面会因刚度不足产生波浪形变形，使密封失效，如图 4-28 所示。

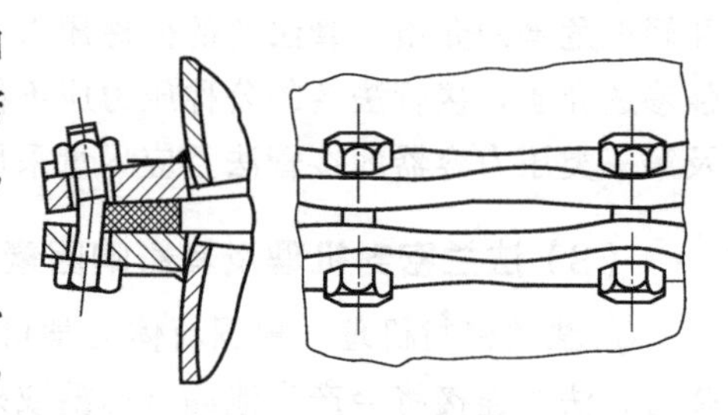
图 4-28　法兰的翘曲变形

ⅴ. 操作条件　操作条件是指连接系统的压力、温度及介质的物理、化学性质。高温介质黏度小，渗透性大，易促成渗漏。介质在高温下对垫片和法兰的溶解与腐蚀作用加剧，增加了产生泄漏的可能性。在高温下，法兰、螺栓、垫片可能产生蠕变和应力松弛，使密封比压下降。一些非金属垫片，在高温下还会加速老化或变质，甚至被烧毁。此外，在温度作用下，由于密封组合件各部分膨胀量不一致，对密封也是不利的。如果温度和压力联合作用，又有波动时，垫片将会疲劳，使密封失效。

4.5.2　法兰连接密封设计

法兰连接设计关键要解决两个问题：一是保证连接处“紧密不漏”；二是法兰应具有足够的强度，不致因受力而破坏。实际应用中，法兰连接很少因强度不足而破坏，大多因密封性能不良而导致泄漏。因此密封设计是法兰连接中的重要环节，而密封性能的优劣又与压紧面和垫片等因素有关。

（1）法兰压紧面的形式及特点

在中、低压容器和管道中常用的法兰压紧面形式有三种。

① 平面型密封面　平面型密封面是一个光滑平面，有时在平面上车削 2～3 圈沟槽，如图 4-29 (a)。这种密封面结构简单，加工方便，便于进行防腐处理。但与垫片接触面积较

大，预紧时，垫片容易被挤到压紧面两侧，不易压紧，故所需压紧力较大，密封性能较差。一般适用于压力不高，介质无毒、非易燃易爆场合。平面型密封面一般与平垫片或缠绕式垫片配合使用。

② 凹凸型密封面　这种密封面是由一个凸面和一个凹面相配合组成，如图 4-29（b）。在凹面放置垫片，其优点是便于对中，能防止软质垫片被挤出，而且压紧面比平面型密封面窄，较易密封。适用于公称压力 PN≤1.6～6.4MPa 或介质为易燃、易爆、有毒介质的一般场合。

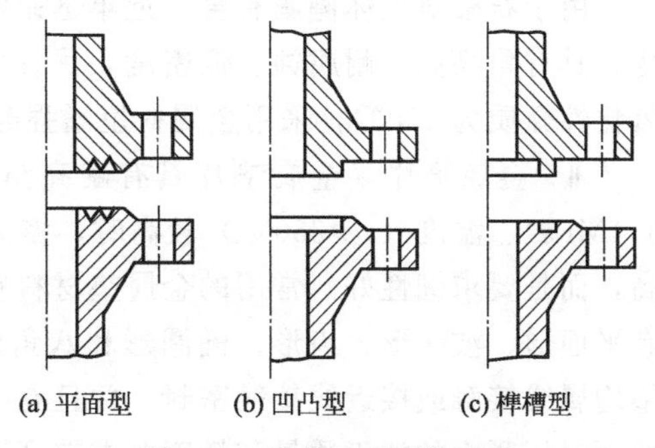

图 4-29　法兰密封面的型式

③ 榫槽型密封面　这种密封面由一个榫面和一个槽面相配合组成，如图 4-29（c）。垫片放在槽内，由于垫片较窄，又受槽的阻挡，不会被挤出，易获得良好的密封效果。而且，可以少受介质的冲刷和腐蚀，安装时又便于对中而使垫片受力均匀。因垫片较窄，压紧垫片所需螺栓力相应较小，压力较高时，螺栓尺寸也不会过大。缺点是结构与制造都比较复杂，更换垫片也较费事，凸面部分容易碰坏。这种密封面适用于易燃、易爆、有毒介质，以及压力较高的重要场合。

容器接管法兰采用凹凸面或榫槽面形式时，容器顶部和侧面的管口法兰应配置成凹面或槽面，这样配置密封面不易受到损伤。而容器底部的管口应配置凸面或榫面法兰，这易于垫片的安装和更换。如与阀门等标准件连接时，须视该标准件的密封面形式而定。

（2）垫片

① 垫片材料及类型　对垫片材料的要求为：耐介质腐蚀，不污染工作介质；具有良好的变形性和回弹能力；且有一定的机械强度和适当的柔软性，在工作温度下不易硬化或软化等。常用垫片分为非金属、金属和组合式三种。

ⅰ. 非金属垫片　常用的非金属垫片有橡胶垫、石棉橡胶垫、聚四氟乙烯垫和膨胀（柔性）石墨垫等。断面形状一般为平面形或 O 形，如图 4-30（a）、（e）。

普通橡胶垫常用于压力低于 0.6MPa 和温度低于 70℃的水、蒸汽、非矿物油类等无腐蚀性介质。合成橡胶如丁腈橡胶、氯丁橡胶、硅橡胶、氟橡胶等则在耐高温、耐低温、耐化学性、耐油性、耐老化、耐候性等方面各具特点，视品种而异。当使用温度在－180～260℃范围内时，使用压力不超过 2.0MPa，纯或填充聚四氟乙烯（PTFE）垫是理想的选择，后者因具有抵抗蠕变性能，可适用于较高工作参数。

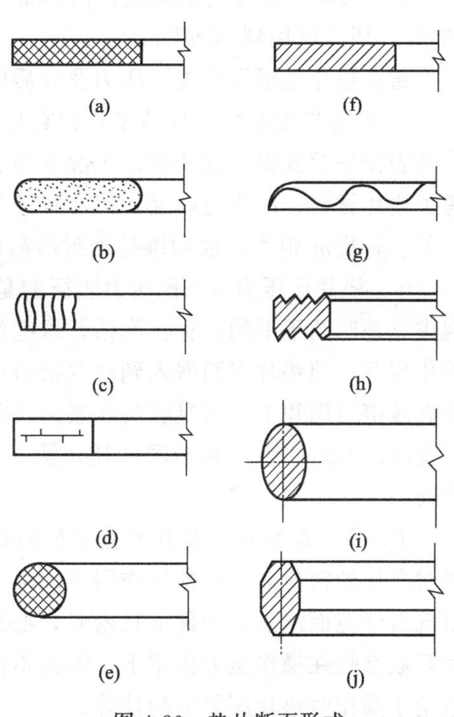

图 4-30　垫片断面形式

由于石棉对人体健康有害，近年迅速发展起来的膨胀石墨垫片已逐渐成为一种石棉替代物，具有耐高温、耐腐蚀、低密度、优良的压缩回弹和密封性能，在蒸汽场合用到650℃，氧化性介质为450℃，采用金属衬里增强时使用压力也已用到10MPa。

ⅱ. 金属垫片　金属垫片具有耐高温、耐高压、耐油、耐腐蚀等优点。当压力（$p \geqslant$ 6.4MPa）、温度（$t \geqslant 350$℃）较高时，多采用金属垫片。金属垫片材料一般并不要求强度高，而是要求韧性好。常用的金属垫材料有软铝、铜、纯铁、软钢、不锈钢等，其断面形状有平面形、波纹形、齿形、椭圆形和八角形等，如图4-30（f）～（j）。其中八角垫和椭圆垫均属线接触或接近线接触密封，并且有一定的径向自紧作用，密封可靠，可以重复使用。然而对压紧面的加工质量和精度要求较高，制造成本也较贵。金属垫片的最高使用温度取决于它的材料种类，例如铝为430℃，铜为320℃，不锈钢可高至680℃等。

ⅲ. 组合垫片　组合垫片采用金属与非金属材料配合特制而成。一般是用不同材料的金属薄板把非金属材料如石棉、石棉橡胶、膨胀石墨等包裹起来，压制或缠绕而成。相对于单一材料做成的垫片而言，金属与非金属组合垫片兼容了两者的优点，增加了回弹性，提高了耐蚀性、耐热性和密封性能，适用于较高压力和温度的场合。常用的组合垫片有金属包垫片、金属缠绕垫片等，如图4-30（b）～（d）。

金属包垫片是石棉、膨胀石墨、陶瓷纤维板为芯材，外包覆镀锌铁皮或不锈钢薄板，断面形状有平面形和波纹形两种，其特点是填料不与介质接触，提高了耐热性和垫片强度，且不会发生渗漏。金属包垫片常用于中低压（$p \leqslant 6.4$MPa）和较高温度（$t \leqslant 450$℃）的场合。

金属缠绕垫片是由金属薄带和填充带，如石棉、膨胀石墨、聚四氟乙烯等相间缠绕而成，因此具有多道密封的作用，且回弹性好，常温松弛小，不易渗漏，对压紧面表面质量和尺寸精度要求不高。缠绕垫片适用较高的温度和压力范围，它的最高使用温度取决于所用的钢带与非金属填充带的极限温度，例如常用的不锈钢带与石墨带缠绕垫片的使用温度为450～650℃，压力已用到20MPa。

通常垫片是根据温度、压力及介质的腐蚀性选择，同时考虑价廉易得。

② 垫片性能参数　反映垫片密封特性的参数有两个：比压力 y 和垫片系数 m，它们是分别表征法兰预紧工况和操作工况维持密封性能的力学参数。y 和 m 值在最初测试时仅考虑了垫片材料、结构与厚度，但实践证明还与介质性质、压力、温度及压紧面粗糙度等因素有关。y 及 m 值大，表明维持密封所需的压力愈大。

ⅰ. 垫片比压力 y　比压力表征的是法兰预密封的条件，其意义是：法兰的密封面从微观讲总是凹凸不平的，存在沟槽，这些沟槽可成为密封面的泄漏通道。因此必须在螺栓预紧力作用下，使垫片表面嵌入到法兰密封面的凹凸不平处，消除上述泄漏通道。为此在单位垫片有效密封面积上应有足够的压紧力。此单位面积上的压紧力，称为垫片的密封比压力，用 y 表示。不同的垫片有不同的比压力，垫片材料愈硬，y 愈高。y 用于计算预紧时的螺栓载荷。

ⅱ. 垫片系数 m　垫片系数表征的是法兰操作时的密封条件，其意义是：经预紧达到预密封条件的密封面，在内压作用下，由于压力的轴向作用使垫片与密封面间的压紧力减小，出现微缝隙而泄漏。为保证其密封，必须使垫片受到的比压力达到操作压力的 m 倍。故垫片系数就是在操作压力作用下，维持不泄漏时垫片上所必需的比压力与操作压力的比值。该值用于操作时垫片压紧力的计算。

垫片系数 m 在原始测定时，对“垫片面积”取为 $(2b)\pi D_G$，即2倍垫片有效密封面积。

为此在计算操作工况螺栓载荷时，垫片宽度应取 $2b$。

（3）螺栓设计

螺栓设计包括螺栓载荷计算、螺栓材料选择、螺栓尺寸和个数确定等。

① 螺栓载荷计算　保证法兰连接紧密不漏有两个条件：其一是必须在预紧时，使螺栓力在压紧面与垫片之间建立起不低于 y 值的比压力；其二是当设备工作时，螺栓力应能够抵抗内压的作用，并且在垫片表面上维持 m 倍内压的比压力。因此，螺栓载荷计算也分为预紧和操作两种工况。

ⅰ. 预紧状态下需要的最小螺栓载荷按式（4-53）计算

$$W_a = \pi D_G b y \tag{4-53}$$

式中　W_a——预紧状态下需要的最小螺栓载荷，N；

D_G——垫片压紧力作用中心圆直径，mm；

b——垫片有效密封宽度，mm；

y——垫片比压力，MPa，由表 4-14 查得。

式（4-53）中用以计算接触面积的垫片宽度不是垫片的实际宽度，而是它的一部分，称为垫片基本密封宽度 b_0，其大小与压紧面形状有关，参见表 4-15。在 b_0 的宽度范围内单位压紧载荷视作均匀分布。当垫片较宽时，由于螺栓载荷和内压的作用使法兰发生偏转，因此垫片外侧比内侧压得紧一些，为此实际计算中垫片宽度要比 b_0 更小一些，称为有效密封宽度 b，b 与 b_0 有如下关系：当 $b_0 \leqslant 6.4$mm 时，$b = b_0$；当 $b_0 > 6.4$mm 时，$b = \sqrt{6.4 b_0} = 2.53\sqrt{b_0}$。

而用以计算垫片压紧力作用中心圆直径 D_G 相应规定如下（活套法兰除外）：当 $b_0 \leqslant 6.4$mm 时，D_G＝垫片接触面的平均直径；当 $b_0 > 6.4$mm 时，D_G＝垫片接触面外径$-2b$。

ⅱ. 在操作状态下需要的最小螺栓载荷，应等于抵抗内压产生的轴向使法兰连接分开的载荷和维持密封垫片表面必需的压紧载荷之和，即

$$W_p = \frac{\pi}{4} D_G^2 p_c + 2\pi D_G b m p_c \tag{4-54}$$

式中　W_p——操作状态下需要的最小螺栓载荷，N；

m——垫片系数，无因次量，由表 4-14 查得；

p_c——计算压力，MPa。

② 螺栓直径与数目　上述 W_a 和 W_p 是在两种不同工况下的螺栓载荷，故确定螺栓截面尺寸时应分别求出两种工况下螺栓的总面积，择其大者为所需螺栓总截面积，从而确定实际选用螺栓直径与个数。

表 4-14　常用垫片特性参数

垫片材料		垫片系数 m	比压力 y /MPa	简图	压紧面形状（见表 4-15）	类别（见表 4-15）
无织物或少含量石棉纤维的合成橡胶	肖氏硬度低于 75	0.50	0		1(a、b、c、d) 4、5	Ⅱ
	肖氏硬度大于等于 75	1.00	1.4			
具有适当加固物的石棉（石棉橡胶板）厚度为	3mm	2.00	11			
	1.5mm	2.75	25.5			
	0.75mm	3.50	44.8			

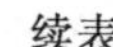
续表

垫片材料		垫片系数 m	比压力 y /MPa	简图	压紧面形状（见表 4-15）	类别（见表 4-15）
内有棉纤维的橡胶		1.25	2.8		1(a、b、c、d) 4、5	Ⅱ
内有石棉纤维的橡胶，具有金属加强丝或不具有金属加强丝	3 层	2.25	15.2			
	2 层	2.50	20			
	1 层	2.75	25.5			
植物纤维		1.75	7.6		1(a、b、c、d) 4、5	
内填石棉缠绕式金属	碳钢	2.50	69		1(a、b)	
	不锈钢或蒙乃尔	3.00	69			
波纹金属板类壳内包石棉或波纹金属板内包石棉	软铝	2.50	20		1(a、b)	
	软铜或黄铜	2.75	26			
	铁或软钢	3.00	31			
	蒙乃尔或 4%～6%铬钢	3.25	38			
	不锈钢	3.50	44.8			
波纹金属板	软铝	2.75	25.5		1(a、b、c、d)	
	软铜或黄铜	3.00	31			
	铁或软钢	3.25	38			
	蒙乃尔或 4%～6%铬钢	3.50	44.8			
	不锈钢	3.75	52.4			
平金属板内包石棉	软铝	3.25	38.0		1(a、b、c、d)、2	
	软铜或黄铜	3.50	44.8			
	铁或软钢	3.75	52.4			
	蒙乃尔	3.50	55.2			
	4%～6%铬钢	3.75	62.1			
	不锈钢	3.75	62.1			
槽形金属	软铝	3.25	38.0		1(a、b、c、d)、2、3	Ⅱ
	软铜或黄铜	3.50	44.8			
	铁或软钢	3.75	52.4			
	蒙乃尔或 4%～6%铬钢	3.75	62.1			
	不锈钢	4.25	69.6			
金属平板	软铝	4.00	60.7		1(a、b、c、d)、2、3、4、5	Ⅰ
	软铜或黄铜	4.75	89.6			
	铁或软钢	5.50	124.1			
	蒙乃尔或 4%～6%铬钢	6.00	150.3			
	不锈钢	6.50	179.3			

续表

垫片材料		垫片系数 m	比压力 y /MPa	简图	压紧面形状（见表 4-15）	类别（见表 4-15）
金属环	铁或软钢	5.50	124.1	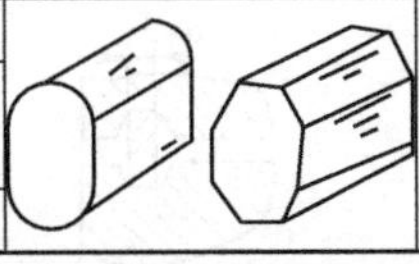	6	Ⅰ
	蒙乃尔或 4%～6%铬钢	6.00	150.3			
	不锈钢	6.50	179.3			

注：1. 本表所列各种垫片的 m、y 值及适用的压紧面形状，均属推荐性资料。采用本表推荐的垫片参数（m、y）并按本节规定设计的法兰，在一般使用条件下，通常能得到比较满意的使用效果。但在使用条件特别苛刻的场合，如在氰化物介质中使用的垫片，其参数 m、y 应根据成熟的使用经验谨慎确定。

2. 对于平金属板内石棉，若压紧面的形状为 1c、1d 或 2，垫片表面的搭接接头不应位于凸台侧。

表 4-15　垫片基本密封宽度

压紧面形状（简图）		垫片基本密封宽度 b_0 Ⅰ	垫片基本密封宽度 b_0 Ⅱ
1a		$\frac{N}{2}$	$\frac{N}{2}$
1b	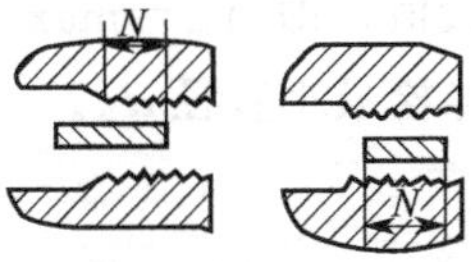		
1c	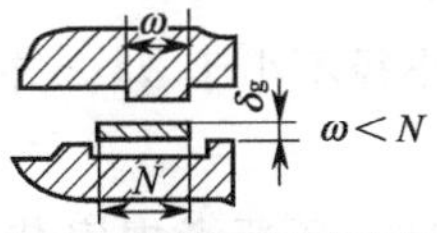 $\omega<N$	$\frac{\omega+\delta_g}{2}$ （$\frac{\omega+N}{4}$最大）	$\frac{\omega+\delta_g}{2}$ （$\frac{\omega+N}{4}$最大）
1d	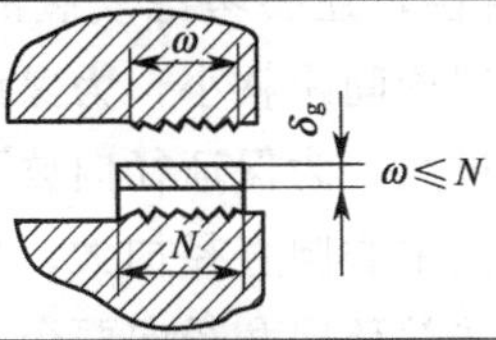 $\omega\leqslant N$		
2	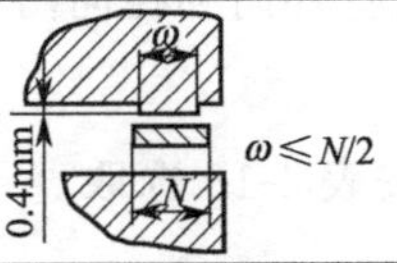 0.4mm　$\omega\leqslant N/2$	$\frac{\omega+N}{4}$	$\frac{\omega+3N}{8}$
3	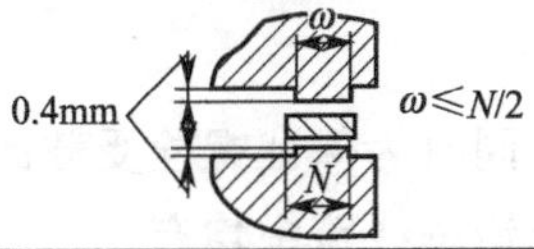 0.4mm　$\omega\leqslant N/2$	$\frac{N}{4}$	$\frac{3N}{8}$
4	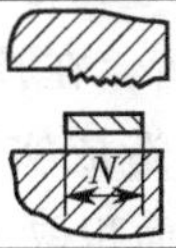	$\frac{3N}{8}$	$\frac{7N}{16}$
5	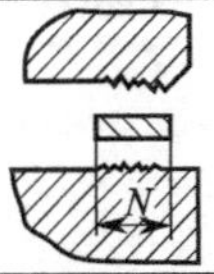	$\frac{N}{4}$	$\frac{3N}{8}$

续表

	压紧面形状(简图)	垫片基本密封宽度 b_0	
		Ⅰ	Ⅱ
6	ω	$\frac{\omega}{8}$	

注：对序号4、5，当锯齿深度不超0.4mm，齿距不超过0.8mm时，应采用1b或1d的压紧面形状。

预紧状态下需要的最小螺栓面积为

$$A_a=\frac{W_a}{[\sigma]_b} \tag{4-55}$$

式中，$[\sigma]_b$ 为常温下螺栓材料的许用应力，MPa。

操作状态下需要的最小螺栓面积为

$$A_p=\frac{W_p}{[\sigma]_b^t} \tag{4-56}$$

式中，$[\sigma]_b^t$ 为设计温度下螺栓材料的许用应力，MPa。

所需要的螺栓截面积 A_m 取上述两种工况下较大值，即 $A_m=\max(A_a、A_p)$。

在确定螺栓数目 n 后，即可按式（4-57）得到螺栓最小直径 d_0。

$$d_0\geqslant\sqrt{\frac{A_m}{0.785n}} \tag{4-57}$$

式中，d_0 应圆整到标准螺纹的小径，使其实际小径不小于 d_0，并据此确定螺栓的公称直径 d_B。

确定螺栓数目 n 时不仅要考虑法兰连接的密封性，还要考虑安装的方便。螺栓数目多了，垫片受力均匀，密封性好，但螺栓数目太多，螺栓间距就小，为保证环向放下扳手，就要增大螺栓中心圆直径；但若螺栓数目太少，直径过大，为保证径向放下扳手，也要增大螺栓中心圆直径。可见，螺栓直径过大或过小均会使其中心圆直径加大，从而导致法兰力矩增大，对法兰强度不利。一般认为，当所选用螺栓从法兰环向和径向两个方向要求的螺栓中心圆直径相近时，是最适宜的配置。

法兰径向尺寸 L_A、L_e 及螺栓间距的最小值 $\widehat{L}$ 按表4-16选取。一般要求螺栓最大间距不超过 $2d_B+\frac{6\delta_f}{m+0.5}$，式中 δ_f 为法兰的有效厚度。

螺栓数目 n 一般为偶数，且最好为4的倍数。同时为保证螺栓受载的合理性和在泄漏时螺栓不受腐蚀，要求法兰螺栓孔应与壳体主轴线或铅垂线跨中均布。

③ 螺栓设计载荷　法兰设计中需要确定螺栓设计载荷。在预紧工况，由于实际的螺栓尺寸可能大于式（4-57）的计算值，在拧紧螺栓时有可能造成实际螺栓载荷超出式（4-53）所给出的数值，所以确定预紧工况螺栓设计载荷时，螺栓面积取 A_m 与实际选用的螺栓面积 A_b 的算术平均值，即

$$W=\frac{A_m+A_b}{2}[\sigma]_b \tag{4-58}$$

而操作工况螺栓设计载荷仍按式（4-54）计算，即 $W=W_p$。

④ 螺栓材料　对螺栓材料的一般要求是强度高，韧性好，耐介质腐蚀。但螺栓强度选得过高，使螺栓直径明显减小，可能导致螺栓过分伸长和松弛。此外，为避免螺栓与螺母咬死，螺母的硬度一般比螺栓的硬度低 30HB，这可通过选用不同强度级别的材料或采用不同热处理来实现。

表 4-16　L_A、L_e、$\hat{L}$ 的最小值

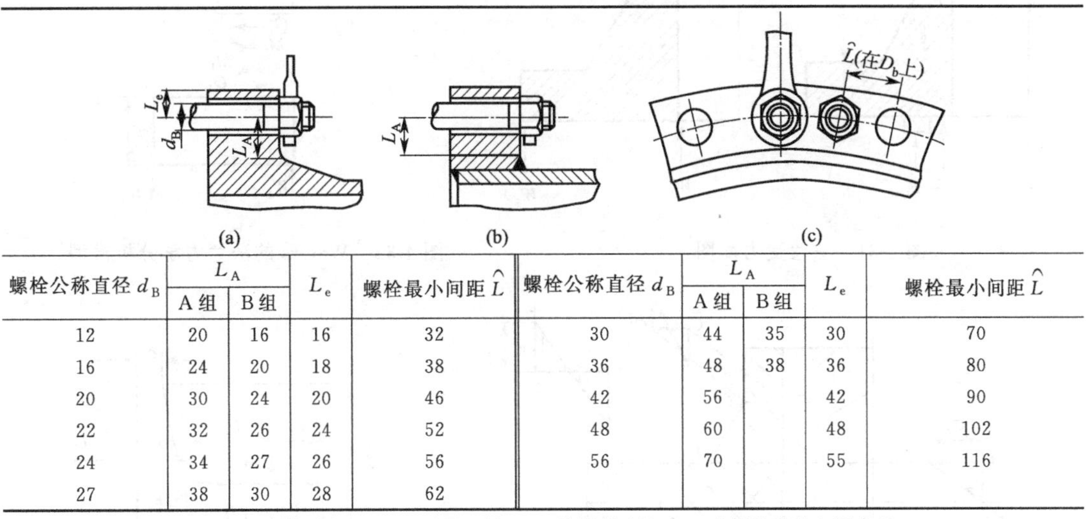

螺栓公称直径 d_B	L_A		L_e	螺栓最小间距 $\hat{L}$	螺栓公称直径 d_B	L_A		L_e	螺栓最小间距 $\hat{L}$
	A 组	B 组				A 组	B 组		
12	20	16	16	32	30	44	35	30	70
16	24	20	18	38	36	48	38	36	80
20	30	24	20	46	42	56		42	90
22	32	26	24	52	48	60		48	102
24	34	27	26	56	56	70		55	116
27	38	30	28	62					

注：A 组适用于图（a）的带颈法兰，B 组适用于图（b）的焊制法兰；D_b 为螺栓孔中心圆直径。

4.5.3　法兰强度计算 Waters 法

法兰强度计算大致分为两类：一类是以弹性分析为基础，控制法兰应力在弹性范围内；另一类是以塑性分析为基础，按塑性失效准则控制法兰强度。由于弹性分析法应用历史较长，使用经验丰富，故在世界各国得到广泛采用。

弹性分析法中常用的是铁木辛柯法和华脱尔斯（Waters）法。前者用于活套法兰准确性高，用于整体法兰则偏保守。华脱尔斯法是普遍认为较好的方法，经过长期的实践考验，在常用尺寸和压力范围内使用较为安全，为美、英、法、日等国广泛采用，我国 GB 150 亦采用此法。

在一系列假设基础上，华脱尔斯法首先根据垫片特性参数 m、y 和已知条件，计算出法兰所受的螺栓载荷、垫片压紧力及介质压力在轴向的作用力，并简化为图 4-31 所示沿法兰环内外周边上的力偶，进而把整体法兰分为圆筒、锥颈和法兰环三部分，各部分间作用有外力偶引起的边缘内力和内力矩，其力学模型如图 4-32 所示。在分析中，将圆筒视为薄壁圆筒，锥颈视为变厚度圆柱壳，法兰环视为受弯矩作用薄环板。最后根据变形协调和有力矩理论求出各部分的应力。

按照上述的解法其过程十分烦琐，应力公式也很复杂，不便实用。为此，Waters 法将控制法兰强度的三个主要应力用结构尺寸的无量纲比值的函数来表征，并制成一系列图表。计算法兰应力时，只需借助图表，便可由简单的应力计算式得到，十分方便。控制法兰强度的三个主要应力是法兰环内圆柱面上与锥颈连接处的最大径向应力和切向应力，以及锥颈两端外表面的轴向弯曲应力，如图 4-33 所示。现以图 4-31 所示整体法兰为例，说明法兰的强度计算过程及内容。

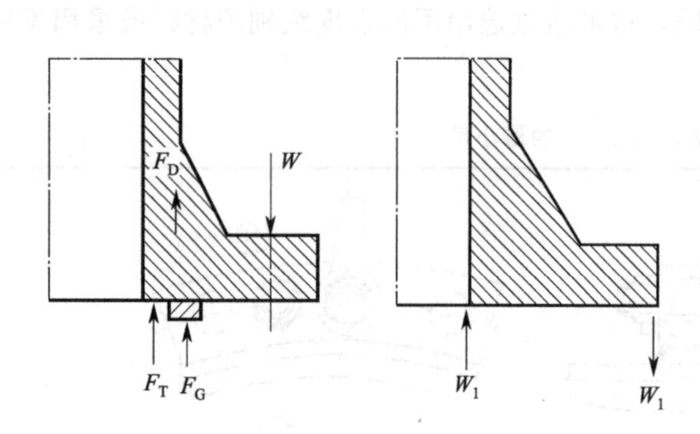

图 4-31　法兰受力简图

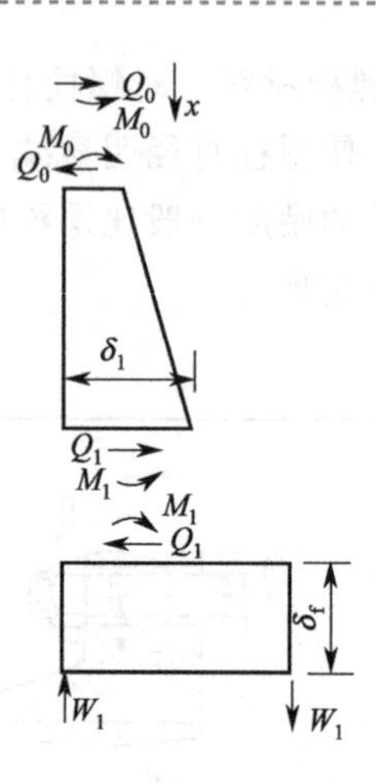

图 4-32　Waters 的法兰力学分析模型

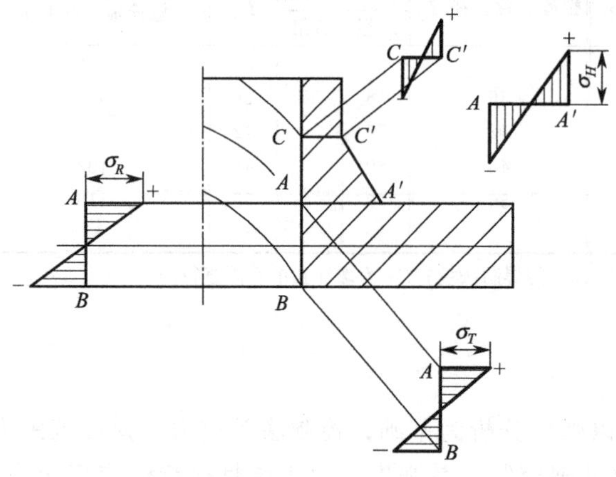

图 4-33　整体法兰中的最大应力

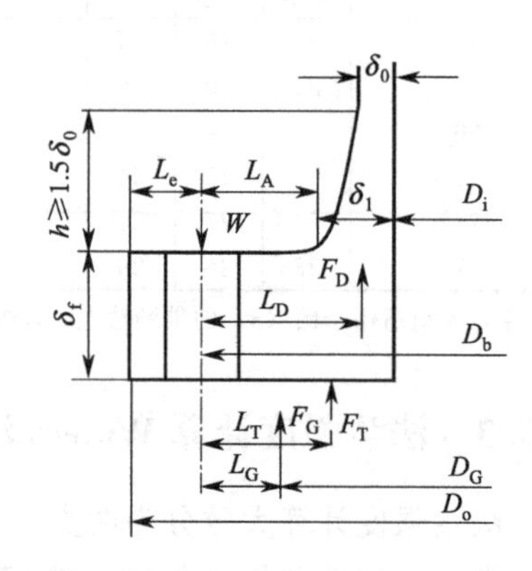

图 4-34　法兰受力图

（1）法兰设计力矩计算

对作用于法兰上的外力均对螺栓孔中心圆取矩，则外力 F_D、F_T、F_G 及其相应的力臂 L_D、L_T、L_G 如图 4-34 所示。其中 $L_D = L_A + 0.5\delta_1$，$L_T = \frac{1}{2}(L_A + \delta_1 + L_G)$，$L_G = \frac{1}{2}(D_b - D_G)$，$L_A = \frac{1}{2}(D_b - D_i) - \delta_1$。图中 δ_0、δ_1 分别为法兰颈部小端和大端的厚度。

法兰设计力矩应按预紧和操作两种工况计算：

在预紧时，仅有螺栓载荷 W 及垫片反力 F_G，且 $F_G = W$，W 按式（4-58）计算。故预紧时法兰力矩为

$$M_a = F_G L_G = \frac{A_m + A_b}{2}[\sigma]_b L_G \tag{4-59}$$

操作时法兰总力矩为

$$M_p = F_D L_D + F_T L_T + F_G L_G \tag{4-60}$$

作用于法兰内径截面上的内压引起的轴向力 F_D

$$F_D = \frac{\pi}{4} D_i^2 p_c \tag{4-61}$$

作用于垫片作用线与内径之差截面上的内压引起的轴向力 F_T

$$F_T=\frac{\pi}{4}(D_G^2-D_i^2)p_c \tag{4-62}$$

垫片压紧力 F_G

$$F_G=2\pi D_G bmp_c \tag{4-63}$$

将式（4-59）的 M_a 乘以 $[\sigma]_f^t/[\sigma]_f$，把常温时的力矩折算为操作温度下的力矩，取式（4-64）中大者作为法兰应力计算时的设计力矩 M_0，即

$$M_0=\max\begin{cases}M=M_p\\ M=M_a\dfrac{[\sigma]_f^t}{[\sigma]_f}\end{cases} \tag{4-64}$$

式中，$[\sigma]_f^t$、$[\sigma]_f$ 分别为设计温度和常温下法兰材料的许用应力，MPa。

（2）法兰应力计算

① 锥颈上外表面的轴向弯曲应力

$$\sigma_H=\frac{fM_0}{\lambda\delta_1^2 D_i} \tag{4-65}$$

② 法兰环上的径向应力

$$\sigma_R=\frac{(1.33\delta_f e+1)M_0}{\lambda\delta_f^2 D_i} \tag{4-66}$$

③ 法兰环上的周向应力

$$\sigma_T=\frac{YM_0}{\delta_f^2 D_i}-Z\sigma_R \tag{4-67}$$

式中，f 为整体法兰颈部应力校正系数，即法兰颈部小端应力与大端应力的比值，$f>1$ 时最大轴向应力在小端处；$f=1$ 时两端应力相等；$f<1$ 时取 $f=1$，最大应力在大端。f 值按 δ_1/δ_0 和 $h/\sqrt{D_i\delta_0}$ 由图 4-35 查取。

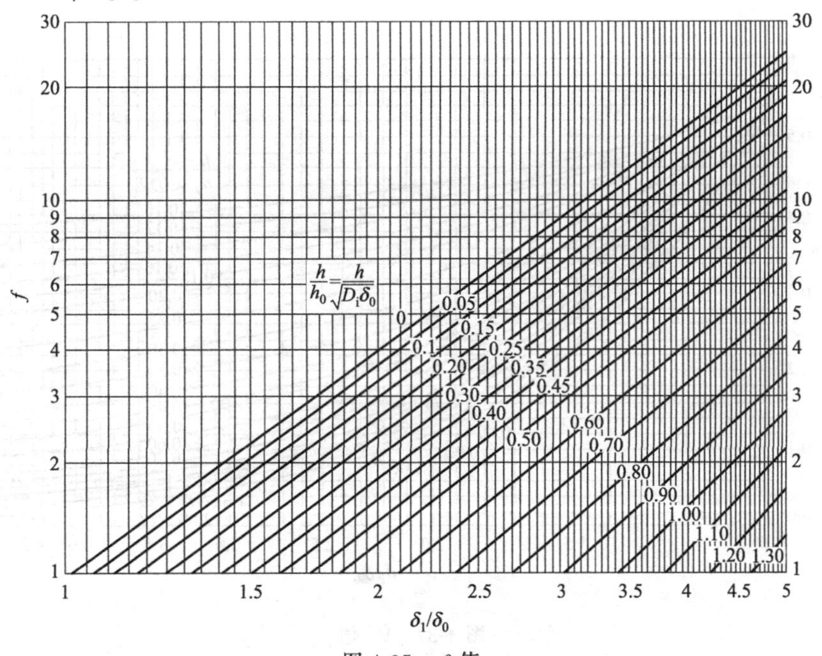

图 4-35 f 值

系数
$$\lambda=\frac{\delta_f e+1}{T}+\frac{\delta_f^3}{d_1}$$

式中 e——系数，$e=\frac{F_1}{h_0}$，mm^{-1}；

d_1——系数，$d_1=\frac{U}{V_1}h_0\delta_0^2$，$mm^3$，其中 $h_0=\sqrt{D_i\delta_0}$，mm；

F_1，V_1——无因次量，根据 δ_1/δ_0 和 $h/\sqrt{D_i\delta_0}$ 由图 4-36 和图 4-37 查得；T、U、Y、Z 为无因次量，根据 $K=D_o/D_i$ 查图 4-38。

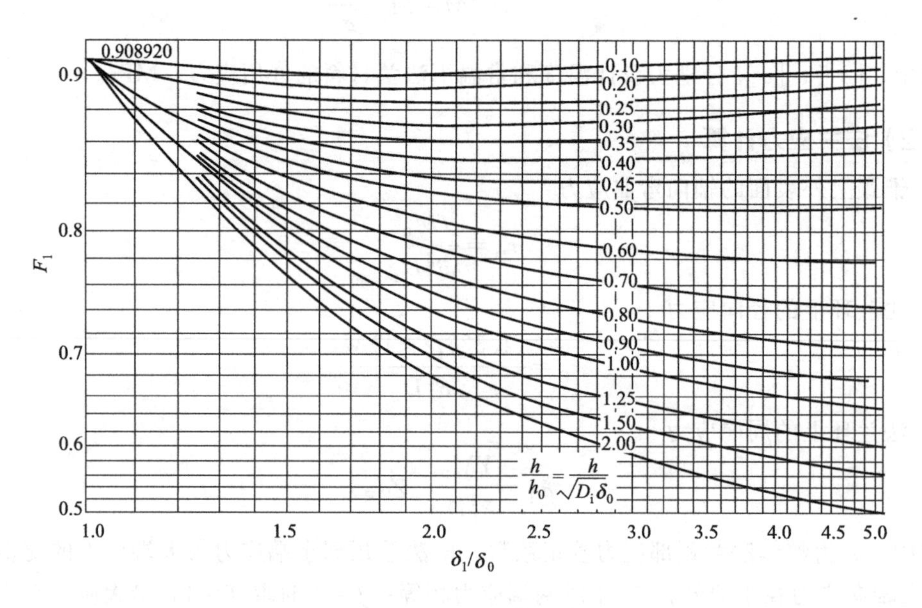

图 4-36 F_1 值

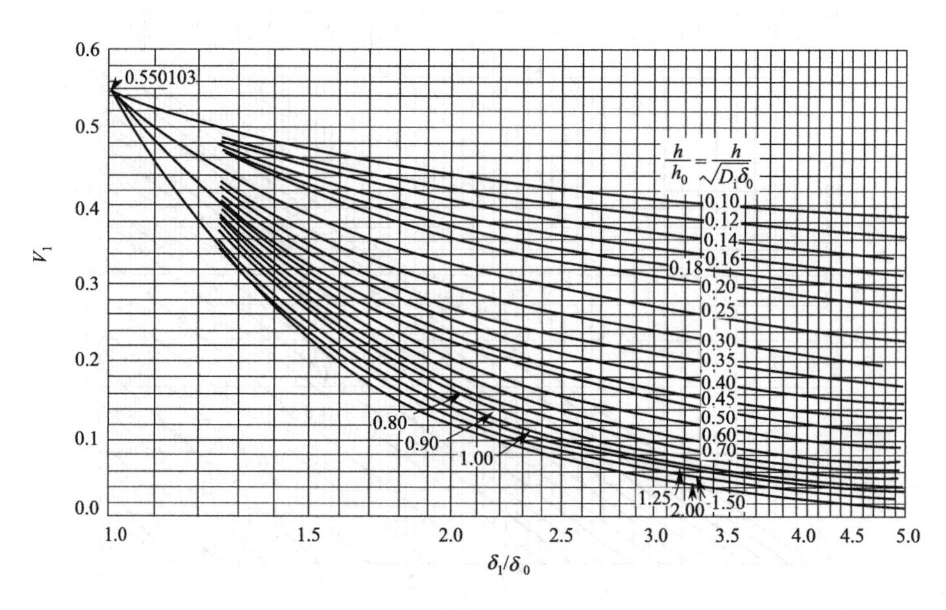

图 4-37 V_1 值

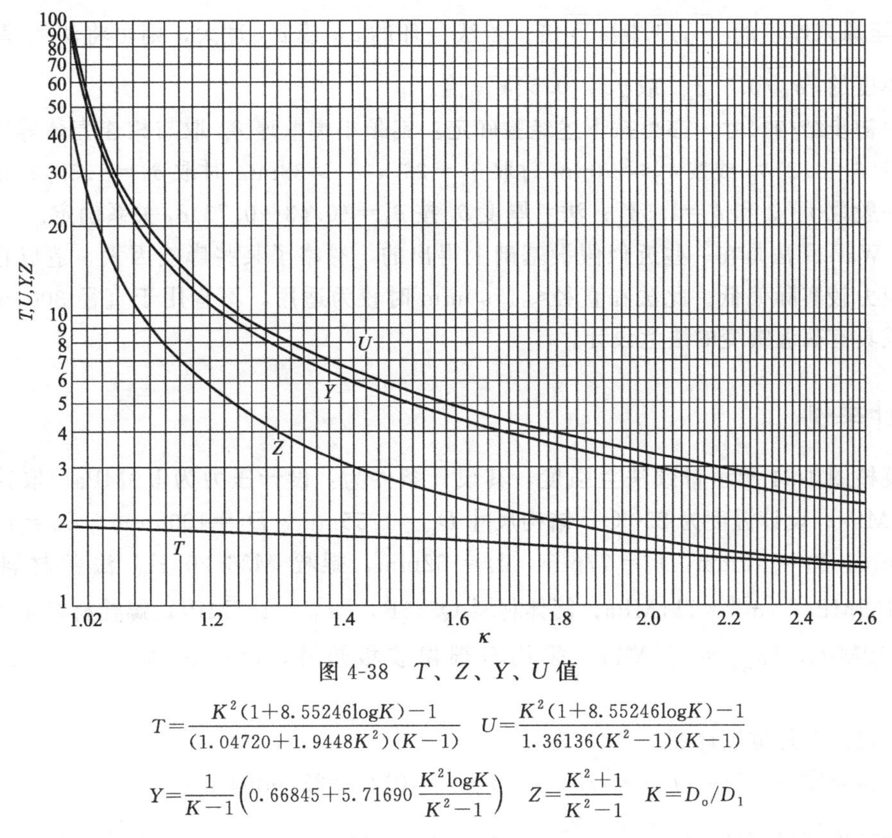

图 4-38 T、Z、Y、U 值

$$T=\frac{K^2(1+8.55246\log K)-1}{(1.04720+1.9448K^2)(K-1)} \quad U=\frac{K^2(1+8.55246\log K)-1}{1.36136(K^2-1)(K-1)}$$

$$Y=\frac{1}{K-1}\left(0.66845+5.71690\frac{K^2\log K}{K^2-1}\right) \quad Z=\frac{K^2+1}{K^2-1} \quad K=D_o/D_1$$

（3）法兰强度校核

带颈整体法兰各项应力应同时满足下列强度条件

$$\left.\begin{aligned}&\text{轴向应力}\quad \sigma_H\leqslant 1.5[\sigma]_f^t \text{ 及 } 2.5[\sigma]_n^t \text{ 之小值}\\&\text{径向应力}\quad \sigma_R\leqslant[\sigma]_f^t\\&\text{环向应力}\quad \sigma_T\leqslant[\sigma]_f^t\\&\text{组合应力}\quad \frac{\sigma_H+\sigma_R}{2}\leqslant[\sigma]_f^t \quad \frac{\sigma_H+\sigma_T}{2}\leqslant[\sigma]_f^t\end{aligned}\right\} \tag{4-68}$$

式中，$[\sigma]_n^t$ 为圆筒材料在设计温度下的许用应力，MPa。

对于式(4-68)，使用中应注意和明确以下几点：

ⅰ. 式(4-68) 适用于带颈整体法兰及具有整体结构的整体法兰。对于活套法兰及任意法兰等其他形式法兰的强度计算，可详见 GB 150。

ⅱ. 式(4-68) 中应力有不同的限制条件，是因应力的性质及其所处位置不同。法兰盘处不允许有屈服，否则将导致泄漏，故其应力严格限制在弹性范围内，σ_T 及 σ_R 均$\leqslant[\sigma]_f^t$；锥颈的轴向弯曲应力沿厚度呈线性分布，且沿轴向衰减迅速，故按极限设计准则条件，即 $\sigma_H\leqslant1.5[\sigma]_f^t$；考虑到锥颈屈服后，力矩作用要向法兰环转移，引起法兰变形而破坏密封，故同时控制组合应力$(\sigma_H+\sigma_T)/2$ 和 $(\sigma_H+\sigma_R)/2$ 均$\leqslant[\sigma]_f^t$，此时相当于 $\sigma_H\leqslant1.5[\sigma]_f^t$ 时，σ_T 或 $\sigma_R\leqslant0.5[\sigma]_f^t$。

ⅲ. 遇有非标准法兰设计，可先参照标准法兰确定出结构尺寸，对法兰进行强度校核。若不满足，应调整有关尺寸，直到满足强度条件。若轴向应力 σ_H 过大，则可将锥颈大端厚

度 δ_1 增至原来厚度的$\sqrt{\sigma_H/1.5[\sigma]_f^t}$倍；若法兰环的 σ_R 或 σ_T 过大，则可将法兰厚度 δ_f 增至原来厚度的$\sqrt{\sigma_R/0.5[\sigma]_f^t}$或$\sqrt{\sigma_T/0.5[\sigma]_f^t}$倍。

法兰初步结构尺寸，亦可按下述经验确定：锥颈小端壁厚 δ_0 取与相连壳体等厚；大端取$\delta_1=(1.6\sim1.8)\delta_0$ 或按 $\delta_0\leqslant 38\text{mm}$ 时取 $\delta_1=2\delta_0$，$\delta_0>38\text{mm}$ 时取 $\delta_1=1.5\delta_0$；锥颈锥度和高度一般取 1∶3 和 $h=1.5\delta_1$；法兰厚度 δ_f 按 $\delta_1=(0.43\sim0.73)\delta_f$ 关系确定。

ⅳ. Waters 法是在一些近似假设基础上得出的，忽略了某些影响因素，造成直径过大时计算应力较实际偏低。此法在直径≤1500mm 时较为适用，不宜用于直径 3000mm 以上大法兰或具有高温蠕变的法兰设计。

设计举例

试校核图 4-34 所示带颈法兰强度，其设计条件为：设计压力为 1.0MPa，取计算压力 $p_c=1.0\text{MPa}$；设计温度为 250℃；结构尺寸 $D_o=1255\text{mm}$，$D_i=1000\text{mm}$，$D_b=1145\text{mm}$，$\delta_1=30\text{mm}$，$\delta_0=10\text{mm}$，$h=77\text{mm}$，$\delta_f=62\text{mm}$，螺栓 M36 20 只；法兰材料 20 钢，$[\sigma]_f=152\text{MPa}$，$[\sigma]_f^t=111\text{MPa}$；筒体材料 Q345R，$[\sigma]_n^t=167\text{MPa}$；螺栓材料 40MnB 钢，$[\sigma]_b=212\text{MPa}$，$[\sigma]_b^t=176\text{MPa}$；采用石棉橡胶板垫片，$D=1054\text{mm}$，$d=1010\text{mm}$，$\delta=3\text{mm}$。

解 （1）垫片宽度计算

垫片接触宽度 $N=(D-d)/2=(1054-1010)/2=22(\text{mm})$

垫片基本密封宽度 $b_0=\dfrac{N}{2}=\dfrac{22}{2}=11(\text{mm})>6.4(\text{mm})$

垫片有效密封宽度 $b=2.53\sqrt{b_0}=2.53\sqrt{11}=8.4(\text{mm})$

（2）螺栓设计

查表 4-14 得石棉橡胶板（$\delta=3\text{mm}$）的 $y=11\text{MPa}$，$m=2.00$。

① 在操作状态下需要的最小螺栓载荷

$$W_p=\frac{\pi}{4}D_G^2p_c+2\pi D_G bmp_c=\frac{\pi}{4}\times1037.2^2\times1.0+2\pi\times1037.2\times8.4\times2.00\times1.0$$
$$=844490.3+109428.7=953919(\text{N})$$

式中，D_G=垫片接触面外径$-2b=D-2b=1054-8.4\times2=1037.2(\text{mm})$。

② 在预紧状态下需要的最小螺栓载荷

$$W_a=\pi D_G by=\pi\times1037.2\times8.4\times11=300929(\text{N})$$

③ 螺栓强度校核：M36 螺栓的根径 $d_0=31.67\text{mm}$。

螺栓实际总截面积 $A_b=\dfrac{\pi}{4}d_0^2\times n=\dfrac{\pi}{4}\times31.67^2\times20=15747(\text{mm}^2)$，

$$A_p=\frac{W_p}{[\sigma]_b^t}=\frac{953919}{176}=5420(\text{mm}^2),A_a=\frac{W_a}{[\sigma]_b}=\frac{300929}{212}=1419.5(\text{mm}^2),$$

即 $A_b>A_p$，$A_b>A_a$，故螺栓强度足够，取 $A_m=\max(A_p,A_a)=5420(\text{mm}^2)$。

（3）法兰力矩计算

预紧时按式(4-59) $M_a=\dfrac{A_m+A_b}{2}[\sigma]_bL_G$

操作时按式(4-60) $M_p=F_DL_D+F_TL_T+F_GL_G$

$$F_D=\frac{\pi}{4}\times D_i^2 p_c=\frac{\pi}{4}\times 1000^2\times 1.0=785000(\text{N})$$

$$F_T=\frac{\pi}{4}\times (D_G^2-D_i^2)p_c=\frac{\pi}{4}\times (1037.2^2-1000^2)\times 1.0=59490(\text{N})$$

$$F_G=F_p=2\pi D_G bmp_c=2\times\pi\times 1037.2\times 8.4\times 2.00\times 1.0=109429(\text{N})$$

$$L_A=\frac{D_b-D_i}{2}-\delta_1=\frac{1145-1000}{2}-30=42.5(\text{mm})$$

$$L_D=L_A+0.5\delta_1=42.5+0.5\times 30=57.5(\text{mm})$$

$$L_G=\frac{D_b-D_G}{2}=\frac{1145-1037.2}{2}=53.9(\text{mm})$$

$$L_T=\frac{L_A+\delta_1+L_G}{2}=\frac{42.5+30+53.9}{2}=63.2(\text{mm})$$

$$M_a=\frac{5420+15747}{2}\times 212\times 53.9=120935538(\text{N}\cdot\text{mm})$$

$$M_p=785000\times 57.5+59490\times 63.2+109429\times 53.9=54795491(\text{N}\cdot\text{mm})$$

法兰设计力矩 M_0 取 M_p 与 $M_a\dfrac{[\sigma]_f^t}{[\sigma]_f}=120935538\times\dfrac{111}{152}=88314768(\text{N}\cdot\text{mm})$ 中较大值，故 $M_0=88314768\text{N}\cdot\text{mm}$。

(4) 法兰应力计算与校核

因 $\delta_1/\delta_0=3$，$h/\sqrt{D_i\delta_0}=0.77$，由图 4-35 查得 $f=1.44$，由图 4-36 查得 $F_1=0.74$；由图 4-37 查得 $V_1=0.1$；由 $K=\dfrac{D_o}{D_i}=1.255$ 查图 4-38 得 $T=1.8$、$Z=4.48$、$Y=8.6$、$U=9.5$，并分别计算

$$e=\frac{F_1}{h_0}=\frac{F_1}{\sqrt{D_i\delta_0}}=0.0074(\text{mm}^{-1})$$

$$d_1=\frac{U}{V_1}h_0\delta_0^2=\frac{U}{V_1}\sqrt{D_i\delta_0}\,\delta_0^2=950000(\text{mm}^3)$$

$$\lambda=\frac{\delta_f e+1}{T}+\frac{\delta_f^3}{d_1}=1.06$$

按式(4-65)～式(4-67) 计算各应力如下

$$\sigma_H=\frac{fM_0}{\lambda\delta_1^2 D_i}=\frac{1.44\times 88314768}{1.06\times 30^2\times 1000}=133.3<1.5[\sigma]_f^t=1.5\times 111=166.5 \text{ 及 } 2.5[\sigma]_n^t=2.5\times 167=417.5(\text{MPa})$$

$$\sigma_R=\frac{(1.33\delta_f e+1)M_0}{\lambda\delta_f^2 D_i}=\frac{(1.33\times 62\times 0.0074+1)\times 88314768}{1.06\times 62^2\times 1000}=34.9<[\sigma]_f^t=111(\text{MPa})$$

$$\sigma_T=\frac{YM_0}{\delta_f^2 D_i}-Z\sigma_R=\frac{8.6\times 88314768}{62^2\times 1000}-4.48\times 34.9=41.2<[\sigma]_f^t=111(\text{MPa})$$

$$\frac{\sigma_H+\sigma_R}{2}=\frac{133.3+34.9}{2}=84.1<[\sigma]_f^t=111(\text{MPa})$$

$$\frac{\sigma_H+\sigma_T}{2}=\frac{133.3+41.2}{2}=87.3<[\sigma]_f^t=111(\text{MPa})$$

故法兰强度满足要求。

4.5.4 高压密封概论

（1）高压密封特点及原理

高压密封比中低压困难得多，这主要是压力高引起的。如果高压下再遇到直径大或高温情况就更为困难。高温下材料易发生塑性变形以至蠕变变形，紧固螺栓会发生松弛，更容易发生泄漏。高压密封具有如下特点。

① 一般采用金属垫片。高压密封面上的比压力大大超过中低压容器的密封比压力才能满足高压密封的要求，非金属垫片材料无法达到如此大的密封比压力。高压密封常用的金属垫片是延性好的退火铝、退火紫铜或软钢。

② 采用窄面密封。窄面密封有利于提高密封面比压力，而且可大大减少总密封力，减小密封螺栓的直径和密封结构尺寸。有时甚至将窄面密封演变成线接触密封。

③ 尽可能利用介质压力达到自紧密封。首先使垫片预紧，然后工作时随着介质压力提高能使垫片压得更紧，达到自紧的目的。自紧式密封要比中低压密封中常用的强制密封更为可靠和紧凑。

高压密封按其工作原理分为强制密封和自紧密封两大类。强制密封是依靠螺栓的预紧力达到密封的目的。自紧密封是随操作压力增加，密封面之间的接触压力也随之增加，以此实现密封作用。这种密封的特点是压力愈高，密封元件在接触面间的压紧力就愈大，密封性能就愈好，且操作条件波动时，密封仍然可靠，但是结构较复杂，制造较困难。自紧密封按密封元件变形方式又可分为轴向自紧密封和径向自紧密封。

（2）高压容器密封结构

强制密封、半自紧式和自紧式密封在高压容器中均有应用。强制密封主要有平垫密封、卡扎里密封；半自紧密封有双锥密封；自紧密封有楔形垫密封（又称 N. E. C 密封）、楔形垫组合密封（又称伍德密封）、空心金属 O 形环密封、C 形环密封、B 形环密封、三角垫密封、八角垫密封、平垫自紧密封和椭圆垫密封等。以下仅简要介绍常见高压密封的结构原理及应用，具体设计可参见 GB 150。

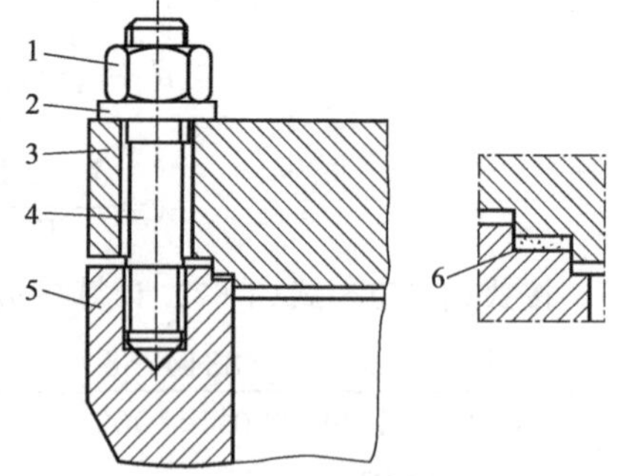

图 4-39 平垫密封结构

1—主螺母；2—垫圈；3—平盖；4—主螺栓；5—筒体端部；6—平垫片

① 平垫密封　平垫密封是最常见的强制密封结构，如图 4-39 所示。此种结构与中低压容器中常用的法兰垫片密封相似，主要是将非金属垫片改为金属垫片，将宽面非金属垫片改为窄面金属垫片。窄面金属垫片常为退火紫铜、退火铝或 10 钢等。预紧和工作密封全靠端部平盖上的主螺栓施加足够的压紧力。

平垫密封结构简单是它的主要优点。缺点是主螺栓直径过大，使法兰与平盖的外径也随之加大，变得笨重，装拆主螺栓极不方便；对垫片压紧力变化敏感易引起泄漏，不适用温度与压力波动较大的场合。因此一般仅用于 200℃以下，内径不大于 1000mm 的小型高压容器密封。

② 卡扎里密封 有外螺纹、内螺纹和改良卡扎里密封三种结构。卡扎里密封也是强制密封，图 4-40 为外螺纹卡扎里密封结构示意图。螺纹套筒与顶盖和法兰上的螺纹是间断的，装配时只要将螺纹套筒旋转相应角度即可，而垫片的预紧力要靠预紧螺栓施加，通过压环传递给三角形截面的垫片。由于介质压力引起的轴向力由螺纹套筒来承担，因而预紧螺栓的直径比平垫密封的主螺栓要小得多。预紧方便是卡扎里密封最大的优点，但锯齿形螺纹加工精度高，造价也高。

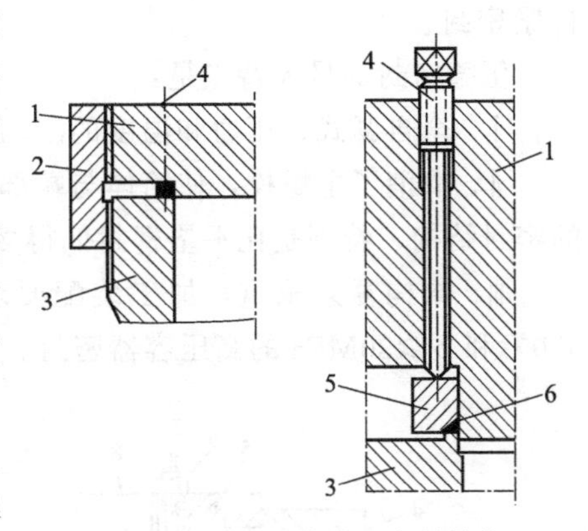

图 4-40 外螺纹卡扎里密封结构

1—平盖；2—螺纹套筒；3—筒体端部；4—预紧螺栓；5—压环；6—密封垫

卡扎里密封结构比较适用于直径 1000mm 以上、压力 30MPa 以上、设计温度在 350℃以下的高压容器密封。

③ 双锥密封 这是一种保留了主螺栓但属于有径向自紧作用的半自紧式密封结构。如图 4-41 所示，双锥环外侧两个 30°的锥面密封面上垫有软金属垫片，材料为退火铝、退火紫铜或奥氏体不锈钢等。双锥环的背面靠着平盖，但与平盖之间又留有间隙 g，预紧时让双锥环的内表面与平盖贴紧。当内压升高平盖上浮时，一方面靠双锥环自身的回弹而保持密封锥面仍有相当的压紧力；另一方面又靠介质压力使双锥环径向向外扩张，进一步增大了双锥密封面上的压紧力。

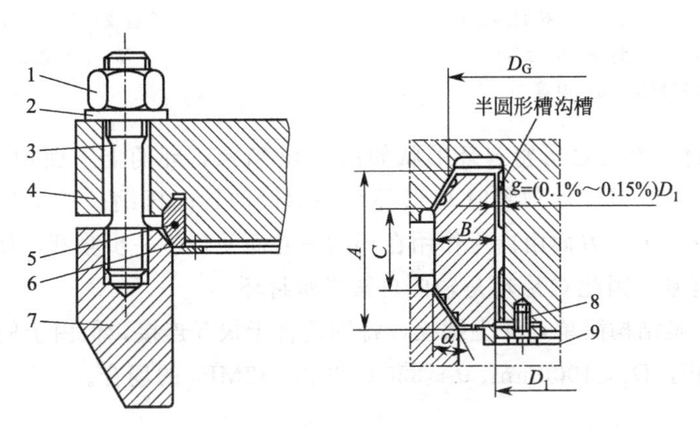

图 4-41 双锥密封结构

1—主螺母；2—垫圈；3—主螺栓；4—顶盖；5—双锥环；6—软金属垫片；7—筒体端部；8—螺栓；9—托环

双锥密封结构简单，加工不要求有很高精度，装拆方便，不易咬紧。因双锥密封利用了自紧作用，所以主螺栓比平垫密封小，而且在压力与温度波动时密封也较可靠。在设计压力 6.4～35MPa、温度 0～400℃、内径 400～2000mm 的高压容器密封中，我国多采用这种结构。

④ 伍德密封 这是一种使用得最早的轴向自紧式密封结构。如图 4-42 所示，顶盖 8 是一个可稍上下浮动的端盖，安装时先放入容器端部，再放入楔形密封压垫 2，再放嵌入筒体端部凹槽的四合环 4，并用螺栓 3 将四合环位置固定，然后放入牵制环 5，再

由牵制螺栓7将顶盖吊起而压紧楔形压垫，便可起到预紧作用。工作压力升高后，压力载荷全部加到顶盖上，压力愈高，压垫的压紧比压愈大，密封愈可靠，实现了轴向自紧密封。

伍德密封的最大特点是：

ⅰ. 全自紧式，压力和温度的波动不会影响密封的可靠性。

ⅱ. 取消了主螺栓，使筒体与端部锻件尺寸大大减小，而拆装时的劳动强度比有主螺栓的密封结构，特别是比平垫密封低得多。

ⅲ. 结构复杂笨重，加工装配要求高，占用高压空间多。适用于 $D_i \leqslant 1000$mm，$t \leqslant 350$℃和 $p \geqslant 30$MPa 的高压容器密封。

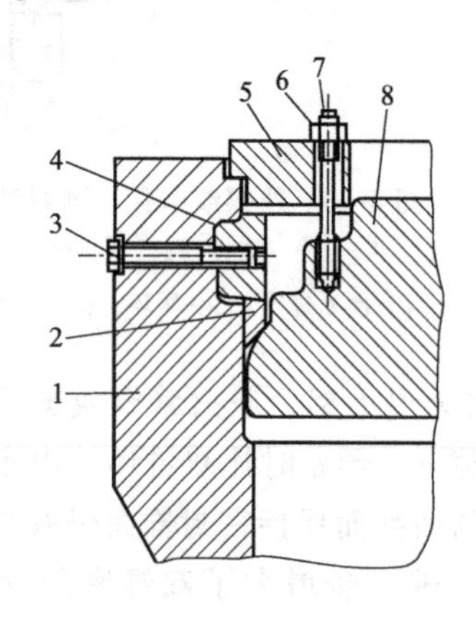

图 4-42 伍德密封结构

1—筒体端部；2—压垫；3—拉紧螺栓；4—四合环；5—牵制环；6—螺母；7—牵制螺栓；8—顶盖

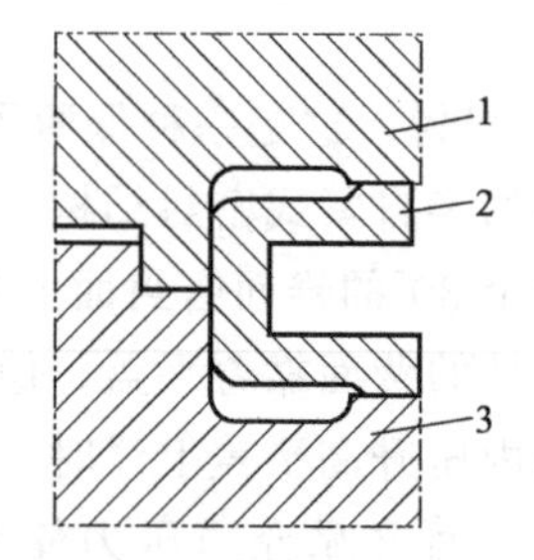

图 4-43 C形密封环的局部结构

1—平盖或封头；2—C形环；3—筒体端部

⑤ C形环密封　钢质C形密封环形状如图 4-43 所示，环的上下面均有一突出的圆弧，这是线接触密封部分。紧固件预紧时C形环受到弹性的轴向压缩。工作时顶盖上浮，一方面密封环回弹张开，另一方面由内压作用在环的内腔而使环进一步张开，使线接触处仍然压紧，且压力越高越紧。因此C形环是轴向自紧式密封环。

C形环的优点是结构简单，无主螺栓，特别适合于快开连接，但由于使用大型设备的经验不多，一般只用于 $D_i \leqslant 1000$mm、$t \leqslant 350$℃和 $p \leqslant 32$MPa 的场合。

（3）高压管道密封结构

高压管道是在现场安装，对连接尺寸精度不可能要求过高，还常出现强制连接的情况，这将带来很大的附加弯矩或剪力。因此高压管道的连接结构设计应给予特殊的考虑。高压管道也有自紧式和强制式两种密封结构。使用较多的是透镜自紧式高压管道密封结构，如图 4-44 所示。该结构的两管端具有锥面密封面，而透镜垫的两面均为球面，球面与锥面之间形成线接触密封。这种接触面能自动适应两连接管道不直的情况，自位性好，而且线接触处可得到更高密封比压；升压后透镜垫径向膨胀，产生自紧作用，使密封面贴合更紧密。透镜式密封结构管道与法兰不用焊接，而用螺纹连接，大大减小法兰螺栓对管道产生的力矩，尤其适用于不易焊接合金钢管的连接。

高温高压管道的透镜垫常制成如图 4-44 所示结构。这是考虑到高温下螺栓法兰可能因变形而松弛使密封性能降低，若将透镜垫加工出一个环形空腔，介质的压力使垫圈有部分自紧作用，则有利于密封的可靠性。

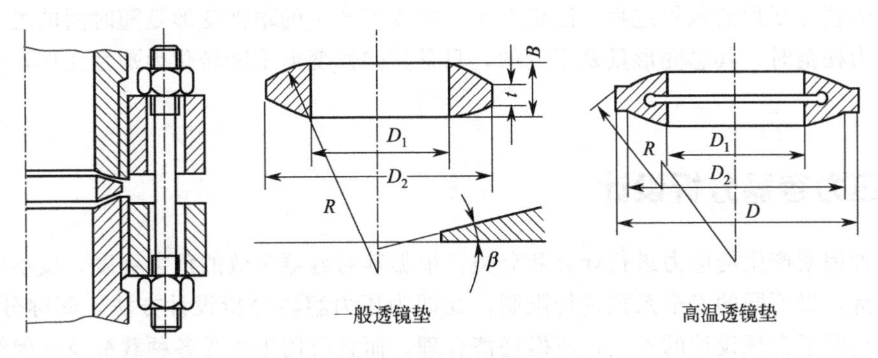

图 4-44 高压管道的透镜式密封

（4）高压螺栓的要求

高压容器的主螺栓及高压管道法兰连接的螺栓，承受的载荷有压力载荷和温差载荷，压力与温度还有波动，有时甚至还因各种变化引起冲击载荷。因此对高压螺栓，提出了更高要求。

① 采用中部较细的双头细牙螺栓，如图 4-45 所示。此种结构螺栓的温差应力较小，柔度大，耐冲击，抗疲劳。中间部分直径应等于或略小于螺栓根径。细牙螺纹有利于自锁，且根径比粗牙螺纹大。如系容器的主螺栓，埋入法兰的一端常凸出一点，以便在预埋时顶紧螺栓孔的底部，使螺栓工作时各圈螺纹受力均匀。主螺栓的螺母端钻有注油孔，以便加油润滑螺纹，减小摩擦力。埋入部分的螺纹长度一般等于螺纹部分的公称外径，埋入过深没有意义。

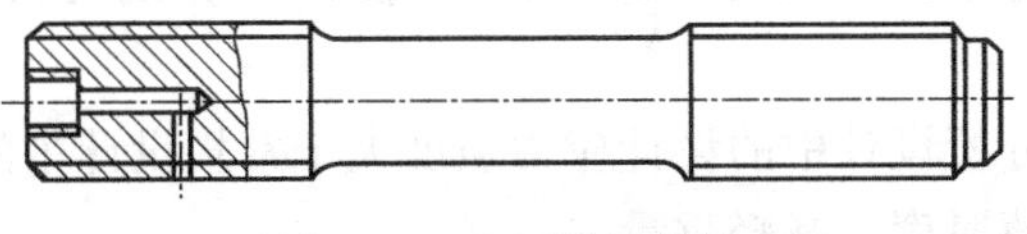

图 4-45 高压螺栓结构

② 要求有较高的加工精度。一般高压螺栓螺纹的公差应达到二级精密的要求，螺纹根部应有圆角，以降低应力集中。

③ 螺母与垫圈采用球面接触。当螺栓孔与法兰面的垂直度有偏差时，为防止产生附加弯矩而采用螺母和垫圈间球面接触，可进行自位调节，并可大大减少螺栓的附加弯矩。

④ 螺栓与螺母材料的选用。一般在强度上选用比中低压容器螺栓强度更高的材料，并要具有足够的塑性与韧性。主螺栓及管道法兰螺栓最常用的材料是 35CrMoA 或 40MnB。35CrMoA 的使用温度范围为－20～500℃，40MnB 的使用温度范围为－20～400℃。其相匹配的螺母材料应为强度与硬度相对低一点的 30CrMoA 及 35（或 40Mn）钢，以免螺纹粘结。

35CrMoA 及 40MnB 等低合金钢螺栓均应进行调质处理，其回火温度不得低于 550℃，以保证有良好的韧性。当这些低合金钢螺栓使用到－20℃时应进行－20℃下的低温冲击试验。

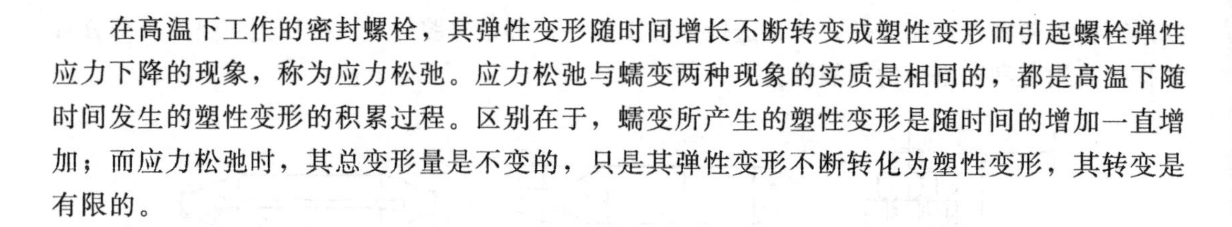

在高温下工作的密封螺栓，其弹性变形随时间增长不断转变成塑性变形而引起螺栓弹性应力下降的现象，称为应力松弛。应力松弛与蠕变两种现象的实质是相同的，都是高温下随时间发生的塑性变形的积累过程。区别在于，蠕变所产生的塑性变形是随时间的增加一直增加；而应力松弛时，其总变形量是不变的，只是其弹性变形不断转化为塑性变形，其转变是有限的。

4.6 压力容器分析设计

对各种因素产生的应力进行计算和分类，根据其对容器失效的危害程度，按不同设计准则区别对待，以不同的安全系数进行限制，此即为压力容器分析设计方法，简称分析设计。分析设计克服了常规设计的不足，不但经济合理，而且可用于承受各种载荷及任何结构形式的压力容器设计。

4.6.1 分析设计基本概念

（1）设计应力强度

设计应力强度代表了元件的许可强度，由材料的力学性能除以相应的安全系数来确定，又称为许用应力，为$\frac{R_m}{n_b}$，$\frac{R_{eL}}{n_s}$，$\frac{R_{eL}^t}{n_s}$三者比值的最小值，通常以符号 S_m 表示。R_m 为材料常温时的强度极限，R_{eL}、R_{eL}^t 分别为材料常温和设计温度时的屈服极限；n_b、n_s 分别为对应强度极限、屈服极限的安全系数。

由于分析设计中对容器重要区域的应力进行了严格而详细的计算，且在选材、制造和检验等方面也有更严格的要求，因而采取了比常规设计低的安全系数。JB 4732《钢制压力容器——分析设计标准》规定的安全系数为 $n_b \geqslant 2.6$、$n_s \geqslant 1.5$，而 TSG 21《固容规》规定的分析设计方法安全系数为 $n_b \geqslant 2.4$、$n_s \geqslant 1.5$。设计计算既可按 JB 4732 选取，也可按 TSG 21 选取。

对于相同的材料，分析设计中的设计应力强度大于常规设计中的许用应力，这意味着采用分析设计可以适当减薄厚度、减轻重量。

（2）应力强度

分析设计中的应力强度按第三强度理论计算，即给定点最大主应力 σ_1 与最小主应力 σ_3 之差值的绝对值，通常以符号 S 表示。

$$S = |\sigma_1 - \sigma_3| \tag{4-69}$$

应注意，式中主应力 σ_1 及 σ_3 分别由给定点处在同一方向上各种应力分量的叠加之和，再按规定的组合应力强度式计算而得。

（3）理想弹塑性体

在压力容器的分析与计算中，往往忽略材料的强化作用，把材料看成一旦屈服就可以无限变形，如图 4-46，A 点为屈服点。这种材料模型称为理想弹塑性体，在应力达到屈服点以前完全服从胡克定律，屈服以后应力值不增加，但应变值可无限增加。

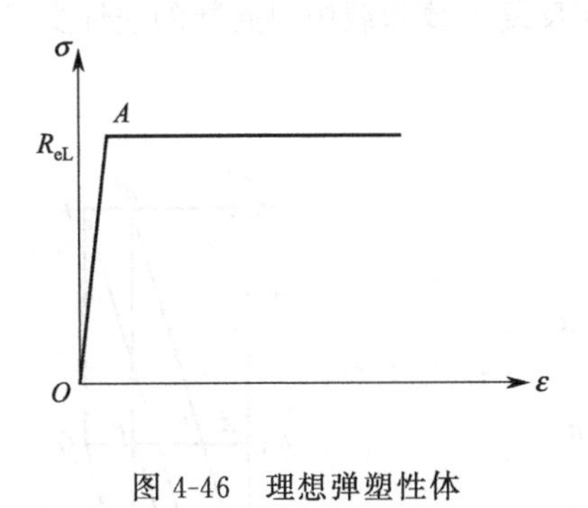

图 4-46 理想弹塑性体

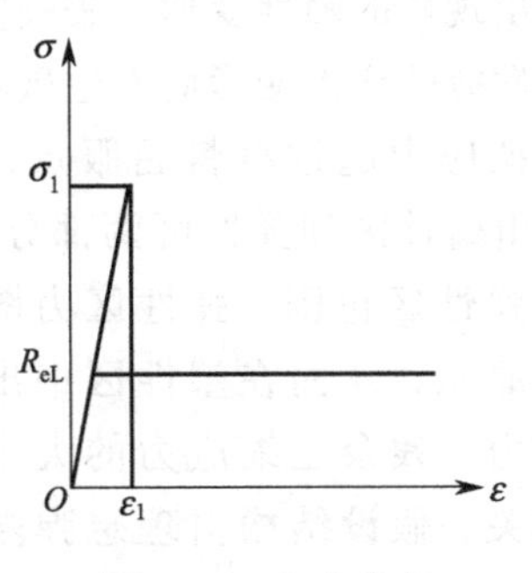

图 4-47 名义应力

（4）名义应力（虚拟应力）

在压力容器的分析与计算中，经常采用“弹性名义应力”的概念，简称名义应力，又称虚拟应力。即不论载荷大小，由应变值按胡克定律算出的应力值是否已超过比例极限或屈服强度，仍然按线弹性的胡克定律计算出的应力值。如图 4-47，对应于 ε_1 的名义应力值是 σ_1。

（5）极限设计

弹性失效设计准则不允许构件上有塑性变形区，一旦构件的某一部位出现屈服现象就认为整个构件已失效。极限设计采用的是塑性失效设计准则，即假定结构采用理想弹塑性材料，在某一载荷下结构进入整体或局部区域的全域屈服后，变形将无限制地增大，结构达到了它的极限承载能力，这种状态即为塑性失效的极限状态，这一载荷即为塑性失效时的极限载荷。下面以纯弯曲梁为例进行说明。

对于纯拉伸杆，两种设计准则的结果是一样的，因为应力 $\sigma=F/A$ 沿截面均匀分布，拉杆截面上某个点开始屈服的同时，整个拉杆也丧失承载能力；对于矩形截面的纯弯梁，两者计算结果不一样，后者失效载荷是前者的 1.5 倍。纯弯曲 $\sigma=M/W$，当 $M=M_1$，$\sigma_1=M_1/W=R_{eL}$，梁的上、下表面纤维开始进入屈服状态，按照弹性失效准则，梁已失效。但按照塑性失效准则，由于梁的截面上大部分区域应力还未达到屈服强度，梁还未丧失承载能力，如图 4-48(a) 所示，一直到载荷增加到图（c）时，梁的整个截面应力均达到屈服点，这时梁才失效。这时外加弯矩为 $1.5M_1$，名义应力 $\sigma_2=1.5\sigma_1=1.5\sigma_{eL}$。

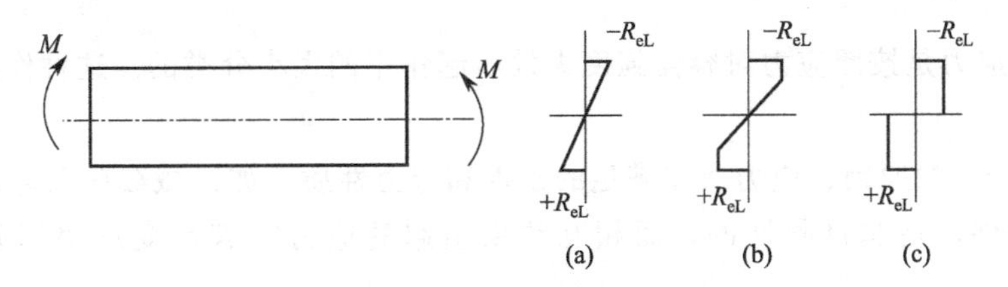

图 4-48 受纯弯曲梁截面应力分布

（6）安定性分析

安定性是指结构在载荷的反复变化过程中，不会导致塑性变形不断增加，即结构仅在第一次加载或最初几次加载中出现一定量的塑性变形，在以后的循环中保持在弹性变形的范围内而不再出现新的塑性变形。丧失安定性的结构会在反复加载卸载中引起新的塑性变形，并可能因塑性疲劳或大变形而发生破坏。

若虚拟应力超过材料屈服点，局部高应力区由塑性区和弹性区两部分组成。塑性区被弹性区包围，弹性区力图使塑性区恢复原状，从而在塑性区中出现残余压缩应力。残余压缩应力的大小与虚拟应力有关。假设结构由理想弹塑性材料制造，现根据虚拟应力 σ_1 的大小分析结构处于安定状态的条件。

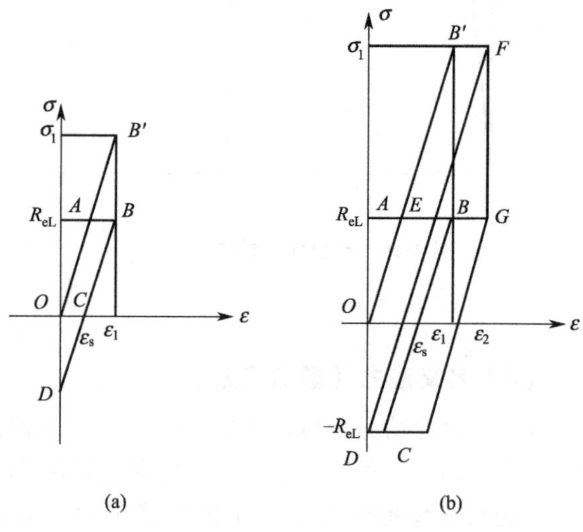

图 4-49 应力-应变关系

① 考虑 $R_{eL}<\sigma_1\leqslant 2R_{eL}$ 时 如图 4-49(a) 所示，当第一次加载时，塑性区中应力-应变关系按 OAB 线变化。卸载时，在周围弹性区的作用下，塑性区中的应力沿 BC 线下降，且平行于 OA，降至 C 点时应力为零，残余塑性应变为 $\varepsilon_1-\varepsilon_s$。由于周围弹性区的影响，出现反向应力，应力-应变线 BC 线延长至 D，D 点的应力是 $-E(\varepsilon_1-\varepsilon_s)$。也就是说当卸载后应变值为零时，产生了残余应力 $-E(\varepsilon_1-\varepsilon_s)$。以后的再次加载、卸载应力-应变线均沿 DB 和 BD 往返，而不会增加新的塑性变形，这时结构是安定的。

② $\sigma_1>2R_{eL}$ 时 如图 4-49(b) 所示，当第一次加载时，塑性区中的应力-应变关系按 OAB 线变化，卸载时沿 BC 线下降，在 C 点发生反向压缩屈服而到达 D 点。于是在以后的加载、卸载循环中，应力将沿 $DEBCD$ 回线变化。如此多次循环，即反复出现拉伸屈服和压缩屈服，将引起塑性疲劳或塑性变形逐次递增而导致破坏，这时结构是不安定的。

从以上分析可见，保证结构安定的条件是 $\sigma_1\leqslant 2R_{eL}$，由于 $R_{eL}\geqslant 1.5S_m$，故分析设计标准中，将一次应力加二次应力强度限制在 $3S_m$ 以内。

由于实际材料并非理想弹塑性材料，屈服后还有应变硬化能力，因此，上面由极限设计和安定性分析导出的应力限制条件是偏于保守的，从而使结构增加了一定的安全裕度。

4.6.2 应力分类

压力容器应力是按照应力对容器强度失效所起作用的大小分类的。这种作用又取决于下列三个因素：

ⅰ. 应力产生的原因、应力所需满足的条件和应力性质，如机械载荷引起的应力应满足外载荷平衡条件，是非自限性的，而相互约束引起的应力需满足变形协调条件，是自限性的；

ⅱ. 应力作用的范围是总体范围还是局部范围；

ⅲ. 应力的分布形式是沿厚度均匀分布，还是线性或非线性分布。

目前，比较通用的方法是将压力容器中的应力分为一次应力、二次应力和峰值应力三大类。

（1）一次应力 P

一次应力是指平衡外加机械载荷所必需的应力。一次应力必须满足外载荷与内力及内力矩的静力平衡关系，它随外载荷的增加而增加，不会因达到材料的屈服点而自行限制，故一次应力的基本特征是非自限性，当其值达材料屈服点时将引起容器总体范围内的显著变形或破坏，对容器的失效影响最大，故控制最严。一次应力还可分为以下三种。

① 一次总体薄膜应力 P_m　沿厚度方向均匀分布，影响范围遍及整个受压元件，一旦达到屈服点，受压元件整体发生屈服破坏。薄壁圆筒或球壳中远离结构不连续部位由内压力引起的薄膜应力，以及内压厚壁圆筒中的轴向应力和沿厚度的平均周向应力等，均为一次总体薄膜应力。

②一次弯曲应力 P_b　是平衡压力或其他机械载荷所需沿厚度方向线性分布的弯曲应力。它在内、外表面上大小相等、方向相反。由于沿厚度呈线性分布，随外载增大，故首先是内外表面进入屈服，但此时内部材料仍处于弹性状态。若载荷继续增大，应力沿厚度的分布将重新调整。因此这种应力对容器强度失效的危害性没有一次总体薄膜应力那样大，允许有较高的许用应力。一次弯曲应力的典型实例是平板封头产生的弯曲应力。

③ 一次局部薄膜应力 P_L　在结构不连续区由内压或其他机械载荷引起的薄膜应力和结构不连续效应产生的薄膜应力统称为一次局部薄膜应力。一次局部薄膜应力的作用范围是沿经线方向延伸距离不大于 $1.0\sqrt{R_2\delta}$，应力强度超过 $1.1S_m$ 的局部区域。R_2 为第 2 曲率半径，S_m 为材料的设计应力强度值。应该强调指出，在标准中一次局部薄膜应力是指局部应力区薄膜应力的总量，即在局部应力区内 P_m 为 P_L 的组成部分。当结构局部发生塑性流动时，这类应力将重新分布，但若不加限制，当载荷从结构的某一部分传递到周边区域时，有可能产生过度塑性变形而破坏。由结构不连续效应产生的一次局部薄膜应力，具有一定的自限性，表现出二次应力的特征，不过从保守和方便的角度考虑仍划为一次应力。在壳体与固定支座或与接管连接处及壳体与封头连接处，均会产生局部薄膜应力。

（2）二次应力 Q

二次应力是指由相邻部件的约束或结构的自身约束所引起的正应力或切应力。二次应力不是由外载荷直接产生的，其作用不是为平衡外载荷，而是使结构在受载时变形协调。这种应力的基本特征是具有自限性，也就是当局部范围内的材料发生屈服或小量的塑性流动时，相邻部分之间的变形约束得到缓解而不再继续发展，应力就自动地限制在一定范围内。只要不重复加载，二次应力不会导致结构的破坏。在结构内的一次应力能确保安全承受外载以及材料有足够延性的前提下，二次应力水平的高低对结构承受静载能力并无影响。只在循环和交变载荷下，二次应力会导致结构丧失安定，故二次应力按安定性原理予以控制。

二次应力的实例有：

ⅰ. 总体结构不连续处的弯曲应力，如筒体与封头、筒体与法兰、筒体与接管以及不同厚度筒体连接处；

ⅱ. 总体热应力，它指的是解除约束后引起结构显著变形的热应力，例如圆筒壳中轴向温度梯度所引起的热应力，壳体与接管间的温差所引起的热应力及厚壁圆筒中径向温度梯度引起的当量线性热应力等。

（3）峰值应力 F

峰值应力是由开孔、尖角过渡、焊接缺陷等局部不连续处的应力集中，或局部热应力叠加到一

次加二次应力上的应力增量。其特征是具有高度局部性，作用范围甚小，不会引起结构明显变形，而仅是导致疲劳破坏和脆性断裂的根源。故在一般设计中不予考虑，只在疲劳设计时才做限制。

应当指出的是，只有材料具有较高的韧性，允许出现局部塑性变形，上述应力分类才有意义；若是脆性材料，一次应力和二次应力的影响没有明显不同，对应力进行分类也就没有意义了。压缩应力主要与容器的稳定性有关，也不需要加以分类。

压力容器中部分典型部位应力分类示例如表4-17所示。

表4-17 压力容器部分典型部位应力分类示例

容器部件	位　置	应力的起因	应力的类型	所属种类
圆筒形或球形壳体	远离不连续处的筒体	内压	一次总体薄膜应力 沿厚度的应力梯度	P_m Q
		轴向温度梯度	薄膜应力 弯曲应力	Q Q
	和封头或法兰的连接处	内压	局部薄膜应力 弯曲应力	P_L Q
碟形封头或锥形封头	顶部	内压	薄膜应力 弯曲应力	P_m P_b
	过渡区或和筒体连接处	内压	薄膜应力 弯曲应力	P_L Q
平盖	中心区	内压	薄膜应力 弯曲应力	P_m P_b
	和筒体连接处	内压	薄膜应力 弯曲应力	P_L Q
接管	垂直于接管轴线的横截面	内压和外部载荷或力矩	总体薄膜应力 （沿整个截面平均） 应力分量和截面垂直	P_m
		外部载荷或力矩	沿接管截面的弯曲应力	P_m
	接管壁	内压	总体薄膜应力 局部薄膜应力 弯曲应力 峰值应力	P_m P_L Q F
		膨胀差	薄膜应力 弯曲应力 峰值应力	Q Q F

4.6.3 应力强度的限制

由于各类应力对容器失效的危害程度不同，所以对它们的限制条件也各不相同，不采用统一的许用应力值。在分析设计中，一次应力的许用值由极限分析确定，主要目的是防止过度弹性变形；二次应力的许用值由安定性分析确定，目的在于防止塑性疲劳或过度塑性变形；而峰值应力的许用值是由疲劳分析确定的，目的在于防止由大小和（或）方向改变的载荷引起的疲劳破坏。

分析设计规定了五种组合应力强度需要分别计算，其不同限制条件如表4-18所示。其中 S_m 是设计应力强度；K 是载荷组合系数，按JB 4732根据载荷类别选取。

① 一次总体薄膜应力强度 $S_I=P_m$。一次总体薄膜应力强度的许用值是以极限分析原理来确定的，其强度限制条件为 $S_I \leqslant KS_m$。K 值和容器所受的载荷和组合方式有关，大小范围为1.0～1.25。

② 一次局部薄膜应力强度 $S_{\text{Ⅱ}}=P_{\text{L}}$。一次局部薄膜应力是相对于一次总体薄膜应力而言的，它的影响仅限于结构局部区域，同时由于包含了边缘效应所引起的薄膜应力，它还具有二次应力的性质。因此，在设计中，对它允许有比一次总体薄膜应力高、但比二次应力低的许用应力。一次局部薄膜应力强度的限制条件为 $S_{\text{Ⅱ}}\leqslant 1.5KS_{\text{m}}$。

③ 一次薄膜（总体或局部）加一次弯曲应力强度 $S_{\text{Ⅲ}}=P_{\text{L}}+P_{\text{b}}$。弯曲应力沿厚度呈线性变化，其危害性比薄膜应力小。矩形截面梁的极限分析表明，在极限状态时，拉弯组合应力的上限是材料屈服点的 1.5 倍。因此，在满足 $S_{\text{Ⅰ}}\leqslant KS_{\text{m}}$ 及 $S_{\text{Ⅱ}}\leqslant 1.5KS_{\text{m}}$ 的前提下，一次薄膜（总体或局部）加一次弯曲应力强度的限制条件为 $S_{\text{Ⅲ}}\leqslant 1.5KS_{\text{m}}$。

④ 一次加二次应力强度 $S_{\text{Ⅳ}}=P_{\text{L}}+P_{\text{b}}+Q$。根据安定性分析，一次加二次应力强度的限制条件为 $S_{\text{Ⅳ}}\leqslant 3S_{\text{m}}$。

⑤ 峰值应力强度 $S_{\text{Ⅴ}}$。由于峰值应力同时具有自限性与局部性，它不会引起明显的变形，其危害性在于可能导致疲劳失效或脆性断裂。按疲劳失效设计准则，峰值应力强度应由疲劳设计曲线得到的应力幅 S_{a} 进行评定，即 $S_{\text{Ⅴ}}\leqslant S_{\text{a}}$。

上述各应力强度均按式(4-69) 最大剪应力进行计算，但当 3 个主应力值相近时，按最大剪应力理论确定的应力强度值很小，这时构件仍然有破坏的危险，因此做应力强度评价时，还要求 $\sigma_1+\sigma_2+\sigma_3\leqslant 4S_{\text{m}}$。

表 4-18 各类应力的强度极限表

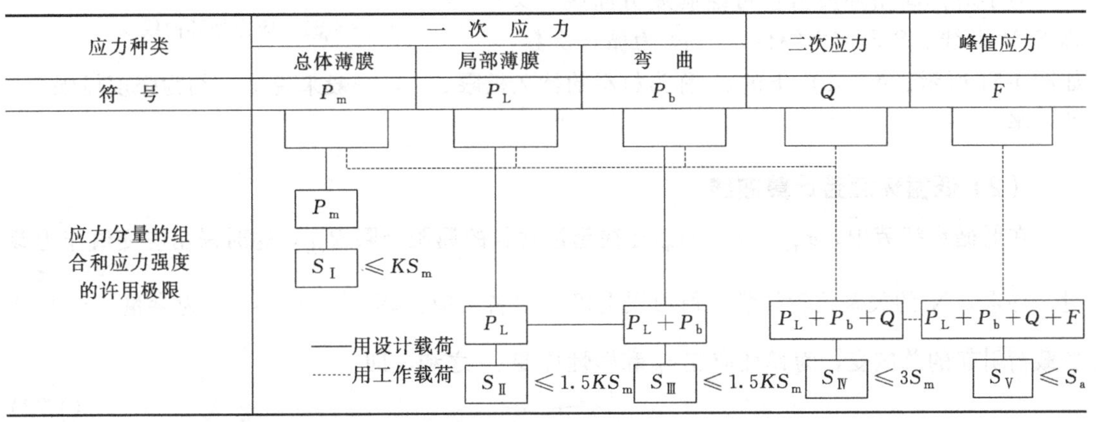

应力种类	一次应力			二次应力	峰值应力
	总体薄膜	局部薄膜	弯曲		
符号	P_{m}	P_{L}	P_{b}	Q	F
应力分量的组合和应力强度的许用极限					

4.6.4 疲劳设计基本概念

频繁开停车或在运行中要经受较大温度、压力波动的压力容器，常因疲劳裂纹扩展而导致失效或破坏。

容器在交变载荷作用下发生疲劳失效往往没有明显的塑性变形，就发生脆性断裂。疲劳裂纹总是起源于局部峰值应力区，当应力超过屈服极限时，由于晶间滑移和位错运动而萌生微裂纹，微裂纹在载荷循环下不断扩展，终至整个截面丧失承载能力而脆断。

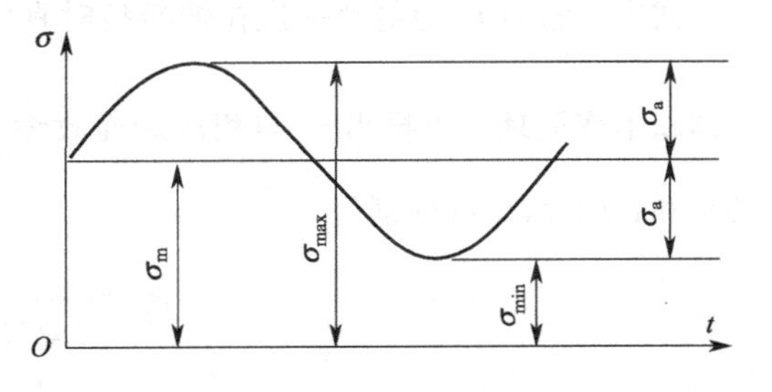

图 4-50 应力循环曲线

(1) 交变应力

导致疲劳破坏的交变应力，如图 4-50 所

示，可以用最大应力σ_{max}、最小应力σ_{min}、平均应力σ_m、交变应力幅σ_a及应力比R等特征量来表示。各参量间的关系为

平均应力 $$\sigma_m=\frac{1}{2}(\sigma_{max}+\sigma_{min}) \tag{4-70}$$

交变应力幅 $$\sigma_a=\frac{1}{2}(\sigma_{max}-\sigma_{min}) \tag{4-71}$$

应力比 $$R=\frac{\sigma_{min}}{\sigma_{max}} \tag{4-72}$$

当$R=-1$即$\sigma_m=0$时为对称循环；当$R=0$即$\sigma_{min}=0$时为脉动循环；当$R=1$即$\sigma_{min}=\sigma_{max}$时为静载。$2\sigma_a=\sigma_{max}-\sigma_{min}$称为应力范围。

在使用期内应力循环次数大于10^5次的称高循环疲劳或高周疲劳，应力循环次数在$10^2\sim10^5$范围内称低循环疲劳或低周疲劳。一般压力容器循环次数仅几千次，故属于低循环疲劳。在工程设计中，规定在整个使用寿命期间应力循环次数超过10^3，就应进行疲劳分析计算。

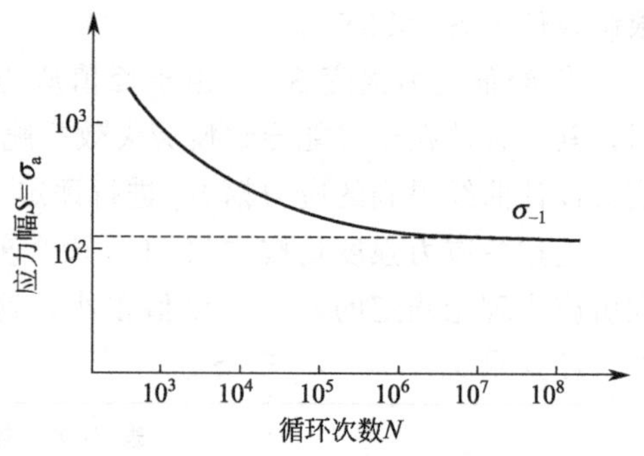

图 4-51 应力循环曲线

对于对称高循环疲劳，可绘制疲劳曲线，又称S-N曲线。S即应力幅值σ_a，N为循环次数，如图4-51所示。$N=10^7$下的σ_a称为材料的持久极限σ_{-1}，一般来说σ_{-1}约为强度极限R_m的一半。

（2）低循环疲劳计算曲线

在低循环疲劳中，$\sigma_{max}=\sigma_a+\sigma_m$往往超过材料的屈服极限$R_{eL}$，这时采用应变值作为参量，寻求$\varepsilon$-$N$的关系比较科学。但习惯上仍采用名义应力幅$S_a=\frac{1}{2}E\varepsilon_t$作为参量。$\varepsilon_t$是交变载荷引起的总应变，为弹性应变$\varepsilon_e$和塑性应变$\varepsilon_p$之和，即

$$\varepsilon_t=\varepsilon_e+\varepsilon_p \tag{4-73}$$

故 $$S_a=\frac{1}{2}E\varepsilon_p+\frac{1}{2}E\varepsilon_e=\frac{1}{2}E\varepsilon_p+\sigma_e \tag{4-74}$$

σ_e是弹性应力幅值。Coffin通过实验数据归纳出

$$\sqrt{N}\varepsilon_p=C \tag{4-75}$$

式中，常数C为材料一次拉伸断裂时真实应变ε_f的一半，即$C=\frac{1}{2}\varepsilon_f$。又根据塑性应变体积不变原理，可推出$\varepsilon_f$与相应断面收缩率$Z$之间的关系为$\varepsilon_f=\ln\frac{100}{100-Z}$。则由式(4-75）和式(4-74）可分别得

$$\varepsilon_p=\frac{1}{2\sqrt{N}}\ln\frac{100}{100-Z}$$
$$S_a=\frac{E}{4\sqrt{N}}\ln\frac{100}{100-Z}+\sigma_e \tag{4-76}$$

以 σ_{-1} 代 σ_e，略偏保守，则上式变为

$$S_a=\frac{E}{4\sqrt{N}}\ln\frac{100}{100-Z}+\sigma_{-1} \tag{4-77}$$

按此式绘制的 S_a-N 曲线就是低循环疲劳下的计算曲线，与试验曲线很接近，如图 4-52 所示。只要已知材料的弹性模量 E、断面收缩率 Z 及持久极限 σ_{-1}，就可通过计算绘制出低循环 S_a-N 疲劳曲线。

计算曲线与试验曲线都是光滑试样在对称应力循环，且是单向应力状态下绘制的。但实际多为非对称循环、多向应力、变应力幅，并有应力集中现象。下面对平均应力、变应力幅及应力集中对疲劳寿命的影响做简述。

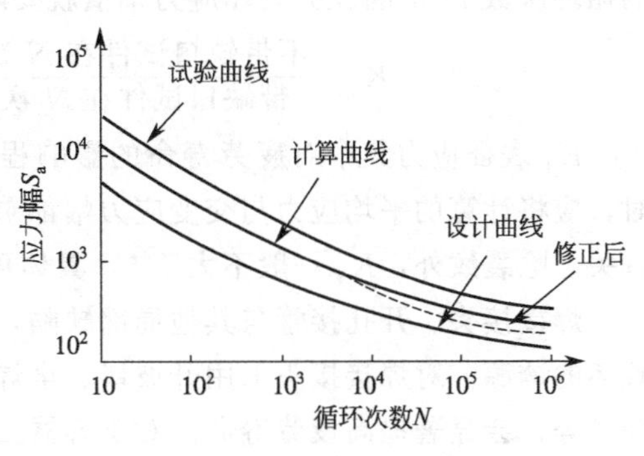

图 4-52 低循环疲劳曲线

(3) 低循环疲劳修正曲线与设计曲线

图 4-52 中的试验曲线和计算曲线都是在平均应力幅 $\sigma_m=0$，即对称循环下绘制的。但实际压力容器多为脉动循环，其平均应力 σ_m 在 $0\sim\frac{1}{2}\sigma_{max}$ 间。为此，必须考虑平均应力 $\sigma_m\neq 0$ 的影响对曲线做修正。按 Langer 修正的 Goodman 关系式

$$\frac{\sigma_a}{\sigma_{eq}}+\frac{\sigma_m}{R_m}=1 \tag{4-78}$$

式中 σ_a 为平均应力等于 σ_m 时，经历 N 次循环达到疲劳破坏的应力幅值，σ_{eq} 为平均应力等于零时经历同样次数达到疲劳破坏的应力幅值。

据上式分析，平均应力对疲劳寿命的影响有三种情况：

ⅰ. 当最大主应力 $\sigma_{max}=\sigma_a+\sigma_m\leqslant R_m$ 时，随着平均应力 σ_m 的增加，疲劳寿命下降。

ⅱ. 当 $\sigma_{max}>R_m$，且交变应力幅 $\sigma_a<R_m$ 时，平均应力下降，对疲劳寿命的影响减小。

ⅲ. 当 $\sigma_{max}>2R_m$，且 $\sigma_a\geqslant R_m$ 时，实际平均应力自动调整为零，对疲劳寿命已无影响。由此可见，疲劳曲线左边 $\sigma_a\geqslant R_m$ 部分不必做修正，而仅对右边 $\sigma_a<R_m$ 部分进行修正即可，如图 4-52 所示。

对计算（或试验）曲线修正后再对应力幅的安全系数取 2，对循环次数的安全系数取 20（该值为分散度系数 2.0、尺寸因素 2.5、表面粗糙度及环境因素 4.0 三者之积），取其两者中之小值即得图 4-52 所示疲劳设计曲线。JB 4732 给出了常用碳钢、低合金钢及不锈钢等的疲劳设计曲线。

(4) 变应力幅的影响

压力容器的交变载荷幅度有时是不恒定的，若总按最大幅值来计算就太保守，工程中普遍采用线性疲劳累积损伤准则来解决。若应力幅 S_{ai} 单独作用时的疲劳寿命为 N_i，实际循环次数为 n_i，则损伤度

$$D_i=\frac{n_i}{N_i} \tag{4-79}$$

如果
$$\Sigma D_i = \Sigma \frac{n_i}{N_i} \geqslant 1 \tag{4-80}$$
就认为压力容器不能继续使用了，即控制各应力幅的损伤累加之和不得超过1。

（5）应力集中的影响

如果受压元件具有“缺口”，也就是具有引起应力集中的结构如开孔、裂纹等，在同样的循环次数 N 下的疲劳破坏应力幅值就要降低。为此，引入疲劳强度减弱系数 K_f

$$K_f = \frac{\text{不带缺口试件在 } N \text{ 次循环次数下破坏时的应力幅值}}{\text{带缺口试件在 } N \text{ 次循环次数下破坏时的应力幅值}} \tag{4-81}$$

K_f 表征应力集中对疲劳寿命的影响程度，K_f 大影响程度大。在需考虑应力集中影响时，应将计算的平均应力与交变应力幅都乘以 K_f。K_f 与材料、载荷类别、结构不连续特性有关。除裂纹外，K_f 一般不大于5，具体可由JB 4732查取。

焊接接头、开孔接管与其他局部缺陷，尤其是表面缺陷，均为应力集中严重区，是疲劳破坏的诱源。对焊接接头采用开坡口、全焊透结构，并对表面打平磨光，严格控制错边与角变形等，会显著提高疲劳寿命。对于容器接管的抗疲劳性能，研究表明：内伸插入式接管优于平齐插入式接管；正交接管优于斜交接管；厚壁接管补强优于补强圈补强；接管的内外交角圆角过渡、焊缝打磨均可提高疲劳寿命。

（6）疲劳强度校核

压力容器疲劳设计是在满足一次和二次应力强度条件前提下进行疲劳强度校核。即对 $P_L + P_b + Q + F$ 组合应力按第三强度理论计算交变应力幅并做设计温度校正，然后由设计温度下的交变应力幅在相应材料疲劳设计曲线上确定许用循环次数 N。若 N 大于设计循环次数，则疲劳强度满足安全要求，否则应调整设计重新计算。

并非所有承受交变载荷的容器都要进行疲劳设计。而是否需做疲劳设计的判断条件及疲劳设计的内容要求，均应按JB 4732中的规定确定。

思考题

4-1 压力容器的设计文件应包括哪些主要内容？

4-2 某盛装有液体的直立容器，最大工作压力 p_w，问 p_w 指容器内什么部位的压力？设计压力 p 与 p_w 有什么关系？计算容器壁厚时用的是什么压力？

4-3 一台容器壳体的内壁温度 T_i，外壁温度 T_o，通过传热计算得出的元件金属截面的温度平均值为 T，试问设计温度取哪个值？选材以哪个温度为依据？选材温度是否就是设计温度？

4-4 $K \leqslant 1.5$ 与 $K > 1.5$ 的圆筒强度计算各适用于什么设计准则？为什么？

4-5 圆筒薄壁中径公式为什么在GB 150中可扩大用于 $1.2 < K \leqslant 1.5$ 的强度计算？

4-6 GB 150中圆筒壁厚设计公式限用 $K \leqslant 1.5$ 与 $p_c \leqslant 0.4[\sigma]^t\phi$ 有何关系？为什么？

4-7 以GB 150与JB 4732为例说明压力容器常规设计法和分析设计法的主要区别。分析设计是否可取代常规设计？为什么？

4-8 压力容器安全系数大小主要有哪些影响因素？增大安全系数是否就一定更安全？为什么？

4-9 凸形封头设直边段有什么意义？

4-10 从受力和制造两方面比较半球形封头、椭圆形封头、碟形封头、锥形封头和平板封头的特点，并说明其主要应用场合。

4-11 无折边锥形封头大端与小端加厚段计算中的应力强度及其控制条件有何区别？为什么？

4-12 压力容器进行耐压试验和泄漏试验各自的目的是什么？气密性试验与气压试验是否相同？为什么？

4-13 什么叫应力集中和应力集中系数？

4-14 为什么容器开孔接管处会产生较高的局部应力？这种应力有何特征？

4-15 补强元件有哪几种结构？各有何特点？

4-16 采用补强圈补强时，GB 150 对其使用范围做了何种限制？为什么要做这些限制？

4-17 法兰垫片密封的原理是什么？影响密封的因素有哪些？

4-18 为什么垫片不是越宽越好，越厚越好？

4-19 法兰垫片密封面形式有哪些？各有何特点？

4-20 垫片的性能参数有哪些？它们各自的物理意义是什么？

4-21 法兰的结构形式有哪些？各有何特点？

4-22 法兰标准化有何意义？标准化的基本参数有哪些？选择标准法兰时，按哪些因素确定法兰的公称压力？

4-23 螺栓设计时，对螺栓大小、个数以及螺栓的方位布置有何要求？为什么？

4-24 在法兰应力计算中，为什么对应力有不同的限制要求？

4-25 如果长颈对焊法兰的应力校核不满足要求，可调整法兰的哪些尺寸来降低法兰应力？

4-26 压力容器中的应力分为哪几类？其限制条件有何区别？为什么？

习题

4-1 有一台库存很久的气瓶，材质为 Q345R，筒体外径 $D_o=219$mm，其实测最小壁厚为 6.5mm，气瓶两端为半球形状，今欲充压 10MPa 常温使用，并考虑腐蚀裕量 $C_2=1$mm，问强度是否足够？如果不够，最大允许工作压力为多少？

4-2 一台装有液体的罐形容器，罐体为 $D_i=2000$mm 的圆筒，上下为标准椭圆形封头，材料为 Q245R，腐蚀裕量 $C_2=2$mm，焊接接头系数 0.85；罐底至罐顶高度 3200mm，罐底至液面高度 2500mm，液面上气体压力不超过 0.15MPa，罐内最高工作温度 50℃，液体密度为 1160kg/m^3。试设计筒体及封头厚度，并进行水压试验应力校核。

4-3 一个内压圆筒，给定设计压力 $p=0.8$MPa，设计温度 $t=100$℃，圆筒内径 $D_i=1000$mm，焊缝采用双面对接焊，局部无损探伤；工作介质对碳钢、低合金钢有轻微腐蚀，腐蚀速率为 $k_a<0.1$mm/年，设计寿命 $B=20$ 年，选用 Q245R、Q345R 两种材料分别作筒体材料。试分别确定两种材料下筒体壁厚各为多少，由计算结果讨论选择哪种材料更省料。

4-4 一台新制成的容器，其筒体与标准椭圆形封头内径 $D_i=1600$mm，图样上标注的厚度为 20mm，在图样的技术特性表中注明：设计压力为 2.1MPa，设计温度为 300℃，焊接接头系数为 0.85，腐蚀裕量为 2mm，壳体材料为 Q345R。试计算该容器的计算厚度 δ、

设计厚度 δ_d、有效厚度 δ_e 及最大允许工作压力。

4-5 一台具有标准椭圆形封头的圆柱形压力容器，材料为 Q345R，内径 2000mm，工作温度 200℃。由于多年腐蚀，经过实测壁厚已减薄至 10.3mm，但经射线检验未发现超标缺陷，故准备将容器的正常操作压力降为 1.1MPa 使用，安全阀的开启压力调定为 1.2MPa。若按 0.2mm/年的腐蚀率计算，该容器还能使用几年？在使用前的水压试验，其试验压力为多少？

4-6 有一受内压圆筒形容器，两端为标准椭圆形封头，内径 $D_i=1000$mm，计算压力为 2.5MPa，设计温度 300℃，材料为 Q345R，厚度 $\delta_n=14$mm，腐蚀裕量 $C_2=2$mm，焊接接头系数 $\phi=0.85$。圆筒上接管 a 规格为 ϕ89mm×6.0mm，封头顶部接管 b 规格为 ϕ219mm×8mm，材料均为 20 无缝钢管。试问上述开孔结构是否需要补强？为什么？若需要，试用等面积法进行开孔补强设计。

4-7 一内径 800mm 的精馏塔，操作温度 300℃，操作压力为 0.5MPa；其筒体与封头由法兰连接，出料管公称通径为 100mm。

(1) 说明筒体法兰和接管法兰应各按哪个法兰标准选用？二者可否由同一标准选用？为什么？

(2) 筒体与封头连接法兰如选用甲型平焊法兰，法兰材料选用 20 钢锻件，试确定该法兰的公称压力等级。

能力训练题

4-1 查阅资料，了解内压作用下厚壁圆筒的塑性极限压力的各种计算方法，对比各方法特点和差异。

4-2 举例说明压力容器常见的失效形式，讨论各种失效形式的内在原因，辨析如何从设计角度避免相应的失效形式，撰写小报告。

4-3 查阅资料，总结压力容器设计方法的历史脉络及发展趋势。

4-4 相同直径和压力条件下，球形封头的厚度是相应圆筒厚度的一半，二者应如何连接可避免局部应力过大？试采用有限元方法进行分析和验证。

4-5 对比圆柱壳、球壳、锥壳、椭圆壳等壳体的厚度设计公式，并用图示法对比在相同压力和直径条件下各种壳体的厚度关系，并讨论各种壳体的特点和适用范围。

4-6 查阅资料，计算容积为 V、试验压力为 p 的压力容器在水压试验和气压试验下的爆炸能量，定量和定性分析二者的差异，并讨论水压试验和气压试验的选取原则。

5 外压容器设计

5.1 壳体的稳定性概念

在过程工业中，除承受内压的设备外，还常遇见承受外压的设备。例如真空操作的储罐和减压蒸馏设备以及夹套设备的内筒等。这些设备的壳体均承受外压，称为外压容器。

壳体在受均布外压时，其壁内应力计算与内压容器相同，只是应力方向相反，是压应力。外压容器往往在强度上均能满足，但会在应力低于材料屈服强度的情况下突然发生扁塌而失去原有形状，这种现象称为外压容器的失稳。外压容器可能的失效形式有两种：一是强度不足发生压缩屈服破坏；另一种是刚度不足，发生失稳破坏。对于薄壁外压容器，失稳是其失效的主要形式。因此，保证足够的稳定性就成了外压容器设计中的首要问题。

压应力是产生失稳破坏的根源，凡存在压应力的结构，均存在稳定性问题。故在一些产生局部压应力的内压容器中，同样也会存在局部失稳问题。例如椭圆形和碟形封头的压应力区及风弯矩引起的直立设备轴向压应力区等均存在失稳的可能。这类失稳虽为局部性，但设计中也要采取适当对策处理。

外压容器发生失稳破坏时的最低外压力称为临界压力，用 p_{cr} 表示。p_{cr} 大，表明容器承受外压的能力大。

在壁内应力低于材料比例极限时的失稳称为弹性失稳。其临界压力主要取决于结构尺寸，而与材料强度无关，此时用高强度钢代替低强度钢，对于提高临界压力作用甚微，这是弹性失稳的一个显著特点。薄壁外压容器，一般均发生弹性失稳。若容器壁厚较大，失稳时其壁内压应力达到或超过材料屈服极限，则称为非弹性失稳或弹塑性失稳。非弹性失稳的临界压力除与结构尺寸有关外，还与材料的强度有关，故此时用高强度钢代替低强度钢，就有助于提高临界压力。发生弹塑性失稳的外压容器，其失效既有稳定问题，也有压缩强度问题，且以强度为主。

容器的结构形状不同，其失稳时的临界压力不同。本章针对工程中最常见的外压圆筒容

器的稳定性及其设计做重点论述。

5.2 外压圆筒的稳定性分析与计算

如图5-1所示，圆筒受压缩载荷有三种情况：

ⅰ. 沿轴线受均匀压缩载荷 p 作用；

ⅱ. 仅受横向的均布外压 p 作用；

ⅲ. 在横向和轴向同时受均布外压 p 作用。

理论分析表明，后者的轴向外压对圆筒失稳的影响并不大，在工程设计中，可按照第二种情况考虑。以下重点讨论仅受横向均布外压圆筒的失稳问题。

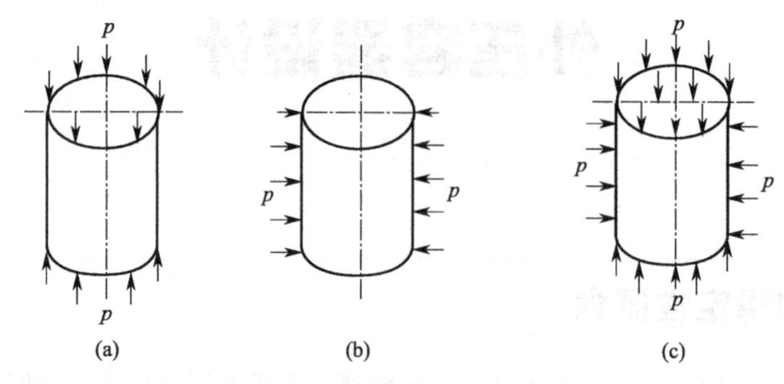

图5-1 不同受载条件的外压圆筒

5.2.1 受均布横向外压圆筒的临界压力

受均布横向外压的圆筒，其周向应力为经向应力的两倍，故其失稳是由周向应力引起，其失稳变形是横向断面失去圆形而呈现数目不等的凹波，如图5-2所示。其波数 n 主要取决于圆筒的几何参数，为等于或大于2的整数。

当圆筒的长度与直径之比较大时，其中间部分将不受两端封头或加强圈的支持作用，弹性失稳时形成 $n=2$ 的波数，这种圆筒称为长圆筒。长圆筒的临界压力与长度无关，仅和圆筒壁厚与直径的比值 δ/D 有关。当圆筒的相对长度较小，两端的约束作用不能忽视时，临界压力不仅与 δ/D 有关，而且还与长径比有关，失稳时的波数 n 大于2，这种圆筒称为短圆筒。在直径和壁厚相同时，短圆筒的临界压力较长圆筒大，抗失稳能力强。

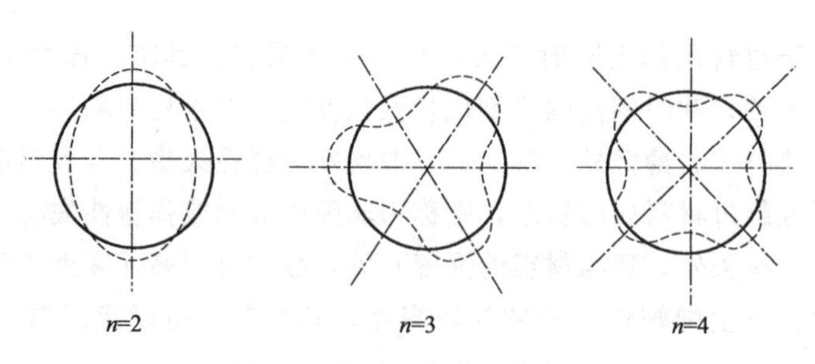

图5-2 外压圆筒的失稳形态

（1）长圆筒的临界压力

受均布横向外压长圆筒的弹性失稳临界压力，是 M. Bresse（布莱斯）按照小挠度理论由径向外压圆环的临界压力计算式导出。圆环的临界压力计算式为

$$p_{cr}=\frac{24EJ}{D^3} \tag{5-1}$$

均布横向外压圆筒较圆环长，其纵向变形受到相邻金属的约束，其抗弯刚度较圆环大。故将式(5-1) 中的圆环抗弯刚度 EJ 以圆筒的抗弯刚度 $D'=\frac{E\delta^3}{12(1-\mu^2)}$替代，即得圆筒的临界压力计算式

$$p_{cr}=\frac{2E}{(1-\mu^2)}\left(\frac{\delta}{D}\right)^3 \tag{5-2}$$

对于钢制圆筒，取 $\mu=0.3$，则上式变为

$$p_{cr}=2.2E\left(\frac{\delta}{D}\right)^3 \tag{5-3}$$

临界压力在圆筒器壁中引起的周向压缩应力，称为临界应力，对于钢制圆筒有

$$\sigma_{cr}=\frac{p_{cr}D}{2\delta}=1.1E\left(\frac{\delta}{D}\right)^2 \tag{5-4}$$

式中 D——圆筒中径，mm；

δ——圆筒计算厚度，mm；

E——材料在设计温度下弹性模量，MPa；

μ——材料的泊松比。

上述三式应明确以下要点：

ⅰ. 长圆筒的临界压力与圆筒壁厚的三次方成正比，而与直径的三次方成反比，与长度无关。可见增加壁厚对提高临界压力十分有效。

ⅱ. 理论公式是在均布横向外压载荷条件下导出，但也适用于大多数横向和轴向同时受均布外压的工况，因为误差不大。式(5-3) 仅适用于各种钢制圆筒，而式(5-2) 则可用于包括钢在内的各种材料的圆筒。

ⅲ. 各式限用于弹性失稳，即仅当 σ_{cr} 小于材料的比例极限才适用，当 σ_{cr} 达到或超过材料比例极限时，应力与应变不再成线性关系，筒体将发生非弹性失稳或塑性屈服破坏。

（2）短圆筒的临界压力

受均布横向外压短圆筒弹性失稳临界压力的经典计算方法是 Mises（米西斯）按小挠度理论推导出来的，目前被各国广为应用。其失稳临界压力表达式为

$$p_{cr}=\frac{E\delta}{R(n^2-1)\left(1+\frac{n^2L^2}{\pi^2R^2}\right)}+\frac{E}{12(1-\mu^2)}\left(\frac{\delta}{R}\right)^3\left[(n^2-1)+\frac{2n^2-1-\mu}{1+\frac{n^2L^2}{\pi^2R^2}}\right] \tag{5-5}$$

式中 R——圆筒的中面半径，mm；

L——圆筒的计算长度，mm；

n——圆筒失稳时形成的凹波数；

δ，μ——同长圆筒。

在式(5-5)中，不同的波数 n 会有不同的临界压力 p_{cr}，且 p_{cr} 不是随 n 增大而单调增大，p_{cr} 的最小值才是真正的临界压力。用微分法求 p_{cr} 的极值相当复杂，常用试算法求解，即取不同的 n 值代入式(5-5)中计算其相应的 p_{cr}，经比较后再确定其中最小的 p_{cr} 值，此时对应 p_{cr} 最小值的 n 值即为失稳时的波形数。也可将算得的 p_{cr} 与波数 n 的关系画成图 5-3 所示曲线，曲线中 p_{cr} 的最小值即为最易失稳的临界压力。

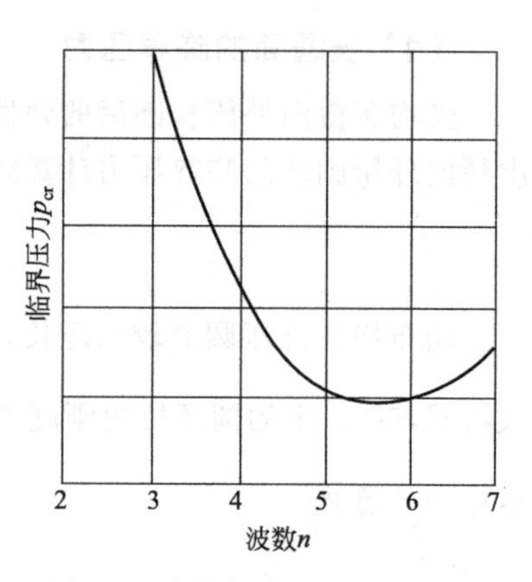

图 5-3 波数与临界压力的关系

$\frac{L}{R}$通常有较大值，式(5-5)中凡包含$\frac{L^2}{R^2}$的项因$\frac{L^2}{R^2}$在分母上，所以该项可忽略不计，则得到

$$p_{cr}=\frac{(n^2-1)E}{12(1-\mu^2)}\left(\frac{\delta}{R}\right)^3 \tag{5-6}$$

若以 $n=2$、$L=\infty$ 及 $n=2$ 分别代入式(5-5)及式(5-6)，则该二式均可简化为式(5-2)长圆筒临界压力计算式。可见，长圆筒公式是米西斯公式的特例，故米西斯公式对长圆筒和短圆筒均适用。

作为工程计算，常采用近似方法，式(5-5)中的 $1+\frac{n^2L^2}{\pi^2R^2}\approx\frac{n^2L^2}{\pi^2R^2}$，并略去后项方括号中第二项，得

$$p_{cr}=\frac{E\delta}{R}\left[\frac{\left(\frac{\pi R}{nL}\right)^4}{(n^2-1)}+\frac{\delta^2}{12(1-\mu^2)R^2}(n^2-1)\right] \tag{5-7}$$

该式系 R. V. Southwell 提出的短圆筒临界压力简化计算式。

令$\frac{\mathrm{d}p_{cr}}{\mathrm{d}n}=0$，并取 $n^2-1\approx n^2$，$\mu=0.3$，可得与最小临界压力相应的波数

$$n=\sqrt[4]{\frac{7.06}{\left(\frac{L}{D}\right)^2\left(\frac{\delta}{D}\right)}} \tag{5-8}$$

将式(5-8)代入式(5-7)中，仍取 $n^2-1\approx n^2$，$\mu=0.3$，即得短圆筒最小临界压力及临界应力的近似计算式

$$p_{cr}=\frac{2.59E\delta^2}{LD\sqrt{D/\delta}} \tag{5-9}$$

$$\sigma_{cr}=\frac{p_{cr}D}{2\delta}=\frac{1.30E}{L/D}\left(\frac{\delta}{D}\right)^{1.5} \tag{5-10}$$

至此，对于短圆筒可明确如下要点：

ⅰ. 式(5-9)称为 B. M. Pamm（拉姆）公式，是工程中常用的短圆筒临界压力简化计算式，其计算结果较 Misses 式约低 12%，使用偏于安全。

ⅱ. 式(5-9)表明，短圆筒临界压力与长圆筒的区别，主要是它与 L/D 有关，L/D 小表明圆筒两端对圆筒的约束作用大，抗失稳能力强；故除增加壁厚外，减少长度 L 亦是提高短圆筒临界压力的重要措施，而长圆筒则与长度无关。

ⅲ. 米西斯公式及拉姆公式的适用条件与长圆筒相同，限用受均布横向外压或横向及轴向同时受均布外压圆筒的弹性失稳，即壁内临界应力 σ_{cr} 必须低于材料的比例极限；拉姆公式仅能用于钢制圆筒，而米西斯公式则不受材料限制，可用于各种材料圆筒的稳定性计算。

ⅳ. 米西斯公式及拉姆公式中，影响临界压力的材料性能仅有 E 和 μ，而与材料强度指标无关。因为各种钢材的 E 值差别很小，所以改变钢种对临界压力的影响甚微。这就是采用高强度钢代替低强度钢无助于提高弹性失稳临界压力的原因。

（3）钢制圆筒的临界长度

对于给定的圆筒，有一特征长度作为区分 $n=2$ 的长圆筒和 $n>2$ 的短圆筒的界限，此特性尺寸称为临界长度，以 L_{cr} 表示。当 $L>L_{cr}$ 时属于长圆筒；当 $L<L_{cr}$ 时属于短圆筒。划分长短圆筒的意义在于区别筒体端部的约束对筒体的稳定性是否发生影响。令式(5-3) 和式(5-9) 相等可求得钢制圆筒的临界长度 L_{cr}，即

$$2.2E\left(\frac{\delta}{D}\right)^3=\frac{2.59E\delta^2}{L_{cr}D\sqrt{D/\delta}}$$

$$L_{cr}=1.17D\sqrt{\frac{D}{\delta}} \tag{5-11}$$

5.2.2 其他工况外压圆筒的稳定问题

（1）仅受轴向外压圆筒的临界压力

圆筒在承受均布轴向外压时，其失稳是由轴向压应力引起，故其失稳变形是沿轴向圆筒母线形成有规则的凹陷波，如图 5-4 所示。而受横向外压圆筒的失稳波是图 5-2 所示沿圆周分布的。

由于圆筒轴向应力与球壳中的应力相等，故按小挠度理论，两者临界压力的计算表达式也是相同的，见式(5-28)。

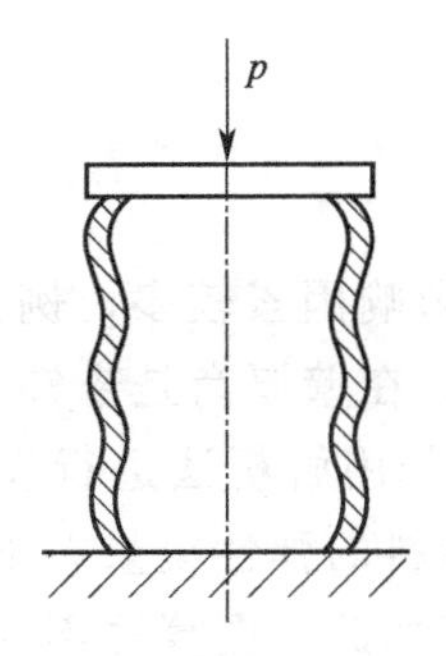

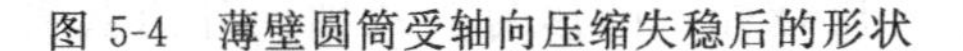

图 5-4 薄壁圆筒受轴向压缩失稳后的形状

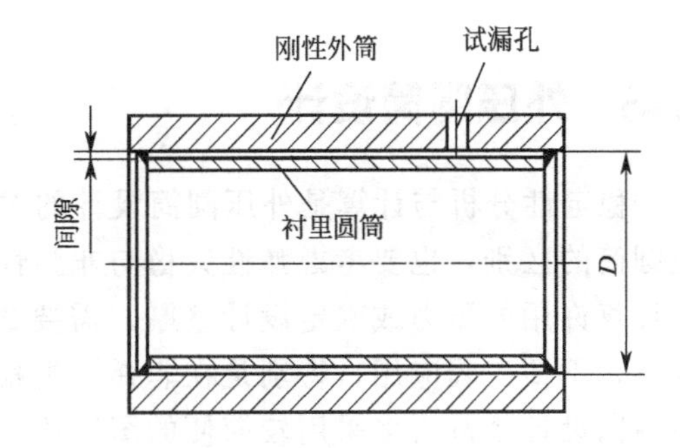

图 5-5 圆筒衬里结构示意图

（2）受刚性筒约束外压圆筒的临界压力

在工程实践中，有时会遇到筒壁受到刚性约束的外压圆筒（以下简称受约筒）。图 5-5 所示是一种衬里防腐结构。通常衬里是由不锈钢或其他耐腐蚀材料制成的薄壁圆筒，衬里除两端与刚性外筒焊合外，其余均不与外筒内壁焊合，衬里外壁与外筒内壁间存在微小间隙，故有松衬里之称。为保证衬里焊缝严密不漏，在焊接完成后，均要求进行渗漏试验。试漏时

由外筒上的试漏孔将一定压力的气体通入间隙内，并保压一定的时间，然后对衬里内壁及两端焊缝进行观察，判断焊缝是否渗漏。显然，此时衬里就是一个外壁受到刚性约束的外压圆筒，但由于受到刚性约束，其变形特征及其临界压力与前述无约束外压圆筒（以下简称无约筒）存在显著差异。

有试验研究表明，受刚性圆筒约束的外压圆筒的稳定性有如下特征：

ⅰ. 受约筒失稳时的临界压力，显著高于相同直径和壁厚无约筒的临界压力；

ⅱ. 受约筒失稳时，仅产生单个失稳波，表现为局部变形而非整体变形破坏；

ⅲ. 受约筒外壁与刚性外筒内壁的间隙，是影响受约筒临界压力的决定性因素，且存在一个临界值，当间隙小于该临界值时，受约筒临界压力随着间隙的减小会迅速升高，可达拉姆公式计算值的2～3倍。

尿素合成塔中的松衬里为典型的外壁受刚性约束外压圆筒，其壁厚稳定性校核可参见有关文献。

（3）非弹性失稳的工程计算

以上讨论中，是假设圆筒失稳时器壁中的压应力在材料的比例极限内，当该应力超过比例极限时，圆筒已经弹塑性或塑性失稳，若仍用式(5-3) 和式(5-9) 将得出偏大的临界压力值。因为弹塑性或塑性失稳的理论分析过于复杂，工程上通常采用近似的处理方法，即利用材料超过比例极限的压缩-应变曲线上的切线模量 E_t（图 5-6），代替以上诸式中的弹性模量 E。按此计算的结果与实验结果比较接近，如对于长圆筒，则有

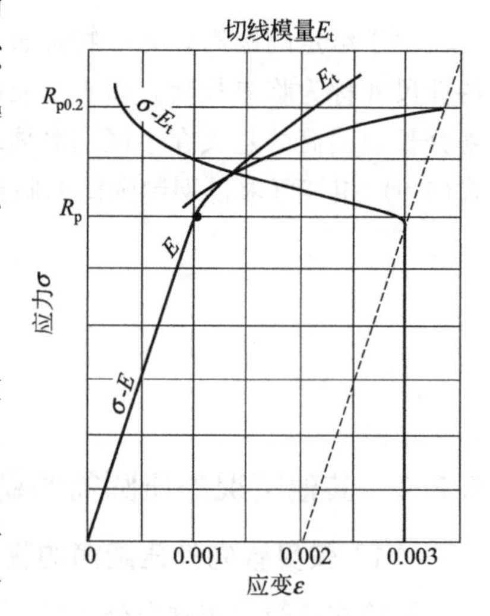

图 5-6 碳钢的切线模量

$$p_{cr}=\frac{2E_t}{(1-\mu^2)}\left(\frac{\delta}{D}\right)^3 \tag{5-12}$$

5.3 外压圆筒设计

稳定性分析与计算是外压圆筒设计的关键。但其计算影响因素较多，例如要考虑长、短圆筒的区别，也要考虑弹性失稳与非弹性失稳的区别等。在壁厚尚是未知量的情况下，要计算许用外压力或确定设计壁厚，需要进行反复试算，若用解析法进行设计计算就较复杂，不便工程应用，特别是在非弹性失稳时 E_t 并不是材料的弹性模量，不易查取。目前各国设计规范大多采用较简便的图算法，我国 GB 150 亦如此。图算法不仅适用于受横向均布外压圆筒，而且经适当参数调整还可用于外压球壳、凸形封头及轴向外压圆筒的设计。

5.3.1 图算法原理

（1）图算法的基本思想

综合考虑长圆筒、短圆筒及非弹性失稳圆筒三种情况，以长圆筒和短圆筒的临界压力公式为基础，将其分解为仅与几何参数（L/D_o，D_o/δ_e）有关的部分和仅与材料参数 E 有关

的部分，将圆筒失稳时的临界应变值与圆筒几何参数及材料性能参数的关系曲线分别绘制在双对数坐标纸上。在图算法中，理论计算式中圆筒的中径 D 及计算壁厚 δ 分别以外径 D_o 和有效厚度 δ_e 代替。

（2）外压应变系数 A 曲线的导出

无论是长圆筒还是短圆筒，临界压力公式可统一写成 $p_{cr}=KE\left(\frac{\delta_e}{D_o}\right)^3$，其中 K 为特征系数，长圆筒 $K=2.2$，短圆筒 $K=f\left(\frac{L}{D_o},\ \frac{D_o}{\delta_e}\right)$。

根据圆筒周向应力知 $\sigma_{cr}=\frac{p_{cr}D_o}{2\delta_e}=\frac{KED_o}{2\delta_e}\left(\frac{\delta_e}{D_o}\right)^3=\frac{KE}{2}\left(\frac{\delta_e}{D_o}\right)^2$

临界周向应变为
$$\varepsilon_{cr}=\frac{\sigma_{cr}}{E}=\frac{K}{2}\left(\frac{\delta_e}{D_o}\right)^2$$

令
$$A=\frac{K}{2}\left(\frac{\delta_e}{D_o}\right)^2 \tag{5-13}$$

作曲线 $A=\frac{K}{2}\left(\frac{\delta_e}{D_o}\right)^2$，即得图 5-7 所示外压应变系数 A 曲线。

图 5-7 曲线中与纵坐标平行的直线代表长圆筒，其临界应变与圆筒长度无关；而倾斜线表示短圆筒，其临界应变随圆筒 L/D_o 增大而减少；D_o/δ_e 愈小，其临界应变愈大，表明圆筒愈趋于非弹性失稳。由于图 5-7 以临界应变 A 作为一个参变量，所以对任何材料的圆筒都适用。若已知 L、D_o 和 δ_e，就可按 D_o/δ_e 和 L/D_o 的比值从图上查得 A。

（3）外压应力系数 B 曲线的导出

对仅受横向均布外压或同时受横向和轴向均布外压的圆筒，其失稳均由临界周向压应力 $\sigma_{cr}=p_{cr}D_o/2\delta_e$ 引起。另临界周向应变 $\varepsilon_{cr}=\sigma_{cr}/E=A$，临界压力 $p_{cr}=m[p]$，则

$$A=\varepsilon_{cr}=\frac{m[p]D_o}{2E\delta_e} \tag{5-14}$$

将上式写成 $\frac{[p]D_o}{\delta_e}=\frac{2}{m}EA$，按 GB 150 规定取稳定系数 $m=3$，并令 $B=\frac{[p]D_o}{\delta_e}$，则有

$$[p]=B\left(\frac{\delta_e}{D_o}\right) \tag{5-15}$$

可得
$$B=\frac{2}{3}EA=\frac{2}{3}E\varepsilon_{cr}=\frac{2}{3}\sigma_{cr} \tag{5-16}$$

由此可知，B 与 A 的关系就是 $\frac{2}{3}\sigma_{cr}$ 与 ε_{cr} 的关系，其单位为 MPa。在数值上，B 等于 $\frac{2}{3}$ 临界周向压应力；由于是引入 $m=3$ 稳定系数而得，故具有类似许用压应力的意义。若利用材料单向拉伸应力-应变关系（对于钢材，不计 Bauschinger 效应，拉伸曲线与压缩曲线大

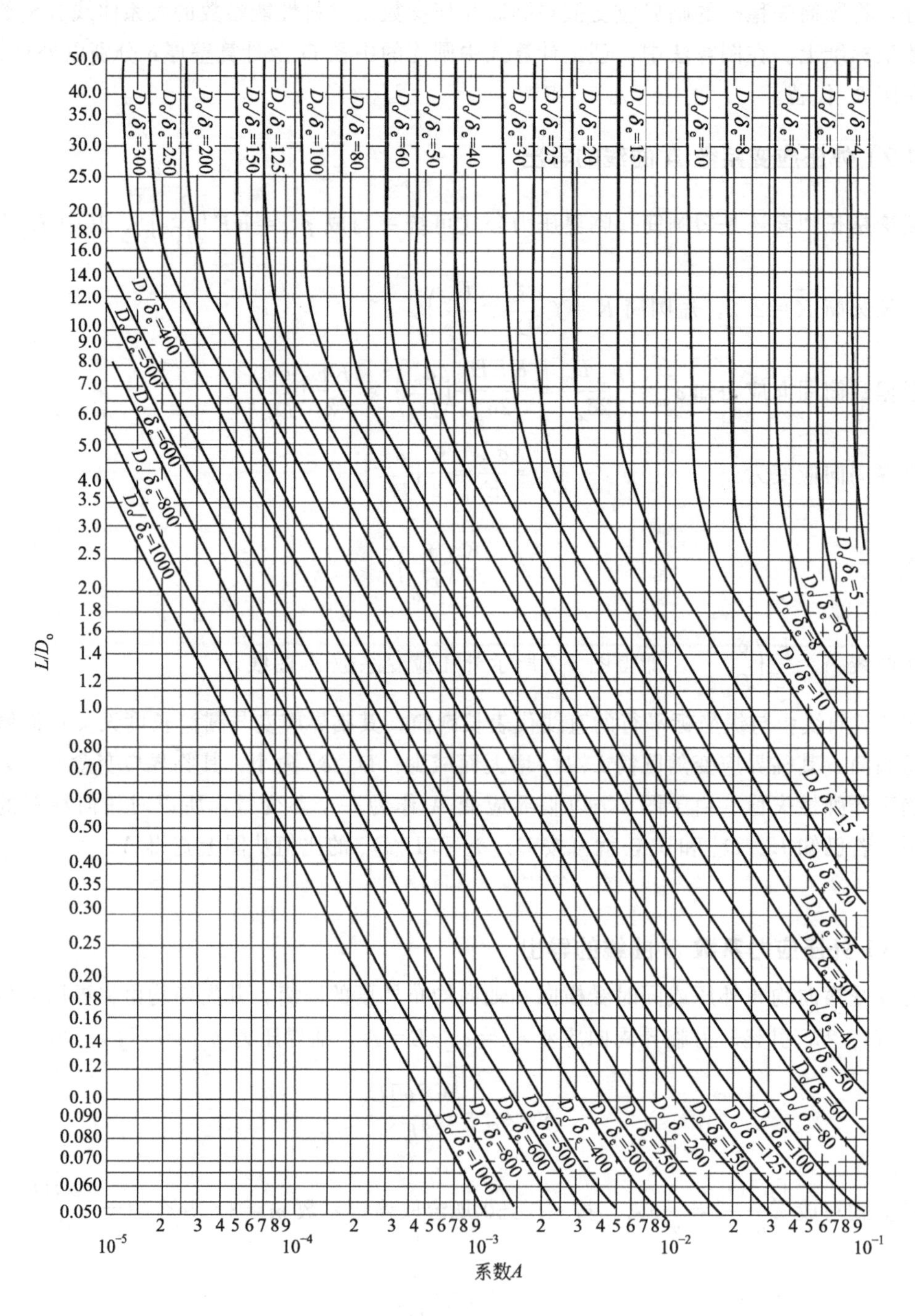

图 5-7 外压应变系数 A 曲线

致相同），将纵坐标乘以$\frac{2}{3}$，即可作出 B 与 A 的关系曲线。因为同种材料在不同温度下的应力-应变曲线不同，所以图中考虑了一组不同温度的曲线，称为材料温度线，如图 5-8～图 5-10 所示。显然图 5-8～图 5-10 与图 5-7 有共同的横坐标 A。因此由图 5-7 查得的 A 可在图 5-8～图 5-10 中查得相应材料在设计温度下的 B 值，继而由式(5-15) 计算许用外压力 $[p]$。

由于在弹性范围，应力与应变呈线性关系，故可直接按式(5-16) 和式(5-15) 由 A 计算许用外压力，所以图 5-8～图 5-10 中左下方直线大部分被省略掉了。在塑性范围，曲线使用了正切弹性模量，即曲线上的任一点的斜率为 $E=\frac{d\sigma}{d\varepsilon}$，所以上述图算法对非弹性失稳也同样适用。

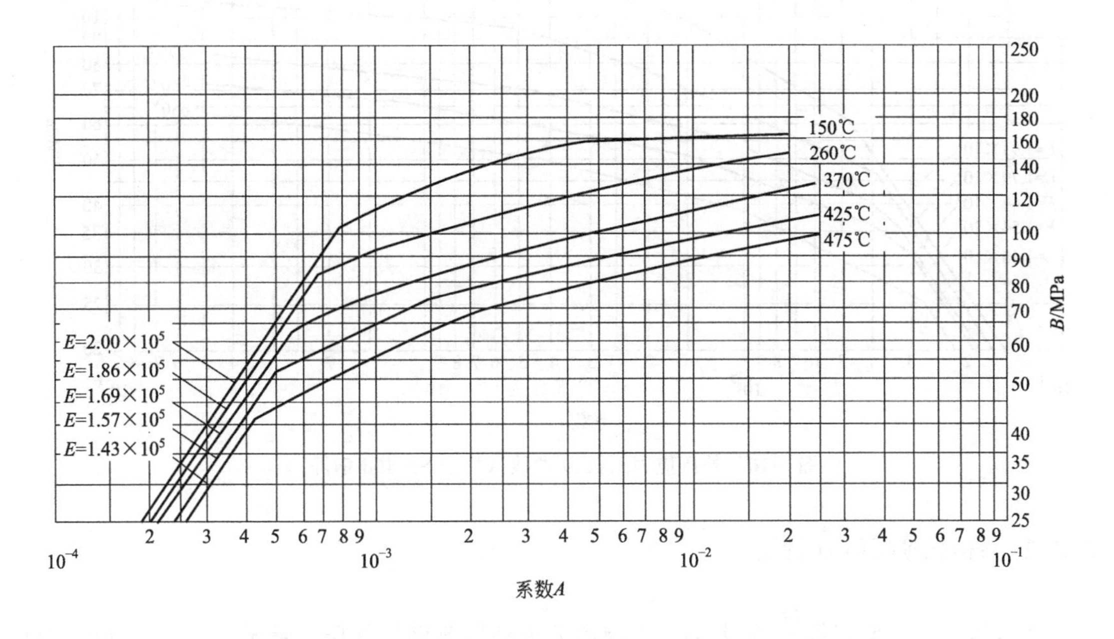

图 5-8 外压应力系数 B 曲线

注：用于除图 5-9 注明的材料外，材料的屈服强度 $R_{eL}>207$MPa 的碳钢、低合金钢和 S11306 等。

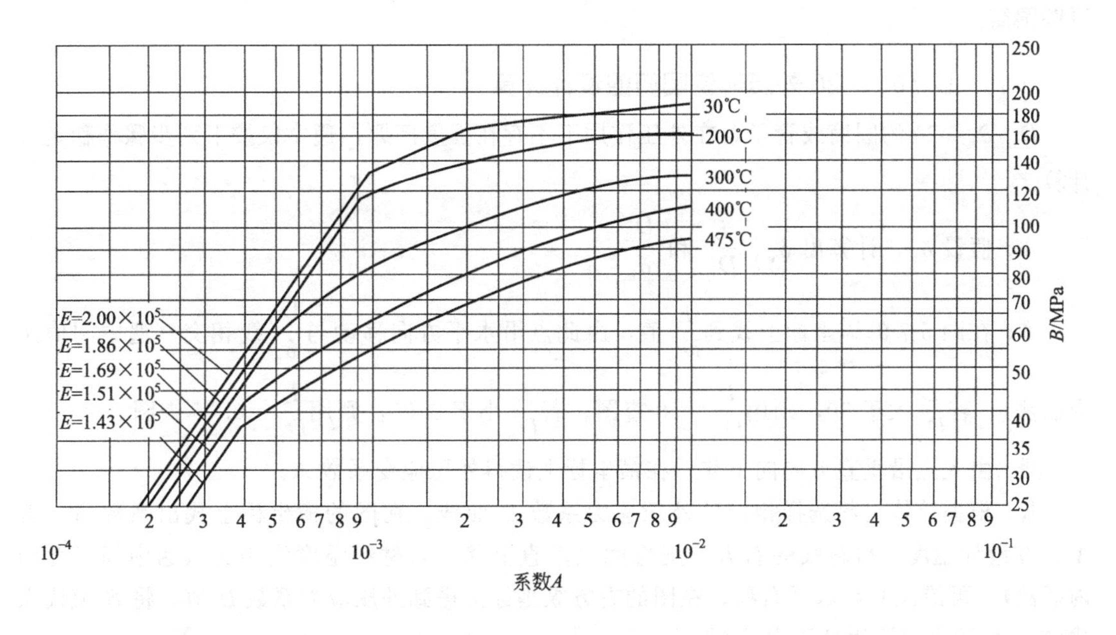

图 5-9 外压应力系数 B 曲线（用于 Q345R 钢）

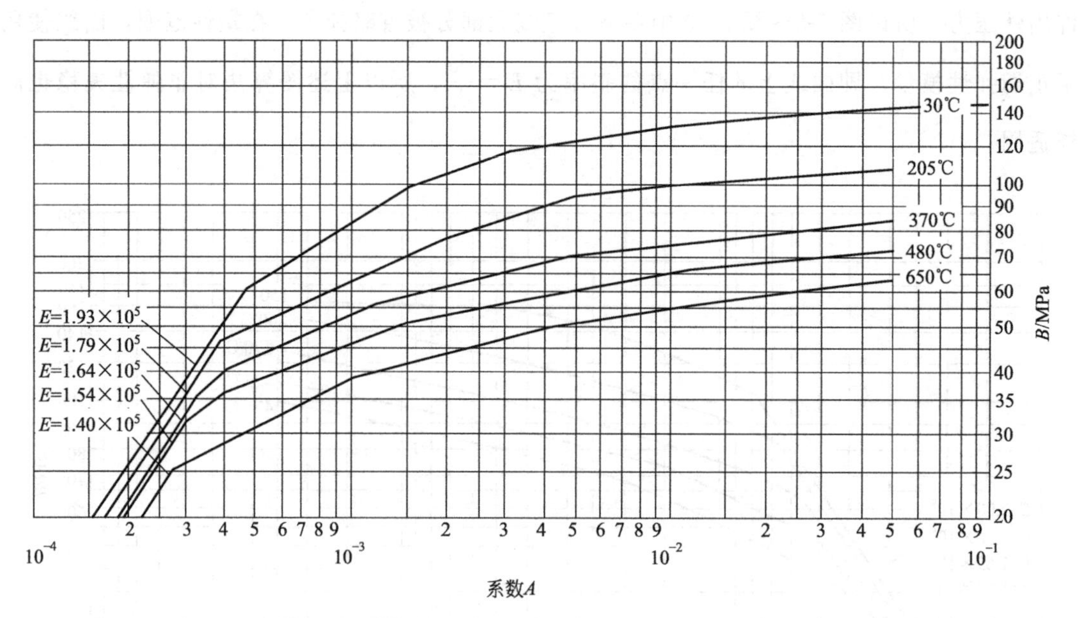

图 5-10 外压应力系数 B 曲线（用于 S30408 钢等）

5.3.2 外压圆筒设计计算

工程设计中，常根据$\frac{D_o}{\delta_e}$的大小，将圆筒分为外压薄壁与外压厚壁圆筒，后者即刚性圆筒。前者仅考虑失稳，而后者既要考虑失稳，同时也要进行强度计算。美、日等国标准以$\frac{D_o}{\delta_e}=10$为界，我国 GB 150 则以$\frac{D_o}{\delta_e}=20$为界，大于该界限者为外压薄壁圆筒，反之为外压厚壁圆筒。

（1）$D_o/\delta_e \geq 20$ 外压薄壁圆筒的设计计算

$D_o/\delta_e \geq 20$ 的圆筒或管子，在外压作用下不存在强度问题，通常仅按下列步骤作稳定性计算。

ⅰ. 假设 δ_n，计算出 δ_e、$\frac{L}{D_o}$ 和 $\frac{D_o}{\delta_e}$。

ⅱ. 在图 5-7 的纵坐标上找到$\frac{L}{D_o}$值，由此点沿水平方向移动与$\frac{D_o}{\delta_e}$线相交（遇中间值用内插法）。若$\frac{L}{D_o}$大于 50，则用$\frac{L}{D_o}=50$查图；若$\frac{L}{D_o}$小于 0.05，则用$\frac{L}{D_o}=0.05$查图。

ⅲ. 由此点沿垂直方向向下移，在横坐标上读得外压应变系数 A。

ⅳ. 根据筒体材料选择相应的外压应力系数 B 曲线，在图的横坐标上找出系数 A。若 A 落在设计温度的材料线的右方，则将此点垂直上移，与材料温度线相交（遇中间温度用内插法），再沿此交点水平右移，在图的右方纵坐标上得到外压应力系数 B 值，将 B 值代入式(5-15) 即求得许用外压力 $[p]$。

若所得 A 值落在材料温度线左方，即为弹性失稳，应力与应变呈线性关系，此时可由

A 值按式(5-16) 计算 B。

ⅴ. 比较 p_c 与 $[p]$，若 $p_c>[p]$，则须增大 δ_n 重复上述计算步骤，直到 $[p]$ 大于且接近 p_c 时为止。

(2) $D_o/\delta_e<20$ 外压刚性圆筒的设计计算

工业中较大直径的厚壁外压刚性圆筒并不多见，但常有承受外压的厚壁管子。例如置于氨合成塔内高压环境中的热电偶套管，其尺寸为 ϕ24mm×6mm，$D_o/\delta_e=4$，管壳式换热器中的 ϕ25mm×2.5mm 换热管，其 $D_o/\delta_e=10$，也可能承受外压。

$D_o/\delta_e<20$ 的厚壁圆筒或管子，在外压作用下其失稳属非弹性失稳，设计时要同时进行稳定性和强度计算。其图算法步骤如下。

ⅰ. 对于 $D_o/\delta_e\geqslant 4.0$ 的圆筒，用与上述 $D_o/\delta_e\geqslant 20$ 外压薄壁圆筒设计相同的计算步骤得到系数 A 值；但对 $D_o/\delta_e<4$ 的圆筒或管子应按式(5-17) 计算系数 A 值，当 $A>0.1$ 时，已超出算图的范围，均按 $A=0.1$ 计算。

$$A=\frac{1.1}{(D_o/\delta_e)^2} \tag{5-17}$$

ⅱ. 按与上述 $D_o/\delta_e\geqslant 20$ 外压薄壁圆筒设计相同的计算步骤得到系数 B 值。

ⅲ. 按式(5-18) 计算许用外压力 $[p]$

$$[p]=\min\left\{\left(\frac{2.25}{D_o/\delta_e}-0.0625\right)B,\frac{2\sigma_o}{D_o/\delta_e}\left(1-\frac{1}{D_o/\delta_e}\right)\right\} \tag{5-18}$$

式(5-18) 中前式为稳定校核，后式为强度校核。式中 σ_o 取 $2[\sigma]^t$ 或 $0.9R_{eL}^t$ 中的小者，$[\sigma]^t$ 和 R_{eL}^t 分别为材料在设计温度下的许用应力和屈服极限。

ⅳ. 比较 p_c 与 $[p]$，若 $p_c>[p]$，则增大 δ_n 重复上述计算步骤，直到 $[p]$ 大于且接近 p_c 时为止。

(3) 有关设计参数的确定

① 设计压力 p　设计压力的定义与内压容器相同，但其取法不同。真空容器按承受外压考虑，当装有安全控制装置（如真空泄放阀）时，设计压力取 1.25 倍最大内外压力差或其与 0.1MPa 两者中的较小值；当无安全控制装置时，取 0.1MPa。

由两室或两个以上压力室组成的容器，如带夹套的容器，确定设计压力时，应根据各自的工作压力确定各压力室自己的设计压力。而确定外压计算压力 p_c 时，应考虑各室之间的最大压力差。

② 试验压力 p_T　GB 150 规定，外压容器和真空容器以内压进行耐压试验与应力校核，但试验压力不考虑温度计算系数 $[\sigma]/[\sigma]^t$。液压试验压力为 $p_T=1.25p$，气压试验和气液组合试验压力为 $p_T=1.1p$。

对于带夹套压力容器，应根据内筒和夹套的设计压力（内压或者外压）分别确定其试验压力。具体操作为：在容器内筒制造完毕并检查焊接接头合格后，将试验介质充满内筒，按内筒试验压力做内筒的耐压试验；在内筒耐压试验合格后，再焊夹套并检查焊接接头，质量合格后将试验介质充满夹套内，按夹套试验压力进行耐压试验。在进行夹套的耐压试验时，内筒承受外压的作用。因此，必须按内筒的有效厚度校核在夹套试验压力下内筒的稳定性。若在夹套试验压力下内筒不能保证足够的稳定性，则应在设计中增加内筒厚度或在夹套耐压

试验过程中使内筒保持一定的内压力，以保证整个试压过程中夹套和内筒的压力差不超过内筒的许用外压力 $[p]$，并应在图样上注明保压的具体数值。

③ 计算长度 L　外压圆筒的计算长度系指圆筒外部或内部两相邻刚性构件之间的最大距离。通常封头、法兰、加强圈等均可视为刚性构件。图 5-11 为外压圆筒计算长度取法示意图。对于椭圆形封头和碟形封头，应计入直边段以及封头内曲面深度的 1/3，如图 5-11(a)、(b)、(f)。这是由于这两种封头与圆筒对接时，在外压作用下，封头的过渡区产生周向拉应力，因此在过渡区不存在外压失稳问题，所以可将该部位视作圆筒的一个顶端。对于带无折边锥壳的容器，则应视锥壳与圆筒连接处的惯性矩大小区别对待：若连接处的截面有足够的惯性矩，不致在圆筒失稳时也出现失稳现象，则量到锥壳和筒体间的焊缝为止，如图 5-11(c)、(g)、(h)；否则应量到加强圈为止，如图 5-11(e)。而对于带有折边锥壳的容器，还应计入直边段和折边部分的深度；对于带夹套的圆筒，则取承受外压的圆筒长度，如图 5-11(i)；对于圆筒部分有加强圈时，则取相邻加强圈中心线间的最大距离，如图 5-11(d)。

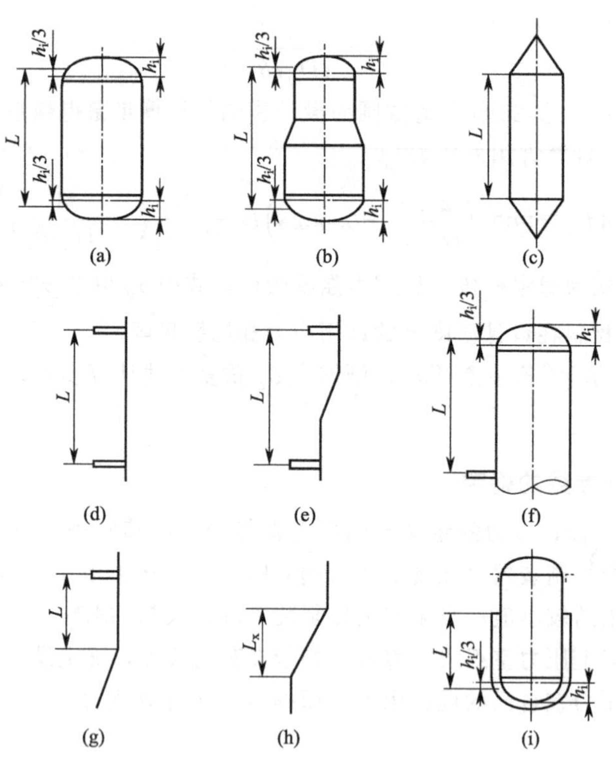

图 5-11　外压圆筒的计算长度

5.3.3　加强圈设计

从前面的分析可以看出，要提高外压圆筒的承载能力，就必须提高圆筒的许用外压力 $[p]$ 或临界压力 p_{cr}。而提高 p_{cr} 的有效措施是增加圆筒的壁厚或减小其计算长度。从多方面看，减小计算长度比增加筒壁厚度更为合理。首先，这样做可以节省材料，减少了设备重量，降低了造价。特别是对不锈钢或其他贵重金属制造的外压设备，可在圆筒外部设置碳钢加强圈，以减少贵重金属的消耗量，更具有经济意义。此外，加强圈还可以减小大直径薄壁圆筒形状缺陷的影响，提高圆筒的刚度。因此，加强圈结构在外压圆筒设计中得到了广泛的应用。

值得一提的是，对于长圆筒，如设置加强圈后计算长度仍属于长圆筒（即加强圈设置过少），则并不能提高其临界压力。所以设置加强圈后至少要使圆筒的计算长度小于临界长度 L_{cr} 而成为短圆筒。

（1）加强圈的结构要求

加强圈通常用扁钢、角钢、工字钢或其他型钢制成，型钢一方面截面惯性矩较大，另一方面成型也较方便。加强圈材料多数为碳钢，它可以设置在容器的内部或外部，并应全部围绕容器的圆周。加强圈自身在环向的连接要用对接焊，通常以间断焊缝与筒体连接。为了保证加强圈与圆筒一起承受外压的作用，当加强圈焊在圆筒外面时，加强圈每侧间断焊接的总长，应不小于容器外圆周长度的 1/2；当加强圈焊在圆筒内面时，加强圈每侧间断焊接的总长，应不小于容器内圆周长度的 1/3；加强圈两侧的间断焊缝可以错开或并排布置，但焊缝长度间的最大间距 l，外加强圈为 $8\delta_n$，内加强圈为 $12\delta_n$，如图 5-12 所示。

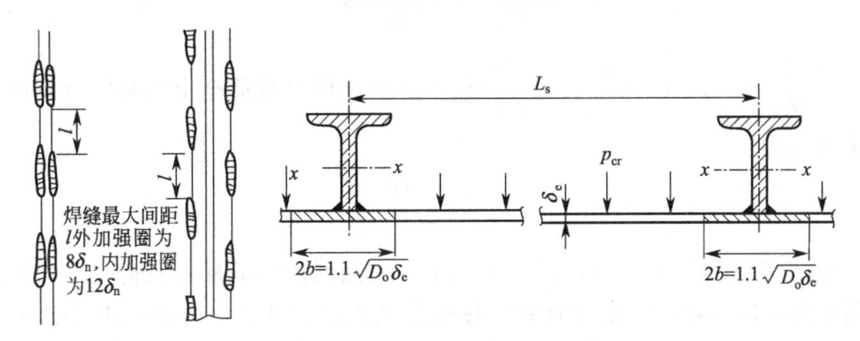

图 5-12　加强圈的形式及连接结构

（2）加强圈的计算

加强圈的计算主要考虑两个问题：一是在圆筒上应设置多少个加强圈，即确定加强圈间距 L_s；二是确定加强圈的断面形状及大小以保证圆筒和加强圈不致失稳。

① 加强圈的最大间距 L_{max} 及加强圈个数 N 的确定　加强圈的间距必须小于外压圆筒的临界长度才能起到提高临界压力的作用，故其间距应以短圆筒临界压力计算式为基础来确定。由此确定的加强圈间距愈小，圆筒的临界压力提高愈显著。若临界压力要求不变，增加加强圈数量，减小其间距，可以减小圆筒的壁厚。

使计算外压 $p_c \leqslant [p] = p_{cr}/m$，则 $p_{cr} \geqslant mp_c$。以该 p_{cr} 代入式(5-9) 短圆筒拉姆公式并整理后得加强圈的最大间距为

$$L_{max} = \frac{2.59ED_o}{mp_c(D_o/\delta_e)^{2.5}} \tag{5-19}$$

加强圈个数为

$$N \geqslant \frac{L_{总}}{L_{max}} - 1 \tag{5-20}$$

式中，$L_{总}$ 为无加强圈时壳体总的计算长度。在实际工程设计中，应根据圆筒结构，在小于 L_{max} 范围内，确定适宜的加强圈间距 L_s。

② 加强圈失稳时的惯性矩　将加强圈视作受压圆环，每个加强圈两侧各承受 $L_s/2$ 范围内的全部载荷，则其临界载荷可按式(5-1) 圆环临界压力公式计算，即

$$\overline{p}_{cr}=\frac{24EI}{D_s^3} \tag{5-21}$$

式中　$\overline{p}_{cr}$——加强圈单位周长上的临界压力，N/mm；

I——加强圈截面对其中性轴的惯性矩，mm^4；

D_s——加强圈中性轴的直径，mm。

设加强圈中心线两侧范围内圆筒上的临界压力 p_{cr} 全部由加强圈承担，则加强圈单位周长上所承受的 $\overline{p}_{cr}$ 为

$$\overline{p}_{cr}=\frac{p_{cr}L_s\pi D_s}{\pi D_s}=p_{cr}L_s$$

将上式代入(5-21)，并取 $D_s\approx D_o$，则

$$p_{cr}L_s=\frac{24EI}{D_o^3}$$

$$I=\frac{p_{cr}L_sD_o^3}{24E}=\frac{p_{cr}L_s}{2\delta_e}\times\frac{\delta_eD_o^3}{12E}$$

以 $\sigma_{cr}=\frac{p_{cr}D_o}{2\delta_e}$ 及 $A=\varepsilon_{cr}=\frac{\sigma_{cr}}{E}=\frac{p_{cr}D_o}{2\delta_eE}$ 代入上式，可得载荷全由加强圈承担时，相应于失稳时的惯性矩为

$$I=\frac{\delta_eL_sD_o^2}{12}A \tag{5-22}$$

③ 组合截面稳定所需最小惯性矩　实际上，加强圈两侧的外压载荷是由加强圈及其附近部分圆筒壁厚共同承担的，故惯性矩应按组合截面进行计算。为此，式(5-22) 中的有效厚度 δ_e，应计入加强圈截面的影响，采用等效的圆筒厚度 δ 来代替。其值为

$$\delta=\delta_e+A_s/L_s \tag{5-23}$$

式中　A_s——加强圈的横截面积，mm^2；

L_s——加强圈间距，mm。

因加强圈与筒壳间大多采用间断焊，故为提高稳定性的裕度，将式(5-22) 乘以 1.1，即将临界惯性矩提高10%的裕量。这样以式(5-23) 的 δ 取代式(5-22) 中的 δ_e，便得到组合截面保持稳定所需的最小惯性矩计算式

$$I=\frac{D_o^2L_s(\delta_e+A_s/L_s)}{10.9}A \tag{5-24}$$

④ 组合截面的 B 值计算　外压应力系数 B 曲线中的 B 值由式(5-25) 给出，即

$$B=\frac{[p]D_o}{\delta_e} \tag{5-25}$$

同理，以 $\delta=\delta_e+A_s/L_s$ 取代上式中的 δ_e，并取稳定系数 $m=3$，以 $p_c=[p]=\frac{p_{cr}}{m}$ 取代上式中的 $[p]$，这就得到稳定系数为 3 的组合截面的 B 值计算式

$$B=\frac{p_cD_o}{\delta_e+A_s/L_s} \tag{5-26}$$

式中，p_c 为计算外压。以式(5-26) B 值在相应外压应力系数 B 曲线上查取 A 值，再将 A 代入式(5-24)。由此计算出的 I 具有 $m=3$ 的稳定系数，是保证稳定所必需的最小惯性矩。

⑤ 加强圈与壳体组合截面的实际惯性矩 I'_s 计算

如图 5-13 所示，加强圈与壳体组合截面的实际惯性矩由式(5-27) 计算

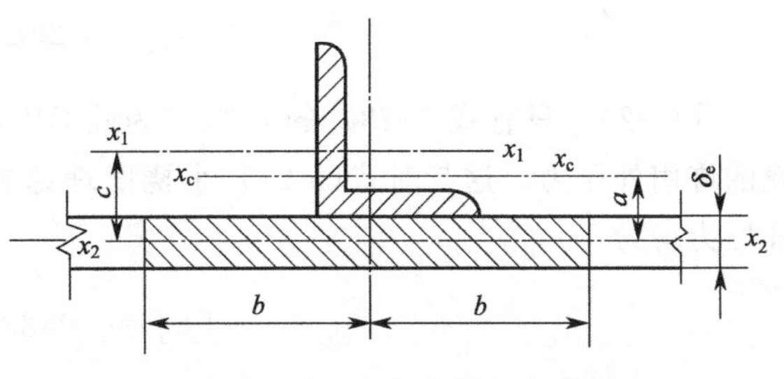

图 5-13 计算综合惯性矩尺寸图

$$I'_s=I_s+A_s(c-a)^2+I_e+A_ea^2 \tag{5-27}$$

式中 A_s，I_s——加强圈的横截面积及惯性矩；

A_e，I_e——筒壳有效段的截面积及惯性矩，由边缘力的作用范围 $b=0.55\sqrt{D_o\delta_e}$ 确定，$A_e=2b\delta_e$，$I_e=\delta_e^3b/6$；

c，a——加强圈中性轴及组合截面形心与筒壳中面间的距离，$c=a'+\delta_e/2$，$a=cA_s/(A_s+A_e)$；

a'——加强圈中性轴与圆筒壳表面间距离。

以上参数均按长度单位为 mm 确定。

（3）加强圈的设计步骤

ⅰ. 按式(5-19) 计算 L_{max}；

ⅱ. 按式(5-20) 确定适宜的加强圈个数 N 及间距，使 $L_s \leqslant L_{max}$；

ⅲ. 查有关手册，选择加强圈的材料和规格，确定加强圈截面参数 A_s 和 I_s；

ⅳ. 计算圆筒壳起加强作用有效段的截面参数 A_e 和 I_e；

ⅴ. 按式(5-27) 计算组合截面的实际惯性矩 I'_s；

ⅵ. 按式(5-26) 计算 B 值，并在加强圈材料相应的外压应力系数 B 曲线上查取 A（无交点时由 $A=1.5B/E$ 计算）；

ⅶ. 将 A 值代入式(5-24)，求满足稳定必需的组合截面最小惯性矩 I。

若 $I'_s \geqslant I$ 且接近，则满足设计要求，否则应重新选择加强圈尺寸，重复上述计算，直到满足要求。

5.4 外压球壳的稳定性分析与设计

按照小挠度理论，受均布外压球壳的临界压力与受轴向均布外压圆筒相同，其临界压力为

$$p_{cr}=\frac{2\delta_e\sigma_{cr}}{R_o}=\frac{2E}{\sqrt{3(1-\mu)}}\left(\frac{\delta_e}{R_o}\right)^2$$

对于钢，$\mu=0.3$，代入上式有

$$p_{cr}=1.21E\left(\frac{\delta_e}{R_o}\right)^2 \tag{5-28}$$

但许多实验结果与式(5-29) 大挠度理论计算较为符合。

$$p_{cr}=0.25E\left(\frac{\delta_e}{R_o}\right)^2 \tag{5-29}$$

式(5-29)只有式(5-28)的20%。为此GB 150对式(5-29)取稳定系数$m=3$，作为球壳的许用外压力。这与对式(5-28)小挠度理论式取稳定系数$m=14.52$是等效的，其许用外压力均为

$$[p]=0.0833E\left(\frac{\delta_e}{R_o}\right)^2 \tag{5-30}$$

由于引入$\mu=0.3$，故上式仅限用于钢制球壳。

外压球壳设计亦可用图算法，此时定义$B=[p]R_o/\delta_e$。由式(5-16) $B=\frac{2}{3}EA=[p]R_o/\delta_e$，代入式(5-30)得

$$A=\frac{0.125\delta_e}{R_o} \tag{5-31}$$

式中，R_o、δ_e分别为球壳的外半径和有效厚度，mm。

根据式(5-31)计算的A值，以球壳材料在相应外压应力系数B曲线上查取B值，按式(5-32)即可确定球壳许用外压力

$$[p]=\frac{B\delta_e}{R_o} \tag{5-32}$$

若A值落在外压应力系数B曲线温度线左方，则属弹性失稳，可由$B=\frac{2}{3}EA$计算B值，再代入式(5-32)计算$[p]$，也可由式(5-30)直接计算$[p]$。若不能满足$[p]\geq p_c$的要求，则须增大δ_n重复上述计算步骤，直到$[p]$大于且接近p_c时为止。

5.5 外压容器零部件设计

(1) 外压封头

外压容器封头的结构形式和内压容器一样，主要包括半球形封头、椭圆形封头、碟形封头、球冠形封头、圆锥形封头和平板封头等。椭圆形、碟形等凸形封头在外压作用下，过渡区变成了拉应力，而中心部分则产生了压应力，如同外压球壳。所以规定外压凸形封头按外压球壳计算。外压封头除进行稳定性校核外，还应满足有关强度要求，如压力试验的强度要求等。

① 半球形封头　受外压半球形封头的设计计算与受外压球形容器的设计计算完全一样，即按照5.4的步骤进行设计计算。

② 椭圆形封头　受外压椭圆形封头的设计可应用外压球壳失稳的公式和图算法，只是其中的R_o为当量曲率半径，即$R_o=K_1D_o$。其中D_o为封头的外直径，K_1为由椭圆形长短轴比值决定的系数，见表5-1。对于标准椭圆形封头，$K_1=0.9$。

表5-1　椭圆形封头系数K_1值

$\frac{D_i}{2h_i}$	2.6	2.4	2.2	2.0	1.8	1.6	1.4	1.2	1.0
K_1	1.18	1.08	0.99	0.9	0.81	0.73	0.65	0.57	0.50

③ 碟形封头　因为在均匀外压作用下，碟形封头的过渡区承受拉应力，而球冠部分是

压应力，须防止发生失稳，确定封头厚度时仍可应用球壳失稳的公式和图算法，只是其中 R_o 用封头球冠部分外半径代替。

对于球冠形封头、圆锥形封头计算较复杂，承受外压作用时，详细设计参见 GB 150。而对于平板封头的容器，承受外压平板封头的设计步骤与承受内压平板封头的设计步骤完全相同。

（2）外压容器开孔补强

外压容器由于其计算壁厚较承受同样内压时大，且局部补强的目的主要是为解决应力集中，而壳体中的应力主要为压应力。故 GB 150 中规定，外压容器开孔所需的补强面积，仅取内压补强式(4-46) 的一半，其补强结构与方法均与内压容器开孔补强相同。

（3）外压法兰设计

法兰承受外压时，仅在操作时法兰内径截面上的轴向力 F_D 方向与内压时相反，使螺栓力降低，但垫片反力增加。与设计条件相同的内压法兰相比，外压法兰所需螺栓面积较少，法兰力矩较小，法兰厚度必然较薄。因此，一般外压法兰按同等压力的内压法兰选用，强度肯定可以保证；且对于大多数压力不太高的外压法兰，按内压法兰选用也不致造成较大浪费。

设计举例

今需制作一台分馏塔，塔的内径为 2000mm，塔身（包括两端标准椭圆形封头的直边）长度为 6000mm。封头（不包括直边）深度为 500mm。材料选 Q245R，分馏塔在 300℃及真空下操作，微腐蚀。

(1) 无加强圈时，设计该塔的壁厚。

(2) 若目前仅有 9mm 厚的钢板，试设计加强圈。

解 (1) 无加强圈时

① 筒体壁厚计算

塔体计算长度 $L=6000+\frac{1}{3}\times500\times2=6333.4(\text{mm})$

假设 $\delta_n=12\text{mm}$，取腐蚀裕量 $C_2=1\text{mm}$，Q245R 钢板厚度负偏差为 $C_1=0.3\text{mm}$，则

$$\delta_e=\delta_n-C=12-(0.3+1)=10.7(\text{mm})$$

筒体外径 $D_o=D_i+2\delta_n=2000+2\times12=2024(\text{mm})$

$$\frac{L}{D_o}=\frac{6333.4}{2024}=3.129,\frac{D_o}{\delta_e}=\frac{2024}{10.7}=189.2$$

由 L/D_o、D_o/δ_e 查图 5-7 外压应变系数 A 曲线得 $A=0.00016$。

根据 Q245R 材料查图 5-8 外压应力系数 B 曲线可知 A 值在图中曲线的左方，而 300℃曲线的弹性模量采用插值法可得 $E=1.86\times10^5\text{MPa}$，故 B 值按下式计算

$$B=\frac{2}{3}EA=\frac{2}{3}\times1.81\times10^5\times0.00016=19.3(\text{MPa})$$

即许用外压力 $$[p]=\frac{B}{D_o/\delta_e}=\frac{19.3}{189.2}=0.102(\text{MPa})$$

而设计压力 $p=0.1\text{MPa}$，计算压力 $p_c=0.1\text{MPa}$。因 $p_c\leqslant[p]$ 且接近，故 $\delta_n=12\text{mm}$

即为所求。

② 封头壁厚计算　为了制造方便，封头厚度取筒体厚度，即 $\delta_n=12\text{mm}$。同理，$\delta_e=\delta_n-C=10.7$（mm）。由表5-1可知椭圆形封头的当量曲率半径为

$$R_o=0.9D_o=0.9\times2024=1821.6(\text{mm})$$

$$\frac{R_o}{\delta_e}=\frac{1821.6}{10.7}=170.2$$

$$A=\frac{0.125}{R_o/\delta_e}=\frac{0.125}{170.2}=0.00073$$

查图5-8可知 A 值在图中曲线的左方，故

$$B=\frac{2}{3}EA=\frac{2}{3}\times1.81\times10^5\times0.00073=88.1(\text{MPa})$$

则$[p]=\dfrac{B}{R_o/\delta_e}=\dfrac{88.1}{170.2}=0.518(\text{MPa})$，满足稳定要求。

③ 水压试验应力校核　立式容器卧置做水压试验时，

$$\begin{aligned}p_T&=1.25p+H\gamma\\&=1.25\times0.1+7.0\times10^3\times9.8\times10^{-6}\\&=0.1936(\text{MPa})\end{aligned}$$

$$\sigma_T=\frac{p_T(D_i+\delta_e)}{2\delta_e}=\frac{0.1936\times(2000+10.7)}{2\times10.7}=18.2(\text{MPa})$$

$$0.9\phi R_{eL}=0.9\times0.85\times245=187.4(\text{MPa})$$

故 $\sigma_T<0.9\phi R_{eL}$，水压试验应力校核合格。

（2）设计加强圈

① 加强圈的个数 N 及间距 L_s

因现有钢板厚度　　$\delta_n=9\text{mm},C_1=0.3\text{mm},C_2=1\text{mm}$

$$\delta_e=\delta_n-C=7.7\text{mm},D_o=D_i+2\delta_n=2018\text{mm}$$

故加强圈最大间距：$L_{max}=\dfrac{2.59ED_o}{mp_c(D_o/\delta_e)^{2.5}}=\dfrac{2.59\times1.81\times10^5\times2018}{3\times0.1\times(2018/7.7)^{2.5}}=2836.1(\text{mm})$

$$N\geqslant\frac{L_{总}}{L_{max}}-1=\frac{6333.4}{2836.1}-1=1.23$$

故设置加强圈个数 $N=2$，即加强圈间距：$L_s=\dfrac{L_{总}}{N+1}=\dfrac{6333.4}{3}\approx2111$（mm）

② 加强圈规格及其截面参数

设加强圈材料为Q235A，选9号等边角钢，尺寸为90mm×90mm×8mm，查型钢规格有：$a'=25\text{mm}$，$A_s=1382\text{mm}^2$，$I_s=1020000\text{mm}^4$

③ 组合截面的实际惯性矩 I_s'

$$b=0.55\sqrt{D_o\delta_e}=0.55\sqrt{2018\times7.7}=68.6(\text{mm})$$

而 $A_e=2b\delta_e=2\times68.6\times7.7=1056.4(\text{mm}^2)$

$$I_e=\delta_e^3b/6=7.7^3\times68.6/6=5219.7(\text{mm}^4)$$

$$a=\frac{A_s\left(\dfrac{\delta_e}{2}+a'\right)}{A_e+A_s}=\frac{1382\times\left(\dfrac{7.7}{2}+25\right)}{1056.4+1382}=16.35(\text{mm})$$

$$I'_s=I_s+A_s\left(a'+\frac{\delta_e}{2}-a\right)^2+I_e+A_ea^2$$
$$=1020000+1382\times\left(25+\frac{7.7}{2}-16.35\right)^2+5219.7+1056.4\times16.35^2$$
$$=1523556.7\text{mm}^4$$

④ 满足稳定要求所需加强圈及有效段筒体组合截面的最小惯性矩 I

$$B=\frac{p_cD_o}{\delta_e+A_s/L_s}=\frac{0.1\times2018}{7.7+1382/2111}=24.15(\text{MPa})$$

查图 5-8 得　$A=0.0002$

$$I=\frac{D_o^2L_s(\delta_e+A_s/L_s)}{10.9}A=\frac{2018^2\times2111\times(7.7+1382/2111)}{10.9}\times0.0002=1317841.4(\text{mm}^4)$$

即 $I'_s>I$ 且接近。故采用 9mm 钢板时，需设置 2 个加强圈，其等边角钢截面尺寸为 90mm×90mm×8mm。若考虑加强圈的腐蚀，可选 90mm×90mm×10mm 的等边角钢。

⑤ 水压试验应力校核　立式容器卧置做水压试验时，

$$p_T=1.25p+H\gamma$$
$$=1.25\times0.1+7.0\times10^3\times9.8\times10^{-6}$$
$$=0.1936(\text{MPa})$$

$$\sigma_T=\frac{p_T(D_i+\delta_e)}{2\delta_e}=\frac{0.1936\times(2000+7.7)}{2\times7.7}=25.2(\text{MPa})$$

$$0.9\phi R_{eL}=0.9\times0.85\times245=187.4(\text{MPa})$$

故 $\sigma_T<0.9\phi R_{eL}$，水压试验应力校核合格。

经对上述两种设计方案设备重量的计算可知：在未采用加强圈时总重为 4372kg，而在采用两个加强圈时总重减为 3273kg，少用钢材 25%。

思考题

5-1　试述承受均布外压圆筒的失效形式，并与承受内压的圆筒相比有何异同？

5-2　哪些因素影响承受均布外压圆筒的临界压力？提高材料强度对外压容器的稳定性有何影响？

5-3　外压弹性失稳与非弹性失稳有何异同？薄壁与厚壁外压失稳有何不同？

5-4　试解释长圆筒、短圆筒的物理意义。如何从外压应变系数 A 曲线中确定是长圆筒还是短圆筒？

5-5　外压圆筒图算法中的 A 及 B 各代表材料什么性能参数？

5-6　GB 150 中，为何将 $D_o/\delta_e\geqslant20$ 与 $D_o/\delta_e<20$ 外压圆筒设计区别对待？二者设计有何不同要求？

5-7　设置加强圈有何意义？

5-8　承受均布周向外压的圆筒，只要设置加强圈均可提高其临界压力。对否？为什么？

5-9　三个几何尺寸相同的承受周向外压的薄壁短圆筒，其材料分别为碳素钢（$R_{eL}=220\text{MPa}$，$E=2\times10^5\text{MPa}$，$\mu=0.3$）、铝合金（$R_{eL}=110\text{MPa}$，$E=0.7\times10^5\text{MPa}$，$\mu=0.3$）和铜（$R_{eL}=100\text{MPa}$，$E=1.1\times10^5\text{MPa}$，$\mu=0.31$），试问哪一个圆筒的临界压力最大？为什么？

5-10 两个直径、厚度和材质相同的圆筒，承受相同的周向均布外压，其中一个为长圆筒，另一个为短圆筒，试问它们的临界压力是否相同？为什么？在失稳前，圆筒中周向压应力是否相同？为什么？

5-11 为什么外压法兰一般可按内压法兰选用？

习题

5-1 某厂欲设计一真空塔，材料为Q245R，工艺给定塔内径 $D_i=2500$mm，封头为标准椭圆形封头。塔体部分高20000mm（包括两端封头直边段），设计温度250℃，腐蚀裕量 $C_2=2.5$mm。试设计塔体壁厚。

5-2 今有一内直径为800mm、壁厚为6mm、塔身（包括两端椭圆形封头直边）长度为5000mm的容器，两端为标准椭圆形封头，材料均为Q245R，工作温度为200℃，试问该容器能否承受0.1MPa的外压？如果不能承受应加几个加强圈？加强圈尺寸取多大？

5-3 图5-14所示为一立式夹套反应容器，两端均采用标准椭圆形封头。反应器圆筒内反应液的最高工作压力 $p_w=3.0$MPa，工作温度 $T_w=50$℃，反应液密度 $\rho=1000\text{kg/m}^3$，顶部设有爆破片，圆筒内径 $D_i=1000$mm，圆筒长度 $L=4000$mm，材料为Q345R，腐蚀裕量 $C_2=2$mm，对接焊缝采用双面全熔透焊接接头，且进行100%无损检测；夹套内为冷却水，温度10℃，最高压力0.4MPa，夹套圆筒内径 $D_i=1100$mm，腐蚀裕量 $C_2=1$mm，焊接接头系数 $\phi=0.85$。试进行如下设计：

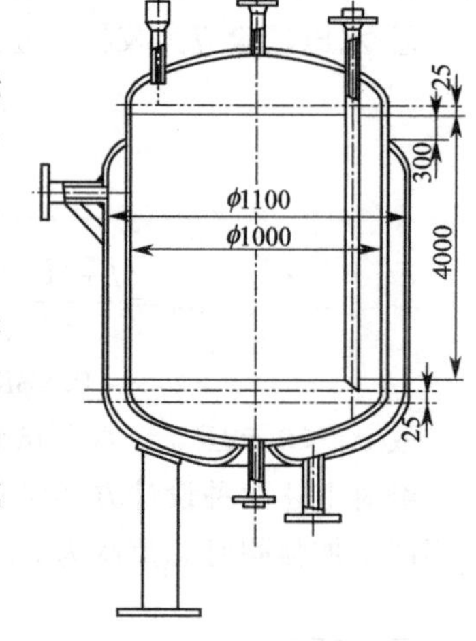

图5-14 习题5-3附图

(1) 确定各设计参数；

(2) 计算并确定为保证足够的强度和稳定性，内筒和夹套的厚度；

(3) 确定内筒和夹套水压试验压力及组焊次序，并校核在水压试验时，各壳体的强度和稳定性是否满足要求。

能力训练题

查阅各种压力容器设计标准，对比不同标准中外压容器的常规设计方法和分析设计方法，并讨论不同形状外压壳体稳定性系数的异同。

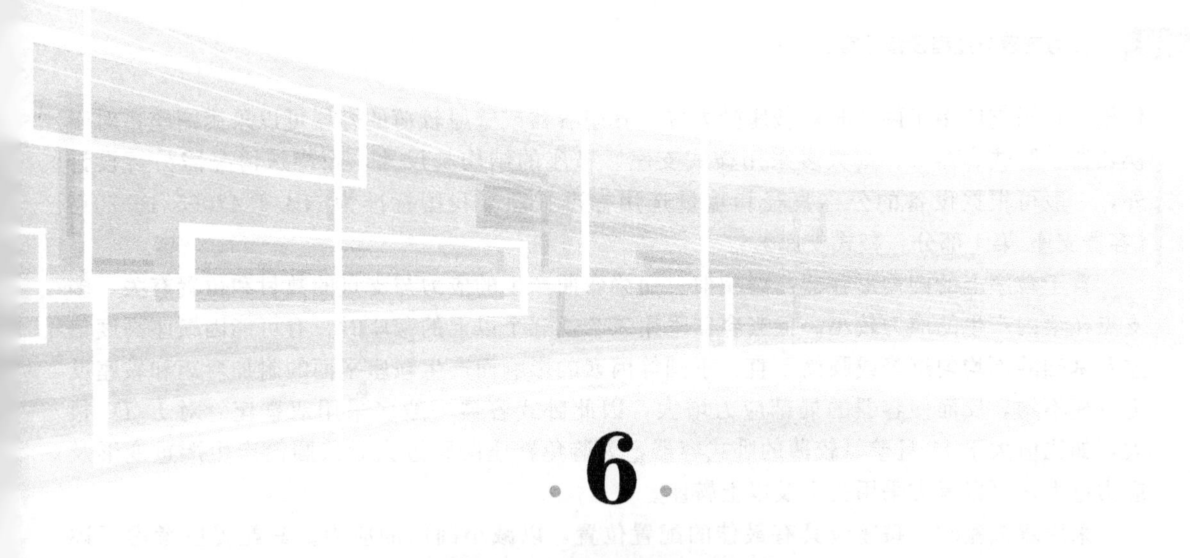

6 卧式储罐设计

储存设备主要是指用于储存或盛装气体、液体、液化气体等介质的设备，又称为储罐。在化工、石油、能源、轻工、环保、制药及食品等行业得到广泛应用，如氢气储罐、液化石油气储罐、液氨储罐等。储存设备在盛装液化气体时，液化气体的体积会因温度的上升而膨胀，因温度的降低而收缩。当储罐装满液化气体时，如果温度升高，罐内压力也会升高。压力变化程度与液化气体的膨胀系数和温度变化量成正比，而与压缩系数成反比。以液化石油气为例，在满液的情况下，温度每升高1℃，压力就会上升1～3MPa。如果环境温度变化较大，储罐就可能因超压而爆破。为此，储存设备必须严格控制其充装量。盛装液化气体或液化石油气的固定式压力容器装量系数一般取0.9，TSG 21《固容规》中明确规定装量系数不得大于0.95。

储罐的容积往往很大，其结构形式主要有球形储罐和卧式储罐两种。

球形储罐壳体受力均匀，在相同直径和工况下其薄膜应力仅为相同厚度圆筒周向应力的一半，相应承压能力强，且相同容积下球壳表面积最小，重量轻，但因球形储罐容积大，需制造厂成形球壳板，安装单位现场组装焊接，制造安装有一定难度，技术要求相对较高。

卧式储罐即卧式容器，一般在地面露天放置，但也有置于地下的。后者是为了减少占地面积和安全防火防爆，或减小环境温度的影响。地下卧式容器有安装在地下室与直接埋地两种。

本章重点介绍地面露天放置卧式容器的结构和设计方法。它主要由圆筒、封头和支座三部分组成。通常是先根据介质的压力初步计算出壁厚，然后综合考虑各种载荷对圆筒的局部应力进行校核。由于支座的受力与容器的重量及支座本身的结构尺寸密切相关，所以卧式容器设计还包括支座位置的确定与支座本身的设计或选择。

6.1 支座形式及设置

卧式容器支座有圈座、支承式支座和鞍式支座三种，如图6-1所示。支承式支座结构简单，但其反力给壳体造成很大的局部应力，故只适用于小型设备；圈座不仅对圆筒具有加强作用，且当支座多于两个时较鞍座受力好，真空容器或壁厚较薄的容器可以采用圈座；对于换热器、卧式容器等，则大多采用鞍式支座。鞍座的结构与尺寸，除特殊情况需另行设计外，一般可根据设备的公称直径和重量选用标准鞍座。我国标准为 NB/T 47065.1—2018《容器支座 第1部分：鞍式支座》。

置于鞍座上的圆筒形容器与梁相似，而梁弯曲产生的应力与支点的数目和位置有关，多支点在梁内产生的应力较小。但当容器采用三个及三个以上的鞍座时，有可能因鞍座高度偏差及基础的不均匀沉降或圆筒不直、不圆等因素的影响而产生鞍座平面的附加弯矩和鞍座反力分配不均，反而使容器的局部应力增大，因此卧式容器一般多采用双鞍座。对 L/D_i 很大，如比值大于15且壁厚较薄的卧式容器，为避免鞍座跨距过大导致圆筒产生严重变形及应力过大，可以考虑采用三个及以上鞍座。

采用双鞍座时，鞍座应具有最佳的配置位置，以减小圆筒的应力。其配置应考虑下述原则。

ⅰ. 图6-1(a) 所示双鞍卧式容器，按材料力学计算可知，当外伸长度 $A=0.207L$ 时，跨中截面的弯矩与鞍座平面的弯矩绝对值相等。为了减小鞍座平面的最大弯矩，使其应力分布合理，一般取 $A\leqslant 0.2L$，其中 L 为两封头切线间的距离，A 为鞍座中心线至封头切线的距离。

ⅱ. 当鞍座邻近封头时，封头对鞍座平面圆筒有刚性加强作用。为了充分利用这一加强

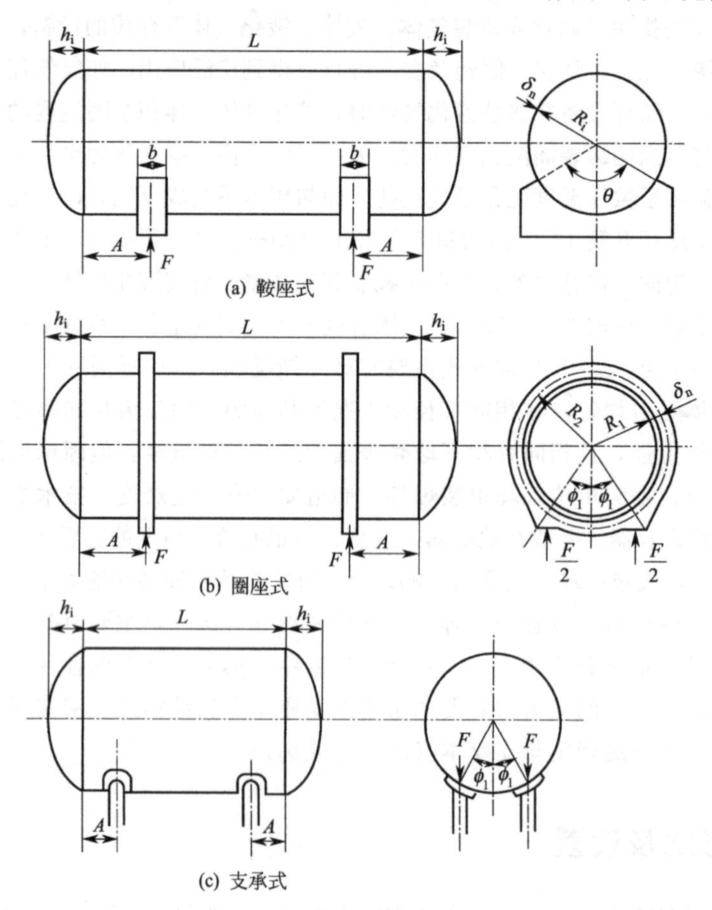

图6-1 卧式容器鞍座

效应，在满足 $A \leqslant 0.2L$ 的情况下应尽量使 $A \leqslant 0.5R_a$（R_a 为圆筒中面半径）。

图 6-1(a) 中的鞍座包角 θ 大小对鞍座平面圆筒上的应力有直接关系，一般有 120°、135°、150°三种。NB/T 47065.1 中采用 120°和 150°两种。

无论是双鞍座还是多鞍座，均只有一个为固定鞍座，其余为滑动鞍座，以减少圆筒因热胀冷缩等因素对鞍座产生的附加载荷。双鞍座时，固定鞍座通常设于接管较大、较多的一端。三鞍座时，固定鞍座应设于中间，以减少滑动端的位移量。滑动鞍座下的基础面应埋设钢板，对于伸缩频率较高的应在鞍座底板与基础面钢板间设滚动柱，如图 6-2 所示。

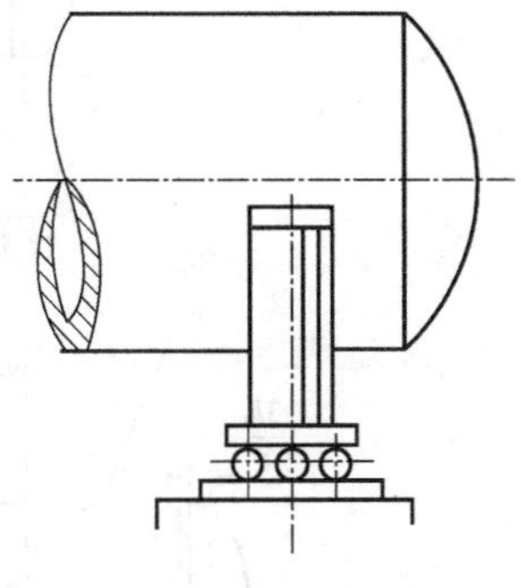

图 6-2　滑动鞍座

双鞍卧式容器设计，目前国内外有关设计规范均采用 Zick 于 1951 年在实验研究的基础上提出的近似分析和计算方法。本章结合我国 NB/T 47042—2014《卧式容器》介绍双鞍座卧式容器设计计算的基本思路、主要应力计算公式和控制条件。至于对称设置三鞍座卧式容器的设计和计算可参见 NB/T 47042—2014《卧式容器》附录 D，多鞍座卧式容器的设计和计算参见现行 HG/T 20582《钢制化工容器强度计算规定》。

6.2　载荷与内力分析

6.2.1　载荷分析

双鞍卧式容器所受的外力包括载荷和鞍座反力。载荷除了操作内压或外压（真空）外，主要是容器的重量，包括自重、附件重、保温层重、内部物料或水压试验充水时的重量等，有时还有雪、风及地震载荷。容器受重力作用时，双鞍卧式容器可以近似看成支承在两个铰支点上受均布载荷的外伸简支梁。当解除鞍座和封头约束后，梁所受到的作用力如图 6-3(b) 力学模型所示。

(1) 均布载荷 q 和鞍座反力 F

容器本身的重量和容器内物料的重量可假设为沿容器长度的均布载荷。因为容器两端为凸形封头，所以确定载荷分布长度时，首先要把封头折算成和容器直径相同的当量圆筒。对于半球形，椭圆形和碟形等凸形封头可根据容积相等的原则，折算为直径等于容器直径，长度为 $\frac{2}{3}h_i$（h_i 为凸形封头内深度）的圆筒，故两个封头重量载荷作用的长度为 $L+\frac{4}{3}h_i$。如容器总重量为 $2F$，则作用在外伸梁上单位长度的均布载荷为

$$q=\frac{2F}{L+\frac{4}{3}h_i} \tag{6-1}$$

显然，由静力平衡条件，对称配置的双鞍座中每个鞍座的反力就是

$$F=\frac{q\left(L+\frac{4}{3}h_i\right)}{2} \tag{6-2}$$

对于每个鞍座的反力 F，要考虑工作状态和水压试验状态两种情况，取其中大者作为计

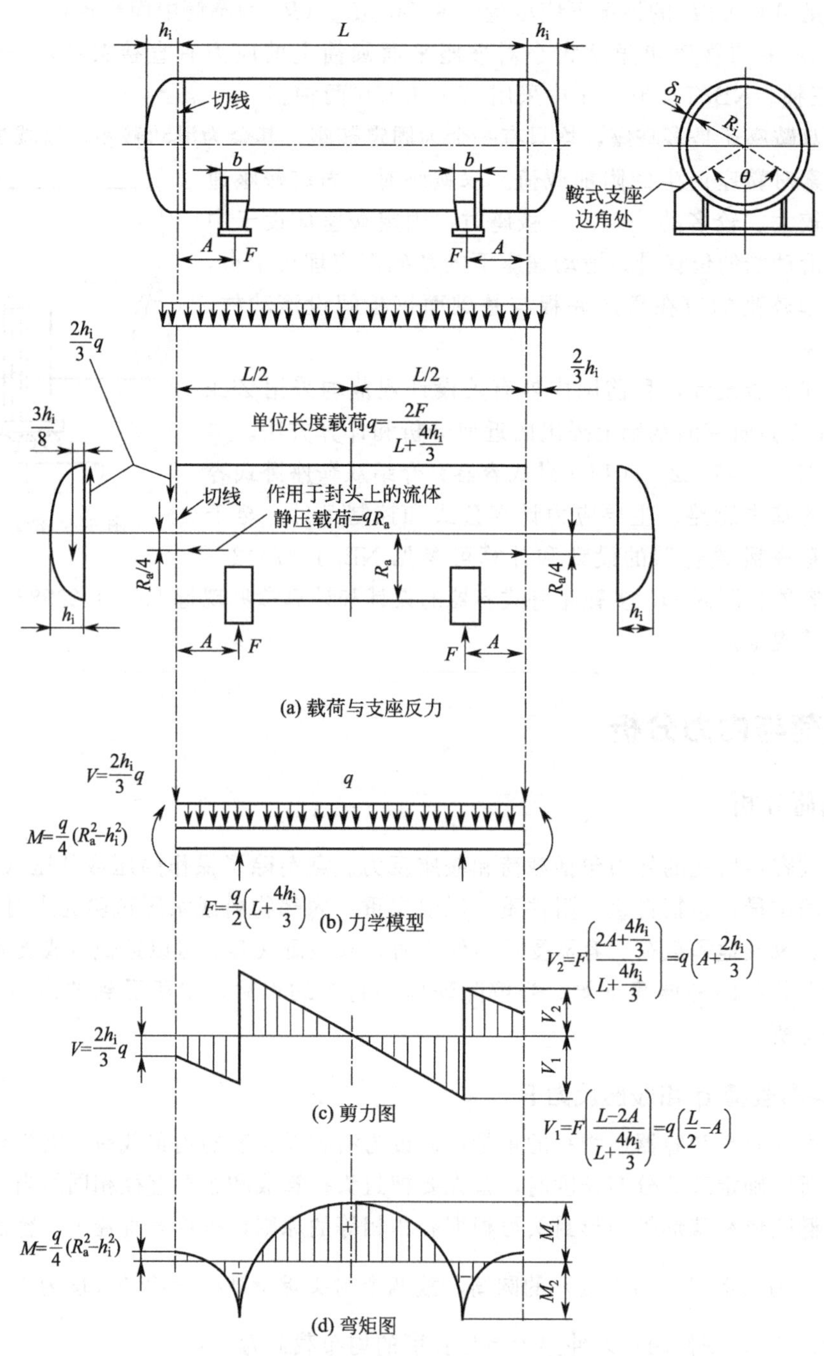

图 6-3　双鞍座卧式容器的受载分析

算值。

（2）横向剪力 V 和力偶 M

每端封头本身和封头中物料的重量为$\left(\frac{2}{3}h_i\right)q$，此重力作用在封头（含物料）的重心上。对于半球形封头，可算出重心的位置$e=\frac{3}{8}R_i$，e为封头重心到封头切线的距离，这一关系也近似用于其他形式的凸形封头，即 $e=\frac{3}{8}h_i$。按照力线平移法则，此重力可用一个作用在梁端点的横向剪力 V 和一个附加力偶 m_1 来代替，即

$$V=\frac{2}{3}h_i q \tag{6-3}$$

$$m_1=\left(\frac{2}{3}h_i q\right)\left(\frac{3}{8}h_i\right)=\frac{h_i^2}{4}q \tag{6-4}$$

此外，当封头中充满液体时，液体静压力对封头作用一水平向外推力。因为液柱静压沿容器直径呈线性变化，所以水平推力偏离容器轴线，对梁的端部则形成一个力偶 m_2。如对液体静压力进行积分运算，可得到如下的结果

$$m_2=(qR_a)\left(\frac{R_a}{4}\right)=\frac{R_a^2}{4}q \tag{6-5}$$

将式(6-4) 的 m_1 与式(6-5) 的 m_2 两个力偶合成一个力偶 M，即

$$M=m_2-m_1=\frac{q}{4}(R_a^2-h_i^2) \tag{6-6}$$

于是，双鞍卧式容器就简化成了图 6-1(b) 所示的简支梁力学模型，该梁作用有均布载荷 q 及鞍座反力 F，同时两端还有横向剪力 V 和力偶 M。

6.2.2 内力分析

与材料力学梁弯曲分析相似，上述外伸简支梁在重量载荷作用下，梁截面上有弯矩和剪力存在，其弯矩和剪力如图 6-3(c)、(d) 所示。由图可知，最大弯矩发生在梁中间截面和鞍座平面上，而最大剪力在鞍座平面上，它们可按下述方法计算。

(1) 弯矩

圆筒中间截面的弯矩，按图 6-3(b) 所示梁的平衡条件得

$$M_1=\frac{q}{4}(R_a^2-h_i^2)-\frac{2}{3}h_i q\left(\frac{L}{2}\right)+F\left(\frac{L}{2}-A\right)-q\left(\frac{L}{2}\right)\left(\frac{L}{4}\right)$$

以 $q=\dfrac{2F}{L+\frac{4}{3}h_i}$ 代入则得

$$M_1=\frac{FL}{4}\left[\frac{1+\dfrac{2(R_a^2-h_i^2)}{L^2}}{1+\dfrac{4h_i}{3L}}-\frac{4A}{L}\right] \tag{6-7}$$

M_1 为正值，表示上半部圆筒受压缩，下半部圆筒受拉伸。

同理，圆筒在鞍座平面的弯矩为

$$\begin{aligned}M_2&=\frac{q}{4}(R_a^2-h_i^2)-\frac{2}{3}h_i qA-qA\left(\frac{A}{2}\right)\\&=-FA\left[1-\frac{1-\dfrac{A}{L}+\dfrac{(R_a^2-h_i^2)}{2AL}}{1+\dfrac{4h_i}{3L}}\right]\end{aligned} \tag{6-8}$$

M_2 一般为负值，表示圆筒上半部受拉伸，下半部受压缩。

（2）剪力

圆筒上剪力最大值出现在鞍座平面，以图 6-3(c) 左边鞍座为例，在鞍座平面左、右侧的圆筒横截面上剪力分别为

$$V_L=\frac{2}{3}qh_i+qA \tag{6-9}$$

$$V_R=F-q\left(\frac{2}{3}h_i+A\right)=F\left[\frac{L-2A}{L+\frac{4}{3}h_i}\right] \tag{6-10}$$

通常 $V_R>V_L$。

6.3 圆筒的应力计算与校核

对于卧式容器除了考虑由操作压力引起的薄膜应力外，还要考虑由上述弯矩和剪力引起的弯曲应力和剪应力，而且中间截面和鞍座平面是容器可能发生失效的危险截面。因此为了进行强度或稳定性校核，需要确定危险截面上最大应力的位置与大小。

6.3.1 圆筒的轴向应力

（1）中间截面圆筒的轴向应力

对充满液体的卧式容器进行试验表明，除鞍座附近圆筒横截面外，在其余截面上没有周向弯矩，但承受纵向弯矩，其抗弯断面模数为 $W_1=\pi R_a^2\delta_e$。式中 δ_e 为圆筒的有效厚度，R_a 为圆筒的中面半径。

圆筒的轴向应力由两部分引起，一为计算压力 p_c 引起的拉伸或压缩应力，其值为

$$\sigma=\frac{p_cR_a}{2\delta_e} \tag{6-11}$$

二为纵向弯矩 M_1 引起的轴向弯曲应力，在中间截面有最大值，即

截面最高点
$$\sigma_1=\sigma-\frac{M_1}{W_1}=\frac{p_cR_a}{2\delta_e}-\frac{M_1}{\pi R_a^2\delta_e} \tag{6-12}$$

截面最低点
$$\sigma_2=\sigma+\frac{M_1}{W_1}=\frac{p_cR_a}{2\delta_e}+\frac{M_1}{\pi R_a^2\delta_e} \tag{6-13}$$

当为内压时，p_c 用正值代入；当为外压时，p_c 用负值代入。

（2）鞍座平面圆筒的轴向应力

圆筒在鞍座平面由于剪力的作用，会产生沿圆周的切向剪应力。这种切向剪应力导致圆筒经向截面出现周向弯矩，如果圆筒既无加强圈又不被封头加强（即 $A>0.5R_a$），该截面在周向弯矩作用下，圆筒的上半部分发生变形，使该部分截面实际成为不能承受纵向弯矩的无效截面，而剩余的下半部分截面才是承受弯矩的有效截面［如图 6-4(a) 所示］，这种现象称为扁塌效应。因此计算鞍座平面圆筒的轴向弯曲正应力时，分为两种情况进行：第一种情况是鞍座平面圆筒有加强圈或已被封头加强（$A\leqslant 0.5R_a$），此时由整个圆筒横截面承受弯矩，不存在扁塌效应，该截面的抗弯断面模数仍为 $\pi R_a^2\delta_e$；第二种情况是鞍座平面圆筒既未

设置加强圈又未被封头加强（$A>0.5R_a$），由于扁塌效应仅有下部分圆筒横截面能有效地承受弯矩，此有效截面的弧长和 2Δ 角对应，如图 6-4(b) 所示，实验测定 $2\Delta=2\left(\frac{\theta}{2}+\frac{\beta}{6}\right)$，最大轴向弯曲应力就在该截面 2Δ 的角点和最低处。而计算截面最高点弯曲应力的抗弯断面模数为 $W_{21}=I_{o\text{-}o}/y_1=K_1(\pi R_a^2\delta_e)$，最低点为 $W_{22}=I_{o\text{-}o}/y_2=K_2(\pi R_a^2\delta_e)$。式中 K_1、K_2 分别是因扁塌效应而使圆筒整截面抗弯模量减少的折扣系数，与鞍座包角大小有关，数值列于表 6-1。显然有加强的圆筒它们都为 1.0。于是鞍座平面有效截面的轴向合成正应力分别为

截面最高点
$$\sigma_3(\text{或}\ \sigma_3')=\sigma-\frac{M_2}{W_{21}}=\frac{p_cR_a}{2\delta_e}-\frac{M_2}{K_1\pi R_a^2\delta_e} \tag{6-14}$$

截面最低点
$$\sigma_4=\sigma+\frac{M_2}{W_{22}}=\frac{p_cR_a}{2\delta_e}+\frac{M_2}{K_2\pi R_a^2\delta_e} \tag{6-15}$$

表 6-1　系数 K_1、K_2

条件	鞍座包角 $\theta/(°)$	K_1	K_2	条件	鞍座包角 $\theta/(°)$	K_1	K_2
圆筒被封头加强	120	1.0	1.0	圆筒未被封头加强	120	0.107	0.192
$\left(A\leqslant\frac{R_a}{2}\right)$或在鞍座平面有	135	1.0	1.0	$\left(A>\frac{R_a}{2}\right)$且在鞍座平面无	135	0.132	0.234
加强圈	150	1.0	1.0	加强圈	150	0.161	0.279

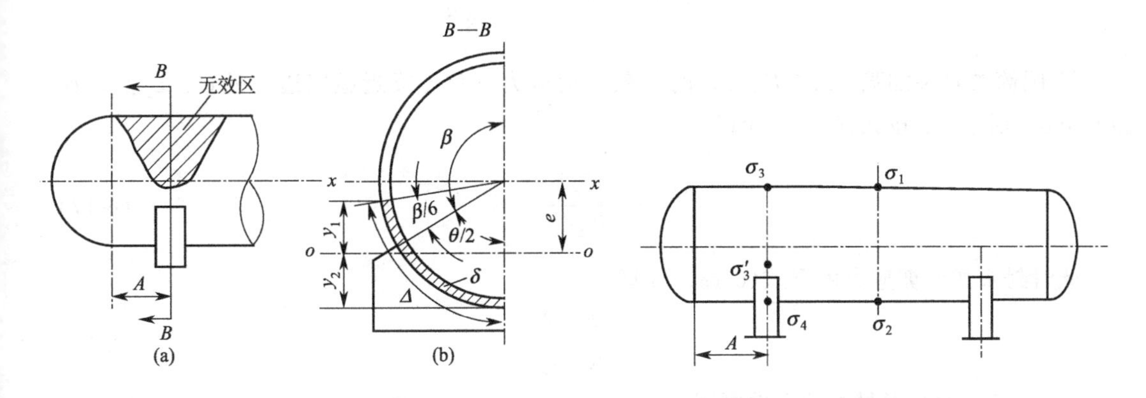

图 6-4　扁塌效应　　　图 6-5　圆筒的轴向应力

（3）圆筒轴向应力的校核

由以上分析可知，卧式容器圆筒上最大轴向应力为 $\sigma_1\sim\sigma_4$，其位置如图 6-5 所示。圆筒轴向应力应满足表 6-2 的要求。

表 6-2　圆筒轴向应力校核条件

工况	内压设计	外压设计	最大应力校核条件
操作工况(盛装物料)	加压	未加压	拉应力：$\max\{\sigma_2,\sigma_3\}\leqslant\phi[\sigma]^t$
	未加压	加压	压应力：$\max\{\sigma_1,\sigma_4\}\leqslant[\sigma]^t_{ac}$
水压试验工况(盛满水)	加压		拉应力：$\max\{\sigma_{T2},\sigma_{T3}\}\leqslant0.9\phi R_{eL}$
	未加压		压应力：$\max\{\sigma_{T1},\sigma_{T4}\}\leqslant[\sigma]_{ac}$

注：R_{eL} 为圆筒材料在试验温度下的屈服强度，MPa；$[\sigma]^t$ 为设计温度下圆筒材料的许用应力，MPa；$[\sigma]^t_{ac}$ 为设计温度下圆筒材料的许用压缩应力，取 $[\sigma]^t$ 和 B 中较小值；$[\sigma]_{ac}$ 为常温下圆筒材料的许用压缩应力，取 $0.9R_{eL}$ 和 B^0 中较小值。其中 B 和 B^0 按轴向受压 $A=\frac{0.094}{R_o/\delta_e}$ 计算后，由第 5 章查相应的材料外压应力系数 B 曲线，在设计温度和常温下分别得出。

6.3.2 鞍座平面圆筒的切向剪应力

（1）切向剪应力

剪力在鞍座平面为最大，该剪力在圆筒中引起切向剪应力。计算鞍座平面圆筒切向剪应力与该截面是否得到加强有关，分以下两种情况。

① 圆筒未被封头加强（$A>R_a/2$）时

当圆筒在鞍座平面内有加强圈时，其最大剪应力 τ 位于截面的水平中心线处 A、B 点，如图 6-6(a) 所示；当在鞍座平面内无加强圈或靠近鞍座平面有加强圈时，其最大剪应力 τ 位于靠近鞍座边角处 C、D 点，如图 6-6(b) 所示。τ 用式(6-10) 鞍座平面较大的剪力 V_R 进行计算，即

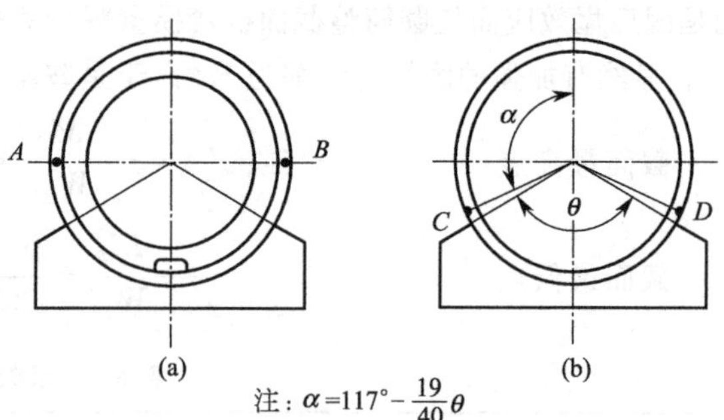

图 6-6 圆筒切向剪应力位置

$$\tau=\frac{K_3V_R}{R_a\delta_e}=\frac{K_3F}{R_a\delta_e}\times\frac{L-2A}{L+\frac{4}{3}h_i} \tag{6-16}$$

② 圆筒被封头加强（$A\leqslant R_a/2$）时 最大剪应力 τ 位于靠近鞍座边角处 C、D 点，如图 6-6(b) 所示。τ 按式(6-17) 计算

$$\tau=\frac{K_3F}{R_a\delta_e} \tag{6-17}$$

此时封头切向剪应力由下式(6-18) 计算

$$\tau_h=\frac{K_4F}{R_a\delta_{he}} \tag{6-18}$$

式中，δ_{he} 为凸形封头的有效厚度，mm。

以上各式中 K_3、K_4 系数由表 6-3 查取。

表 6-3 系数 K_3、K_4 值

条件		鞍座包角 θ/(°)	K_3	K_4
圆筒在鞍座平面上有加强圈		120	0.319	—
		135	0.319	—
		150	0.319	—
圆筒在鞍座平面上无加强圈	$A>R_a/2$,或靠近鞍座平面有加强圈时	120	1.171	—
		135	0.958	—
		150	0.799	—
	$A\leqslant R_a/2$,圆筒被封头加强	120	0.880	0.401
		135	0.654	0.344
		150	0.485	0.295

（2）切向剪应力校核

圆筒的切向剪应力不应超过设计温度下圆筒材料许用应力的 0.8 倍，即 $\tau\leqslant 0.8[\sigma]^t$。

封头的切向剪应力，应满足 $\tau_h \leqslant 1.25[\sigma]^t - \sigma_h$

式中，σ_h 为内压在封头中引起的拉应力（外压封头不计）。例如椭圆形封头按 $\sigma_h = \frac{K p_c D_i}{2\delta_{he}}$计算，其中 K 按式(4-14) 确定。

6.3.3 鞍座平面圆筒的周向应力

（1）鞍座平面圆筒的周向压缩力和周向弯矩

鞍座反力在与鞍座接触的圆筒上还产生周向压缩力 P，当圆筒未被加强圈或封头加强时，在鞍座边角处的周向压缩力假设为 $P_\beta = \frac{F}{4}$，则在鞍座平面圆筒横截面最低处，周向压缩力达到最大值 $P_{max} = K_5 F$。根据边缘应力计算，这些周向压缩力由圆筒有效宽度 $b_2 = b + 1.56\sqrt{R_a \delta_n}$ 来承受。

鞍座反力在鞍座平面圆筒引起切向剪应力，这些切向剪应力导致在圆筒经向截面产生周向弯矩 M_t。M_t 在鞍座边角处有最大值 $M_{tmax} = K_6 F R_a$，且作用在沿经向长度为 l 的圆筒抗弯截面上。

周向压缩力 P 和周向弯矩 M_t，将分别在经向截面内引起周向压应力和周向弯曲应力。而圆筒上同一部位的周向应力应为二者叠加之和，且应对组合压应力进行校核。由于最大周向弯矩与圆筒设置加强圈有关，故组合压应力的计算也视有无加强圈而异。

（2）无加强圈圆筒周向压应力

① 鞍座无垫板或垫板不起加强作用

ⅰ. 在鞍座平面圆筒横截面最低点处，周向压缩力达最大值 $P_{max} = K_5 F$，但无周向弯矩 M_t。故该处有最大周向压应力 σ_5，其值为

$$\sigma_5 = \frac{-kK_5 F}{\delta_e b_2} \tag{6-19}$$

ⅱ. 在鞍座边角处，圆筒的最大周向压应力按下式计算。

$$\sigma_6 = -\frac{F}{4\delta_e b_2} - \frac{K_6 F R_a}{l\delta_e^2/6} \tag{6-20}$$

式中第一项为压缩力 P 引起的压应力，第二项为周向弯矩引起的弯曲应力；l 为鞍座平面圆筒抗弯有效计算长度，与圆筒长径比有关。当 $L/R_a \geqslant 8$ 时，$l = 4R_a$；$L/R_a < 8$ 时，$l = \frac{L}{2}$。故式(6-20) 应具体为以下两式

当 $L/R_a \geqslant 8$ 时

$$\sigma_6 = -\frac{F}{4\delta_e b_2} - \frac{3K_6 F}{2\delta_e^2} \tag{6-21}$$

当 $L/R_a < 8$ 时

$$\sigma_6 = -\frac{F}{4\delta_e b_2} - \frac{12K_6 F R_a}{L\delta_e^2} \tag{6-22}$$

式(6-19)～式(6-22) 中 K_5，K_6——系数，由表 6-4 查取，鞍座包角 θ 大时 K_5、K_6 均减小，而 K_6 还表征封头对减少 σ_6 的显著影响；

k——系数，鞍座与圆筒不相焊时，$k=1.0$，鞍座与圆筒相焊时，$k=0.1$；

b_2——圆筒的有效宽度，$b_2=b+1.56\sqrt{R_a\delta_n}$，mm；

b——鞍座的轴向宽度，mm。

② 鞍座有垫板对圆筒起加强作用

ⅰ. 在鞍座平面圆筒横截面最低点处，其最大组合周向压应力应计入垫板对圆筒加强作用的影响，按式(6-23) 计算。δ_{re} 为鞍座垫板有效厚度，通常取 $\delta_{re}=\delta_e$。

$$\sigma_5=\frac{-kK_5F}{(\delta_e+\delta_{re})+b_2} \tag{6-23}$$

ⅱ. 在鞍座边角处，圆筒的最大周向压应力按式(6-24)、式(6-25) 计算。

当 $L/R_a\geqslant 8$ 时
$$\sigma_6=-\frac{F}{4(\delta_e+\delta_{re})b_2}-\frac{3K_6F}{2(\delta_e^2+\delta_{re}^2)} \tag{6-24}$$

当 $L/R_a<8$ 时
$$\sigma_6=-\frac{F}{4(\delta_e+\delta_{re})b_2}-\frac{12K_6FR_a}{L(\delta_e^2+\delta_{re}^2)} \tag{6-25}$$

ⅲ. 在鞍座垫板边缘处，由于此处圆筒无垫板的加强作用，故还应由下列两式校核该处组合压应力。

当 $L/R_a\geqslant 8$ 时
$$\sigma_6'=-\frac{F}{4\delta_eb_2}-\frac{3K_6F}{2\delta_e^2} \tag{6-26}$$

当 $L/R_a<8$ 时
$$\sigma_6'=-\frac{F}{4\delta_eb_2}-\frac{12K_6FR_a}{L\delta_e^2} \tag{6-27}$$

可以看出，式(6-26) 和式(6-27) 分别与式(6-21)、式(6-22) 完全相同。但应注意式(6-26) 和式(6-27) 中的 K_6 应按包角（$\theta+12°$）由表 6-4 查取，而式(6-21) 和式(6-22) 是由包角 θ 查取。

垫板起加强作用的条件应同时满足：垫板名义厚度 δ_{rn} 不小于 0.6 倍圆筒名义厚度 δ_n；鞍座垫板宽度 $b_4\geqslant$圆筒的有效宽度 b_2；垫板包角$\geqslant\theta+12°$。一般情况下取 $\delta_{rn}=\delta_n$。

表 6-4 系数 K_5、K_6

鞍座包角 θ /(°)	K_5	K_6		鞍座包角 θ /(°)	K_5	K_6	
		$A/R_a\leqslant 0.5$	$A/R_a\geqslant 1$			$A/R_a\leqslant 0.5$	$A/R_a\geqslant 1$
120	0.760	0.013	0.053	147	0.680	0.008	0.034
132	0.720	0.011	0.043	150	0.673	0.008	0.032
135	0.711	0.010	0.041	162	0.650	0.006	0.025

注：当 $0.5<A/R_a<1$ 时，K_6 值按表内数值线性内插求取。

（3）有加强圈圆筒周向压应力

圆筒上设置加强圈，可有效地降低鞍座平面圆筒的周向应力。加强圈设置方式有两种：一是如图 6-7 所示，在鞍座平面圆筒内壁或外壁设置一个加强圈；二是如图 6-8 所示，在靠近鞍座平面两侧圆筒内壁或外壁各设置一个加强圈。加强圈的设置部位不同，鞍座平面圆筒中产生的周向应力也不同。

① 加强圈位于鞍座平面内时

ⅰ. 鞍座边角处圆筒周向应力按式(6-28) 计算。

$$\sigma_7=-\frac{K_8F}{A_0}+\frac{C_4K_7FR_ae}{I_0} \tag{6-28}$$

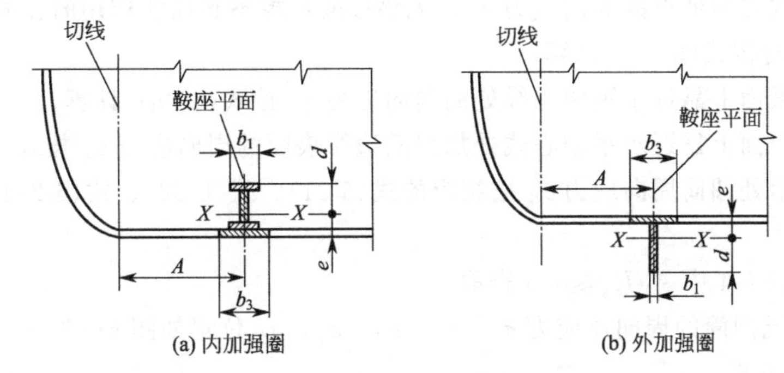

图 6-7 鞍座平面内加强圈

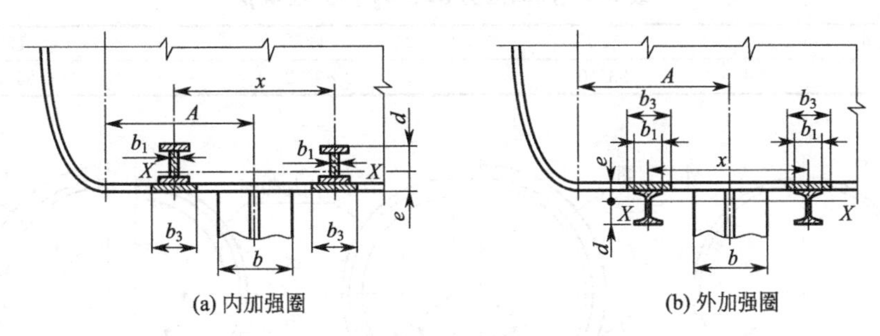

图 6-8 靠近鞍座平面两侧的加强圈

ⅱ. 鞍座边角处加强圈边缘表面周向应力按(6-29) 计算

$$\sigma_8=-\frac{K_8F}{A_0}+\frac{C_5K_7FR_ad}{I_0} \tag{6-29}$$

式中 e——对内（外）加强圈，为加强圈与圆筒组合截面形心距圆筒外（内）表面的距离，mm；

d——对内（外）加强圈，为加强圈与圆筒组合截面形心距加强圈内（外）缘表面的距离，mm；

A_0，I_0——一个鞍座的所有加强圈与圆筒起加强作用有效段的组合截面积之和及对该截面形心轴 $X—X$ 的惯性矩之和，而在每个加强处，圆筒的有效宽度 $b_3=b_1+1.56\sqrt{R_a\delta_n}$；

b_1——加强圈的宽度，mm；

C_4，C_5，K_7，K_8——系数，由表 6-5 查取。

表 6-5 系数 C_4、C_5、K_7、K_8

加强圈位置		位于鞍座平面(图 6-7)						靠近鞍座(图 6-8)		
θ/(°)		120	132	135	147	150	162	120	135	150
C_4	内加强圈	−1	−1	−1	−1	−1	−1	+1	+1	+1
	外加强圈	+1	+1	+1	+1	+1	+1	−1	−1	−1
C_5	内加强圈	+1	+1	+1	+1	+1	+1	−1	−1	−1
	外加强圈	−1	−1	−1	−1	−1	−1	+1	+1	+1
K_7		0.053	0.043	0.041	0.034	0.032	0.025	0.058	0.047	0.036
K_8		0.341	0.327	0.323	0.307	0.302	0.283	0.271	0.248	0.219

② 加强圈位于鞍座平面两侧时

ⅰ. 圆筒横截面最低点的周向应力 σ_5：无垫板或垫板不起加强作用时按式(6-19) 计算；垫板起加强作用时按式(6-23) 计算。

ⅱ. 圆筒横截面上靠近水平中心线处的周向应力 σ_7 按式(6-28) 计算。

ⅲ. 圆筒横截面上靠近水平中心线处加强圈边缘表面的周向应力 σ_8 按式(6-29) 计算。

ⅳ. 鞍座边角处圆筒周向应力 σ_6 按相应的式(6-21)、式(6-22)、式(6-24)、式(6-25) 选择其一计算。

此时 K_6 按表 6-4 中 $A/R_a \leqslant 0.5$ 查取。

上述各种情况圆筒的周向压应力 σ_5、σ_6、σ_6'、σ_7、σ_8 位置如图 6-9 所示。周向应力 σ_7、σ_8 方位角 ρ 见表 6-6。

表 6-6　周向应力 σ_7、σ_8 的方位角 ρ

包角 θ	120°	135°	150°
ρ	93°40′	89°32′	84°13′

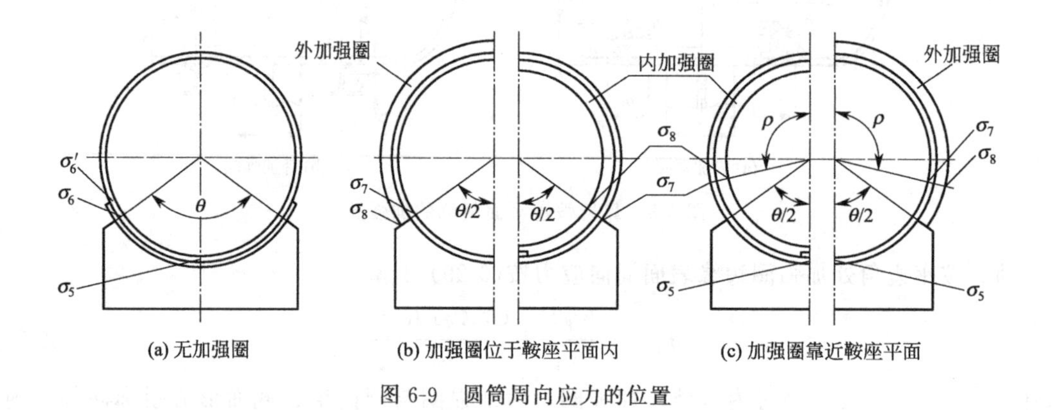

图 6-9　圆筒周向应力的位置

（4）周向应力校核

周向应力应满足下列条件：

$$|\sigma_5| \leqslant [\sigma]^t, |\sigma_6|、|\sigma_6'|、|\sigma_7| \leqslant 1.25[\sigma]^t, |\sigma_8| \leqslant 1.25[\sigma]_r^t$$

其中 $[\sigma]^t$、$[\sigma]_r^t$ 分别为圆筒和加强圈材料在设计温度下的许用应力。

鞍座平面圆筒的周向应力随鞍座包角 θ 和鞍座宽度以及圆筒壁厚等的增加而减小。当周向压应力不满足校核条件时，一般不考虑增加圆筒壁厚，而是首先考虑在鞍座和圆筒之间增设鞍座垫板以对圆筒局部加强，这可有效地降低周向压应力；若加垫板不能满足要求，可适当增大鞍座包角 θ 或鞍座宽度，或二者同时增加；若上述措施仍不能满足要求，可考虑在鞍座平面上增设加强圈。对需要进行整体热处理的卧式容器，最好增设鞍座垫板，且应在热处理前焊好，以防止热处理时鞍座处被压瘪。

6.4 鞍座选用与设计校核

6.4.1 鞍座结构与选用

鞍式支座是卧式容器广泛应用的一种支座，通常由数块钢板焊接制成。如图 6-10 所示，鞍座由垫板、腹板、筋板和底板构成。垫板的作用是改善圆筒局部受力情况，与圆筒通常以焊接相连。筋板的作用是将垫板、腹板和底板连成一体，加大刚性，一起有效地传递压缩力和抵抗外弯矩。因此，腹板和筋板的厚度与鞍座的高度 H（即圆筒最低表面至基础表面的距离）直接决定着鞍座允许负荷的大小。鞍座包角 θ 和宽度 b_4、b 的大小直接影响着鞍座平面圆筒应力值的高低。NB/T 47065.1—2018《容器支座 第 1 部分：鞍式支座》标准中的鞍座包角有 120°和 150°两种，鞍座宽度则随圆筒直径的增大而加大。按照承重不同，有轻型（A 型）和重型（B 型）两种结构。公称直径 DN≤950mm 的容器，重型鞍座又分为带垫板和不带垫板两种结构形式。该标准适用范围为 DN168～6000mm。

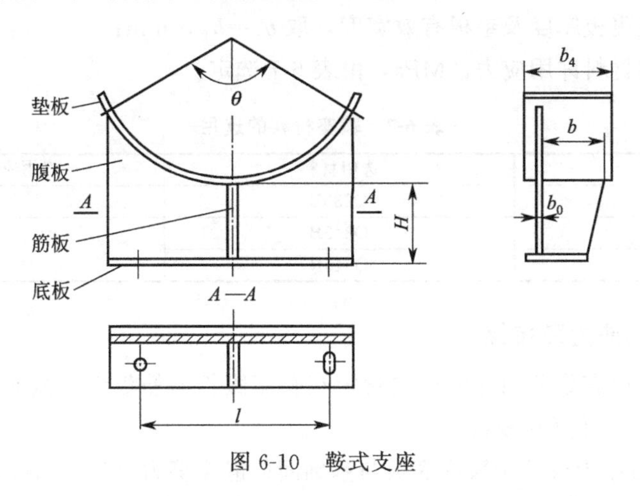

图 6-10 鞍式支座

根据底板上螺栓孔形状的不同，鞍座分成两种形式：一种为固定式(代号 F）鞍座，鞍座底板上开圆形螺栓孔；另一种为滑动式(代号 S）鞍座，鞍座底板上开长圆形螺栓孔。在安装滑动式鞍座时，每个地脚螺栓都有两个螺母，第 1 个螺母拧紧后，倒退一圈，然后再用第 2 个螺母锁紧，使鞍座能在基础面上自由滑动。滑动式鞍座底板下面必须安装基础垫板，基础垫板必须保持平整光滑，这样就可以保证设备在温度变化时能够自由伸缩。

鞍式支座的选用步骤如下：

ⅰ. 已知设备总重，算出作用在每个鞍座的实际负荷 Q。

ⅱ. 根据设备的公称直径和鞍座高度，从 NB/T 47065.1 中可查出轻型（A 型）和重型（B 型）两个允许负荷值 $[Q]$。

ⅲ. 按照允许负荷等于或大于实际负荷，即 $[Q]\geqslant Q$ 的原则选定轻型或重型。如果实际负荷超过重型鞍座的允许负荷值，则需加大腹板、筋板厚度，并进行设计计算。

6.4.2 鞍座设计校核

当鞍座超出 NB/T 47065.1 中规定的条件及允许负荷 $[Q]$ 时，需对鞍座进行强度校核或重新设计，主要是针对重量载荷及地震载荷等对腹板、筋板和地脚螺栓进行强度计算或校核。

(1) 腹板水平方向平均拉应力及校核

设备给予鞍座的载荷为沿包角 θ 对应弧段不均匀分布的径向力 q，此载荷的水平分力将使鞍座向两侧分开，鞍座腹板的水平分力 $F_s=K_9F$。系数 K_9 反映鞍座包角 θ 的影响，在 $\theta=120°$、135°、150°时，K_9 分别为 0.204、0.231、0.259。

鞍座腹板有效截面内的水平方向平均拉应力 σ_9 按式(6-30) 或式(6-31) 计算和校核。

当无垫板或垫板不起加强作用时 $$\sigma_9=\frac{F_s}{H_s b_0}\leqslant\frac{2}{3}[\sigma]_{sa} \tag{6-30}$$

当垫板起加强作用时 $$\sigma_9=\frac{F_s}{H_s b_0+b_r\delta_{re}}\leqslant\frac{2}{3}[\sigma]_{sa} \tag{6-31}$$

式中 H_s——计算高度，取圆筒最低表面至基础表面的距离 H 与 $R_a/3$ 两者中的较小值，mm；

b_0 及 b_r——鞍座腹板厚度及垫板有效宽度，取 $b_r=b_2$，mm；

$[\sigma]_{sa}$——鞍座材料许用应力，MPa，由表 6-7 选定。

表 6-7 鞍座材料的选用

设计温度/℃	选用材料	许用应力$[\sigma]_{sa}$/MPa
−20～200	Q235B	147
−20～200	Q345B	170
−40～200	Q345R	

（2）鞍座压缩应力及校核

① 垂直载荷及地震载荷引起的轴向弯矩在鞍座腹板与筋板组合截面内产生的压应力按式(6-32) 或式(6-33) 计算和校核。

ⅰ. 水平地震力小于或等于鞍座底板与基础间的静摩擦力（$F_{Ev}\leqslant mgf$）时

$$\sigma_{sa}=-\frac{F}{A_{sa}}-\frac{F_{Ev}H}{2Z_r}-\frac{F_{Ev}H_v}{A_{sa}(L-2A)}\leqslant K_0[\sigma]_{sa} \tag{6-32}$$

ⅱ. 水平地震力大于鞍座底板与基础间的静摩擦力（$F_{Ev}>mgf$）时

$$\sigma_{sa}=-\frac{F}{A_{sa}}-\frac{(F_{Ev}-2Ff_s)H}{2Z_r}-\frac{F_{Ev}H_v}{A_{sa}(L-2A)}\leqslant K_0[\sigma]_{sa} \tag{6-33}$$

② 由温度变化引起鞍座腹板与筋板组合截面的压应力，按式(6-34) 计算和校核

$$\sigma_{sa}^t=-\frac{F}{A_{sa}}-\frac{FfH}{Z_r}\leqslant[\sigma]_{sa} \tag{6-34}$$

式(6-32)～式(6-34) 中 F——鞍座反力，N；

F_{Ev}——考虑地震载荷时，作用在容器上的水平地震力，$F_{Ev}=\alpha_1 mg$，N；

α_1——水平地震影响系数，按表 6-8 选取；

表 6-8 水平地震影响系数 α_1

地震设防烈度/度	7		8		9
设计基本地震加速度	0.10g	0.15g	0.20g	0.30g	0.40g
α_1	0.08	0.12	0.16	0.24	0.32

H_v——圆筒中心至基础表面的距离，mm；

H——圆筒最低表面至基础表面的距离，即鞍座高度，mm；

A_{sa}——腹板与筋板组合截面积，mm^2；

Z_r——腹板与筋板组合截面的抗弯截面系数，mm^3；

f——鞍座底板与基础间静摩擦系数，钢底板对钢基础垫板 $f=0.3$，钢底板对水泥基础 $f=0.4$；

f_s——鞍座底板对基础垫板的动摩擦系数，钢底板对钢基础垫板 $f_s=0.15$；

K_0——载荷组合系数，$K_0=1.2$。

(3) 地震引起的地脚螺栓应力及校核

ⅰ. 倾覆力矩按式(6-35) 计算

$$M_{Ev}^{0-0}=F_{Ev}H_v-m_0g\frac{l}{2} \tag{6-35}$$

ⅱ. 由倾覆力矩引起的地脚螺栓拉应力按式(6-36) 计算和校核

$$\sigma_{bt}=\frac{M_{Ev}^{0-0}}{nlA_{bt}}\leqslant K_0[\sigma]_{bt} \tag{6-36}$$

式中 A_{bt}——每个地脚螺栓的横截面积，mm^2；

l——圆筒轴线两侧鞍座底板上螺栓孔间距，mm；

m_0——容器空质量，包括容器自身质量、所有附件质量及隔热层等质量，kg；

n——承受倾覆力矩的地脚螺栓个数；

$[\sigma]_{bt}$——地脚螺栓材料的许用应力，MPa。

ⅲ. 由水平地震力引起的地脚螺栓剪应力按式(6-37) 计算和校核

$$\tau_{bt}=\frac{F_{Ev}-2Ff_s}{n'A_{bt}}\leqslant 0.8K_0[\sigma]_{bt} \tag{6-37}$$

n'为承受剪应力的地脚螺栓个数（仅计固定端）。

双鞍卧式容器设计，首先要满足工艺及结构强度要求，同时又要结构合理、节省材料。在初定结构参数后要审查各应力是否合理或超标，依应力情况可调整各结构参数。一般的调节步骤是：使 $A\leqslant 0.5R_a$→增设鞍座垫板→增加鞍座包角→增设加强圈。

设计举例

一台卧式液氨储槽，两端为标准椭圆形封头，采用钢制双鞍座，其主要尺寸和设计条件如下，试校核卧式液氨储槽的应力。

设计压力 $p=2.16$MPa，设计温度 $t=50$℃，物料密度 $\rho=650kg/m^3$，物料装量系数 $\phi_0=0.9$，试验介质密度 $\rho_T=1000kg/m^3$，试验压力 $p_T=2.7$MPa，设计地震烈度为 7 度（0.10g）。

圆筒参数：内径 $D_i=2000$mm，圆筒长度 $L_1=7400$mm，名义厚度 $\delta_n=16$mm，壁厚附加量 $C=2.0$mm，$R_a=1008$mm，圆筒材料为 Q345R，其常温许用应力 $[\sigma]=189$MPa，设计温度下许用应力 $[\sigma]^t=189$MPa，钢材标准常温下屈服强度 $R_{eL}=345$MPa，焊接接头系数 $\phi=1.0$。

封头参数：封头曲面高度 $h_i=500$mm，直边高度 $h=25$mm，名义厚度 $\delta_{hn}=16$mm，壁厚附加量 $C_h=2.0$mm，封头材料为 Q345R，其设计温度下许用应力 $[\sigma]^t=189$MPa。

鞍座参数：鞍座中心至封头切线的距离 $A=525$mm，两封头切线间距离 $L=7450$mm，鞍座轴向宽度 $b=220$mm，腹板厚度 $b_0=14$mm，鞍座高度 $H=250$mm，鞍座包角 $\theta=120°$，鞍座垫板宽度 $b_4=350$mm，鞍座垫板弧长 2330mm，鞍座垫板名义厚度 $\delta_{rn}=10$mm，鞍座垫板有效厚度 $\delta_{re}=10$mm，腹板与筋板组合截面积 $A_{sa}=28720mm^2$，腹板与筋板组合

截面断面系数 $Z_r=561996\text{mm}^3$，鞍座材料为 Q235-B，鞍座材料许用应力 $[\sigma]_{sa}=147\text{MPa}$，一个鞍座上地脚螺栓个数为 2，地脚螺栓公称直径为 20mm，地脚螺栓根径 17.294mm，鞍座轴线两侧的螺栓间距为 1260mm，地脚螺栓材料为 Q235-B，其许用应力 $[\sigma]_{bt}=147\text{MPa}$。

解 (1) 鞍座反力计算

圆筒质量 $m_1=\pi(D_i+\delta_n)L_1\delta_n\gamma_s=3.14\times(2000+16)\times7400\times16\times7.85\times10^{-6}$
$=5883.58(\text{kg})$

圆筒容积 $V_1=\frac{\pi}{4}D_i^2L_1\times10^{-9}=\frac{3.14}{4}\times2000^2\times7400\times10^{-9}=23.236(\text{m}^3)$

查 GB/T 25198—2010 得封头质量 $m_2=556.6\text{kg}$，封头容积 $V_h=1.1257\text{m}^3$

附件质量 $m_3=532\text{kg}$，总容积 $V=V_1+2V_h=23.236+2\times1.1257=25.4874$ (m^3)

工作时容器内充液质量 $m_4=V\rho\phi_0=25.4874\times650\times0.9=14910.1(\text{kg})$

水压试验时容器内充水质量 $m_4'=V\rho_T=25.4874\times1000=25487.4(\text{kg})$

耐热层质量 $m_5=234.842\text{kg}$

工作时总质量 $m=m_1+2\times m_2+m_3+m_4+m_5=22673.7\text{kg}$

水压试验时总质量 $m'=m_1+2\times m_2+m_3+m_4'=33016.2\text{kg}$

工作时单位长度载荷 $q=\dfrac{mg}{L+\frac{4}{3}h_i}=\dfrac{22673.7\times9.81}{7450+\frac{4}{3}\times500}=27.4(\text{N/mm})$

水压试验时单位长度载荷 $q'=\dfrac{m'g}{L+\frac{4}{3}h_i}=\dfrac{33016.2\times9.81}{7450+\frac{4}{3}\times500}=39.904$ (N/mm)

工作时鞍座反力 $F'=\frac{1}{2}mg=\frac{1}{2}\times22673.7\times9.81=111214.5(\text{N})$

水压试验时鞍座反力 $F''=\frac{1}{2}m'g=\frac{1}{2}\times33016.2\times9.81=161944.5(\text{N})$

鞍座反力 $F=\max(F',F'')=161944.5\text{N}$

(2) 圆筒弯矩计算

① 圆筒中间截面的弯矩：

操作工况

$$M_1=\frac{F'L}{4}\left[\frac{1+2(R_a^2-h_i^2)/L^2}{1+\frac{4h_i}{3L}}-\frac{4A}{L}\right]$$

$$=\frac{111214.5\times7450}{4}\times\left[\frac{1+2\times(1008^2-500^2)/7450^2}{1+\frac{4\times500}{3\times7450}}-\frac{4\times525}{7450}\right]$$

$$=1.37\times10^8(\text{N}\cdot\text{mm})$$

水压试验工况

$$M_{T1}=\frac{F''L}{4}\left[\frac{1+2(R_a^2-h_i^2)/L^2}{1+\frac{4h_i}{3L}}-\frac{4A}{L}\right]$$

$$=\frac{161944.5\times7450}{4}\times\left[\frac{1+2\times(1008^2-500^2)/7450^2}{1+\frac{4\times500}{3\times7450}}-\frac{4\times525}{7450}\right]$$

$=1.996\times10^{8}(\text{N}\cdot\text{mm})$

② 鞍座平面的弯矩：

操作工况

$$M_2=-F'A\left[1-\frac{1-\dfrac{A}{L}+\dfrac{R_a^2-h_i^2}{2AL}}{1+\dfrac{4h_i}{3L}}\right]$$

$$=-111214.5\times525\times\left[1-\frac{1-\dfrac{525}{7450}+\dfrac{1008^2-500^2}{2\times525\times7450}}{1+\dfrac{4\times500}{3\times7450}}\right]$$

$$=-3.324\times10^{6}(\text{N}\cdot\text{mm})$$

水压试验工况

$$M_{T2}=-F''A\left[1-\frac{1-\dfrac{A}{L}+\dfrac{R_a^2-h_i^2}{2AL}}{1+\dfrac{4h_i}{3L}}\right]$$

$$=-161944.5\times525\times\left[1-\frac{1-\dfrac{525}{7450}+\dfrac{1008^2-500^2}{2\times525\times7450}}{1+\dfrac{4\times500}{3\times7450}}\right]$$

$$=-4.84\times10^{6}(\text{N}\cdot\text{mm})$$

(3) 圆筒轴向应力计算

因 $A>0.5R_a$，即圆筒未被封头加强，且在鞍座处无加强圈，查表 6-1 可得 $K_1=0.107$，$K_2=0.192$。

操作工况

$$\sigma_1=\frac{p_cR_a}{2\delta_e}-\frac{M_1}{\pi R_a^2\delta_e}=\frac{0\times1008}{2\times14}-\frac{1.37\times10^8}{3.14\times1008^2\times14}=-3.07(\text{MPa})$$

$$\sigma_2=\frac{p_cR_a}{2\delta_e}+\frac{M_1}{\pi R_a^2\delta_e}=\frac{2.16\times1008}{2\times14}+\frac{1.37\times10^8}{3.14\times1008^2\times14}=80.83(\text{MPa})$$

$$\sigma_3=\frac{p_cR_a}{2\delta_e}-\frac{M_2}{K_1\pi R_a^2\delta_e}=\frac{2.16\times1008}{2\times14}-\frac{-3.324\times10^6}{0.107\times3.14\times1008^2\times14}=78.46(\text{MPa})$$

$$\sigma_4=\frac{p_cR_a}{2\delta_e}+\frac{M_2}{K_2\pi R_a^2\delta_e}=\frac{0\times1008}{2\times14}+\frac{-3.324\times10^6}{0.192\times3.14\times1008^2\times14}=-0.388(\text{MPa})$$

水压试验工况

$$\sigma_{T1}=\frac{p_T R_a}{2\delta_e}-\frac{M_{T1}}{\pi R_a^2\delta_e}=\frac{0\times 1008}{2\times 14}-\frac{1.996\times 10^8}{3.14\times 1008^2\times 14}=-4.53(\text{MPa})$$

$$\sigma_{T2}=\frac{p_T R_a}{2\delta_e}+\frac{M_{T1}}{\pi R_a^2\delta_e}=\frac{2.7\times 1008}{2\times 14}+\frac{1.996\times 10^8}{3.14\times 1008^2\times 14}=117.93(\text{MPa})$$

$$\sigma_{T3}=\frac{p_T R_a}{2\delta_e}-\frac{M_{T2}}{K_1\pi R_a^2\delta_e}=\frac{2.7\times 1008}{2\times 14}-\frac{-4.84\times 10^6}{0.107\times 3.14\times 1008^2\times 14}=98.21(\text{MPa})$$

$$\sigma_{T4}=\frac{p_T R_a}{2\delta_e}+\frac{M_{T2}}{K_2\pi R_a^2\delta_e}=\frac{0\times 1008}{2\times 14}+\frac{-4.84\times 10^6}{0.192\times 3.14\times 1008^2\times 14}=-0.564(\text{MPa})$$

（4）圆筒轴向应力校核

$$A=\frac{0.094\delta_e}{R_o}=\frac{0.094\times 14}{1016}=0.001295$$

根据圆筒材料查图 5-9 外压应力系数 B 曲线可得 $B=B^0=172\text{MPa}$

$$[\sigma]_{ac}^t=\min([\sigma]^t, B)=172\text{MPa},\ [\sigma]_{ac}=\min(0.9R_{eL}, B^0)=172\text{MPa}$$

操作工况

拉应力 $\max\{\sigma_2,\sigma_3\}<\phi[\sigma]^t=189\text{MPa}$，合格

压应力 $\max\{\sigma_1,\sigma_4\}<[\sigma]_{ac}^t=172\text{MPa}$，合格

水压试验工况

拉应力 $\max\{\sigma_{T2},\sigma_{T3}\}<0.9\phi R_{eL}=310.5\text{MPa}$，合格

压应力 $\max\{\sigma_{T1},\sigma_{T4}\}<[\sigma]_{ac}=172\text{MPa}$，合格

（5）切向剪应力计算与校核

$A>R_a/2$，且圆筒无加强圈，查表 6-3 得 $K_3=1.171$，其最大剪应力位于靠近鞍座边角处 $\tau=\frac{K_3F}{R_a\delta_e}\left(\frac{L-2A}{L+4h_i/3}\right)=\frac{1.171\times 161944.5}{1008\times 14}\times\left(\frac{7450-2\times 525}{7450+\frac{(4\times 500)}{3}}\right)=10.59(\text{MPa})$

圆筒$[\tau]=0.8[\sigma]^t=151.2\text{MPa}>\tau$，故圆筒切向剪应力校核合格。

（6）圆筒的周向应力计算与校核

圆筒无加强圈，圆筒的有效宽度 $b_2=b+1.56\sqrt{R_a\delta_e}=220+1.56\sqrt{1008\times 14}=405.3\text{mm}>$鞍座垫板宽度 $b_4=350\text{mm}$，且鞍座垫板包角$<\theta+12°$，故鞍座垫板不起加强作用。

当容器焊在鞍座上时，取 $k=0.1$，查表 6-4 可得 $K_5=0.76$，通过插值可得 $K_6=0.0147$。

在鞍座平面圆筒横截面最低点处

$$\sigma_5=-\frac{kK_5F}{\delta_e b_2}=-\frac{0.1\times 0.76\times 161944.5}{14\times 405.3}=-2.17(\text{MPa})$$

而$\frac{L}{R_a}=\frac{7450}{1008}=7.39<8$，所以有

$$\sigma_6=-\frac{F}{4\delta_e b_2}-\frac{12K_6FR_a}{L\delta_e^2}=-\frac{161944.5}{4\times 14\times 405.3}-\frac{12\times 0.0147\times 161944.5\times 1008}{7450\times 14^2}$$
$$=-26.855(\text{MPa})$$

应力校核

$|\sigma_5|<[\sigma]^t=189\text{MPa}$　　　　合格

$|\sigma_6|<1.25[\sigma]^t=236.2\text{MPa}$　　合格

(7) 鞍座应力计算与校核

腹板水平方向平均拉应力及强度校核：

由 $\theta=120°$ 可得 $K_9=0.204$，水平分力 $F_s=K_9F=0.204\times161944.5=33036.7$ (N)

计算高度 $H_s=\min\left(\frac{1}{3}R_a,\ H\right)=\min\left(\frac{1}{3}\times1008,\ 250\right)=250\text{mm}$，鞍座腹板厚度 $b_0=14\text{mm}$

垫板不起加强作用，腹板水平方向平均拉应力

$$\sigma_9=\frac{F_s}{H_sb_0}=\frac{33036.7}{250\times14}=9.44(\text{MPa})$$

应力校核　　$\sigma_9<\frac{2}{3}[\sigma]_{sa}=98\text{MPa}$　　合格

鞍座腹板与筋板组合截面内压应力及强度校核：

圆筒中心至基础表面距离 $H_v=1266\text{mm}$，查表 6-8 可得设计地震烈度为 7 度 (0.1g) 时的水平地震影响系数 $\alpha_1=0.08$，则水平地震力

$$F_{Ev}=\alpha_1mg=0.08\times22673.7\times9.81=17794.32(\text{N})$$

因水平地震力 $F_{Ev}\leqslant mgf$，故按公式(6-32)

$$\sigma_{sa}=-\frac{F}{A_{sa}}-\frac{F_{Ev}H}{2Z_r}-\frac{F_{Ev}H_v}{A_{sa}(L-2A)}$$
$$=-\frac{161944.5}{28720}-\frac{17794.32\times250}{2\times561996}-\frac{17794.32\times1266}{28720\times(7450-2\times525)}=-9.72(\text{MPa})$$

即 $|\sigma_{sa}|<1.2[\sigma]_{sa}=176.4\text{MPa}$，合格。

温度变化引起鞍座腹板与筋板组合截面的压应力及强度校核：

在钢底板对水泥基础时 $f=0.4$，则温差引起的应力

$$\sigma_{sa}^t=-\frac{F}{A_{sa}}-\frac{FfH}{Z_r}=-\frac{161944.5}{28720}-\frac{161944.5\times0.4\times250}{561996}=-34.45(\text{MPa})$$

$$|\sigma_{sa}^t|<[\sigma]_{sa}=147\text{MPa}\quad 合格$$

地脚螺栓应力及强度校核：

容器空质量　　$m_0=m_1+2m_2+m_3+m_5=7763.62\text{kg}$

倾覆力矩

$$M_{Ev}^{0\text{-}0}=F_{Ev}H_v-m_0g\ \frac{l}{2}=17794.32\times1266-7763.62\times9.81\times\frac{1260}{2}=-25453.89(\text{N}\cdot\text{mm})$$

故倾覆力矩为负值，容器不可能产生倾覆，地脚螺栓不承受拉应力。

水平地震力引起的地脚螺栓剪应力

$$\tau_{bt}=\frac{F_{Ev}-2Ff_s}{n'A_{bt}}=\frac{17794.32-2\times161944.5\times0.15}{2\times\frac{1}{4}\pi\times17.294^2}=-65.57(\text{MPa})$$

故地脚螺栓不承受剪应力。因此，地脚螺栓强度校核合格。

思考题

6-1 双鞍座卧式容器支座位置按哪些原则确定？为什么？

6-2 将双鞍座卧式容器简化为梁长为 L（两封头切线间距离）的外伸梁时，梁除了受均布载荷 q 以外，梁的端部还有弯矩 M 和剪力 V 作用，这是为什么？其剪力图和弯矩图与只有均布载荷作用时有何不同？

6-3 卧式容器鞍座为什么仅有一个固定，其余活动？固定鞍座设置部位有何要求？

6-4 在卧式容器鞍座上部有时要考虑出现扁塌现象，它是什么原因引起的？如何避免这一现象？

6-5 鞍座中心线至封头切线的距离 A 的大小对圆筒轴向应力、切向剪应力和周向应力有何影响？

6-6 对于内压或外压作用的双鞍座卧式容器，最大轴向拉应力和压应力分别出现在怎样的工况条件下？

6-7 鞍座包角大小对圆筒应力有何影响？

习题

试设计一双鞍座支承的卧式内压容器，其设计条件如下：容器内径 $D_i=2000$mm，圆筒长度（含两端封头直边段）$L=6000$mm，两端采用标准椭圆形封头，设计压力 $p=0.35$MPa，设计温度 $t=100$℃，材料为 Q245R，设备不保温，焊接接头系数 $\phi=0.85$，腐蚀裕量 $C_2=1.5$mm，物料密度 $\rho=1500\text{kg/m}^3$，物料装量系数 $\phi_o=0.9$，设计地震烈度为7度（0.1g），鞍座选为 NB/T 47065.1—2018《容器支座 第1部分：鞍式支座》A 型，120°包角，材料为 Q235B，鞍座中心线距封头切线 $A=500$mm。

能力训练题

6-1 采用有限单元法和实验测试法分析圆筒与各种封头连接附近区域的应力分布，对比二者的数据结果，思考如何基于理论分析验证仿真和测试结果的正确性。结合边缘应力的性质和标准封头的几何特征，讨论常规设计中封头边缘应力的处理方法。

6-2 采用有限元方法分析承受内压卧式储罐的应力分布状态，对比受内压卧式储罐各部位的应力状态和设计准则，讨论相应设计准则的基本原理。

7 换热设备

换热设备在化工、炼油、冶金、动力、核能、食品、轻工、制药、家电等领域均有广泛应用。在化工厂中，换热设备的费用约占设备总投资的15%～20%，在炼油厂中则高达40%。换热设备的经济性与可靠性将直接影响到产品的质量和企业效益。

换热设备是在不同温度物料间进行热量交换的设备，用于物料的加热升温、再沸、蒸发或冷却降温、冷凝等。其作用是改变或维持物料的温度或相态，满足各种工艺操作的不同要求；进行余热回收，提高能量利用率，从而节能增效。

在过程工业中，常见的换热设备有加热器、冷却器、冷凝器、再沸器、过热器和废热锅炉等。在这类设备中，高温介质对低温介质加热升温，而低温介质则对高温介质冷却降温，进行热量交换。故这些设备通称为换热器。生产中，绝大多数换热器都是利用换热性能良好的固体壁面将两种流体介质隔开，通过壁面进行热量交换。这类换热器均属于间壁式换热设备，是应用最为广泛以及结构类型最为繁多的，其中又以管式和板面式换热设备最为多见。

7.1 常用换热设备的特点及应用

(1) 管式换热器

这类换热设备都是由换热管壁面进行传热，根据传热管的结构形式不同分为蛇管式换热器、套管式换热器、缠绕管式换热器和管壳式换热器等。这类换热设备在传热效率、结构紧凑性和单位传热面的金属耗量等方面不及其他高效换热设备，但具有结构简单、易于制造、坚固耐用、可靠性高、承压耐温较高和操作弹性大等优点，故目前仍广泛应用。尤其在高温、高压和大型换热设备中，管式换热设备仍占大多数。在各种管式换热设备中，又以管壳式换热器应用最广最多。

(2) 板面式换热器

这类换热器都是通过板面进行传热的，其传热性能优于管式换热器，是高效换热设备。

由于其结构上的特点，使流体能在较低的速度下就达到湍流状态，从而强化了传热，但其承压性能较管式换热设备差。按照传热板面的结构形状，常见的有螺旋板式换热器、板式换热器、板翅式换热器和板壳式换热器等。现介绍前两种换热器的特点及应用。

① 螺旋板式换热器　螺旋板式换热器是由两块平行的钢板卷制成螺旋体作为传热面。钢板间具有两个同心圆通道，为环状的单一通道，可以形成全逆流，如图7-1所示。

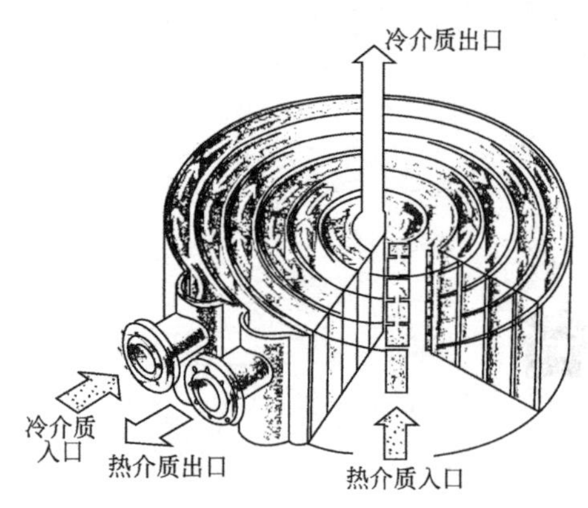

图7-1　螺旋板式换热器全逆流示意

螺旋板式换热器早期用于废液和废气中的能量回收，加热或冷却果汁、糖汁、化工溶液、硫酸及酒厂的麦芽浆汁等。螺旋板式换热器在我国推广应用迅速，在石油、化工、冶金、电力等领域中的应用较为普遍。但在具有应力腐蚀介质时应慎重使用，因其焊缝比例大，易产生应力腐蚀。

螺旋板式换热器结构紧凑、体积小，其单位体积内的传热面积约为管壳式的3倍；传热效率较管壳式高50%～100%；流体在通道内做螺旋流动且流速高，有自冲刷作用，不易结垢，传热温差小，在两流体间温差为3℃时仍可完成热交换，利于回收低温热能；螺旋板面受热或冷却时具有一定的伸缩性能，故温差应力很小，适用于两流体温差很大的工况。缺点是一旦产生泄漏则不易修理，往往只能整台报废。

② 板式换热器　板式换热器由许多长方形薄金属板片和密封垫片及压紧装置组成。板表面通常压制成波纹或槽形，以增大板的刚度和增强流体的湍流程度，提高传热效率。相邻两板片形成一个通道空间，冷热流体在板片两侧交替地流过，热量通过板片进行传递，如图7-2所示。

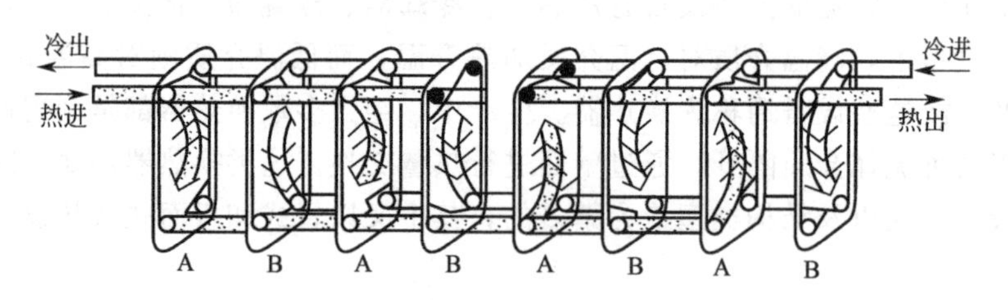

图7-2　板式换热器的介质流向

板式换热器较管式换热器传热效率高，同时还具有结构紧凑、清洗维修容易、能精确控制换热器温度等优点。缺点是周边垫片密封太长，渗漏的可能性大；使用温度受垫片材料耐温限制，不宜过高；流道易堵塞，承压能力较差等。

板式换热器是目前应用较为普遍的高效换热器。用于处理从水到高黏度流体的加热、冷却、冷凝和蒸发等，适用于常需清洗与要求工作场所紧凑的情况。通常在压力2.5MPa和温度180℃以下使用性能可靠，但国外有采用压缩石棉垫片使操作温度提高到360℃的实例。板式换热器在食品工业中应用尤其广泛，如牛奶、果汁、葡萄糖、啤酒、动植物油等的加热杀菌及冷却；化学工业中用作冷却氨水，凝缩甲醇蒸气及合成树脂，且广泛用于制碱、酸和染料工业；钢铁与机械制造中用于冷却淬火油、润滑油和水；电力工业中用于冷却变压器油及发电机组中的冷却水；在石油钻探、造纸、制药、纺织及供热采暖中也有广泛应用。

(3) 特殊性能材料换热器

各类换热设备，大多用钢材制造。但对于一些高温、强腐蚀等特殊操作环境，用钢材制造往往不能满足要求。为此，发展了玻璃、石墨、塑料等非金属材料和钛、钽、锆等稀有金属材料换热器。玻璃换热器用于高纯度硫酸蒸馏及含有腐蚀介质的气体预热；石墨换热器用于处理盐酸、硫酸、醋酸和磷酸等强腐蚀介质及有机合成与农药等工业；聚四氟乙烯换热器用于硫酸冷却、氯化物溶液、苛性介质等加热，限温度 150℃和压力 1.5MPa 以下使用；钛制换热器用于硝酸、氯碱工业和炼油冷却等，其寿命远远超过钢制换热器；钽、锆贵金属换热器近年在化工中也得到了应用。

(4) 热管换热器

它以热管为传热元件，为新型高效节能换热设备，具有结构简单、重量轻，传热能力大、压降低、适用温度范围广，以及不需维修、使用寿命长等许多优点。

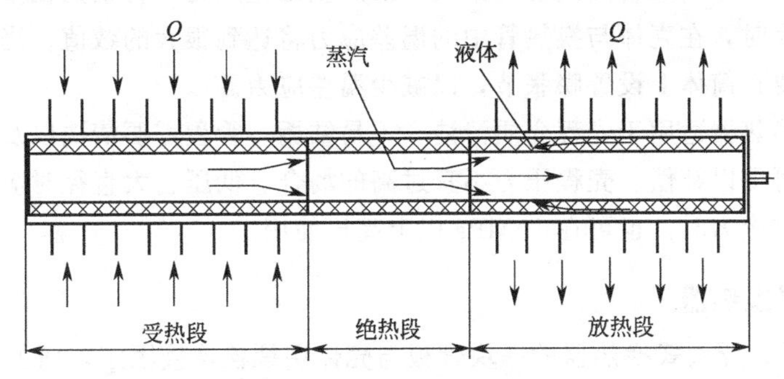

图 7-3 热管的工作原理示意

热管主要由管子和吸流芯等组成，其工作原理如图 7-3 所示。热管腔内抽成负压，并充以适量的流体作为传输热量的工质。热管沿纵向分为受热蒸发、绝热和放热冷却三段。工质在吸热段吸热并蒸发为蒸汽，蒸汽经绝热段流向放热段，在放热段冷凝为流体并放出汽化潜热传给冷源，而冷凝液再回流至受热段。如此往复循环，把热量不断地由高温介质传递给低温介质。按照工艺要求对工质和管子选用适宜材料，热管可在－200～1000℃温度范围内进行换热。

热管换热器广泛用于石油、化工、机械、电子等领域。作为高效节能设备，热管换热器被认为是余热回收工程不可少的关键设备，尤其宜作空气预热器、省煤器、余热锅炉和蒸发器等。目前，国内在烟气余热回收系统中，已普遍采用热管来回收热量，具有显著节能效果。

7.2 管壳式换热器的结构类型及特点

管壳式换热器是化工、炼油等行业中应用最多的换热设备，它具有坚固耐用、可靠性高、适用性强和选材广等优点。管壳式换热器都是由圆筒壳和装在其内的管束等组成。按照管束在圆筒壳内的装设方式，有固定管板式、浮头式、U 形管式、填料函式换热器和釜式重沸器等结构类型。我国颁布有 GB/T 151《热交换器》国家标准，对该类换热器的设计、制造和检验等均作了详细规定和要求，是设计制造时必备的文献。

(1) 固定管板式换热器

图 7-4 所示为带立式支座的固定管板式换热器，换热器的管端以焊接或胀接的方法固定

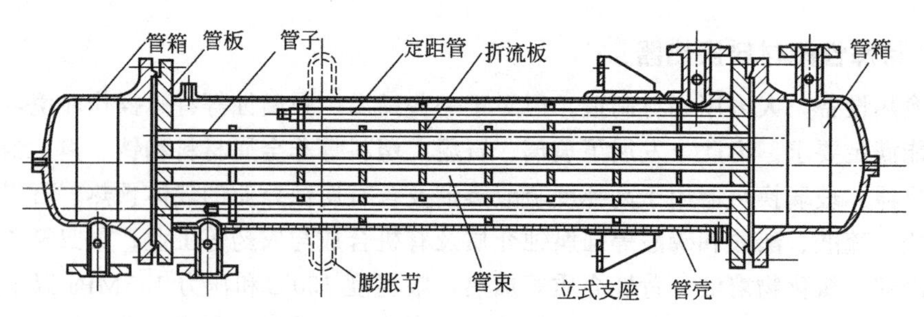

图 7-4　固定管板式换热器

在两块管板上，而管板则以焊接的方法与壳体相连。与其他形式的管壳式换热器相比，结构简单，当壳体直径相同时，可排列的管数更多，制造成本较低；管内不易积聚污垢，即使产生污垢也便于清洗；如果换热管发生泄漏或损坏，也可以通过堵管或换管进行处理。但是这种换热器管外表面无法进行机械清洗，壳程适宜处理洁净的介质。另一个主要的缺点是，因换热管与壳体连为一体，二者间刚性约束大，易产生温差应力，特别是在壁温差或材料的线膨胀系数差值较大时，在壳体与换热管中的温差应力将达到很大的数值。当温差应力大到不允许值时，通常要在筒体上设置膨胀节，以减少温差应力。

固定管板式换热器适用于壳程介质清洁、不易结垢，管程需要清洗以及温差不大或温差虽大但其应力仍可得以补偿、壳程压力不宜过高的场合。低压、大直径时应用较多。在温差很小不必考虑温差应力时，也可在 10MPa 以上高压使用。

（2）浮头式换热器

如图 7-5 所示，浮头式换热器的一块管板与壳体用螺栓连接固定，而另一端管板与浮头盖由垫片和螺栓进行密封，称为浮头。浮头端与壳体无固定连接，可以沿轴向自由移动，管束和壳体变形互不约束，故不会产生温差应力，且管束可以抽出筒壳之外，便于管内外的清洗。缺点是结构较复杂，材料用量较大，较固定管板式造价约高 20%。另外，浮头盖垫片密封处在操作运行中无法检查，如有泄漏发生，则不能发现。尽管如此，由于具备上述优点，它在石油、化工系统中仍有大量应用。

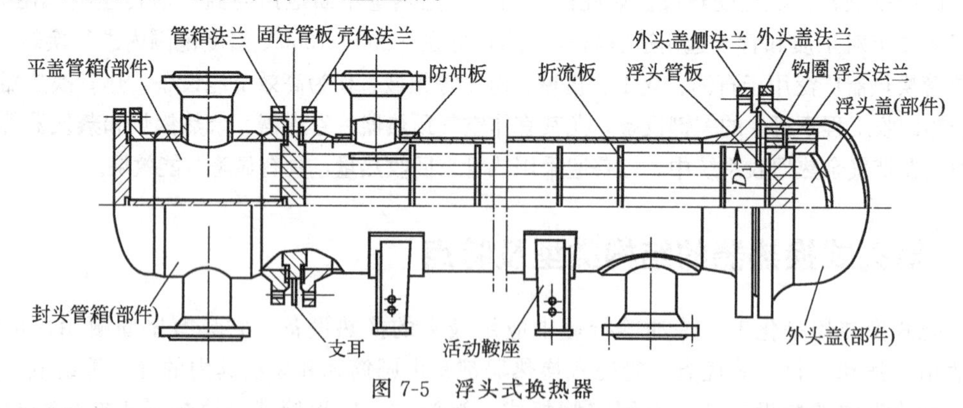

图 7-5　浮头式换热器

浮头式换热器适用于管、壳壁温差较大和介质易结垢需要清洗的工况，通常用于温度 450℃ 及压力 6.4MPa 以下。

（3） U 形管式换热器

如图 7-6 所示，U 形管式换热器由管箱、圆筒壳体和 U 形管管束等组成。它只有一块管板，管的两端固定在同一块管板上。结构较简单，在高温、高压下耗材量最小。其特点为：管束可以自壳内抽出，管外便于机械清洗，但管板中心处则清洗困难；U形管束可以沿轴向自由伸缩，当管壳间有温差时，也不会产生温差应力，利于高温高压工况运行；受弯管曲率半径的限制，管板上布管较少，管板利用率低，且内层换热管损坏后无法更换，只能堵管，换热管报废率高。

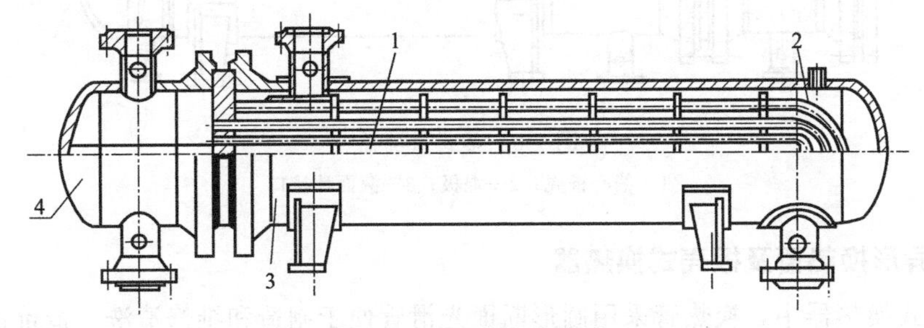

图 7-6 U形管式换热器

1—中间挡板；2—U形换热管；3—壳体；4—管箱

U形管式换热器适用于管壳程温差大或壳程介质易结垢需要清洗，而管内介质清洁不易结垢的高温、高压和腐蚀性较强的情况。它的耐温承压性能优于浮头式换热器，可在温度≤500℃和压力≤10MPa条件下工作。目前石油加氢换热器基本上全部采用U形管式换热器。

（4）填料函式换热器

填料函式换热器如图 7-7 所示。其结构与浮头式换热器类似，但壳体与浮动管板之间采用填料密封来防止介质的渗漏混合。管束可沿轴向自由滑动，不会产生管壳间的温差应力；管束也可由壳内抽出，管内外均可清洗，维修方便；结构较简单，材料消耗较浮头式约低10%。缺点是填料处易泄漏，且壳程操作温度受填料材料性能限制，温度和压力均不宜过高。

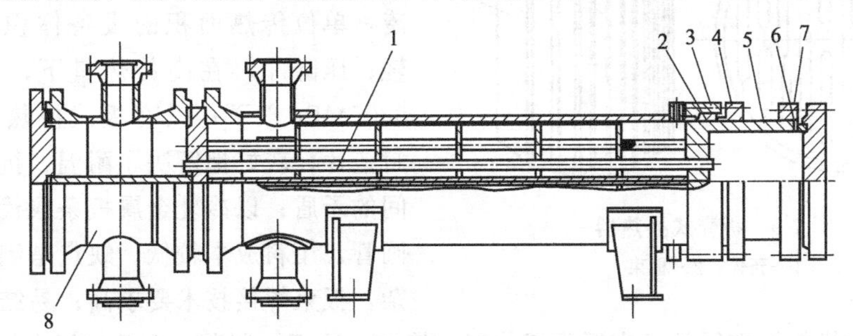

图 7-7 填料函式换热器

1—换热管；2—填料；3—填料函；4—填料压盖；5—浮动管板裙；6—部分剪切环；7—活套法兰；8—管箱

填料函式换热器适用于温度 200℃，压力 2.5MPa 以下的工况，且不适用于有毒、易燃、易爆、易挥发及贵重介质场合。

（5）釜式重沸器

釜式重沸器是带蒸发空间的管壳式换热器。其壳体内管束上部设有适当的液体蒸发空间，同时兼有蒸汽室的作用。管束可以是固定管板式、浮头式或U形管式等不同结构形式。换热管可以是光管，也可以是波纹管、螺纹管和翅片管等高效换热管。图 7-8 为典型的釜式重沸器结构，其管束为浮头式。

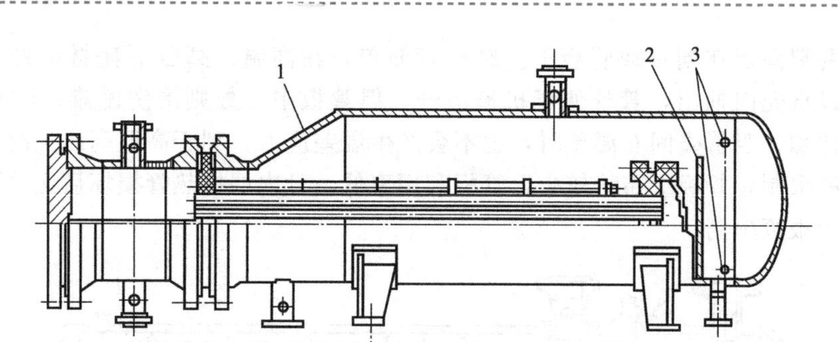

图 7-8　釜式重沸器

1—偏心锥壳；2—堰板；3—液面计接口

（6）异形换热管及板壳式换热器

在管壳式换热器中，换热管采用圆形断面光滑管便于制造和维修清洗，造价也低，但传热效果尚有待进一步提高。为此，一直不断地进行着改进研究，出现了许多高效传热性能的异形换热管，如螺纹管、波纹管、表面多孔管、螺旋槽管、纵槽管、横槽管、扁管、螺旋扁管、椭圆管、锯齿管、内插物管及翅片管等。就传热性能来说，这些异形换热管均优于光滑圆管，但也使换热器造价有所提高。

将管壳式换热器中的圆形传热管改变为板面，即将管束制成图 7-9 所示横断面的板束，其传热效果可达板式换热器的高效水平。这种由圆形壳和板束组成的换热器称为板壳式换热器，它兼有管壳式和板式换热器二者的综合优点。目前国外生产的板壳式换热器，最高使用温度和压力分别可达 800℃和 6.4MPa。

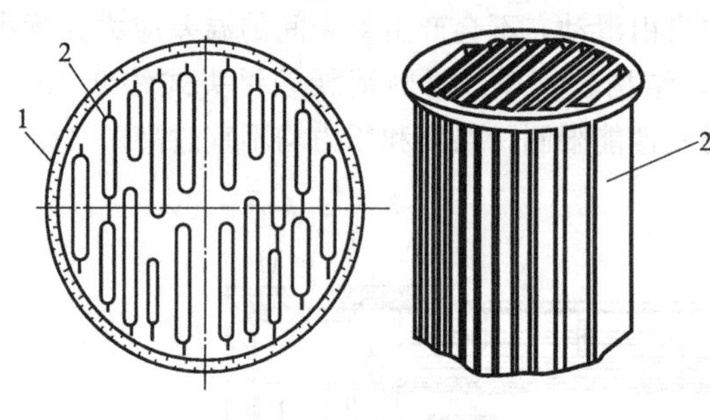

图 7-9　板壳式换热器

1—壳体；2—板束

与管壳式换热器相比，板壳式除总传热系数高 2 倍以上外，还有如下优点：结构紧凑，单位传热面积的设备体积较小，重量轻；压降小，在高传热量下，一般压降在 0.05MPa 以下；没有板式换热器那样的密封垫片；较好地解决了耐温、抗压与高效之间的矛盾；以冷轧金属板条取代高价小直径圆管，用料成本较低。缺点是制造工艺较复杂，板束焊接技术要求高；易结垢介质不宜使用。板壳式换热器在国外已广泛用于化工、炼油、造纸、制药、食品和城市供热等，可用于加热、冷却、蒸发及冷凝等过程。国内在炼油、石油化工等领域应用日见增多。

7.3 管壳式换热器设计概要

换热器设计包括工艺设计和机械设计两部分。工艺设计在先，机械设计要根据工艺设计的结果和要求进行。

7.3.1 工艺设计

换热器工艺设计需根据生产流程的实际操作参数，如限定的冷、热介质进出口温度和压降等，选定一些参数，通过试算，初步确定换热器的结构形式和主要工艺参数，如所需换热面积、壳体直径、介质走向、换热管规格及其排列方式等。然后再作进一步的计算和校核，直到符合工艺要求为止。同时还应参照国家有关系列化标准，尽可能地选用已有的定型产品结构参数。JB/T 4714 和 JB/T 4715 分别为我国浮头式和固定管板式换热器的形式与基本参数系列标准。由此可查取标准换热器的壳径、换热面积、换热管规格数量、程数及折流板数量等。

工艺计算的具体内容步骤可参见化工原理有关章节，以下简要介绍工艺计算前需要选择确定的几个问题。

(1) 介质流程选择

在换热器中，哪一种流体流经管程，哪一种流经壳程，可按下列原则确定：

ⅰ. 不洁净或易于分解结垢的物料应当流经易于清洗的一侧，对于直管管束，上述物料一般应走管内，但当管束可以拆出清洗时，也可走管外；

ⅱ. 需要提高流速以增大其对流传热系数的流体应当走管内，因为管内截面积通常都比管外的截面积小，而且易于采用多管程以增大流速；

ⅲ. 具有腐蚀性的物料应走管内，这样可以用普通材料制造壳体，仅仅换热管、管板和封头要采用耐蚀材料；

ⅳ. 压力高的物料走管内，这样外壳可以不承受高压；

ⅴ. 温度很高或很低的物料应走管内以减少热量或冷量的散失，当然，如果为了更好地散热，也可以让高温的物料走壳程；

ⅵ. 蒸汽一般通入壳程，因为这样便于排出冷凝液，而且蒸汽较清洁，其对流传热系数又与流速关系小；

ⅶ. 黏度大的流体 [$\mu>(1.5\sim2.5)\times10^{-3}\text{N}\cdot\text{s/m}^2$]，一般在壳程空间流过，因在设有挡板的壳程中流动时，流道截面和流向都在不断改变，故在低 Re 数（$Re>100$）下即可达到湍流，有利于提高管外流体的对流传热系数。

(2) 流速的选择

流体在管程或壳程中的流速，不仅直接影响对流传热系数，而且还影响污垢热阻，从而影响总传热系数的大小。特别对于含有泥沙等较易沉积颗粒的流体，流速过低甚至可能导致管路堵塞，严重影响设备使用。就总体而言，不论管内管外，提高流速均能较显著增大对流传热系数，提高传热效率；但随着流速的增加，压降却大致随流速的平方迅速增加。因此，流速必须选择最佳才好。表 7-1 及表 7-2 所列流速可作设计选择参考。

表 7-1　列管换热器内常用的流速范围

流体种类	流速/(m/s)	
	管程	壳程
一般流体	0.5～1.5	0.2～1.0
易结垢流体	>1	>0.5
气体	5～30	3～15

表 7-2　不同黏度液体在列管换热器管程中的最大流速

液体黏度 /(×10³N·s/m²)(cP)	最大流速/(m/s)	液体黏度 /(×10³N·s/m²)(cP)	最大流速/(m/s)
>1500	0.6	100～35	1.5
1000～500	0.75	35～1	1.8
500～100	1.1	<1	2.4

（3）换热管规格、排列方式及管心距

列管式换热器多采用光滑圆管制造，因其结构简单、制造容易，在需要提高传热效率时，亦可采用波纹管等异形管，但造价会有所增加。

采用小直径换热管，单位体积内传热面积大，可使设备紧凑，金属耗量少，传热效率也会有所提高，但制造较麻烦，运行中易结垢且清洗困难。通常大直径管宜用于黏性大或污浊介质，而小直径管宜用于较清洁流体。为满足降压要求，一般宜选用 ϕ19mm 以上的换热管；为方便清洗，对于易结垢介质，宜选用 ϕ25mm 以上的换热管；对于气液两相流介质，常采用 ϕ32mm 大直径管；在火焰直接加热时多采用 ϕ76mm 的换热管。

我国的标准换热管最短为 1m，最长为 12m。最常用的管长为 3m 和 6m。在管径和换热面积一定时，管长增加，换热管根数减少，壳程直径也减小，管内外流速均增加，传热性能会提高，但压降就会上升，故换热管不宜太长。卧式换热器，管长与壳内径之比为 6～10 之间，立式为 4～6。

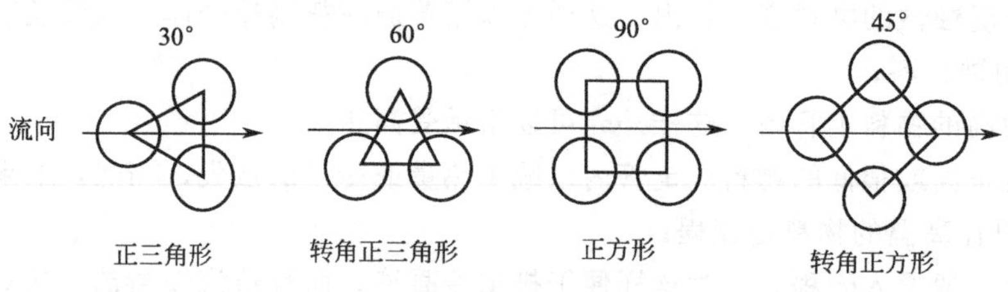

图 7-10　换热管排列方式

换热管在管板上的排列方式，常用的如图 7-10 所示，有正三角形、正方形和转角正三角形、转角正方形等。正三角形排列在同样管板面积上的排管数量多，故用得最普遍。但管外不易清洗，适用于壳程不易结垢或壳程无法清洗的工况。固定管板式换热器一般用正三角形排列。正方形排列的管外空间较三角形排列大，利于壳程清洗，但布管数要少 10%以上，它适用于浮头式和填料函式等换热器。但在管径小于等于 ϕ19mm 时，浮头式等换热器则采用三角形排列。正三角形和转角三角形排列时，流体正对着每根换热管外表面进行冲刷，有利于提高壳程湍流程度及传热效率，这两种排列方式在石油化工与乳品工业中常被采用。

管心距与换热管直径、排列方式及其与管板的连接方式等有关。例如在采用三角形排列时，其管心距一般应不小于 1.25 倍管外径，以保证管外壁间小桥有足够的强度；当壳程用于蒸发过程时，管心距可以增大为 1.4 倍管外径，以利气相逸出；当管束需要抽出进行清洗时，两管间净空距不宜小于 6mm。不同直径管心距应按 GB/T 151 的规定确定。

（4）管内分程与壳程折流

① 管内分程　介质由换热管的一端流到另一端称为一个管程。只有一个管程时，结构最简单，称为单管程换热器。在换热管长度和数量一定时，为了提高管内流速和传热效率，常采用管束分程的方法，使介质在管束内的流通面积减小，流程加长和流速提高。例如将原为单程的管束分为两程后，则其流通面积减小一半，流程增加一倍，这对提高传热效率和防垢都是有利的。我国规定有 1、2、4、6、8、10、12 等七种分程数，最常用的是 2 程和 4 程。每一程中的管数应大致相等，程与程之间的温差不宜超过 20℃，以防管束与管板间产生较大热应力。图 7-11 为 2、4 管程管箱中隔板的布局图。其中平行设置利于管箱内残液排

尽和接管方便，对上下叠放的卧式换热器应优先采用，T 字形设置可排更多的换热管，且均为两管程共用一块隔板，但管箱接管不在正上下方，对接管连接不太方便。

管程数	2	4 (平行)	4 (T字形)
前管板	2 1	4 3 2 1	3 4 2 1
后管板	2 1	4 3 2 1	3 4 2 1

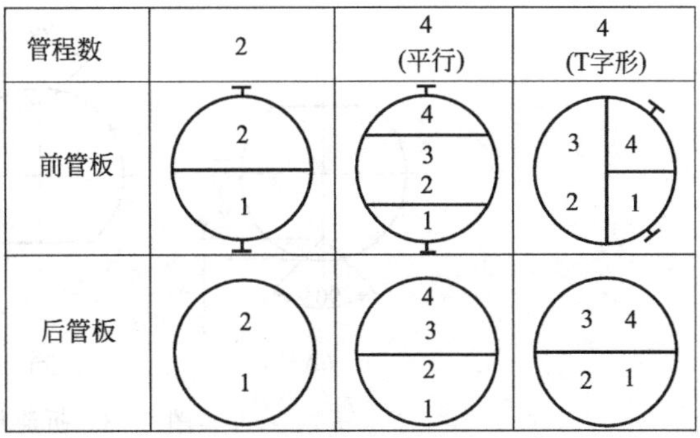

图 7-11　管束分程布置

② 壳程折流　为提高介质流速，壳程亦可分程，使介质在壳内沿轴向往返流动，但这会使制造装配难度增加。为此，工程中多将几台单壳程换热器串联起来，使介质在壳程内往复流动。对于单台换热器，为增加介质的湍流程度，提高壳程传热系数，减少结垢，通常是在管束外侧设置一定数量的折流板或折流杆。

常用的折流板有弓形和圆环-圆盘两种。弓形又分为单弓形、双弓形和三弓形三种。其中单弓形结构及制造装配最简易，应用最普遍。但当换热器壳径较大，且折流板数量少、间距大时，单弓形折流板的背后会存在介质局部滞留，对传热不利。这时可以采用双弓形甚至三弓形折流板予以改善，但却使制造安装趋于复杂。图 7-12 所示为三种弓形折流板的形状及其相应介质在壳内的流向。由图可知，介质在折流板间反复横穿换热管流过，使湍动加剧，传热性能提高，但阻力也增大了。

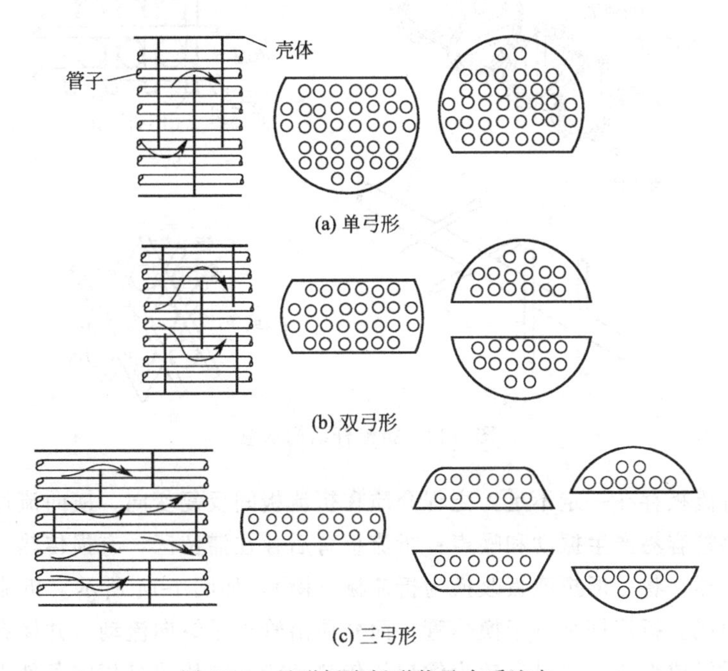

图 7-12　弓形折流板形状及介质流向

单弓形折流板的缺口弦高，取 0.20～0.45 倍壳内径，常用的为 0.20 倍和 0.25 倍。折流板一般按等距设置，最小间距应不小于 1/5 壳内径，且不小于 50mm，最大间距应不大于壳内径。间距小有利于提高传热性能，但压降也会增大。管束两端折流板应尽量靠近壳程进、出口接管。标准系列折流板间距有 100mm、150mm、200mm、300mm、450mm、600mm 等，可参照壳程直径大小及具体工艺要求合理选定。

卧式换热器的壳程为单相清洁流体时，折流板缺口应水平上下布置，这可使介质搅拌剧

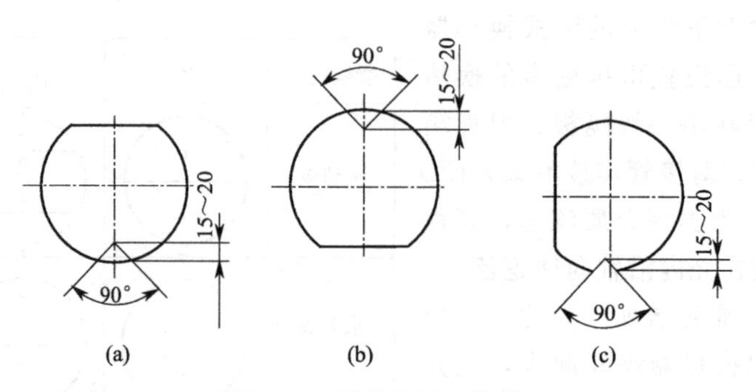

图 7-13　折流板缺口结构

烈，改善传热；若气体中含有少量液体时，则应在缺口朝上的折流板的最低处开通液口，如图 7-13(a)；若液体中含有少量气体时，则应在缺口朝下的折流板最高处开通气口，如图 7-13(b)。卧式换热器、冷凝器和重沸器的壳程介质为气、液相共存或液体中含有固体物料时，折流板缺口应垂直左右布置，并在折流板最低处开通液口，如图 7-13(c)。

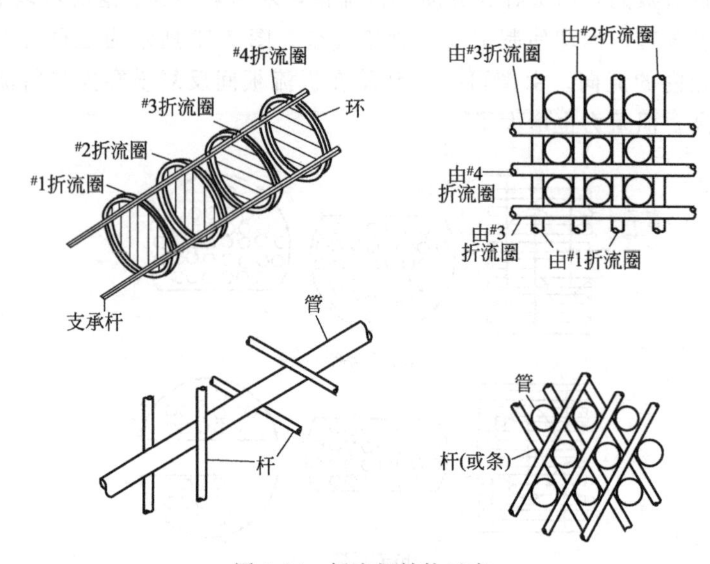

图 7-14　折流杆结构示意

上述弓形折流板存在一定不足：壳程介质在折流板间反复变向，横向流过换热管，流体阻力大，且换热管容易产生振动和噪声；折流板背后存在滞留区，有损传热效率。为此研发出了折流杆换热器，将弓形折流板改换为折流栅（圈），如图 7-14 所示。折流栅主要由折流杆与圆环焊制而成。折流杆垂直于换热管，而介质沿管外呈纵向流动，并横穿过直径很小的折流杆，在其后形成涡流，故具有较为优越的传热性能。在传热量相同条件下，折流杆式较折流板式换热器壳程压降低 50%以上；没有介质滞留区，在 $Re>1.6\times10^4$ 时，其传热效率显著优于折流板换热器，且不易结垢；由于呈纵向流，因而有效地防止了换热管的振动损坏。但应注意，折流板换热器的传热和水力计算式与折流板式是有区别的。

7.3.2　机械设计

换热器机械设计要满足工艺设计提出的传热面积和压降的要求。在此前提下，机械设计应使设备具有足够的强度，保证安全持久运行。其设计内容有：根据工艺要求确定机械设计计算参数，如设计温度和设计压力等；选择适宜的零部件材料，使其满足耐温、耐压及耐腐蚀要求，同时注意价廉易得；选择和确定零部件的结构形式及其相互连接方式；对受力元件进行强度、刚度计算校核，确定安全尺寸，如壁厚等；绘制装配及零部件施工图，拟定制造、检验和验收的技术要求等。

GB/T 151《热交换器》国家标准，对固定管板式、浮头式、U形管式和填料函式四种类型管壳式换热器的设计、制造、检验和验收等均做了规定和要求，其中对结构设计与强度计算规定尤为详尽。该标准的适用参数为公称直径 DN≤4000mm，公称压力 PN≤35MPa。

对于制冷、制糖、造纸和饮料等行业中使用的某些换热器，还应参照这些行业标准进行机械设计。

7.4 管壳式换热器结构设计

管壳式换热器通常由管箱、管壳和管束三大部件组成，如图 7-4～图 7-8 所示。

7.4.1 管束

管束主要由换热管、管板、折流板（杆）、拉杆、定距管、防冲板、导流及防短路元件等构成。这些元件均位于壳内的换热管外侧，对壳程的传热和流体阻力有直接影响。下面重点介绍换热管和管板，其余元件的设置原则和结构尺寸均可由 GB/T 151 查取。

（1）换热管材料与质量等级

根据工作压力、温度和介质的腐蚀性能等，换热管材料可以是碳钢、低合金钢、不锈钢、铜、钛、铝合金等金属，也可以是石墨、陶瓷、聚四氟乙烯等非金属。最常用的是碳钢及不锈钢。设计时应按照 GB/T 151 的规定采用相应标准的无缝钢管。焊接钢管用于换热器国外已经很普遍了，这可较无缝钢管节省造价 20%左右。国内已采用焊接不锈钢管，限用于压力 6.4MPa 以下和非极度危害介质，而碳钢焊管的应用尚在起步。

管束的质量分为Ⅰ级和Ⅱ级。Ⅰ级管束由较高精度的换热管组成，Ⅱ级管束由普通精度的换热管组成。当换热管采用不锈钢和有色金属时，由于其精度较高，全部为Ⅰ级管束；当换热管采用碳钢和低合金钢时，除有较高精度外，还有普通精度供货。Ⅰ级管束换热管质量优于Ⅱ级管束换热管质量，如Ⅰ级管束换热管壁厚较为均匀，偏差小等。另外，Ⅰ级管束管板及折流板上的管孔加工偏差较Ⅱ级管束小，因而Ⅰ级管束可得到更高质量的胀接和焊接接头，并有利于防止和减小换热管的振动，对整个管束的附加应力也较小。

Ⅰ级管束适用于无相变、大流速和易产生振动等的苛刻工况；Ⅱ级管束适用于重沸、冷凝传热和无振动的工况。

（2）管板材料与坯料类型

管板受力复杂，是重要的受压元件。管板上开有管孔和分程隔板密封槽，在兼作法兰时，还有法兰密封面以及为与筒壳连接焊缝制备的坡口槽或凸肩等。管板多用碳钢或低合金钢制成，在有耐腐蚀要求时，应采用高合金钢或复合钢板。管板是两面接触介质，故在确定厚度时两面均应计入腐蚀裕量。其选材应注意下列因素和规定。

ⅰ. 锻件质量高于板材，但锻件的成本要高得多，故在操作条件不太苛刻时，宜选用板材。但板材应按 GB 150 的规定采用压力容器专用钢板，其质量高于一般结构用钢板。在直径大而无整料时，可以采用两块同厚度板对接拼焊而成，并对焊缝进行 100%射线或超声波检测，分别不低于 JB/T 4730.2 的Ⅱ级和 JB/T 4730.3 的Ⅰ级为合格。

ⅱ. 钢板厚度大时，往往存在分层、夹杂等缺陷及性能指标波动大等问题，故 60mm 以上厚度管板宜采用锻件。对于有凸肩与圆筒对接焊的管板，要求必须采用锻件，且锻件质量不得低于 NB/T 47008 或 NB/T 47010 的Ⅱ级。

ⅲ. 当有较高耐腐蚀要求时，采用复合板可节约费用 20%～30%。复合板有不锈钢-碳钢、钛-碳钢和堆焊层-碳钢等。

（3）薄管板

按照常规设计的管板厚度一般较大，尤其在高温高压时，甚至厚达 300mm 以上。因此，在满足强度的前提下，人们为尽量减少管板厚度不断进行着探索。目前已有平面形、椭圆形、碟形、球形和挠性薄管板等形式在应用，其厚度仅 8～20mm，中压和直径≤2000mm 的薄管板换热器，在使用中均有满意的效果。

薄管板不存在大厚板材供应的困难，特别是可以节省不锈钢等耐腐蚀材料。在相同工况下，薄管板较厚板材料可节省 70%～80%，在压力较高时可达 90%，而且加工制造较为简便。HG 21503《钢制固定式薄管板列管换热器》列入贴面式和焊入式两种平面形薄管板结构，如图 7-15 所示。

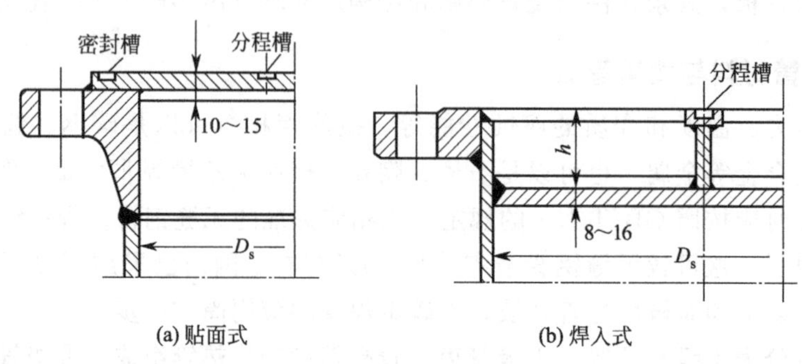

(a) 贴面式　　(b) 焊入式

图 7-15　薄管板结构

贴面式是德国首先采用的结构，管板贴于法兰面上，适用于管程介质具有腐蚀性的工况，且因为壳体法兰不与管程介质接触，可以不必用耐腐蚀材料。焊入式是上海医药工业设计院开发的，其管板离开法兰与筒壳内壁焊接，受法兰力矩影响小，减小了因螺栓力矩引起的应力，而且与其连接的圆筒壁厚刚度小，也降低了管板的边缘应力。焊入式适用于壳程介质具有腐蚀性的工况，因为壳体法兰不与壳程介质接触，选用非耐蚀钢即可。在管、壳程介质都具有腐蚀性时，亦可采用焊入式结构，此时只要选用带有耐腐蚀衬环的法兰，即可避免壳体法兰主体材料与管程介质的接触。可见，不论受力还是防腐，焊入式均更优越。

（4）换热管与管板的连接

换热器的失效绝大多数发生在换热管与管板的连接处。因此换热管与管板的连接必须具有足够的抗拉脱强度和防漏密封性。其连接方式有胀接、焊接和胀焊结合三种。

① 胀接　胀接法分为机械胀接和柔性胀接两大类。后者包括液压胀接、液袋胀接、橡

胶胀接和爆炸胀接等。胀接后既要有足够的抗拉脱强度，同时又要严密不漏时，称为强度胀。

不管何种胀接法，都是使管壁扩胀产生塑性变形，而管孔同时扩胀产生弹性变形，对管壁形成弹性压应力，从而紧密结合不漏并且具有足够的连接强度。为此必须有一个适宜的胀度。若胀度不足，管板孔产生的弹性压应力小，连接强度和密封性均会达不到要求；若胀度过大，管孔也会产生塑性变形，使管板孔的弹性压应力随之减小，也不能保证密封性和连接强度。目前，强度胀国内外广泛采用管壁减薄率 K 作为胀度，其计算值应符合表 7-3 所示推荐值。

$$K=\frac{d_2-d_i-b}{2\delta}\times 100\%$$

式中 K——胀度（管壁减薄率），%；

d_2——换热管胀后内径，mm；

d_i——换热管胀前内径，mm；

b——换热管与管板管孔的径向间隙（管孔直径减换热管的外径），mm；

δ——换热管的壁厚，mm。

表 7-3　推荐的胀度

换热管的材料	换热管外径/mm	换热管壁厚/mm	K/%
碳钢、低合金钢	ϕ19～38	2～4.5	6～7
不锈钢		1.6～3.2	7～8
镍合金		1.6～3.2	5～6
铜合金		1.6～3.2	5

胀接时管板有光孔和开槽两种形式，如图 7-16 所示。开槽时管壁嵌入槽内可以显著增加连接强度和密封性，故在压力较高时应采用开槽结构。具体开槽数量尺寸可由 GB 151 查取。光孔结构只能承受较小的拉脱力，且限管、壳程介质为非易燃和无毒。

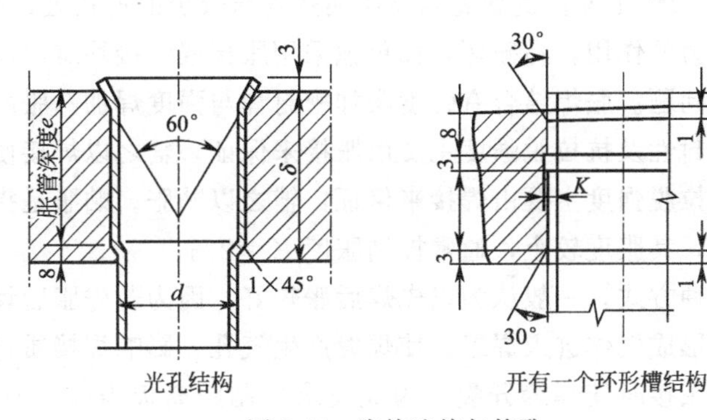

图 7-16　胀接连接与管孔

若管孔表面粗糙，可产生较大摩擦力，提高拉脱强度，但易产生泄漏；若孔表面太光滑则易拉脱，但对防漏有利。通常取管孔粗糙度 $Ra\leqslant 12.5\mu m$，且不允许存在纵向槽痕。为保证胀接质量，管端硬度应较管板低些。管端翻边成圆锥形也可提高拉脱强度。

胀接法便于维修和更换换热管，但不宜在高温下工作。因为在高温时胀接处的残余应力会因应力松弛而逐渐减小或消失，从而降低了密封性与抗拉脱力。GB/T 151 规定胀接法适

用于设计压力 $p \leqslant 4.0\text{MPa}$ 和设计温度 $t \leqslant 300℃$ 以及无振动、无过大的温度波动、无明显的应力腐蚀倾向的场合。但国外有采用多开槽（3～4 个）在 300℃时使设计压力达 10.0MPa 的实例。

② 焊接 当因温度或压力过高而不能采用胀接法时，可以采用焊接法。焊接法管孔不需开槽，加工简单；焊接连接强度高，抗拉脱力强；当有泄漏时，可以进行补焊；维修时采用专用刀具也可更换换热管，比胀接方便。一般情况下，焊接法的适用压力和温度无限制。但不适用于有较大振动与有缝隙腐蚀倾向的场合。因为在焊接处存在残余应力及应力集中，会加剧振动引起疲劳破坏；另外，管孔与换热管外壁间存在缝隙，其积存介质与缝隙外介质浓度有差别，会产生缝隙腐蚀。

焊接法的换热管与管板连接形式如图 7-17 所示。其中图（a）为最广泛使用的一种；图（b）适用于立式换热器的上管板，既可减小流体阻力，又可防止停车时管板上留存液体；图（c）一般适用于不锈钢或有色金属材料管板与换热管连接，该结构产生的焊接变形和残余应力均较小，但管孔周围开槽加工量大；图（d）为内孔焊，其焊缝位于管板的壳程一侧，需将焊枪深入管孔内进行焊接，管与孔壁之间不存在缝隙，不会产生缝隙腐蚀，操作时焊缝温度接近壳程介质温度，可减小温差应力，适用于防热疲劳、缝隙腐蚀及操作温度、压力苛刻的场合。图（d）中右方较左方受力状况更好，但管孔加工量大。

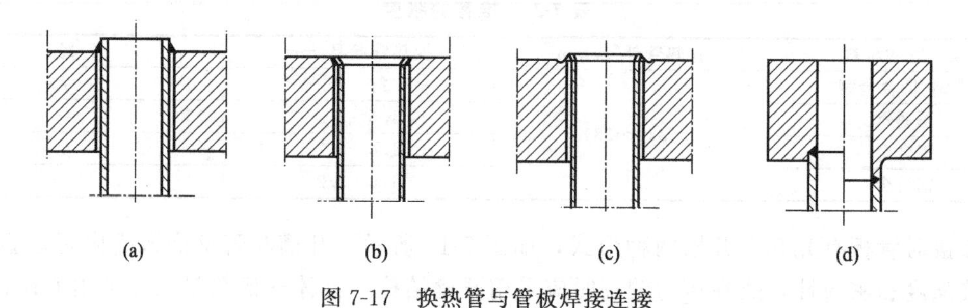

图 7-17 换热管与管板焊接连接

③ 胀焊结合 有些操作工况，例如高温高压换热管与管板的连接处，受到反复热变形、热冲击、腐蚀与流体压力的作用，易破坏，如单独采用胀接或焊接均难以满足要求，但胀焊结合可较好地解决这类问题。胀焊结合有强度胀加密封焊与强度焊加贴胀两种方式。前者是换热管与管板连接的密封性及抗拉脱强度主要由胀接来保证，辅之以焊接使密封性更好；后者则相反，密封性及抗拉脱强度主要由焊接来保证，辅之以贴胀。贴胀是指消除管外壁与孔壁之间缝隙的轻度胀接，其胀度较小，通常控制胀度 $K=2\%$。

对于胀焊结合的两种方式，一般认为以先焊后胀较好。因为若先胀后焊，则胀接时存留的油污会在焊接高温下形成气体进入焊缝，使焊缝产生气孔，影响焊接质量。先焊后胀则不存在此问题，但可能在胀接时使焊缝开裂，为此要求控制距离板表面 15mm 以上范围内不进行胀接，以防胀管时焊缝受到损坏。

胀焊结合适合工况为：承受振动、疲劳及交变载荷；有缝隙腐蚀或密封性要求较高；复合管板等。

（5）管板与壳体的焊接连接

在固定管板式换热器中，其管板与壳体均采用焊接连接，是不可拆的。GB/T 151 附录有多种连接形式，其区别主要在于焊接质量的差异。因圆筒壳壁与管板的厚度及刚度差别较大，故其连接焊缝处于高边缘应力与焊接应力的重合区，还存在有较大的温差应力等不利因素。设计时应综合考虑各种因素，可靠经济地选择适宜的焊接连接形式。

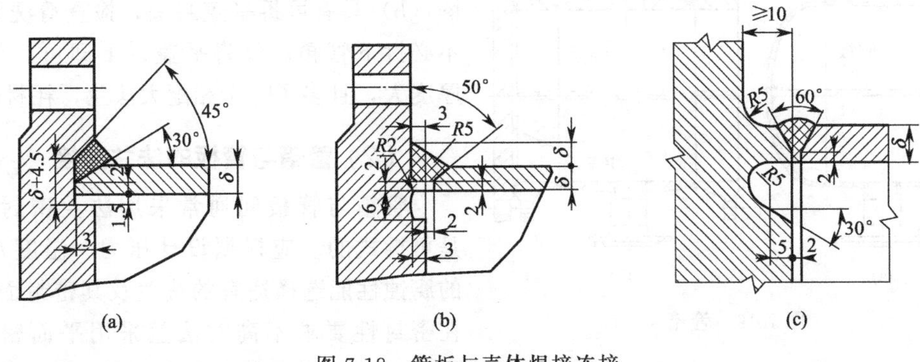

图 7-18 管板与壳体焊接连接

图 7-18 为延长部分兼作法兰的固定管板与壳体的焊接连接示例。其中图（a）管板开槽，筒壳焊缝坡口钝边与管板垂直，焊接应力大，焊透性差，焊接质量不理想，限用于 $p_s \leqslant 1.0$MPa 和非易燃、易爆、易挥发、有毒介质及壳壁厚度 12mm 以下的场合；图（b）管板上具有圆弧过渡的坡口钝边，与筒壳坡口钝边对接相连，利于焊透和减小局部应力，其适用压力可扩大至 $p_s \leqslant 4.0$MPa；图（c）管板带有圆弧过渡凸肩，使连接由角接变为等厚对接全焊透结构，可减小边缘应力、焊接应力和应力集中，还能较方便地采用射线对焊缝进行探伤，进一步保证了焊接质量，适用压力 $p_s > 4.0$MPa。对于易燃、极度及高度危害介质、液化石油气或设计温度高及低温、疲劳、有缝隙腐蚀工况亦应采用图（c）结构。但要注意，在有缝隙腐蚀时，焊缝背面均不得采用垫板，以防缝隙存在。

7.4.2 壳体与管箱

（1）设计要点

壳体与管箱结构简单，主要由圆筒壳和法兰等组成。设计时应注意以下几点。

ⅰ. 圆筒、封头、法兰等受压元件均按第 4、5 章及 GB 150 规定进行设计计算，但圆筒壳的最小壁厚应按 GB/T 151 规定取得大些。因为除制造、运输要求外，换热器还需满足管束抽拉或重叠安装的要求。

ⅱ. 进出口接管上的法兰，均属管法兰，应以接管公称直径为准，在管法兰标准（如 HG/T 系列）中选定，且在设计温度高于或等于 300℃时，选用高颈对焊法兰。

ⅲ. 与卷制圆筒壳相连的法兰，为压力容器法兰，应以圆筒内径为准，在压力容器法兰标准，如 NB/T 47020 系列中选定。但图 7-5 浮头式换热器中的外头盖侧法兰则应在 GB/T 29465《浮头式热交换器用外头盖侧法兰》标准中选用。

ⅳ. 管箱的作用是将进口管来的流体均匀分布到各换热管和将管内流体汇集到出口管。多程换热器的管箱内有按图 7-11 设置的分程隔板，其材料与圆筒短接相同，焊于管箱内表面上。隔板端部与管板密封槽相配，系压紧密封面。隔板最小厚度按 GB/T 151 选定，但在其两侧压差较大或载荷不稳定有冲击时，还应按 GB/T 151 给定公式进行强度校核。水平隔板上应开设有 6mm 直径排净孔。焊有分程隔板的碳钢、低合金钢制管箱应进行消除应力热处理，且法兰与隔板的密封面要在热处理后同时进行加工，保证在同一平面内。

管箱有不同结构形式，图 7-19 是常见的两种。其中图（a）具有不可拆的薄壳封头，壁

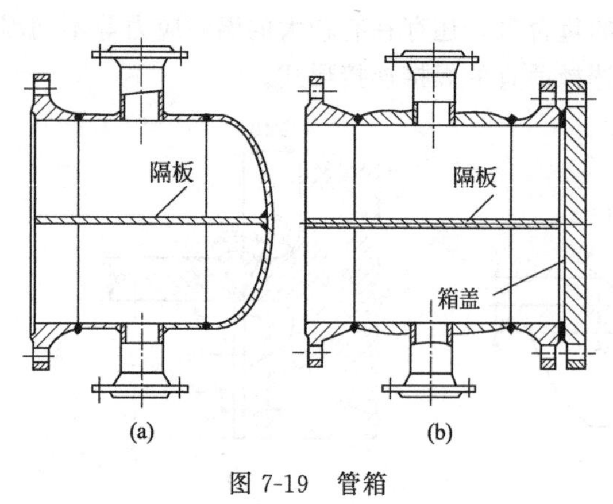

图 7-19 管箱

薄省材料，适用于管程较清洁介质，因检查或清洗管内时，必须拆下管箱，不太方便；图（b）具有可拆平盖封头，检查清洗管内时不必拆下管箱，仅将平盖拆下即可，但平盖厚度大，且多了一个相配大法兰，耗材较多。

（2）管箱与管板的法兰连接

管箱与管板间通常采用法兰密封连接，是可拆式的。应根据设计压力、温度及介质的腐蚀性能选择适宜的法兰及其密封面形式。在密封性要求不高时法兰采用平面密封面。榫槽密封面具有良好的密封性能，适用于密封性要求高的情况，但制造加工较难，且垫片窄，安装不方便。一般情况下，以尽可能采用凹凸面为好。

固定管板式换热器的管箱直接与焊在壳体上兼作法兰的管板连接（见图 7-4）。而浮头式等换热器的管箱法兰是与壳体法兰相连，管板被夹持在两法兰中间，如图 7-20 所示，这样可以方便地将管束抽出进行清洗维修。

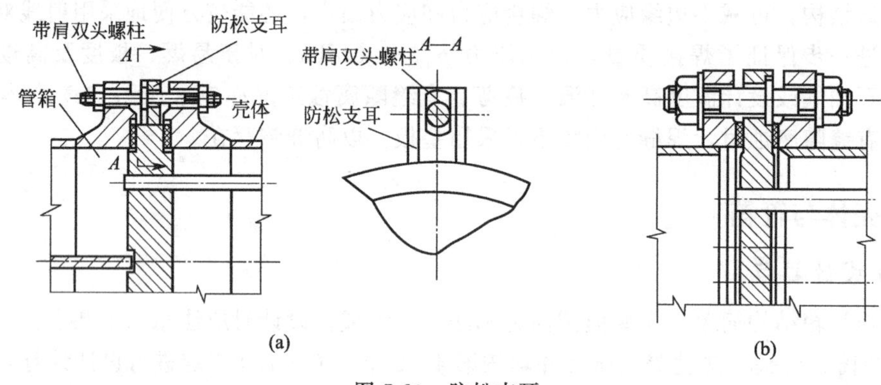

图 7-20 防松支耳

为了保护密封垫片和减少拆装螺母的工作量，在需要抽拉管束的固定管板上，通常要沿管板外缘均布对称设置防松支耳，如图 7-20 所示。公称直径小于 800mm 时，设两个，大于 800mm 时，设四个。防松支耳上开有径向沟槽，带肩双头螺栓的长形肩置于沟槽内，以防相配螺母松动和螺栓转动。图（a）中沟槽位于管箱这一侧，适用于管程需要清洗，而壳程不必清洗情况，此时只需将管箱一侧螺母拧下，就可拿下管箱，对管内进行清洗，而管板与壳体法兰密封不受破坏。若是壳体需清洗，而管程不必清洗，应按图（b）所示，将沟槽置于壳体法兰这一侧，此时只需壳体法兰螺母拧下，即可将管箱连同管板管束一同抽出壳外进行清洗，而管箱法兰与管板间垫片不被破坏。防松支耳通常加工成单个零件，然后焊接在管板外缘上。

7.4.3 浮头盖与钩圈

在浮头式换热器中，与活动管板相连的是浮头盖与钩圈（见图 7-5）。

(1) 浮头盖

浮头盖相当于管箱的作用，为一带法兰的球冠形封头结构。球冠形封头与刚度较其大得多的法兰采用焊接连接，在操作压力和法兰力矩作用下，二者变形协调会使球冠的边缘应力很大。故球冠封头的厚度计算式 $\delta=\dfrac{5p_tR_i}{6[\sigma]^t\phi}$ 是由球壳厚度计算式修正而得。按此式计及边缘应力作用后的球冠形封头厚度近似为球壳的 1.6 倍。

浮头盖承受管程的内压，同时又承受壳程外压的作用，故对于球冠形封头及法兰还应分别进行外压稳定校核和外压法兰验算。对焊接有多程隔板的浮头盖，焊后应进行消除应力热处理，且隔板与法兰密封面要在热处理后同时进行加工，保证在同一水平面内。

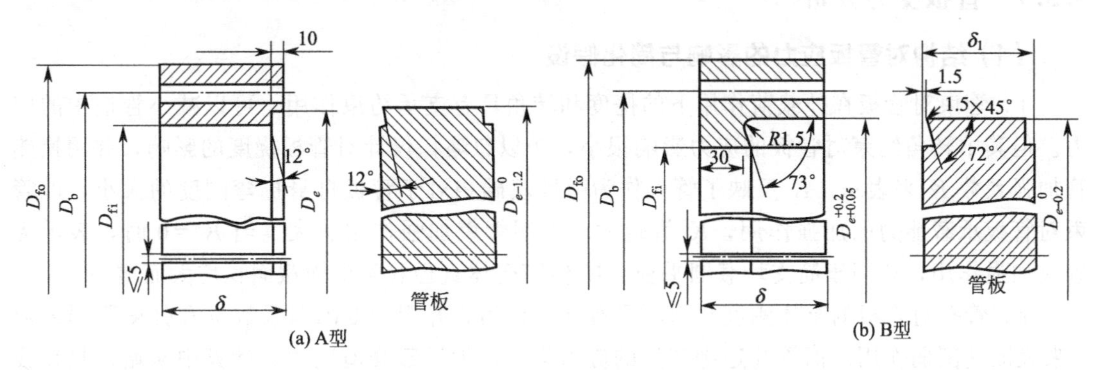

图 7-21 钩圈常用形式

(2) 钩圈

钩圈的内径小于浮头管板的外径，为此钩圈整体加工完成后再 180°对称剖分为两半，以便能进行装配。图 7-21 所示为国内采用的两种钩圈，其厚度均按 GB/T 151 规定计算。图 (a) 为 A 型钩圈，由于厚度大，故其双头螺柱较长，刚性和稳定性差，且浮头端介质滞流区大，减少了有效传热面积；图 (b) 为 B 型钩圈，较 A 型薄，螺柱较短，刚性大，浮头端滞流区也小，但加工较 A 型难些。

A 型钩圈的钩倾角与管板相同，均为 12°；而 B 型钩圈则与管板不同，管板为 18°，钩圈为 17°。B 型钩圈与浮头管板外径间具有 0.25～0.4mm 的间隙，在上紧螺母后该间隙将消失，从而使管板对钩圈起到支承并限制其转角变形的作用，既保证了螺柱的弯曲变形在允许范围内，又保证了有效的密封作用。

目前国内多采用 B 型钩圈。JB/T 4714《浮头式换热器冷凝器型式与基本参数》系列标准就是采用 B 型钩圈。

7.5 管板强度计算

管板与仅受均布载荷或集中载荷的圆平板不甚相同，其结构与受载均较复杂，影响强度的因素更多，使管板的强度计算也变得复杂。目前各国对管板的计算都是对影响强度的诸多因素做一定的简化假定后得到的近似厚度公式。由于各自的简化假定不全相同，使各国管板计算公式也不相同，计算结果存在不同程度的差异。例如美国列管式热交换器制造商协会 (TEMA) 和日本工业标准 (JIS)，是将管板视为周边支承条件下受均布载荷的圆平板，用

平板理论弯曲应力公式，考虑管孔的削弱，再引入经验性修正系数来计算管板厚度，其公式简单，使用方便，但精确性较差。英国标准 BS 和中国 GB/T 151 标准都是将管板作为放置在弹性基础上受轴对称载荷的多孔圆平板，既考虑了管束作为弹性基础的弹性反力的加强作用，又考虑了管孔的削弱作用，分析较全面，但计算复杂。目前，BS 法已被多数国家采用。

我国 GB/T 151 中的管板计算式以 BS 法为基础，同时吸收其他国家计算中合理因素，考虑更全面，能更准确地反映管板的实际受力情况，但因考虑影响的因素更多，使计算变得繁杂，工作量大。为此，按 GB/T 151 编有管板设计与校核电算软件，如 SW6 等，可使计算大为简便。以下对 GB/T 151 管板计算做定性分析。

7.5.1 管板受力分析

（1）结构对管板应力的影响与简化假设

ⅰ. 管束对管板在外载荷作用下的挠度和转角具有支承约束作用，可以减小管板中的应力。但其中转角约束对管板的应力影响很小，予以忽略，仅计对管板挠度的影响，并用换热管加强系数 K 来表示。K 反映了管束作为弹性基础相对于管板自身抗弯刚度的大小，即管束对管板承载能力的加强作用，K 值越大，表明管束加强作用愈大。当 $K=0$ 时，表示无管束加强作用，相当于简支均载圆平板。K 值随壳体直径和管束横截面积增大而增加。

ⅱ. 管孔对管板的整体刚度和强度具有削弱作用，并用刚度削弱系数 η 和强度削弱系数 μ 来表征其削弱作用。而管孔边缘产生的应力集中，为局部峰值应力，计算中从略，只在疲劳分析时考虑。η 及 μ 值与布管方式、管孔及换热管尺寸、换热管与管板连接方式等有关，η 及 μ 由理论分析或实验确定。GB/T 151 中规定取 $\eta=\mu=0.4$。

ⅲ. 将管板划分为中心部分的多边形布管区及其周边的不布管区两部分。多边形布管区，有管孔削弱，用直径为 D_t 的当量圆取代，D_t 的圆面积近似等于布管区多边形面积；周边不布管区简化为圆环板，无管孔削弱，会使管板边缘应力下降。而英国 BS 并未做此划分。

ⅳ. 管板周边支承条件，即封头、壳体、法兰、螺柱、垫片系统对管板弯曲变形及应力均有影响。对转角的影响用管板边缘旋转刚度无量纲参数 $\widetilde{K}_f$ 表征。$\widetilde{K}_f$ 表示约束管板周边转角的封头、法兰、垫片系统的相对旋转刚度，$\widetilde{K}_f$ 越大，该系统对管板边缘的转角约束越大，管板周边支承愈接近固支。周边支承对管板应力的影响用管板边缘力矩系数 $\widetilde{M}$ 来体现。而 BS 仅将管板周边支承分为简支和固支两种情况。

（2）管板的载荷与内力和应力

引起管板应力的载荷有管、壳程的压力 p_t 和 p_s 及管、壳程间的热膨胀差和法兰力矩。在这三种载荷的作用下，管板系统和壳体、封头、法兰等将产生不同的变形伸长量，但因它们是连在一起互相制约的，必将产生变形协调和边缘内力。因此，如图 7-22 所示，固定管板及其相连元件断面中的内力均由三部分组成：压力差及热膨胀产生的弯矩和剪力，这是主要的；由变形协调产生的边缘弯矩和剪力，其值在连接处可能很大，不能忽略；法兰力矩引起的弯矩和剪力。相应于这些内力在断面中的应力，对强度影响最大的是管板中的径向应力。

根据圆板的弹性分析，在板周边为理想简支和固支时，均载圆平板中的应力均呈抛物线

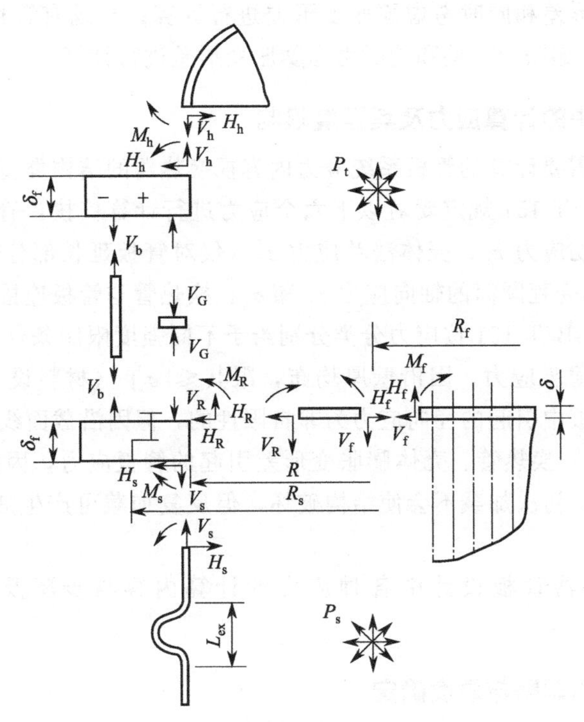

图 7-22　固定管板与其相关元件的内力

分布，且最大应力为径向弯曲应力。但管板由于管束的约束作用，其应力在换热管加强系数 K 值较大时不呈抛物线分布，而呈波状分布，且 K 值愈大，波数愈多，最大波峰应力点愈移向管板边缘，管束对管板的加强作用愈显著，如图 7-23 所示。

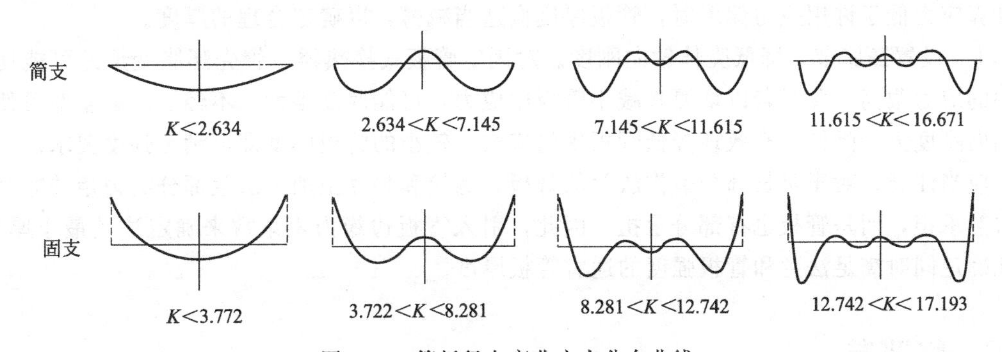

图 7-23　管板径向弯曲应力分布曲线

7.5.2 管板强度计算概要

(1) 管板的危险工况

管板设计时应考虑各种载荷的危险组合工况，而各组合情况下的管板应力则是几种载荷分别作用时应力的叠加。对于压力载荷 p_t 和 p_s，在操作中不可能保证总是同时作用，因此规定按单独作用分别考虑危险工况。但当二者中之一为负压时，必须考虑同时作用时的危险组合工况。GB/T 151 对不同形式换热器的危险工况均做了规定。例如固定管板式换热器，在管板不兼作法兰时，其危险组合工况有六种。当只有壳程压力 p_s，而管程压力 $p_t=0$ 时，按不计膨胀变形差和同时考虑膨胀变形差进行计算；当只有管程压力 p_t，而壳程压力 $p_s=0$

时，亦按不计膨胀变形差和同时考虑膨胀变形差进行计算；当既有管程压力 p_t，又有壳程压力 p_s 时，亦按不计膨胀变形差和同时考虑膨胀变形差进行计算。

（2）管板设计中的计算应力及其强度限制

在管板设计时，需要计算的管板系统应力内容视换热器的结构类型而异。对于固定管板式换热器的管板，GB/T 151 规定要对以下六个应力进行计算校核：管板最大径向应力 σ_r，管板布管区周边的剪切应力 τ_p；壳体法兰应力 σ'_f（仅对管板延长部分兼作法兰的热交换器进行计算）；换热管和壳程圆筒的轴向应力 σ_t 和 σ_c；换热管与管板连接的拉脱力 q。

对上述各应力，GB/T 151 按应力分类分别给予不同强度限制条件。压力在换热管和壳体内产生的一次总体薄膜应力，因沿壁厚均布，限其$\leqslant[\sigma]^t$（材料设计温度下许用应力）；压力及法兰力矩在管板中引起的径向应力为非自限性的，但因沿截面线性分布，为一次弯曲应力，限其$\leqslant 1.5[\sigma]^t$；换热管、壳体膨胀变形差引起的管板应力，因变形协调产生，具有自限性，为二次应力，初次加载不会使结构破坏，但反复加载可产生疲劳破坏失去安定性，限其$\leqslant 3[\sigma]^t$。

有关管壳式换热器管板设计中各种应力的计算内容与步骤及其具体公式可详见GB/T 151。

（3）管板的应力调整与厚度确定

当管板中的应力不满足强度限制条件时，通常采用下述方法进行调整。

ⅰ. 增加管板厚度，可大大提高管板抗弯截面模量，有效地降低管板中的应力。增厚调整一般按 $\delta\sqrt{\dfrac{\sigma_r}{1.5[\sigma]^t}}$ 进行计算。其中 δ 和 σ_r 分别为原计算厚度及其相应的计算应力。当管板计算应力低于许用应力偏多时，管板厚度应适当减薄，以确定合理的厚度。

ⅱ. 设置膨胀节，降低壳体轴向刚度。对固定管板式换热器，管壳膨胀变形差可能使管板中的应力很高，此时若以增厚来减小管板中应力，可能厚度很大，不经济。膨胀节可使壳体轴向刚度大为降低，有效地降低管板中的应力，较小的管板厚度即可满足强度要求。

应当注意，对于延长部分兼作法兰的管板，螺栓和垫片施加于法兰部分的力矩并非全部由法兰承担，而是管板也有部分承担。因此，引入管板边缘力矩系数来确定法兰最小厚度，以此确定同时满足法兰和管板强度的适宜管板厚度。

7.6 膨胀节

7.6.1 膨胀节的设置条件与结构类型

膨胀节是可以轴向伸缩的弹性补偿元件，能有效地补偿轴向变形，大大减小因膨胀变形差引起的管板应力、换热管和壳程圆筒的轴向应力及换热管与管板连接的拉脱力。

固定管板式换热器是否设置膨胀节，不能简单地按温差大小来确定，而必须按 GB/T 151 管板计算中计入膨胀变形差的三种工况所计算出的管板最大径向应力 σ_r，管板布管区周边的剪切应力 τ_p；壳体法兰应力 σ'_f（仅对管板延长部分兼作法兰的热交换器进行计算）；换热管和壳程圆筒的轴向应力 σ_t 和 σ_c；换热管与管板连接的拉脱力 q 来判定。当三种工况中有一个应力不满足限制条件时，首先考虑可否由改变有关元件的结构尺寸或换热管与管板由胀接改为焊接的方法予以满足，否则应在壳体上设置膨胀节。

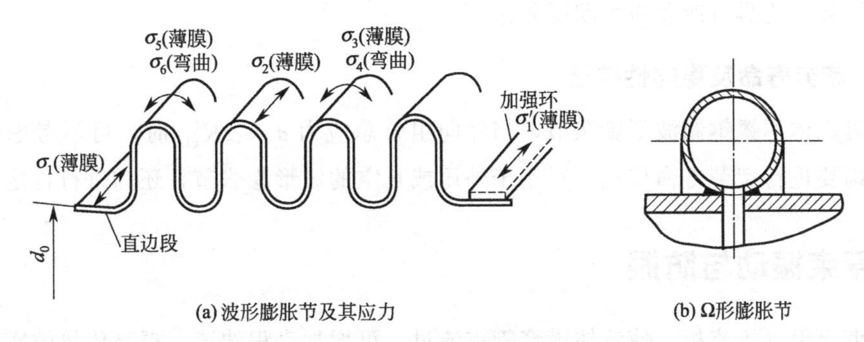

(a) 波形膨胀节及其应力　　(b) Ω形膨胀节

图 7-24　膨胀节

$\sigma_1 \sim \sigma_4$，σ_1'—压力引起的应力；σ_5，σ_6—轴向位移引起的应力

固定管板式换热器中采用的膨胀节大多为 U 形，即波形膨胀节，其次是 Ω 形，如图 7-24 所示。波形膨胀节由塑性良好的低强度钢板模压而成，其结构有单波与多波和单层与多层之分。在相同条件下，多波和多层较单波或单层补偿能力大，变形产生的应力低，疲劳寿命长。波形膨胀节的壁厚随换热器的直径和压力而增大，对补偿能力与疲劳寿命不利。而 Ω 形膨胀节由无缝钢管弯制而成，其壁内应力仅与钢管的直径和壁厚有关，与壳体直径几乎无关。因此，在换热器直径大或压力高时，应优先考虑采用 Ω 形膨胀节。

我国颁布有 GB/T 16749《压力容器波形膨胀节》标准，该标准是参照美国膨胀节制造商协会（EJMA）标准制定。设计时应优先按标准选用，必要时可自行设计。

7.6.2　波形膨胀节设计计算概要

波形膨胀节虽为结构简单的补偿元件，但在压力和温差作用下，其壁内产生的应力却较复杂，设计中需计算的应力较多。从总体上看，主要是薄膜应力和弯曲应力，但应力部位及其产生载荷有差别，需分别进行计算。现根据 GB/T 16749 中的规定及图 7-24 所示应力，概要介绍波形膨胀节的设计计算内容。具体计算公式可参见该标准。

(1) 应力校核计算与调整

波形膨胀节应对下述应力进行计算，并分别按不同强度条件予以限制。

ⅰ. 压力引起的波纹管直边段的周向薄膜应力 σ_1；

ⅱ. 压力引起的直边段套箍的周向薄膜应力 σ_1'，无套箍时不计；

ⅲ. 压力引起的波纹管周向薄膜应力 σ_2；

ⅳ. 压力引起的波纹管经向薄膜应力 σ_3 和经向弯曲应力 σ_4 及其组合应力 $\sigma_p=\sigma_3+\sigma_4$；

ⅴ. 轴向位移引起的波纹管经向薄膜应力 σ_5 和经向弯曲应力 σ_6 及其组合应力 $\sigma_d=\sigma_5+\sigma_6$；

ⅵ. 压力和轴向位移引起的波纹管经向组合总应力 $\sigma_t=0.7\sigma_p+\sigma_d$。因 σ_p 与 σ_d 并非作用于同一处，故做折算叠加，且叠加后按二次应力处理。

上列应力中，薄膜应力 σ_1、σ_1' 和 σ_2 均限其$\leqslant[\sigma]^t$（设计温度下膨胀节材料许用应力）；压力引起的经向薄膜与弯曲组合应力 $\sigma_p\leqslant1.5[\sigma]^t$；压力和轴向位移引起的经向组合总应力 $\sigma_t\leqslant2R_{eL}^t$。$R_{eL}^t$ 为设计温度下膨胀节材料的屈服极限。

当应力校核计算不满足强度限制条件时，可由下述途径进行调整：当压力产生应力过大时，可减小波高或增加壁厚；当轴向位移产生应力过大时，可适当增加波数或减小壁厚；增加波数或层数，均具有改善应力状况效果。

（2）疲劳寿命及稳定性校核

对于奥氏体不锈钢制波形膨胀节，当经向组合总应力 $\sigma_t \leqslant 2R_{eL}^t$ 时，可不考虑低周疲劳问题，否则要进行疲劳寿命校核；对用于外压或真空的波形膨胀节，还需进行稳定性校核。

7.7 管束振动与防振

在管束上设置折流板，使流体横穿管束流过，可增加壳程湍流，提高传热效率。但横向流动易引起换热管振动，即便在正常流速条件下，换热管也可能产生很大振幅。生产中因振动而发生换热管破坏的事故屡见不鲜。在换热器壳体进、出口接管附近，折流板缺口区、U形管的弯管处是换热管振动破坏的高发部位。其破坏形式及危害通常表现为：换热管与相邻换热管或与折流板管孔壁撞击，使换热管受到磨损、开裂或切断；换热管与管板的连接处发生泄漏，使换热管受交变应力作用，产生疲劳破坏；壳程发生强烈的噪声污染。

为使换热器能长期可靠地安全运行，设计时应当预测换热管振动破坏发生的可能性。为此对振动的诱因及其判断条件和防止措施予以简介。具体计算参数与公式可参见GB/T 151附录C。

7.7.1 振动诱因与计算参数

在壳程中，流体横流穿过管束时，流体诱发振动的主要因素是卡门旋涡、湍流抖振、声振和流体弹性激振等。当这些振动因素的振动频率彼此相同或与换热管的固有（自振）频率相同时，即会发生共振，使振幅大大增加，破坏性加剧。

（1）流体诱发的振动与计算参数

① 卡门旋涡　当流体横流过管束时，换热管背后会形成涡流，称为卡门旋涡。旋涡的产生和脱落，会使作用在换热管上的流体压力的大小和方向改变而导致换热管振动。当卡门旋涡自换热管表面脱落的频率与换热管的固有频率相等时，换热管便会产生剧烈振动。卡门旋涡频率以 f_V 表示。卡门旋涡必须在管心距较大时才会发生，一般认为其发生范围为：

顺排管束（流体方向正面通道无换热管，如正方形排列）$T/d_0=1.3\sim3.02$，$L/d_0=1.25\sim3.0$；

错排管束（流体方向正面通道有换热管，如正三角形排列）$T/d_0=1.5\sim4.65$，$L/d_0=1.25\sim7.9$。

T 为横排管心距（垂直于流体方向）；L 为纵排管心距（平行于流体方向）；d_0 为换热管外径。

② 湍流抖振　在管心距与换热管外径比小于1.5的密集管束中，由于管间空间较小，卡门旋涡不易发生。但壳程流体湍流频率与换热管任一振型的固有频率相等或接近时，便会导致换热管以大振幅振动。该频率称为湍流抖振主频率，以 f_t 表示。

③ 声振动　壳程流体为蒸汽或气体时，会在与流动方向和换热管轴线都垂直的方向上

形成声学驻波在壳内往返传播。当声学驻波频率，即声频 f_a 与卡门旋涡频率或湍流抖振频率一致时，便激起声振动，从而产生强烈噪声。但在壳程介质为液体时，则不会发生声振动。因为液体中的声速极高，使声频 f_a 增至很大，振幅减至很小。

④ 流体弹性激振　流体弹性激振属于自激振动，是由于个别换热管偏离原位产生位移，破坏了邻近换热管的受力平衡，使换热管受到波动压力作用，在自振频率下处于振动状态，其振动一旦开始，振幅便急剧增大。换热管开始振动的流体速度称为临界横流速度，以 V_c 表示。当流体横流速度 $V>V_c$ 时，即会发生流体弹性激振，且随流速的增加换热管振幅急剧增大。

上述各诱因的一般规律是，当横流速度较低时，易产生卡门旋涡或湍流抖振，此时换热器内既可能产生换热管振动，也可能产生声振动；当横流速度较高时，换热管振动多由流体弹性激振引起，但不会发生声振动。

（2）换热器的固有（自振）频率

在管束中，与折流板、拉杆等相比，换热管的弹性更大，故最易引起振动。换热管的振动具有多个振型及其相应的多个自振频率。但对诱发振动影响最大的是基频，即最小的自振频率，用 f_1 表示。换热管自振频率与其支承条件，如折流板数等有关。一般认为管板端为固支，折流板处为简支。

7.7.2　振动判据与防振措施

（1）振动判据

壳程流体为气体或液体时，符合下列条件之一者，管束即可能发生振动。

ⅰ．卡门旋涡频率 f_V 与换热管最低固有自振频率 f_1 之比 $f_V/f_1>0.5$；

ⅱ．湍流抖振主频率 f_t 与换热管最低固有自振频率 f_1 之比 $f_t/f_1>0.5$；

ⅲ．横流流速 V 大于临界横流速度 V_c。

壳程流体为气体或蒸汽时，声频 f_a 符合 $0.8f_V<f_a<1.2f_V$ 或 $0.8f_t<f_a<1.2f_t$，可能发生声振动。但由于换热管的阻尼作用，噪声不一定很大。要判断噪声大小尚应计算无因次声共振参数。

（2）防振措施

① 改变壳程流速。改单壳程为双壳程，改单弓形折流板为双弓形折流板，增大折流板间距离，均会改变壳程流速，但这会使传热效率改变。设计时应权衡利弊。

在流体入口处设置防冲板，使流体离开防冲板边缘处的流速不要过高，是常用的方法；而在流体入口处设置内导流筒或外导流筒，对管束防冲及防振效果更佳，但结构则变得复杂。

② 改变换热管的固有自振频率。如减小换热管易振段跨度，折流板缺口不布管，U形弯管段设支承板或支承条等。

③ 以折流杆代替折流板，将横向流改为纵向流，不仅能防振，还可强化传热，降低壳程压降，减少污垢。

思考题

7-1　管壳式换热器有哪几种类型？各有何特点？

7-2 GB/T 151《热交换器》国家标准，包括哪几方面基本内容？适用的压力和直径有何限制？

7-3 Ⅰ级管束与Ⅱ级管束有何区别？各适用于何种工况？

7-4 什么情况下管板应采用锻件？锻件与板材有何区别？

7-5 换热管与管板的连接有几种方法？各自的主要特点及应用有何区别？

7-6 GB/T 151 中的管板强度计算有哪些主要简化假设？

7-7 固定管板式换热器，其管板强度计算需要计算哪些应力？其强度限制条件有何区别？为什么？在强度不足时，应采用什么方法进行应力调整？

7-8 固定管板式换热器，何时需设置膨胀节？波形与Ω形膨胀节各适用于什么条件？为什么？

7-9 何种结构管束可能产生换热管振动？其主要诱因是什么？如何防振？

能力训练题

7-1 调研我国换热设备的发展历史及当前先进换热设备的类型、特点及其案例，形成调研报告。

7-2 调研工程中换热设备及其元件存在的失效实例及解决措施，形成调研报告。

7-3 请查阅资料，调研提高换热设备换热效率的技术和方法，浅谈先进换热设备的发展方向及其在“碳达峰、碳中和”目标中的作用，以及本专业大学生应承担的使命和责任。

8 塔设备

8.1 概述

塔设备是过程工业中的重要单元操作设备之一，无论是在投资还是能耗方面，都占据了举足重轻的地位。据统计，塔设备在全部工艺设备的投资比重仅次于换热设备，例如在炼油及煤化工中约占22%～35%。

按过程原理和功用，塔设备可以分为精馏塔、吸收塔、解吸塔、萃取塔、反应塔和干燥塔等。但按塔内的结构形式，上述各类塔仅可划分为板式塔和填料塔两大类。板式塔内设置着一系列塔盘，作为传质传热元件；而填料塔无塔盘，其传质传热元件是堆放于塔内的填料。

由图 8-1 和图 8-2 可知，不论板式塔还是填料塔，其基本结构组成均可概括为：

塔体，包括筒体、封头及连接法兰等；

塔内件，主要指塔盘或填料，其次有支承结构及气液体的分配和分离装置等；

塔体支座，一般为裙式支座；

附件，包括人孔、进出料接管、仪表接管及塔外的扶梯、平台、保温层及其支承圈和塔顶吊柱等。

对于板式塔和填料塔，以上各部分中，只有塔内件具有显著差异，而其余各部分的结构、形状及功用均是相同的。

本章介绍塔的机械设计，内容主要为设备结构和强度设计计算。在充分满足工艺操作条件下，机械设计应保证各组成零部件结构合理，强度、刚度及连接密封可靠；同时应便于制造、装拆和检修；对于大型设备，尚应考虑运输的可能与方便。

2014 年颁布的 NB/T 47041《塔式容器》是现行的推荐性标准。

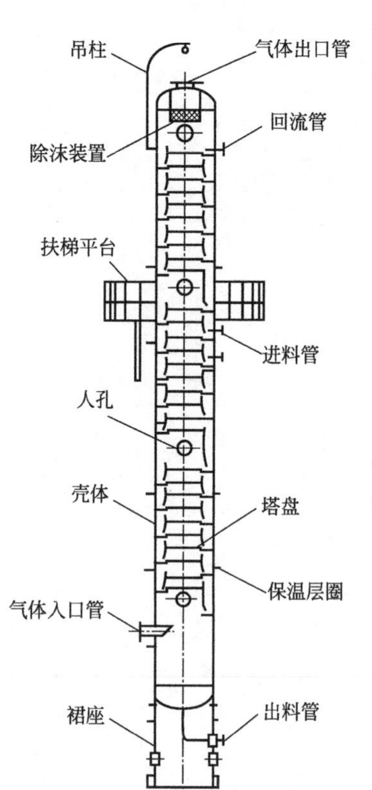

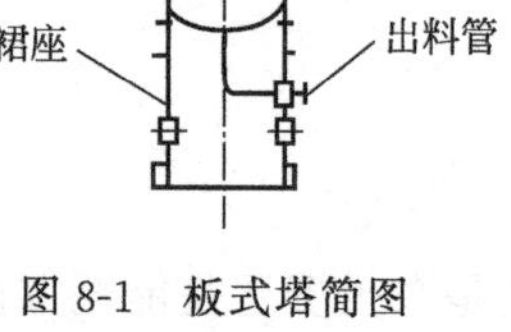

图 8-1 板式塔简图

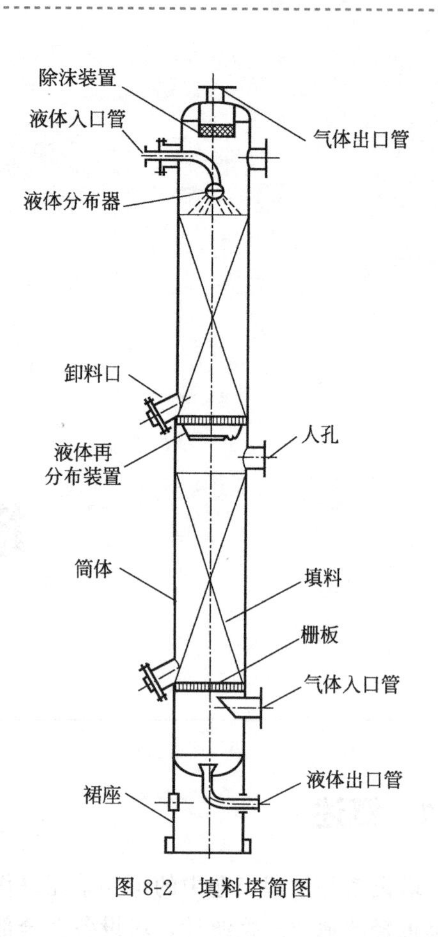

图 8-2 填料塔简图

8.2 板式塔内件

如图 8-1 所示，在板式塔内主要有塔盘，其次有除沫装置和物料进出管结构等。

8.2.1 塔盘结构

一个塔内通常有多个塔盘，是塔内物料进行传质交换的场所。气体自下而上，穿过塔盘上的液体，在一层层塔盘上进行传质传热交换。大多数塔盘以等间距设置，少数间距要大些。例如最高一层塔盘与塔顶或除沫器间的间距常大于塔盘的等间距较多，目的是利于气液分离，更好地除沫；最低一层塔盘至塔底间距也较大，目的是提供足够的料液储存空间，保证不被抽空；进料塔盘与上层塔盘间距亦较大，以利于料液快速蒸发汽化；另外，开有人孔处的塔盘间距应大些，一般为 700mm。

塔盘有多种结构类型，如泡罩塔盘、筛板塔盘、浮阀塔盘和舌形塔盘等。其中应用最早的是泡罩和筛板塔盘，目前应用最广的是筛板和浮阀塔盘。同一个塔内，通常采用一种塔盘，但也有采用两种乃至与填料混合使用的。具体采用何种结构塔盘，由工艺设计确定。

不论何种类型塔盘，均可分为整块式和分块式两种结构。塔径在 800～900mm 以下时，宜采用整块式塔盘；塔径更大时，采用分块式塔盘。

（1）整块式塔盘

整块式塔盘由塔盘板（即塔板）、塔盘圈、带溢流堰的降流管（板）、密封结构和紧固件等组成，如图 8-3 所示。其塔盘板由一块完整的钢板制成，板厚一般取 3～4mm，直径较塔内径小 4mm。密封结构是为防止气体由塔盘与塔壁间流通而降低塔盘效率。密封元件常为 ϕ10～12mm 的石棉绳，放置 2～3 层。

整块式塔盘的塔体由若干圆筒节组成，每个筒节内装设数层塔盘，塔盘间距由定距管控制，筒节与筒节间采用法兰连接。塔盘的安装和检修通常在单个筒节内进行。当塔径小于或等于 500mm 时，只能手臂伸入筒节内安装塔盘，此时筒节长度应小于或等于 1000mm；当塔径大于 500～700mm 时，上身可探入筒节内操作，此时筒节长度可取 1800mm 以下。

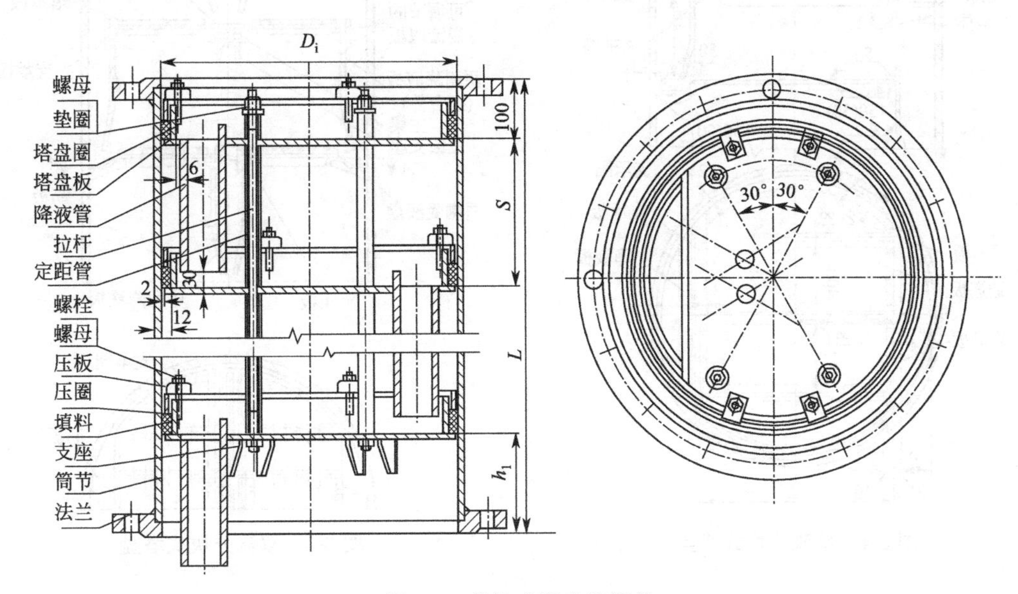

图 8-3 整块式塔盘及筒节

（2）分块式塔盘

当塔径大于或等于 800mm 时，人已经可以进入塔内安装、检修塔盘。所以，塔体不需要分成筒节，塔盘板也不需要做成整块的，而是分成数块，通过人孔送入塔内，装在塔盘固定件上，这就是分块式塔盘结构。塔盘板分块，使结构变得简单，拆装方便，刚度增强，且便于制造、安装和检修。

分块式塔盘，根据塔径大小，又分单流塔盘和双流塔盘。当塔径为 800～2400mm 时，采用单流塔盘，如图 8-4 所示；当塔径大于 2400mm 时，采用双流塔盘，如图 8-5 所示。

由图可知，不论是单流还是双流塔盘，都是由塔盘板（即塔板）、降液管、受液盘（槽）、溢流堰、支承件和紧固件等组成。有关分块式塔盘的结构与设计计算，可详见 SH 3088《石油化工塔盘设计规范》，以下仅做简要介绍。

为便于了解塔盘结构，在图 8-4 主视图上，上层塔盘装有塔板，下层塔盘未装塔板，仅画出了塔盘固定件。在俯视图上，做了局部拆卸剖视，卸掉了右后四分之一部分的塔板，以便表示下面的塔盘固定件。

① 塔板　图 8-4 和图 8-5 示出，塔盘上的塔板分成数块。靠近塔壁的两块塔板，叫弓形板，中间的是矩形板，为了检修方便，中间必须有一块作为上下通道用的塔板。通道板是一块矩形平板，其两侧安放在矩形板或弓形板边的凹面内。矩形板和弓形板的结构，应用最多的是自身梁式，也有采用槽式的，如图 8-6 所示。自身梁式塔板是将其中一个边长的宽度

$h_1=60\sim80$mm，弯折成90°作为梁，使梁与板构成一个整体。塔板的长度与塔径有关，而宽度 B 必须小于人孔直径。自身梁塔板宽度一般有340mm和415mm两种，最小厚度包括腐蚀裕量在内，碳钢为4mm，不锈钢为2mm。

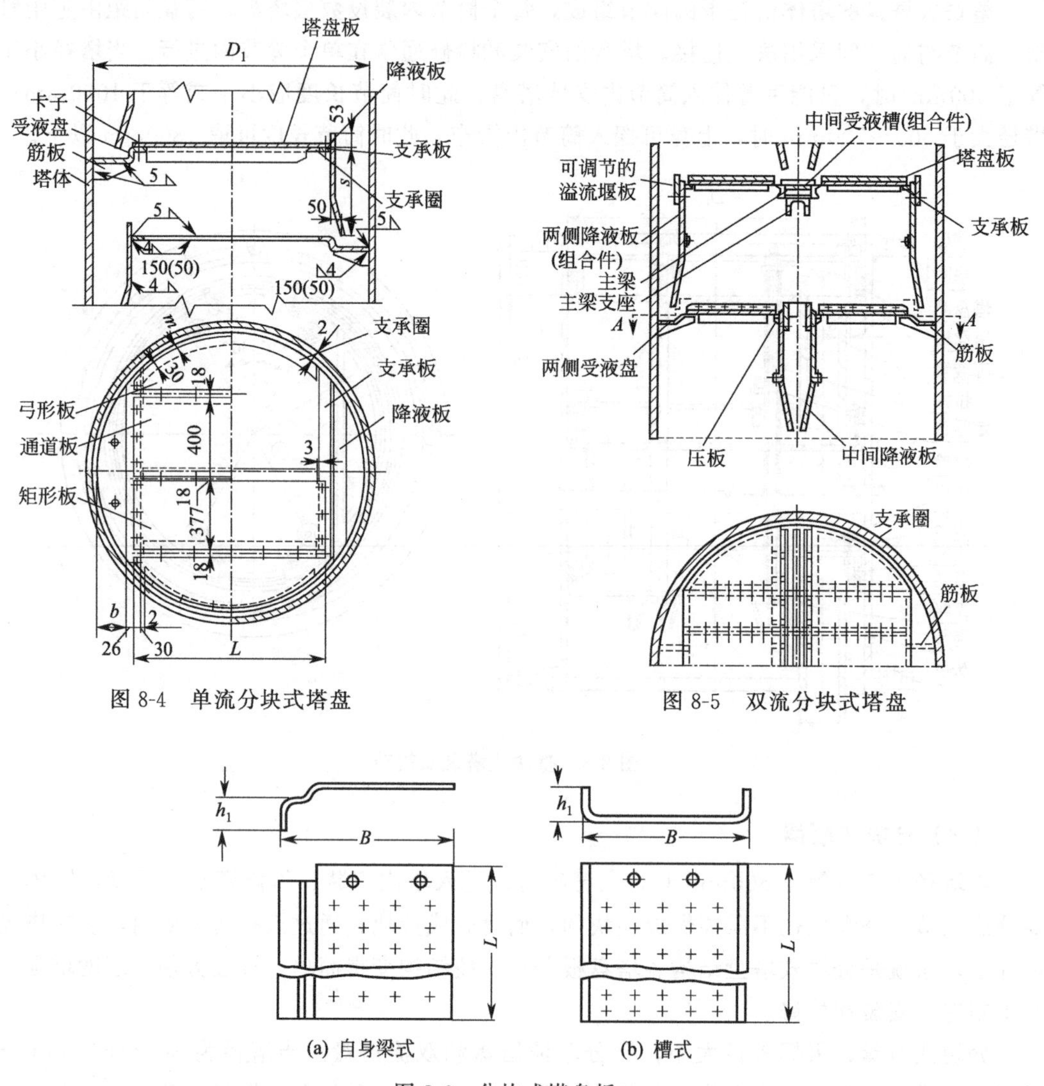

图 8-4　单流分块式塔盘

图 8-5　双流分块式塔盘

图 8-6　分块式塔盘板

② 支承件　塔盘上的支承件，除支承板和支承圈外，降液板和受液盘亦兼作塔板支承件，均焊在塔壁上。当塔径大于1600mm时，受液盘下面应设置筋板支承；当塔径在2000mm以上时，若分块塔板的跨度过大，会因刚度不足而产生较大挠度，此时需增设支承梁，使塔板长度的一段置于支承梁上，从而减少塔板的长度及跨度。支承梁安放于焊在塔壁上的支座上。受液盘筋板和支承梁支座均焊于塔壁上，如图8-5所示。支承梁有不同结构形式，如型钢或板材冲压件等。

③ 紧固件　塔盘上的零部件间连接紧固点众多，且为装拆方便的可拆卸连接。有多种紧固件结构，现介绍几种常用的。

图8-7所示为双面可拆连接，适用于塔板及通道板与塔板间连接。其紧固件由垫片、椭圆垫板、螺母和顶端带槽的双头螺栓组成。检修时，从上、下方均可松开螺母，将塔板或通

道板移开卸下。

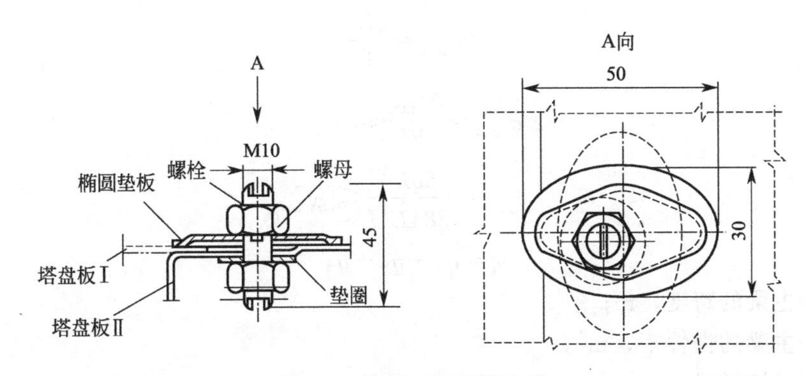

图 8-7 塔板双面可拆连接

塔板与支承圈（板）间，多采用卡子紧固件连接。它由卡板及焊于其上的螺钉和椭圆垫板及螺母等组成，如图 8-8 所示。

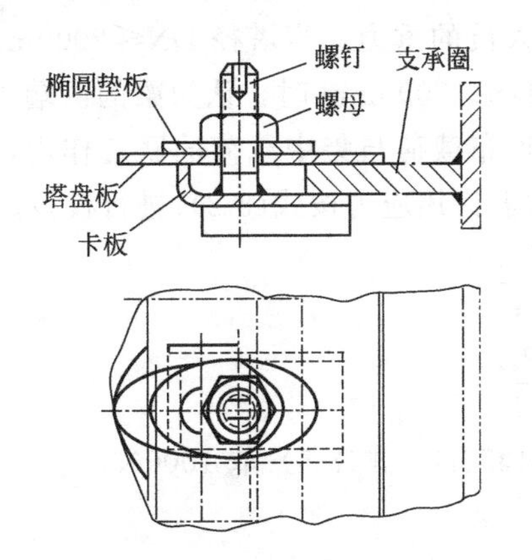

图 8-8 塔盘板与支承圈的连接（上可拆）

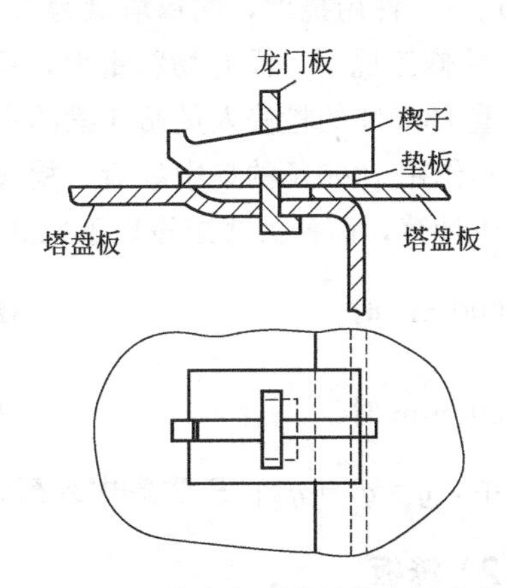

图 8-9 用楔卡紧固件的塔盘板连接

图 8-9 是楔卡紧固件，由龙门卡板、垫板和楔子组成。其装拆不需拧螺母，方便省时，且可用于多种零件的连接。但拆装均要锤击，故不宜用于易燃、易爆及腐蚀性介质场合。

④ 降液结构　图 8-5 示出，降液结构由降液板（管）、受液盘和溢流堰等组成，是上层塔盘中的液体流向下层塔盘的通道。其中溢流堰是可调的，便于控制塔盘上液体的深度。降液板的下端，在受液盘内应低于塔板平面，以便形成液封，防止气体沿降液板走短路。

8.2.2 塔盘的强度与刚度校核

为了保证塔设备的工艺设计要求，塔盘除进行强度校核外，还必须进行刚度校核，因为塔盘的过大变形，会影响气液在塔盘上的均匀接触，使塔盘的效率下降。塔盘的刚度校核主要是校核塔板和主梁挠度。

（1）主梁

将主梁简化为承受均布载荷的简支梁，分别考虑塔设备在操作和检修时两种工况。

① 操作工况下　主梁所承受的载荷有塔板重力 q_1、物料重力 q_2 及梁的自重 q_3，单位均为 N/m。此时主梁为承受均布载荷的简支梁，其中点处的最大弯矩及应力与挠度，分别

由以下三式计算。

$$M_{\max}=\frac{qL^2}{8} \tag{8-1}$$

$$\sigma_{\max}=\frac{M_{\max}}{W}\leqslant[\sigma]^t \tag{8-2}$$

$$y_{\max}=\frac{5qL^4}{384E^tI}\leqslant[y] \tag{8-3}$$

$$q=q_1+q_2+q_3$$

式中 L——主梁的跨度，m；

I——主梁的惯性矩，m^4；

E^t——弹性模量，N/m^2；

W——梁的截面模数，m^3；

$[\sigma]^t$——操作温度下梁材料的许用应力，N/m^2；

$[y]$——许用挠度，泡罩塔盘为 $L/900$，浮阀等塔盘为 $L/720$。

② 检修工况下　没有物料重力，但要考虑检修人员的重力，当塔径 DN≤2000mm 时，按一位重 1350N 的检修人员站在梁的中间计算；当 DN＞2000mm 时，认为梁的两端 1/3 梁长处分别作用 1000N 的集中载荷。检修时主梁承受均布载荷与集中载荷的联合作用，此时挠度不予计算，而最大弯矩按以下二式计算，再以常温许用应力按式(8-2) 进行校核。

DN≤2000mm 时
$$M_{\max}=\frac{qL^2}{8}+\frac{PL}{4} \tag{8-4}$$

DN＞2000mm 时
$$M_{\max}=\frac{qL^2}{8}+\frac{PL}{3} \tag{8-5}$$

式中，$q=q_1+q_3$；P 为集中载荷，式(8-4) 取 1350N，式(8-5) 取 1000N。

（2）塔板

塔板根据受均布载荷矩形板理论计算。通常以不小于最小厚度规定首先确定一个厚度，然后按操作工况由式(8-6) 和式(8-7) 进行强度与刚度校核。常用塔板最小厚度：泡罩塔盘，碳钢不计腐蚀裕量为 6mm，不锈钢为 4mm；浮阀等其他塔盘，碳钢为 4mm，不锈钢为 2mm。

最大应力
$$\sigma_{\max}=\beta\frac{6qb^2}{\delta_e^2}\leqslant[\sigma]^t \tag{8-6}$$

最大挠度
$$y_{\max}=\alpha\frac{qb^4}{E^t\delta_e^3}\leqslant[y] \tag{8-7}$$

$$q=q_1+q_2$$

式中 q——塔板承受的均布载荷，N/m^2；

q_1，q_2——塔板和物料载荷，N/m^2；

$[\sigma]^t$——塔板材料在操作温度下的许用应力，N/m^2；

δ_e——塔板有效厚度，mm；

α，β——与塔板宽度 b 和长度 c 有关的系数，见表 8-1；

$[y]$——许用挠度，mm；泡罩塔盘在塔径≤1800mm 为 1.5mm，大于此值时为 3mm；浮阀等其他塔盘，在塔径≤2400mm 时为 3mm，大于此值为塔径的 1/720。

表 8-1　系数 α 和 β 与 b/c 的对应关系

b/c	1.0	1.2	1.4	1.6	1.8	1.9	2.0	3.0	4.0	5.0	6.0
α	0.043	0.062	0.077	0.091	0.102	0.106	0.111	0.1336	0.14	0.142	0.1422
β	0.048	0.063	0.075	0.086	0.095	0.098	0.102	0.119	0.123	0.125	0.1250

8.2.3　进料管结构及除沫装置

（1）进料管结构

当塔径大于800mm，人可进入塔内检修时，对于洁净和不易聚合的液体物料，一般采用图8-10所示的简单结构进料管。当塔径小于800mm，人不能入塔工作或物料腐蚀严重、易聚合时，应采用带外套管的可拆进料管，如图8-11所示。

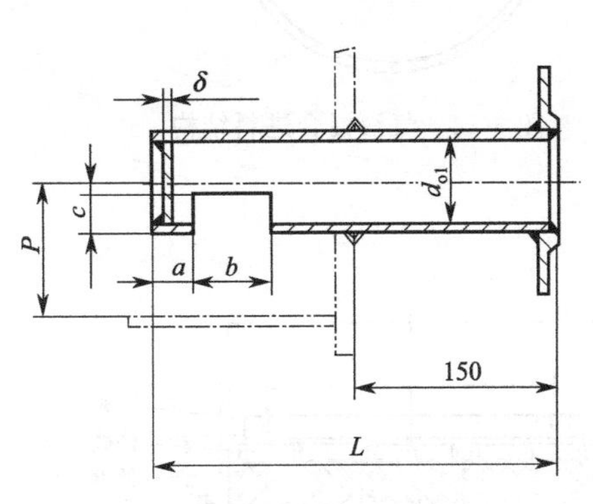

图 8-10　进料管与塔壁焊接

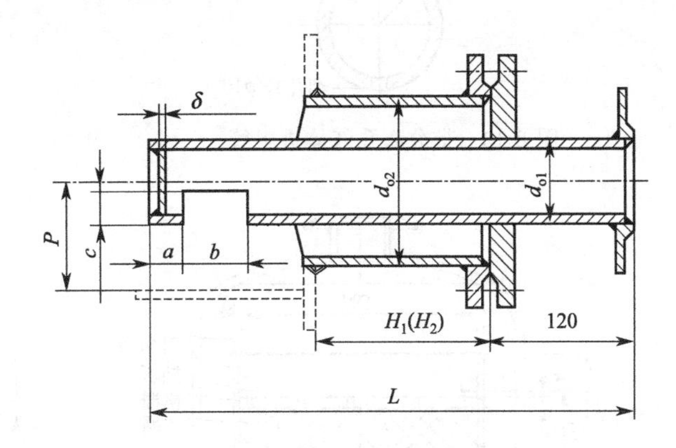

图 8-11　外套管与塔壁焊接

对于气体进料，图8-12为一种简单结构的进气管，常用于分布要求不高的塔中。当塔径较大，要求气体分布均匀时，可采用图8-13所示进气管结构。管上开有由工艺确定的三排出气小孔。

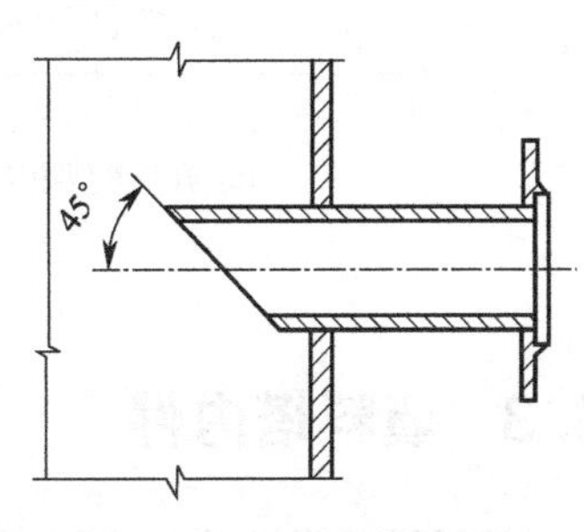

图 8-12　简单气体进料管

当进塔物料为气液混合物时，为了使物料经过气液分离，一般可采用图8-14所示的切线进料装置。在进料管出口前方沿塔壁设有导向挡板，起导向和防止塔壁冲刷作用。导向挡板上下设有挡板，气液混合料沿上下挡板间流动，经旋风分离过程，液体向下，气体向上流动。

（2）除沫装置

为保证传质效率并改善塔后操作，分离塔中气体所夹带的液粒，在塔设备的顶部或出口处通常设置除沫装置。石油、化工设备中广泛使用的除沫装置是丝网除沫器，它主要由丝网和格栅等组成。丝网材料有镀锌钢丝和不锈钢丝，也有尼龙或聚四氟乙烯等织物，均有系列标准规范可选用。使用表明，当气速为1～3m/s时，丝网除沫效果可达98%。

丝网除沫器适用于洁净的气体，若气液中含有黏结物时，容易堵塞网孔，不宜采用。其结构有升气管型和全径型两种。前者适用于除沫器直径为600mm以下，且与出气口直径接近的情况，如图8-15(a) 所示；后者为大型除沫器，适用于大直径，且与塔径相近的情况，如图8-15(b) 所示。

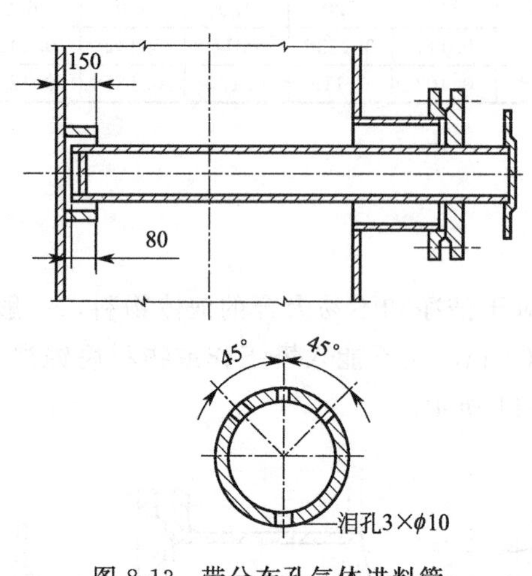

图 8-13 带分布孔气体进料管

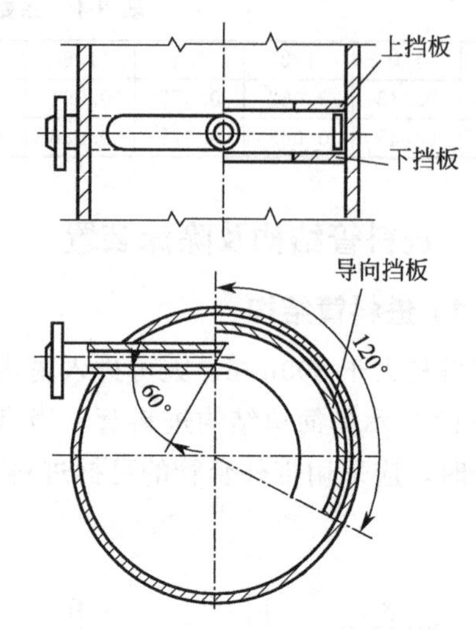

图 8-14 气液混合进料结构

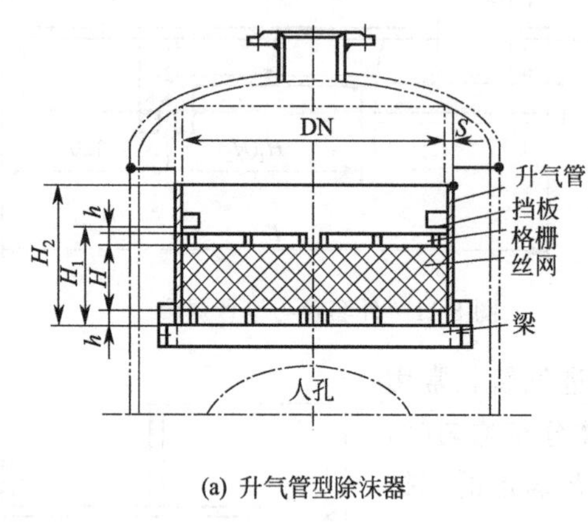

(a) 升气管型除沫器

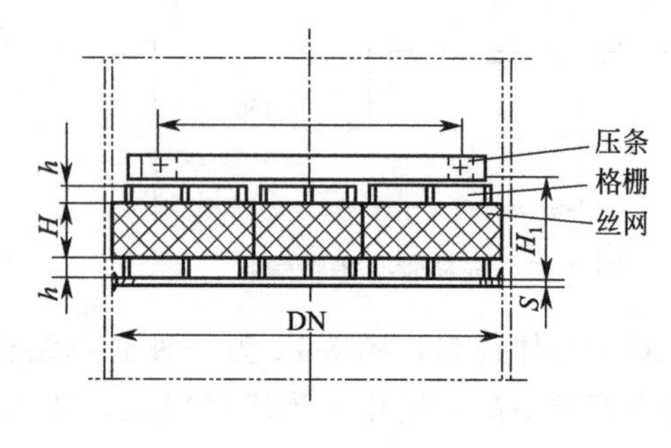

(b) 全径型丝网除沫器

图 8-15 丝网除沫器

8.3 填料塔内件

填料塔是微分接触式气-液传质设备，其传质元件与场所是填料。填料塔与板式塔相比，其结构简单，压降小，传质效率高，便于采用耐蚀材料制造等。过去填料塔多用于 700mm 以下小直径塔，但目前国内外已经开始将大型板式塔（例如炼油厂减压塔）改造为填料塔，在提高产品产量、质量和节能降耗方面取得了显著成效。

填料分为散装和规整填料两大类。散装填料是乱堆于塔内，以其大致使用先后顺序，有拉西环、θ环、十字环、内螺旋环、鲍尔环、阶梯环及鞍形等多种结构填料。规整填料的压降和传热传质性能均优于散装填料，其结构有丝网波纹及板波纹两种类型。

由于以填料取代了塔盘，故填料塔的内件结构也与板式塔有较大差异。除填料外，其内部主要有液体分布器、液体收集器与再分布器及填料的支承、压紧和限位装置等。

8.3.1 液体分布与收集装置

液体分布与收集装置包括液体分布器和再分布器及收集器。

(1) 液体分布器

液体分布器位于塔顶处填料上部，一般高于填料表面层150～300mm。其作用是将初始进料液或回流液均匀地分布到填料表面上。由于初始进料分布对填料塔的操作影响最大，所以液体分布器是填料塔内极为关键的内件。其基本要求有：能均匀分散液体；通道不容易被堵塞；流动阻力降小；结构简单、易于制造；具有合适的操作弹性等。最简单的是莲蓬头喷淋式分布器，但其分布性能差，现已基本淘汰。目前常用的液体分布器有盘式液体分布器、管式液体分布器、槽式液体分布器、槽盘式液体分布器等，如图8-16所示。

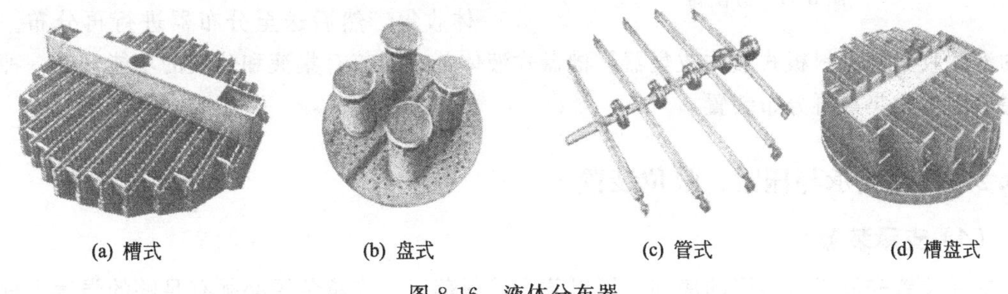

(a) 槽式　(b) 盘式　(c) 管式　(d) 槽盘式

图 8-16　液体分布器

① 盘式分布器　有盘式筛孔型分布器、盘式溢流管式分布器等形式。液体加至分布盘上，经筛孔或溢流管流下。分布盘直径为塔径的0.6～0.8倍，此种分布器用于DN<800mm的塔中。

② 管式分布器　管式液体分布器由不同结构形式的开孔管制成，常用的有排管式[图8-16(c)]与环管式两种结构。其突出的特点是结构简单，供气体流过的自由截面大阻力小；但小孔易堵塞，弹性较小。管式液体分布器多用于中等以下液体负荷的填料塔中。在减压精馏及丝网波纹填料塔中，由于液体负荷较小而常用之。

③ 槽式液体分布器　主要由上方的分流槽（称主槽或一级槽）与下方的分布槽（称副槽或二级槽）构成。一级槽通过槽底开孔将液体初分成若干流股，分别加入其下方的多个液体分布槽。分布槽的槽底或槽壁上设有布液孔，将液体均匀分布于填料层上。

视分布槽上的布液孔形状和位置不同，槽式分布器分为孔流型与溢流型两种结构：孔流型是在分布槽底开圆形布液孔，液体由槽底流出，分布质量好；溢流型是在布液槽侧壁开矩形或倒三角形布液孔，液体由侧壁流出，分布质量欠佳。溢流型槽式分布器适用于物料含有污物、易堵塞的散装填料布流，高效规整填料不宜采用。

④ 槽盘式液体分布器　槽盘式分布器是近年来开发的新型液体分布器，它将槽式及盘式分布器的优点有机地结合在一起，兼有集液、分液及分气三种作用，结构紧凑，操作弹性高达10∶1。气体分布均匀，阻力较小，特别适用于易发生夹带、易堵塞的场合。

(2) 液体收集器与再分布器

液体自上而下流过填料时，液体有逐渐向塔体周边汇集的倾向，而使得塔壁处有大量液流，中间液流很少，甚至完全没有，最终形成塔中心不能被润湿的被称为干锥的现象。此外，由于气液流率的偏差会造成局部气液比不同，使塔截面出现径向浓度差，如不及时重新混合，就会影响塔设备的操作性能。因此在填料塔内，每隔一定的距离就需设置一液体收集及再分布器，以改善液体的分布情况。

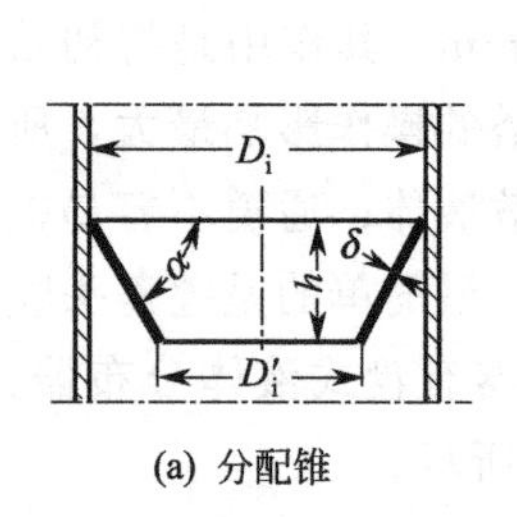

(a) 分配锥

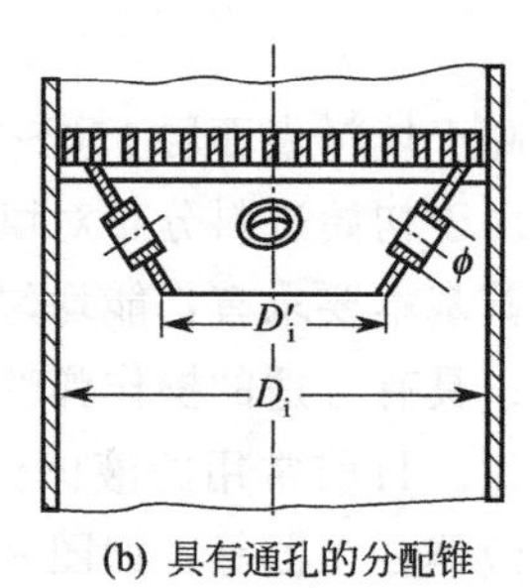

(b) 具有通孔的分配锥

图 8-17 分配锥

最简单的液体收集与再分布器为截锥式，如图 8-17 所示。截锥式再分布器结构简单，安装方便，但它只起到将壁流向中心汇集的作用，无液体再分布功能，一般用于直径小于 600mm 的塔中。

许多情况下是将液体收集器及液体分布器进行组合，构成液体收集与再分布装置。收集器的作用是将上层填料流下的液体收集，然后送至分布器进行再分布。常用的液体收集器为斜板式液体收集器。槽盘式液体分布器兼有集液和分液的功能，是一种较理想的液体收集与再分布装置。

8.3.2 填料支承与压紧、限位装置

（1）支承装置

支承装置安放于填料层的底部，用以防止填料落下。支承装置必须有足够的强度支承塔内的填料及物料的重量，同时其自由截面积应大于填料层的自由截面积，以保证气液两相顺利流过。

结构最简单的支承装置是栅板，由竖立的扁钢焊在钢圈上制成，如图 8-18(a) 所示。塔径小于 500mm 时采用整块式栅板，塔径大时可采用分块栅板，其分块栅板尺寸应保证能从人孔出入。栅板广泛用于规整填料的支承，而乱堆填料不宜采用。因为栅板上的空隙易被堵塞，使开孔率减小。

图 8-18(b) 所示为波纹型支承装置。其特点是气液可走不同通道，而不会由同一孔中逆流通过，有利于流体的均匀再分布，属于高通量低降压的填料支承装置。

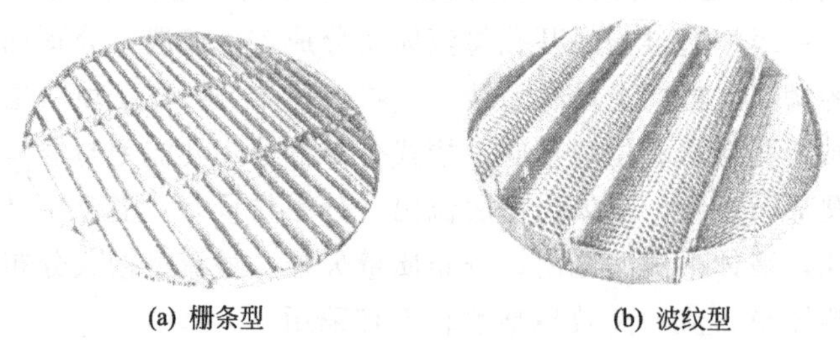

(a) 栅条型　　(b) 波纹型

图 8-18 填料支承装置

（2）压紧、限位装置

当塔内气速较高或压力波动较大时，会导致填料层的松动而使填料层内各处产生装填密度的差异，进而引起气、液相分布不均，甚至造成填料破碎、损坏。为此需在填料层上端设置压紧或限位装置，即填料压板或定位器。

填料压板自由放置于填料层上端，靠自身重量将填料压紧。它适用于陶瓷、石墨等制成的易发生破碎的散装填料。常用的填料压板为栅条式，其结构类似图 8-18(a) 支承装置，只是其空隙率要大于 70%。其次为网板式压板，它由钢圈和金属网等制成，如图 8-19 所示。栅板式和网板式压板均可制成整体式和分块式两种结构，由塔径大小确定。

填料定位器，亦称床层限制板，其结构与填料压板基本相同。但后者要固定在塔壁上，用以防止金属、塑料等制成的不易发生破碎的散装填料及所有规整填料向上移动。但为不影响液体分布器的安装和使用，不能采用连续的塔圈固定，对于小塔可用螺钉固定于塔壁，而大塔则用支耳固定。对于规整填料，床层限制板常用栅条式结构，而金属及塑料制散装填料，宜采用网板式结构。

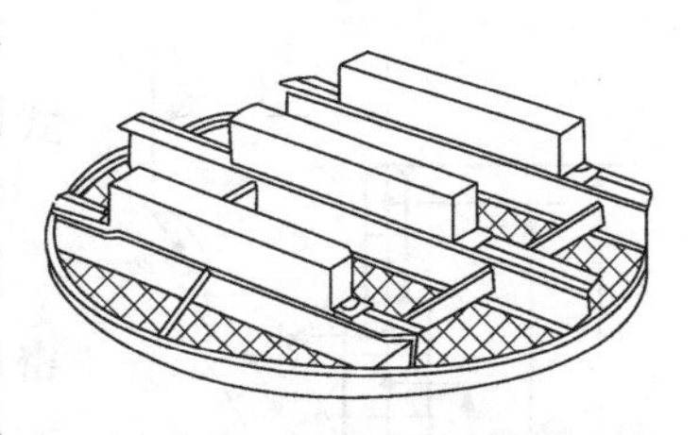

图 8-19 网板式填料压板

8.4 塔设备载荷分析与计算

塔设备一般直立安装于室外，多属高耸的大型结构压力容器设备。基于此点，塔设备承受的载荷与其他承压设备不尽相同，它既承受操作压力、温度和重力等载荷，又承受风及地震的动力载荷。而动力载荷对设备结构的作用和效果与静力载荷通常存在如下区别：

ⅰ. 动载荷的大小和方向是随时间变化的，而静载荷则不变；

ⅱ. 动载荷会引起设备结构振动，且振动过程中结构产生的位移和内力是随时间变化的，故其求解结果是多个解，而静载荷则是单一解；

ⅲ. 动载荷的计算与设备的自振周期、振型和阻尼等自振特性参数有关，而静载荷仅与载荷大小有关。

可见，在对塔设备进行分析计算时，必须确定其自振周期或频率。

8.4.1 塔的自振周期

自振周期对塔承受的风载荷与地震载荷均有影响：自振周期大，风的脉动性增强，从而使水平风力加大；自振周期变化，地震影响系数也变化，从而影响水平地震力的大小。因此，自振周期计算结果将直接影响塔的动载荷计算精确度。

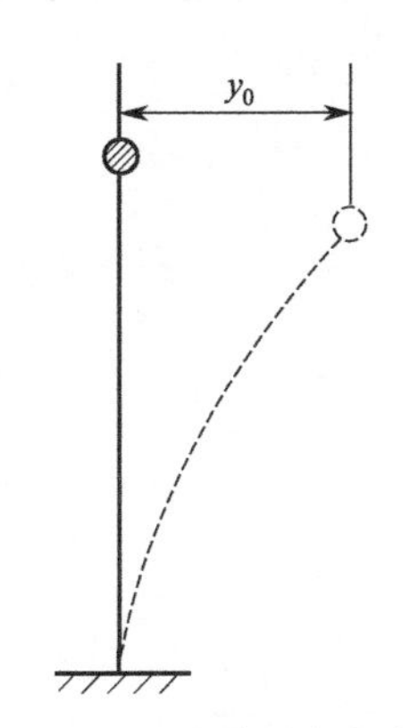

图 8-20 顶端单质点自由度

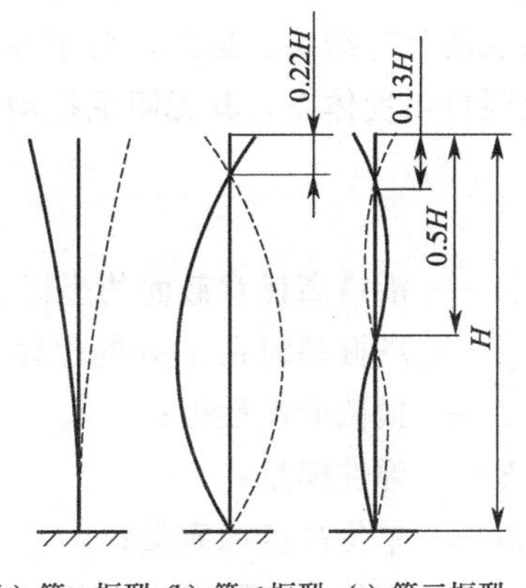

图 8-21 塔设备振型

(1) 单质点自由度结构的自振周期

图 8-20 是下端刚性固定于地面，顶端具有集中单质点自由度结构的振动模型。在不计自身质量和无阻尼时，根据振动理论，其自振周期 T 为

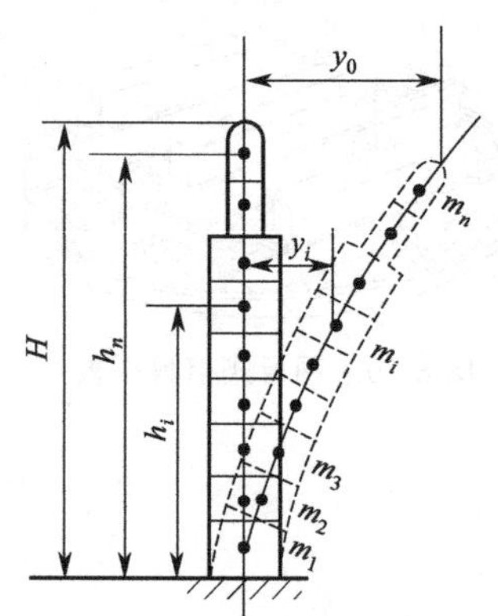

图 8-22 变截面塔简化为多质点体系

$$T=2\pi\sqrt{my} \tag{8-8}$$

式中 m——顶端质点的质量，kg；

y——顶端质点在单位力作用下的位移，即柔度，m/N。

式(8-8) 表明，单自由度结构的自振周期与其质量和柔度密切相关，质量和柔度愈大，自振周期也愈大。多自由度结构亦如此。

(2) 塔设备的自振周期

塔设备的质量并不像单质点自由度结构那样集中于塔顶，而是沿塔全高连续分布或分段连续分布。故任何一个塔均可视为有无限个质量点，即无限个自由度体系。为便于分析计算，常把连续分布段简化为多自由度体系，而每个自由度体系均对应一个固有自振频率。因此塔的振动具有多个固有自振频率，其中最低的频率称为基本固有频率或基本频率，而其余由低到高依次为第 2 频率、第 3 频率……对应于任意一个频率，塔振动后的变形曲线称为振型。显然塔设备的振动也具有多个振型，如图 8-21 所示。

与基本固有频率相对应的自振周期最大，称为基本固有自振周期或基本自振周期。塔设备的自振周期及振型主要取决于其质量和刚性的分布状况，其次为阻尼等外部因素。其自振周期计算有解析法、折算质量法及有限元法等几种，常依塔的质量与刚性分布而选择其中适宜的计算方法。NB/T 47041 对等直径等壁厚塔采用解析法，而不等直径不等壁厚变截面塔则采用折算质量法。

① 等截面塔 等截面塔，即等直径等壁厚塔，其质量和刚性特点是沿塔高不变化，呈连续分布，故其振动状态可用时间与坐标的连续函数来描述。即将塔简化为顶端自由、底端刚性固定，质量及刚度沿高度连续分布的悬臂梁，当作垂直于轴线方向振动时，主要产生横向弯曲变形，塔的振动只需要横向位移（挠度）来表征。此时采用解析法求解其自振周期，可得精确的计算结果。据此，对于等直径等壁厚和材料密度与弹性模量均相同的等截面塔，作为无限自由度体系，其无阻尼振动方程为

$$\frac{d^4y}{dx^4}-\frac{\bar{m}\omega^2}{EI}y=0 \tag{8-9}$$

式中 x——沿塔高任意截面的坐标；

y——塔振动时在 x 处的位移；

I——横截面惯性矩；

E——弹性模量；

$\bar{m}$——单位高度的质量；

ω——塔的自振圆频率，其与塔的自振周期关系为

$$T=\frac{2\pi}{\omega} \tag{8-10}$$

求解上述两个方程，可得塔的前三个振型对应的自振周期分别为

$$T_1=1.79\sqrt{\frac{\bar{m}H^4}{EI}} \qquad T_2=0.285\sqrt{\frac{\bar{m}H^4}{EI}} \qquad T_3=0.102\sqrt{\frac{\bar{m}H^4}{EI}}$$

对于圆柱形塔，若其质量 m_0 单位为 kg，单位高度的质量为 $\bar{m}=m_0/H$；塔的横截面惯性矩近似取 $I=\frac{\pi}{8}D_i^3\delta_e$；$H$、$D_i$、$\delta_e$ 分别为塔的总高、内径及有效厚度，单位均为 mm；E 的单位用 MPa。则上述各式可变得更为简明，即

$$T_1=90.33H\sqrt{\frac{m_0H}{E\delta_eD_i^3}}\times10^{-3}(\mathrm{s}) \tag{8-11}$$

$$T_2=14.42H\sqrt{\frac{m_0H}{E\delta_eD_i^3}}\times10^{-3}(\mathrm{s}) \tag{8-12}$$

$$T_3=5.11H\sqrt{\frac{m_0H}{E\delta_eD_i^3}}\times10^{-3}(\mathrm{s}) \tag{8-13}$$

式中，T_1 为塔的第 1 振型自振周期，即基本自振周期；T_2 和 T_3 分别为第 2 和第 3 振型的自振周期，且可近似取 $T_2=T_1/6$ 和 $T_3=T_1/18$。

② 变截面塔　变截面塔的质量与刚度沿高度分布是不连续的，但一般是分段连续，亦具有无限个自由度。若把每个分段内沿高度均布的连续质量简化为作用于该段中点处的集中质量，就可以使塔由无限自由度体系变为有限的自由度体系（见图 8-22）。但多自由度的自振周期不易采用解析法求解，故常用折算质量法求其近似解。

折算质量法就是将上述多自由度体系中的所有集中质量振动产生的最大动能之和与一个单质点自由度体系振动产生的最大动能相等。基于此点，就可采用式(8-8) 单质点理论计算变截面塔的自振周期，即 $T=2\pi\sqrt{my}$。但式中 m 与 y 分别为折算质量和塔顶单位作用力时的位移，由下二式确定。

$$m=\sum_{i=1}^{n}m_i\left(\frac{h_i}{H}\right)^3,\ y=\frac{1}{3}\left[\sum_{i=1}^{n}\frac{H_i^3}{E_i^tI_i}-\sum_{i=2}^{n}\frac{H_i^3}{E_{i-1}^tI_{i-1}}\right]$$

将 m 及 y 值代入式(8-8)，即得不等直径不等壁厚变截面塔的基本自振周期式(8-14)。且同样可取其第 2 振型自振周期为 $T_2=T_1/6$。

$$T_1=114.8\sqrt{\sum_{i=1}^{n}m_i\left(\frac{h_i}{H}\right)^3\left(\sum_{i=1}^{n}\frac{H_i^3}{E_i^tI_i}-\sum_{i=2}^{n}\frac{H_i^3}{E_{i-1}^tI_{i-1}}\right)}\times10^{-3}(\mathrm{s}) \tag{8-14}$$

式中　H——包括塔顶封头在内的塔体总高，mm；

H_i——第 i 段底部截面至塔顶的距离，mm；

h_i——第 i 段集中质量点（中点）距地面的高度，mm（H、H_i、h_i 见图 8-23）；

n——塔体分段数，自下而上、由小到大；

m_i——第 i 段的集中质量，kg；

E_i^t、E_{i-1}^t——第 i 段、第 $i-1$ 段壳体的设计温度下的弹性模量，MPa；

I_i——为第 i 段截面惯性矩，mm^4。

对于圆柱壳　$I_i=\frac{\pi}{8}(\delta_{ei}+D_i)^3\delta_{ei}$

式中，δ_{ei} 为第 i 段塔体的有效厚度，mm；D_i 为第 i 段内直径，mm。

8.4.2　风载荷

风载荷对塔的作用可做如下表述：

风载荷→塔
- 迎风面→风压 q
  - 平均静风压 q→顺风向水平风力→顺风向弯矩→顺风向弯曲
  - ↑K_{2i}
  - 阵风脉动风压→顺风向摇晃振动
- 背风面→卡门涡街→垂直风向交变横推力→横风向交变弯矩→横风向摇晃振动

不难看出，风会使塔在两个方向产生弯矩。其中顺风向弯矩包括平均风压产生的静弯矩和脉动风压产生的动弯矩，而横风向弯矩则是在塔的背风面由风的诱导振动所引起，属动载荷。早期工程界对横风向弯矩并未给予足够重视，但自美国塔珂玛大桥因风诱发的振动被摧毁之后，接着又在美、英等国陆续发生钢烟囱风诱发剧烈振动或破坏的事故，表明横向风振的危害很大。因此，在塔的设计中考虑风诱发的横向振动就成了必然趋势。

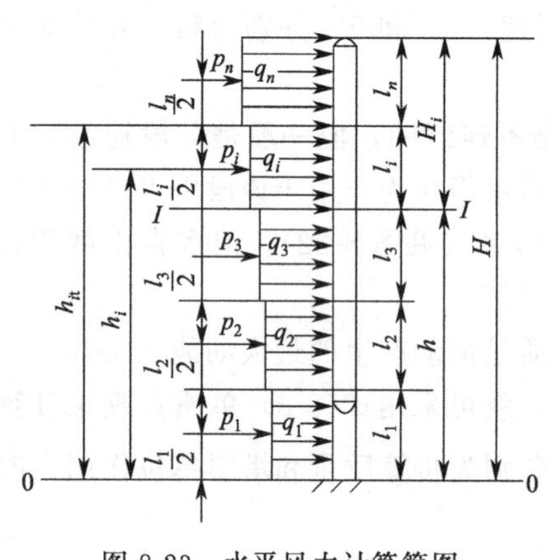

图 8-23　水平风力计算简图

（1）顺风向水平风力计算

顺风向水平风力及其弯矩，是塔常规设计中必须计算的重要内容。

风是一种随机变化的载荷，顺风方向的风力由平均静水平风力和脉动风力两部分组成。前者称稳定风力，属静载荷作用，其值等于风压与塔迎风面积的乘积；后者为脉动阵风，属动载荷，会使塔产生顺风向摇晃振动，计算中是将其折算成静载荷，即将平均静水平风力乘以风振系数 K_{2i}。由此计算出的是平均静风压与脉动风压共同作用产生的顺风方向总水平风力。

如图 8-23 所示，计算时通常将塔划分为 10m 左右的若干段，并认为每段作用的风压是均布的定值。该定值风压按计算段中点距地面的高度确定。每个塔段所受顺风向的总水平风力，就认为是作用于该中点处的集中力 P_i，由式(8-15) 计算。

$$P_i = K_1 K_{2i} q_0 f_i l_i D_{ei} \times 10^{-6}\,(\mathrm{N}) \tag{8-15}$$

式中　l_i——任意计算塔段的长度，mm；

K_1——塔的体型系数，圆柱形塔取 $K_1=0.7$；

K_{2i}——第 i 计算段的风振系数；

q_0——基本风压，$\mathrm{N/m^2}$；

f_i——风压高度变化系数，高度取各计算段顶截面的高度；

D_{ei}——第 i 计算段塔体迎风面的有效直径，mm。

以上各参数表明不同因素对水平风力的影响。

① 基本风压 q_0　以一定速度运动着的风，作用于垂直于风方向的单位平面上的压力称为风压。按流体力学原理，风压 $q=\frac{1}{2}\rho V^2$，可见风压与风速 V 和空气密度 ρ 有关。其中风速又随地区、季节、离地高度及地面阻碍物等因素有关，尤其距地面高度影响更明显。因此，为确定风压的大小，必须有一个标准高度作为基准。按此标准高度计算的风压称为基本风压，以 q_0 表示。基本风压是计算风载荷最基本的参数，其值由式(8-16) 计算。但我国各地基本风压可由本书附录Ⅲ或 GB 50009 查取，其值不应小于 $300\mathrm{N/m^2}$。

$$q_0=\frac{1}{2}\rho V_0^2(\mathrm{N/m^2}) \tag{8-16}$$

式中参数我国规定：空气密度取 $\rho=1.25\mathrm{kg/m^3}$；基本风速 V_0 为当地空旷平坦地面上 10m 高度处，10min 平均风速数据，50 年一遇的最大平均风速，m/s。但应注意，对于风速高度，各国标准规定并不相同。例如中、英、俄均为 10m，而美国为 30ft[1]，日本为 15m。虽然均为 50 年一遇的重现期，但确定平均风速的时距，除俄罗斯外，大多不是 10min。故在采用国外标准时，应按我国基本风压进行换算，以保安全。

② 风压高度变化系数 f_i　风压高度变化系数 f_i，是任意高度处风压与基本风压的比值。其大小与距地面高度和地面粗糙度有关，高度愈高，风速与风压愈大，但当到达一定高度时，风速则稳定在一定值不再变化，此高度称为梯度风高度。梯度风高度约为 300～500m。塔设备高度通常低于 300m，其任意高度段内的风压是用基本风压 q_0 乘以高度变化系数来确定。我国 150m 以下风压高度变化系数如表 8-2 所示。

表 8-2　风压高度变化系数 f_i

地面粗糙度类别 / 距地面高度 h_{it}/m	A	B	C	D
5	1.17	1.00	0.74	0.62
10	1.38	1.00	0.74	0.62
15	1.52	1.14	0.74	0.62
20	1.63	1.25	0.84	0.62
30	1.80	1.42	1.00	0.62
40	1.92	1.56	1.13	0.73
50	2.03	1.67	1.25	0.84
60	2.12	1.77	1.35	0.93
70	2.20	1.86	1.45	1.02
80	2.27	1.95	1.54	1.11
90	2.34	2.02	1.62	1.19
100	2.40	2.09	1.70	1.27
150	2.64	2.38	2.03	1.61

注：A 类系指近海海面、海岸、海岛、湖岸及沙漠地区；B 类系指田野、乡村、丛林、丘陵及住房比较稀疏的中小城镇和大城市郊区；C 类系指有密集建筑群的城市市区；D 类系指有密集建筑群且房屋较高的城市市区。

③ 体型系数 K_1　K_1 表征塔的受风表面结构对风压的影响。不同形状的结构，在相同风速下，其风压分布是不同的。试验表明，对于细长的圆柱形结构，当雷诺数 $Re\geqslant 4\times10^5$ 时，$K_1=0.4\sim0.7$。我国绝大多数地区的塔设备，其 $Re>4\times10^5$，故在塔的设计中取 $K_1=0.7$，对矩形迎风面才有 $K_1=1$。

④ 风振系数 K_{2i}　K_{2i} 表征阵风脉动风压在水平风力中的影响程度，其值为全部总风压与静风压之比。如前所述，基本风压 q_0 是 10min 内的平均稳定静风压，并未考虑随时间变化的脉动风压的影响。而 K_{2i} 是考虑脉动风压后平均静风压的放大系数。静风压 q_0 乘以 K_{2i} 后，就将单纯的静风压折算成了含有脉动风压二者共同作用的风压。K_{2i} 与塔的高度、自振周期及其振型等因素有关。我国标准规定，塔高 $H\leqslant 20\mathrm{m}$ 时，$K_{2i}=1.70$；$H>20\mathrm{m}$ 时，按式(8-17) 计算。

---

[1] 此单位为英尺，1ft=0.3048m。

$$K_{2i}=1+\frac{\xi\nu_i\phi_{zi}}{f_i} \tag{8-17}$$

式中各系数分别表征某种因素对 K_{2i} 的影响。

ξ 为脉动增大系数，为脉动风压作用产生的振幅位移与相当的静风压产生的位移之比，其值随塔的自振周期增大而增大，如表8-3所示。因为自振周期与塔总高 H 的1.5次方成正比，故塔越高，ξ 值也越大，表明脉动风使塔产生的晃动幅度和危害也越大。

ν_i 为任意塔段的脉动影响系数，表征脉动风压沿塔高的变化及其空间相关性，而 f_i 则表征平均风压沿高度的变化。ν_i 在150m以下近地面高度内，随高度增加而增大，而在150m以上高度，则大多随高度增加减小，如表8-4所示。

ϕ_{zi} 为任意塔段的振型系数。塔的振型不同，脉动风引起的晃动幅度就不同（见图8-21）。在塔的顺风向水平风力计算中，由于第1振型对脉动风的影响最大，故大多仅考虑第1振型的振型系数。其值按式(8-18)计算，但通常则由表8-5查取。

$$\phi_{zi}=\frac{6h_{it}^2H^2-4h_{it}^3H+h_{it}^4}{3H^4} \tag{8-18}$$

式中　h_{it}——计算段上端截面距地面高度，见图8-23；

H——塔顶距地面高度。

表8-3　脉动增大系数 ξ

$q_1T_1^2/(\mathrm{N\cdot s^2/m^2})$	10	20	40	60	80	100
ξ	1.47	1.57	1.69	1.77	1.83	1.88
$q_1T_1^2/(\mathrm{N\cdot s^2/m^2})$	200	400	600	800	1000	2000
ξ	2.04	2.24	2.36	2.46	2.53	2.80
$q_1T_1^2/(\mathrm{N\cdot s^2/m^2})$	4000	6000	8000	10000	20000	30000
ξ	3.09	3.28	3.42	3.54	3.91	4.14

注：1. 表中 q_1 为风压，对于地面粗糙度A类，$q_1=1.38q_0$，B类 $q_1=q_0$，C类 $q_1=0.62q_0$，D类 $q_1=0.32q_0$。

2. T_1 为第1自振周期。

3. 中间值可以采用线性内插法求取。

表8-4　脉动影响系数 ν_i

高度 h_{it}/m 地面粗糙度类别	10	20	30	40	50	60	70	80	100	150
A	0.78	0.83	0.86	0.87	0.88	0.89	0.89	0.89	0.89	0.87
B	0.72	0.79	0.83	0.85	0.87	0.88	0.89	0.89	0.90	0.89
C	0.64	0.73	0.78	0.82	0.85	0.87	0.90	0.90	0.91	0.93
D	0.53	0.65	0.72	0.77	0.81	0.84	0.89	0.89	0.92	0.97

表8-5　振型系数 ϕ_{zi}

相对高度 h_{it}/H		0.1	0.2	0.3	0.4	0.5	0.6	0.7	0.8	0.9	1.0
ϕ_{zi}	第1振型	0.02	0.06	0.14	0.23	0.34	0.46	0.59	0.79	0.86	1.0
	第2振型	−0.09	−0.03	−0.53	−0.68	−0.71	−0.59	−0.32	0.07	0.52	1.0

注：中间值可以采用线性内插法求取。

⑤ 塔体迎风面的有效直径 D_{ei}　塔体迎风面有效直径 D_{ei}，包括计算段内所有受风构件迎风面的宽度，取其总和。

当笼式扶梯与塔顶管线布置成180°时，$D_{ei}=D_{oi}+2\delta_{si}+K_3+K_4+d_o+2\delta_{ps}$

当笼式扶梯与塔顶管线布置成90°时，因二者不会同时受风载，取下列二式中的大者。

$$D_{ei}=D_{oi}+2\delta_{si}+K_3+K_4$$

$$D_{ei}=D_{oi}+2\delta_{si}+K_4+d_0+2\delta_{ps}$$

式中 D_{oi}——塔体第 i 段外直径，mm；

δ_{si}——塔体保温层厚度，mm；

δ_{ps}——塔顶管线保温层厚度，mm；

d_o——塔顶管线外直径，mm；

K_3——笼式扶梯当量宽度，无确定数据时，取 $K_3=400$mm；

K_4——操作平台当量宽度，mm，$K_4=\dfrac{2\sum A}{l_o}$；

$\sum A$——计算段内平台构件的投影面积（不计空档投影面积），mm²，取 $\sum A=(0.35\sim0.40)2WH$；

l_o——操作平台所在计算段的长度，mm；

W——平台宽度，mm；

H——平台栏杆高度，mm。

（2）顺风向风弯矩计算

由式(8-15) 计算的每个塔段中的水平风力 P_i，会使塔在顺风方向产生弯矩。将 P_i 视为作用于计算段中点的集中力，则图 8-23 塔上任意截面 $I-I$ 处的风弯矩 M_W^{I-I} 为

$$M_W^{I-I}=P_i\frac{l_i}{2}+P_{i+1}\left(l_i+\frac{l_{i+1}}{2}\right)+P_{i+2}\left(l_i+l_{i+1}+\frac{l_{i+2}}{2}\right)+\cdots(\mathrm{N\cdot mm}) \quad (8\text{-}19)$$

设计中应按式(8-19) 分别对可能的危险截面进行风弯矩计算。例如：塔式容器底截面 0—0 处，具有最大的风弯矩 M_W^{0-0}；裙座开孔处的 1—1 断面，因开孔而使其抗弯刚度减小；与裙座相连处塔体上的 2—2 断面，是塔体圆筒上最大风弯矩作用面。因此，这三个断面的风弯矩通常都要计算。另外，塔体圆筒不同壁厚连接处，亦应考虑是否进行计算。在图 8-23 中，裙座底截面 0—0 处的风弯矩，按式(8-19) 即变为

$$M_W^{0-0}=P_1\frac{l_1}{2}+P_2\left(l_1+\frac{l_2}{2}\right)+P_3\left(l_1+l_2+\frac{l_3}{2}\right)+\cdots(\mathrm{N\cdot mm}) \quad (8\text{-}20)$$

式中 P_i——计算段的顺风向水平风力，N；

l_i——计算段的塔体长度，mm。

（3）横风向诱导振动与共振弯矩

塔的横向振动，又称风致诱导振动，其对塔的危害随塔的相对高度增大而加剧。我国规定，对于 $H/D>15$，且 $H>30$mm 的塔，除必须计算顺风向水平弯矩（含顺风向脉动作用）外，还应进行横风向风振弯矩计算。

① 诱导振动产生原因　诱导振动是由于风绕过塔壳时的流体力学效应引起的。

如图 8-24(a) 所示，当风的气流绕过圆截面塔体时，沿迎风面 AB 速度逐渐加大而静压强逐渐降低，到 B 点时，压强达到最低值。再沿背风面 BC 速度又逐渐降低，压强又逐渐加大。由流体力学得知，当流体流经固体表面时，在固体表面形成边界层。由于边界层内气流对柱体表面的摩擦力而损耗较多的能量，使得 C 点及其后侧部位的边界层内外流体之间

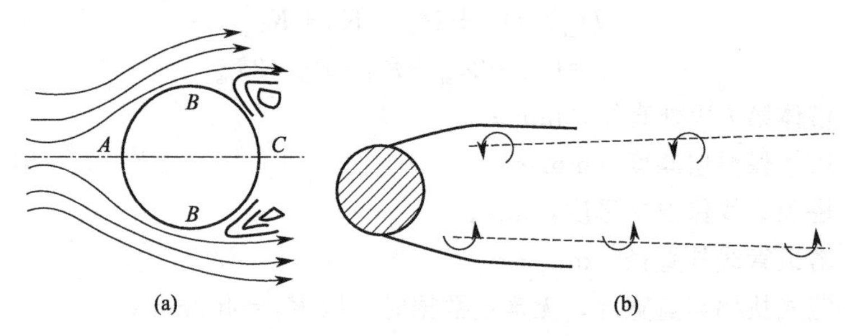

图 8-24 背风面卡门涡街的形成

产生明显的压差。这个压差迫使边界层内流体向反方向流动，并使边界层增厚，形成旋涡。旋涡首先由匈牙利学者冯·卡门发现，故称为卡门旋涡。

旋涡的特性与风绕流过塔时的雷诺数 Re 有关。在 $Re>5$ 时，视其大小不同，塔背风面可出现1个或2个以上旋涡。其中 $40\leqslant Re<150$ 及 $Re\geqslant 3.5\times10^6$ 时，是在塔背风面一侧先形成一个旋涡，在它从塔体表面脱落而向下游移动时，塔背风面另一侧的对称位置处又形成一个旋转方向相反的旋涡。当后一个旋涡脱落时，在第一个旋涡的一侧又形成第三个新的旋涡，如此交替产生一系列旋涡。这些旋涡在尾流中有规律地交错排列成两行，被称为卡门涡街，如图 8-24(b) 所示。

卡门涡街出现时，由于塔体两侧旋涡的交替产生和脱落，在塔两侧的流体阻力是不相同的，并呈周期性的变化。在阻力大的一侧，即旋涡形成并长大的一侧，流速下降，静压强较高；而阻力小的一侧，即旋涡脱落的一侧，流速较快，静压力较低。因而，静压强高的一侧就产生一个垂直于风向的横推力。由于卡门涡街两侧产生的横推力方向相反，且不断交替产生，从而使塔在与风向垂直的方向产生振动，称横向振动，即风致诱导振动。显然，其振动的频率就等于旋涡形成或脱落的频率。

当旋涡的形成或脱落频率与塔的自振频率相等时，塔将发生共振。塔设备一旦产生共振，轻者使塔产生严重弯曲、倾斜，塔板效率下降，影响正常操作，重者使塔设备导致严重破坏。因此，在塔的设计阶段就应采取措施，防止共振的发生。

② 临界风速、锁定区与共振判据　由于上述旋涡交替产生及脱落，在与风向垂直方向产生的横推力称为升力，在顺风向产生的推力称为拽力。在发生诱导共振时，通常升力要比拽力大得多，二者之比甚至达20倍。因此，要考虑进行诱导共振计算。

如前所述，升力的变化频率，即为旋涡自塔体表面脱落的频率，也即塔的激振频率。对于圆柱形塔体，该频率与塔径及风速 V 有关，其关系为

$$f_{\mathrm{v}}=St\,\frac{V}{D_{\mathrm{o}}} \tag{8-21}$$

式中，St 为斯特劳哈准数，其值与雷诺数 Re 大小有关，如图 8-25 所示。塔的雷诺数 $Re=69000VD_{\mathrm{o}}$，其中 D_{o} 的单位为 m，V 的单位为 m/s。

当旋涡的脱落频率 f_{v} 与塔的任一振型的固有自振频率一致时，塔就会发生共振。发生共振时的风速称为临界风速 V_{ci}，其值由式(8-22) 计算

$$V_{ci}=\frac{f_{\mathrm{v}}D_{\mathrm{o}}}{St}=\frac{D_{\mathrm{o}}}{StT_i} \tag{8-22}$$

如图 8-25 所示，为简化起见，通常取 $St=0.2$，则上式变为

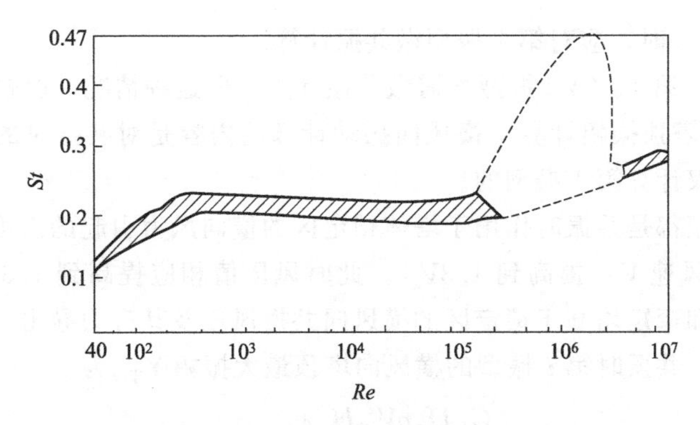

图 8-25 圆柱体的 St

$$V_{ci}=5f_{v}D_{o}=\frac{5D_{o}}{T_{i}} \tag{8-23}$$

式中 V_{ci}——塔在第 i 振型下共振时的临界风速，m/s；

T_{i}——塔在第 i 振型时的自振周期，s；

D_{o}——塔壳外直径，有保温层时取保温层外表面直径，对于变截面塔取塔顶外径加 2 倍保温层厚度，m。

当风速接近第 1 振型临界风速时，塔体会突然发生大振幅的振动；且此后随着风速的继续增大，塔体依然处于大振幅的共振中，一直到风速达 1.3 倍临界风速时为止。可见，临界风速 V_{ci} 只是塔共振的起始点，而终止点是 $1.3V_{ci}$。通常把 $(1\sim1.3)V_{ci}$ 的风速范围称为锁定区。简言之，锁定区就是塔体保持连续大振幅共振时的相应风速范围。在此风速范围内，卡曼旋涡的脱落频率保持不变。

由于风速沿塔高度而增大，所以 $(1\sim1.3)V_{ci}$ 锁定区风速范围必须对应着一个共振区的沿塔高度范围。若共振区的起始高度为 H_1，终止高度为 H_2，已知高度 H_0 处的实际风速为 V_0，则 H_1 与 H_2 分别为

$$H_{1}=H_{0}\left(\frac{V_{ci}}{V_{0}}\right)^{1/\alpha} \tag{8-24}$$

$$H_{2}=H_{0}\left(\frac{1.3V_{ci}}{V_{0}}\right)^{1/\alpha} \tag{8-25}$$

式中，α 为地面粗糙度系数，按表 8-2 注中的 A、B、C、D 地面类型分别取为 0.12、0.16、0.22 和 0.30。

一般情况下，共振区的终止高度 H_2，常超出塔的总高 H，故可取 $H_2=H$。若干工业塔振动的测试数据表明，在距地面 10m 左右的塔高处，风速已达到临界风速，故可近似认为全塔高均属共振区。

在对塔进行横向风振计算时，需确定一个设计风速 V_d。不管是等截面还是不等截面塔，从安全考虑，设计风速均取塔顶部的风速 V_H。此时设计风速可由式(8-16) 基本风压换算确定，即

$$V_{d}=V_{H}=1.265\sqrt{f_{t}q_{0}}\ (\mathrm{m/s}) \tag{8-26}$$

式中，f_t 为塔顶风压高度变化系数，按高度由表 8-2 查取。

根据设计风速与临界风速的关系，即可判断塔是否需要进行横风向共振计算。

当 $V_d<V_{c1}$ 时，塔不必进行共振计算；

当$V_{c1} \leqslant V_d < V_{c2}$时，应对第1振型做共振计算；

当$V_d \geqslant V_{c2}$时，第1、第2振型均需做共振计算，但这种情况一般较少见。

③ 横风向共振塔顶振幅计算　横风向振动计算的内容是对共振时的塔顶振幅和最大弯矩进行计算。大多仅计算第1振型的。

塔顶振幅及弯矩都是共振时作用于塔体锁定区的横向风力引起的。第1振型共振时，锁定区内风速由临界风速V_{c1}提高到$1.3V_{c1}$，此时风压值相应提高到1.69～1.96倍。因此，塔顶振幅（绕度）和弯矩均基于锁定区的横风向共振风压及其升力导出。

对于等截面塔，共振时第i振型的横风向塔顶最大振幅Y_{Ti}为

$$Y_{Ti}=\frac{C_L D_o \rho V_{ci}^2 H^4 \lambda_i}{49.4 G \zeta_i E^t I} \times 10^{-9} (\mathrm{m}) \tag{8-27}$$

式中，系数$G=\left(\frac{T_1}{T_i}\right)^2$，$T_1$及$T_i$分别为第1振型及第$i$振型的自振周期，当$T_i=T_1$时，$G=1$，由此得等截面塔在第1振型共振时的横风向塔顶振幅，即挠度为

$$Y_{T1}=\frac{C_L D_o \rho V_{c1}^{2}{}^{2} H^4 \lambda_1}{49.4 \zeta_1 E^t I} \times 10^{-9} (\mathrm{m}) \tag{8-28}$$

若为变截面塔，上式中的I为

$$I=\frac{H^4}{\sum_{i=1}^{n} \frac{H_i^4}{I_i} - \sum_{i=2}^{n} \frac{H_i^4}{I_{i-1}}} (\mathrm{mm}^4) \tag{8-29}$$

式中　n——塔分段数；

H_i——第i段底部至塔顶的高度，mm；

I_i——第i段截面惯性矩，mm^4；

H——塔总高，mm；

D_o——含保温层厚度在内的塔外直径，mm；

E^t——操作温度下材料弹性模量，MPa；

ρ——空气密度，取$\rho=1.25\mathrm{kg/m^3}$；

V_{ci}——第i振型临界风速，m/s；

λ_i——第i振型计算系数，随共振区起始高度的减小而增大，由表8-6查取；

C_L——升力系数，反映风在塔背风侧流动状态对横风向升力的影响，当$5\times10^4 < Re \leqslant 2\times10^5$时，$C_L=0.5$，当$Re > 4\times10^5$时，$C_L=0.2$，当$2\times10^5 < Re \leqslant 4\times10^5$时，按线性插值法确定；

ζ_i——塔在第i振型时的阻尼比，其值为对数衰减率除以2π，ζ_i对横风向风振计算结果影响很大，但目前尚无适宜计算衰减率的公式，且文献推荐数据偏于保守。在塔设计中，第1振型推荐取$\zeta_1=0.01$，高振型阻尼比，无数据时可近似取0.01～0.03。

表8-6　计算系数λ_i

H_{ci}/H	0	0.1	0.2	0.3	0.4	0.5	0.6	0.7	0.8	0.9	1.0
第1振型λ_1	1.56	1.55	1.54	1.49	1.42	1.31	1.15	0.94	0.68	0.37	0
第2振型λ_2	0.83	0.82	0.76	0.6	0.37	0.09	−0.16	−0.33	−0.38	−0.27	0

注：H_{ci}为第i振型共振区的起始高度，由式(8-24)确定。

④ 横风向共振弯矩计算　任意断面 $I-I$ 处第 i 振型共振时的横风向弯矩 M_{ca}^{I-I} 为

$$M_{ca}^{I-I}=(2\pi/T_i)^2 Y_{Ti}\sum_{i=1}^{n} m_i(h_i-h)\phi_{zi}(\mathrm{N\cdot m}) \tag{8-30}$$

式中　Y_{Ti}——第 i 振型共振时塔顶振幅，m，等截面塔第 1 振型按式(8-28) 计算；

m_i——第 i 段中的集中质量，kg；

h_i——第 i 段集中质量点距塔底的高度；mm；

h——任意计算断面 $I-I$ 处距塔底的高度，mm；

ϕ_{zi}——任意塔段振型系数，见式(8-18) 及表 8-5；

T_i——塔的第 i 振型自振周期，s，对等截面塔，第 1 振型按式(8-11) 计算。

(4) 顺风向与横风向最大组合弯矩

横风向弯矩与顺风向弯矩均会使塔产生轴向弯曲，但因两者方向相互垂直，故应同时考虑二者的联合作用，通常取下列二式中的较大者作为顺风向与横风向最大组合弯矩 M_{eW}^{I-I}。

$$M_{eW}^{I-I}=M_W^{I-I} \tag{8-31}$$

$$M_{eW}^{I-I}=\sqrt{(M_{cW}^{I-I})^2+(M_{ca}^{I-I})^2} \tag{8-32}$$

式(8-31) 表征在设计风速作用下，尚未达共振时的组合弯矩，此时，由于横向风振引起的弯矩很小，故以顺风向弯矩为主。M_W^{I-I} 按式(8-19) 计算。

式(8-32) 表征在临界风速下，塔处于共振状态的组合弯矩。式中 M_{cW}^{I-I} 是临界风速下的顺风向弯矩，仍由式(8-19) 计算，但其计算水平风力时，基本风压 q_0 必须以临界风速 V_{ci} 按式(8-16) 换算的临界基本风压 q_{cr} 取代；M_{ca}^{I-I} 是横风向共振弯矩，按式(8-30) 计算，如计算前二或前三振型时，M_{ca}^{I-I} 应取其中最大值。

(5) 诱导共振防振措施

塔在发生共振时，轻者可产生严重弯曲、倾斜，塔板效率下降，影响正常操作，重者会使塔产生严重破坏。因此，在塔的设计阶段，必要时应采取适当的防共振措施。

为防止塔的共振，应使塔的激振频率，即卡门旋涡的脱落频率 f_v 不得在第 1 振型固有频率 f_{c1} 的 0.85～1.3 倍范围内，即

$$0.85f_{c1}<f_v<1.3f_{c1} \tag{8-33}$$

若 f_v 在上式范围内，就应采取防振措施。可行的有效方法是在塔的上部 1/3 塔高范围内安设轴向条形翘片或螺旋形翘片扰流器。条形翘片可减小共振振幅 1/2 左右，螺旋形翘片效果更好。两种翘片结构及尺寸均可按图 8-26 所示确定。

条形扰流器上下相邻圆周上的翘片应彼此错开 30°，在同一圆周内均布设置 4 片；螺旋形扰流器翘片头数取 3，沿圆周均布安放。

8.4.3　地震载荷

我国是多地震国家，近年连续发生几次大地震，均造成了极大危害。塔属高大设备，为防止在地震中直接发生破坏及由此引发二次灾害，必须重视抗震设计。

(1) 工程地震基本概念

① 地震震级　表征地震的强弱程度，是指一次地震震源所释放的能量大小。每发生一

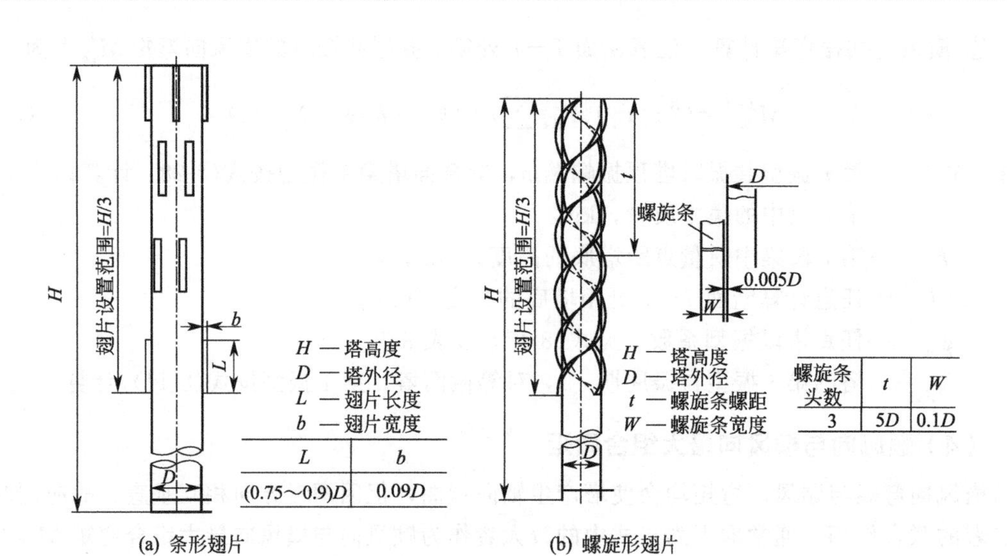

图 8-26 扰流器示意图

次地震，只有一个震级。目前国际通用的里氏地震级共有 12 个级别，震级越高释放能量越大。震级相差一级，其释放能量相差 32 倍。

② 地震烈度　指某地区遭受地震后工程设施等的宏观破坏程度。烈度不仅与地震级别有关，还与震源深度、震中距离等有关。一次地震波及的不同地区可以有不同的烈度。一般是震中区的烈度最大，距震中愈远烈度愈小。国际通用的是将地震烈度分为 12 度，度数愈大，破坏愈严重。震中区烈度与震级的关系如表 8-7 所示。

表 8-7　震中区烈度与震级的关系

里氏震级	4	5	6	7	8	8 级以上
地震烈度	4～5	6～7	7～8	9～10	11	12

地震烈度又有基本烈度与设防烈度之分。前者我国是指 50 年内，一个地区可能遭遇到的最大烈度；而设防烈度是人为规定的作为一个地区抗震设防依据的烈度，通常由国家主管部门规定的权限审定。本书附表Ⅲ列有我国部分地区的基本地震烈度。一般情况下设防烈度可以采用基本烈度。在塔的设计中，我国规定的设防烈度由低到高依次有 7、8、9 三个级别。由表 8-7 可知，在 5 级地震区的塔就有可能要进行抗震设计。

7 度烈度的破坏特征是具有 $125(90～177)\mathrm{cm/s^2}$ 的水平加速度，大多数砖烟囱有中等破坏，大多数房屋产生轻度破坏，如局部损坏、开裂，但不妨碍使用；9 度烈度的破坏特征是具有 $500(354～707)\mathrm{cm/s^2}$ 的水平加速度，大多数房屋严重破坏，如墙体龟裂、局部倒塌、修理困难，砖烟囱出现倒塌，山体滑坡、塌方常见。5～6 级地震均可有 7 度烈度；而 9 度烈度存在于 7 级地震中；8 级地震时，其烈度达 11 度，各种破坏都是毁灭性的。

对于塔设备，在 15～20 年的设计寿命期内，遭遇大地震的概率很低，而且钢材的延性好，较一般砖混结构的塑性储备大，不易产生严重破坏。实际上，在已发生的国内外著名大地震中，均未发现塔设备的塔体和裙座壳发生破坏的，仅是地脚螺栓有的被拉长、拉断或从基础中被拉脱。故塔的防震设计主要是进行强度和稳定性验算，控制其在弹性变形范围内，一般不做变形验算和结构处理。

③ 设计地震分组及设防烈度　大地震调查表明，地震引起的破坏，与震级、距震中的

距离和场地结构类别等因素有关。同样的地震级别，在不同的地区引起的破坏也不同。例如松软场地上的位移较大，周期较长，对自振周期较大的柔性设备造成的震害也大。因此，对不同地区的抗震设防应区别对待。为此，我国将设计地震进行分组并规定其设防烈度，如表8-8所示。根据塔的安装所在地区，利用该表可以确定是否要进行抗震计算及所需的设防烈度和相应的设计基本地震加速度。表中示出，全国划分成三个设计地震组，每个组均有7、8、9三个不同的地震设防烈度。对塔设备而言，低于7度烈度时，不必进行抗震计算。

表 8-8 部分城镇地区的设计地震分组

设防烈度		7	8		9	
设计基本地震加速度		0.1g	0.15g	0.2g	0.3g	0.4g
设计地震分组	第一组	上海、南京、大连、沧州、淄博	天津、濮阳	北京、唐山、汕头	海口、天水	西昌、古浪、台中
	第二组	东营	泉州	兰州、独山子	喀什	塔什库尔干
	第三组	连云港	汉源	伽师		

④ 地震影响系数曲线图——地震设计反应谱　地震破坏的动力是地震力，而地震力的大小受诸多因素的影响，如震级、震中距、场地土类别及结构的阻尼比等。为此，在计算地震力时引入地震影响系数α来反映各种因素的影响，并由大量的地震实际记录统计的平均值，制成图8-27所示的α-T地震影响系数曲线图供设计之用。该图又称地震设计反应谱。

图中曲线的上升区段和平台区段是结构加速度控制段；曲线部分下降区段是速度控制段，按指数规律衰减；斜直线部分下降区段是位移控制段。当结构的自振周期$T=0$时，结构为绝对刚体，地震时结构无弹性反应，即结构与地面间不存在相对位移，故结构的加速度就等于地面运动加速度。而当自振周期很大时，结构的柔性很大，此时结构对于地面的位移趋于地面的最大位移。

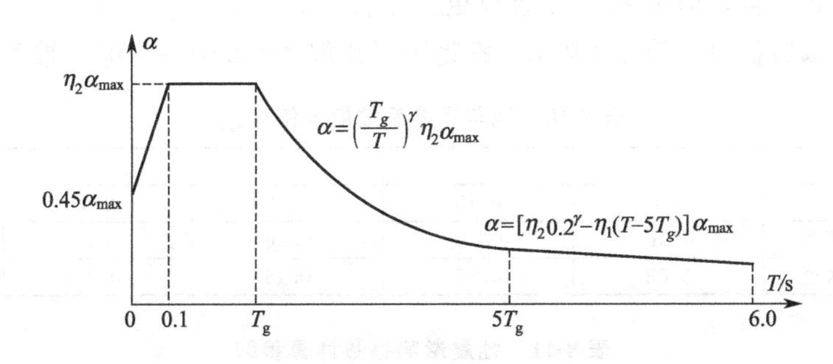

图 8-27 地震影响系数曲线

α—地震影响系数；α_{max}—地震影响系数最大值；γ—衰减指数；
T—结构自振周期；T_g—特征周期；T_i—第i振型的自振周期；
η_1—直线下降段的下降斜率调整系数；η_2—阻尼调整系数

图中横坐标为特征周期T_g和结构自振周期T。其中特征周期T_g是曲线部分下降区段的起始点对应的周期值，它与地震分组和场地土类别有关。我国规定有三个设计地震分组，并按坚硬、中硬、中软和软弱将场地土依次分为Ⅰ～Ⅳ类，其中Ⅰ类又分为$Ⅰ_0$、$Ⅰ_1$两个亚类。分组与场地土配合不同，其特征周期即不同，如表8-9所示。由表可知，设计分组愈高（震中距大），场地土愈软，特征周期就愈大。在震级和震中距相同条件下，在较软场地土上地震的位移幅度较大，周期较长，对自振周期较大的柔性结构造成的破坏也大。

根据特征周期 T_g 和自振周期 T_i，可以计算任意振型时的相应地震影响系数 α_i。即当 $T_i=0.1 \sim T_g$ 时，α_i 按平台段所示公式 $\eta_2\alpha_{max}$ 计算；当 $T=(1\sim5)T_g$ 时，α_i 按曲线下降段所示公式计算；当 $T_i>5T_g$ 时，α_i 按斜直线下降段所示公式计算。

表 8-9 特征周期 T_g 单位：s

设计地震分组	场地土类别				
	I_0	I_1	Ⅱ	Ⅲ	Ⅳ
第一组	0.20	0.25	0.35	0.45	0.65
第二组	0.25	0.30	0.40	0.55	0.75
第三组	0.30	0.35	0.45	0.65	0.90

图 8-27 中纵坐标 α 为地震影响系数，它反映地震强弱、结构的阻尼和自振周期等对地震力的影响，其值由式(8-34) 计算

$$\alpha=\overline{C_z}K\beta \tag{8-34}$$

式中 $\overline{C_z}$——各种结构综合影响（如振型等）系数的平均值，取 $\overline{C_z}=0.35$；

K——地震系数，表征地震强弱的影响，其值为设计基本地震加速度与重力加速度的比值，设防烈度增加 1 度，K 值提高 1 倍，如表 8-10 所示；

β——结构的动力放大系数，表征结构对地面运动物理量的放大效应，其最大值 $\beta_{max}=2.25$。

将 $\overline{C_z}=0.35$ 及 $\beta_{max}=2.25$ 代入上式即得地震影响系数最大值 $\alpha_{max}=0.7875K$。

图 8-27α-T 曲线是采用动力放大系数最大值 $\beta_{max}=2.25$ 和结构阻尼比 $\zeta=0.05$ 制订的，但实际结构并非都是如此。故还要根据实际结构的特征周期 T_g、自振周期 T 和调整系数 η_1、η_2 等按曲线段所示公式进行修正，求取设计所用 α 值。图中有关调整系数均与阻尼比 ζ 有关，均可由公式计算，但由表 8-11 查取更方便。

设计中无实测数据时，第 1（基本）振型阻尼比取 $\zeta=0.01\sim0.03$，推荐取 $\zeta=0.01$。

表 8-10 地震影响系数最大值 α_{max}

设防烈度	7		8		9
地震系数 K	0.1	0.15	0.2	0.3	0.4
设计基本地震加速度	$0.1g$	$0.15g$	$0.2g$	$0.3g$	$0.4g$
地震影响系数最大值	0.08	0.12	0.16	0.24	0.32

表 8-11 地震影响系数计算参数

ζ	η_2	γ	$0.2^{\gamma}\eta_2$	η_1
0.01	1.42	1.01	0.279	0.029
0.02	1.27	0.97	0.267	0.026
0.03	1.16	0.94	0.256	0.024
0.05	1.00	0.90	0.235	0.020
0.07	0.90	0.87	0.222	0.017
0.10	0.79	0.84	0.204	0.013

注：对应 $\zeta=0.05$ 的系数认为是标准的地震影响系数。

（2）水平地震力及其弯矩计算

地震载荷包括水平地震力和垂直地震力。水平地震力引起的弯矩会使塔产生晃动，破坏性大，当设防烈度为 7～9 度时，是塔设备设计中必须计算的内容；而垂直地震力则使塔产

生上下颠簸，危害相对较小，故规定只有在设防烈度为 8 度或 9 度时才对其进行计算。

将塔沿高度分成若干段，使其由无限自由度体系简化成一个多自由度体系，并认为每段的质量作用在每个分段的中点，如图 8-28 所示。则任意段在高度 h_k 处的集中质量 m_k 引起的第 j 振型的水平地震力 F_{jk} 按式(8-35) 计算

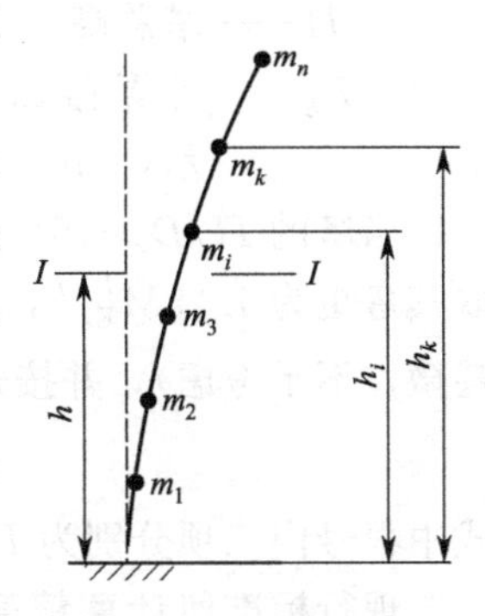

图 8-28　多质点体系水平地震力

$$F_{jk}=\alpha_j\eta_{jk}m_kg\,(\mathrm{N}) \tag{8-35}$$

式中　g——重力加速度，m/s^2；

m_k——距地面 h_k 高度处的集中质量，kg；

α_j——对应于第 j 振型自振周期的地震影响系数，按图 8-27 确定；

η_{jk}——第 j 振型的振型参与系数，表征其他振型对第 j 振型的影响。

塔的每个分段均为 1 个自由度并对应有 1 个振型，不同振型间相互有影响，因此就有多个振型参与系数。但仅计算前三个主要振型参与系数，因为后者影响愈来愈小。根据振型函数，第 1 振型的振型参与系数为

$$\eta_{1k}=\frac{h_k^{1.5}\sum_{i=1}^{n}m_ih_i^{1.5}}{\sum_{i=1}^{n}m_ih_i^3} \tag{8-36}$$

任意高度 h_k 处的集中质量 m_k 引起的基本（第 1）振型水平地震力 F_{1k} 为

$$F_{1k}=\alpha_1\eta_{1k}m_kg\,(\mathrm{N}) \tag{8-37}$$

对于不等截面塔，将任意高度 h 处的截面 $I-I$ 以上各集中质量点的水平地震力，分别对 $I-I$ 截面取矩并使其叠加，则 $I-I$ 任意截面处的基本振型地震弯矩 M_{E1}^{I-I} 为

$$M_{\mathrm{E1}}^{I-I}=\sum_{k=1}^{n}F_{1k}(h_k-h)\,(\mathrm{N\cdot mm}) \tag{8-38}$$

对于等截面塔，由于质量沿高度 H 均布，故可不必采用分段简化，而直接用积分法求其振型参与系数和弯矩。在 h_k 高度处的基本振型参与系数为

$$\eta_{1k}=\frac{h_k^{1.5}\int_0^H\frac{m}{H}h^{1.5}\mathrm{d}h}{\int_0^H\frac{m}{H}h^3\mathrm{d}h}=1.6\left(\frac{h_k}{H}\right)^{1.5}$$

将此 η_{1k} 值代入式(8-37)，并以 $\frac{m_0}{H}$ 取代式中的 m_k，则任意高度 h 处 $I-I$ 截面的基本振型地震弯矩为

$$M_{\mathrm{E1}}^{I-I}=\int_h^H\alpha_1\times1.6\left(\frac{h_k}{H}\right)^{1.5}\frac{m_0}{H}g(h_k-h)\mathrm{d}h_k$$

$$=\frac{8\alpha_1m_0g}{175H^{2.5}}\left(10H^{3.5}-14H^{2.5}h+4h^{3.5}\right)(\mathrm{N\cdot mm}) \tag{8-39}$$

在塔底截面 0—0 处，$h=0$，则同理得该截面基本振型地震弯矩为

$$M_{\mathrm{E1}}^{0-0}=\frac{16}{35}\alpha_1m_0gH\,(\mathrm{N\cdot mm}) \tag{8-40}$$

式中　m_0——塔操作时总质量，kg；

H——塔总高，mm；

h，h_k——计算截面 $I-I$ 及其以上集中质量点 m_k 距地面的高度，如图 8-28 所示，mm。

当塔的 $H/D>15$，且 $H>20$m 时，还应考虑高振型的影响。以往多采用简化近似法，取其弯矩为 $1.25M_{E1}^{I-I}$，误差较大。现行标准是计算前三个振型的地震弯矩（其后振型影响甚微，不予考虑），并按式(8-41) 计算组合地震弯矩 M_E^{I-I}。

$$M_E^{I-I}=\sqrt{(M_{E1}^{I-I})^2+(M_{E2}^{I-I})^2+(M_{E3}^{I-I})^2} \tag{8-41}$$

式中根号内三项分别为 $I-I$ 截面处第 1、2、3 振型的地震弯矩。

现行标准使计算精度提高，但计算复杂，此处不便详述，具体可参见 NB/T 47041—2014 附录 B 塔式容器高振型计算。

（3）垂直地震力计算

垂直地震力引起的最大地面加速度与水平地震力的最大加速度之比为 1/2～2/3，很少有高于水平地震加速度的情况，因此仅在设防烈度为 8 度或 9 度时才对垂直地震力进行计算。

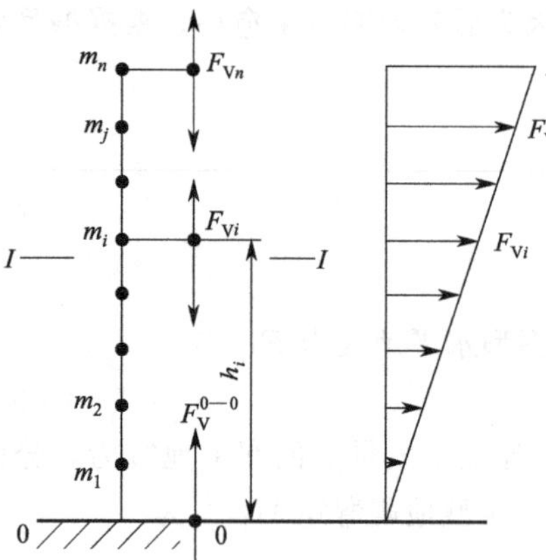

垂直地震力对塔的作用是引起轴向拉应力和压应力。在校核轴向拉应力时，取垂直地震力向上方向；在校核轴向压应力时，取垂直地震力向下方向。

垂直地震力计算方法有三种：静力法，规定垂直地震力等于结构重量的某一百分数，例如 10%或 20%等；按水平地震力的百分比，如日本等国取水平地震力的 50%；反应谱法，按一个多自由度体的垂直地面运动计算垂直地震力。

我国现行标准采用的是反应谱法。其步骤是首先求出塔底截面处总的垂直地震力，然后按倒三角形原则分配到各质点上，如图 8-29 所示。最后再将计算截面以上各质点分配到的垂直地震力累加起来就是该截面所承受的垂直地震力。总垂直地震力与水平地震力的计算原理和方法是相同的，也要引入地震影响系数和振型参与系数。由此导出的塔底截面 0—0 处基本（第 1）振型的总垂直地震力为

图 8-29 垂直地震力作用示意图

$$F_V^{0-0}=\alpha_{V_{max}} m_{eq} g\,(\mathrm{N}) \tag{8-42}$$

式中 $\alpha_{V_{max}}$——垂直地震影响系数最大值，取 $\alpha_{V_{max}}=0.65\alpha_{max}$，$\alpha_{max}$ 由表 8-10 查取；

m_{eq}——塔的当量质量，取 $m_{eq}=0.75m_0$，kg；

m_0——塔操作时的总质量，kg，由式（8-46）计算。

任意质量点 i 处所分配的垂直地震力 F_{Vi} 为

$$F_{Vi}=\frac{m_i h_i}{\sum_{k=1}^{n} m_k h_k}F_V^{0-0}\,(\mathrm{N}) \quad (i=1,2,\cdots,n) \tag{8-43}$$

任意计算截面 $I-I$ 处承受的累加垂直地震力 F_V^{I-I} 为

$$F_V^{I-I}=\sum_{k=i}^{n} F_{Vk}\,(\mathrm{N}) \quad (i=1,2,\cdots,n) \tag{8-44}$$

8.4.4 偏心弯矩与重力载荷

（1）偏心弯矩

有时候在塔设备上悬挂有冷凝器、再沸器等附属设备，这些设备的质心不在塔的轴线上，会形成偏心弯矩 M_e，其值为

$$M_e=m_e g l_e(\mathrm{N\cdot mm}) \tag{8-45}$$

式中 g——重力加速度，$g=9.8\mathrm{m/s^2}$；

m_e——附属设备的偏心质量，kg；

l_e——偏心距，即偏心质量中心至塔体中心轴线的距离，mm。

（2）重力载荷

重力载荷由塔的各部分质量引起，其值为 mg。其中质量包括八个部分，即：塔壳和裙座壳的质量 m_{01}；塔内件，如塔盘或填料等的质量 m_{02}；保温层材料质量 m_{03}；平台及扶梯质量 m_{04}；操作时塔内的物料质量 m_{05}；塔的附件，如人孔、接管和法兰等的质量 m_a；水压试验时充水质量 m_w；塔外部附设的冷凝器等设备的偏心质量 m_e。

表 8-12 塔体内外附件质量

名称	笼式扶梯	开式扶梯	钢制平台	圆泡罩塔盘	条形泡罩塔盘
单位质量	40kg/m	15～24kg/m	150kg/m²	150kg/m²	150kg/m²
名称	舌形塔盘	筛板塔盘	浮阀塔盘	塔盘充液质量	—
单位质量	75kg/m²	65kg/m²	75kg/m²	70kg/m²	—

设计中需参照表 8-12 计算下列三个组合质量：

塔设备在正常操作时的质量

$$m_0=m_{01}+m_{02}+m_{03}+m_{04}+m_{05}+m_a+m_e \tag{8-46}$$

液压试验时的最大质量

$$m_{max}=m_{01}+m_{02}+m_{03}+m_{04}+m_w+m_a+m_e \tag{8-47}$$

吊装、检修时最小质量

$$m_{min}=m_{01}+0.2m_{02}+m_{03}+m_{04}+m_a \tag{8-48}$$

液压试验时塔内没有物料，故式（8-47）中不含物料质量 m_{05}。式（8-48）中，$0.2m_{02}$ 为焊在塔内壁上的不可拆塔盘内件，如支承圈和降液板等；空塔吊装时，如未装保温层、平台和扶梯，则不计 m_{03} 和 m_{04}，此时塔的质量最小；停工检修时要计入 m_{03} 和 m_{04}，实际上大部塔盘可拆件亦在塔内，故此时塔的质量不是最小值。设计时，安装和检修工况均按式（8-48）计算。

8.4.5 圆筒塔壳轴向应力计算与校核

在塔的机械设计中，首先是按照第 4、5 章压力容器的设计要求，由设计压力引起的周向应力计算出圆筒及封头的有效厚度，并使其满足最小厚度要求；然后选定可能的危险截面，对于不同工况下各种载荷进行计算与组合；接着再对这些载荷产生的轴向应力进行计算与组合，并使其满足强度和稳定条件。若不满足，应调整有效厚度，重新进行轴向应力校核，直到满足要求为止。对于碳钢和低合金钢塔壳，其最小厚度为 $2D_i/1000$ 且不小于

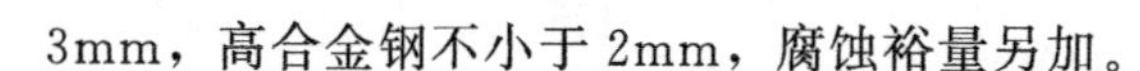

3mm，高合金钢不小于2mm，腐蚀裕量另加。

轴向应力计算应考虑塔的安装、检修、试压和正常操作四种工况。

8.4.5.1 停修及操作工况

(1) 轴向应力计算

ⅰ. 内压或外压引起的轴向应力 σ_1

$$\sigma_1=\frac{p_c D_i}{4\delta_{ei}} \quad (\mathrm{MPa}) \tag{8-49}$$

式中 p_c——计算压力，MPa；

D_i，δ_{ei}——各计算截面塔壳内径及有效厚度，mm；

σ_1——内压时为拉应力，外压时为压应力。

ⅱ. 重力引起的轴向压应力 σ_2

$$\sigma_2=\frac{m_0^{I-I}g}{\pi D_i \delta_{ei}} (\mathrm{MPa}) \tag{8-50}$$

式中，m_0^{I-I} 为计算截面 $I-I$ 以上的各质量之和，kg。不计物料的质量，操作和吊装、检修时分别按式（8-46）和式（8-48）计算。

ⅲ. 最大弯矩引起的轴向应力 σ_3，迎风侧为拉应力，背风侧为压应力，其值为

$$\sigma_3=\frac{M_{max}^{I-I}}{W}=\frac{4M_{max}^{I-I}}{\pi D_i^2 \delta_{ei}} \quad (\mathrm{MPa}) \tag{8-51}$$

式中，M_{max}^{I-I} 为各种弯矩共同作用时的最大组合弯矩，取下式中的较大者。

$$M_{max}^{I-I}=\begin{cases} M_W^{I-I}+M_e \\ M_E^{I-I}+0.25M_W^{I-I}+M_e \end{cases} \tag{8-52}$$

式中，上面第1式为非地震时的组合弯矩，下面第2式为地震时的组合弯矩。由于地震时，同时伴有最大风速的可能性甚微，故风弯矩取其25%。M_W^{I-I} 在仅计顺风向弯矩时，按式（8-19）计算，当考虑横风向弯矩时，取式（8-31）与式（8-32）中的较大组合风弯矩；M_E^{I-I} 在不计高振型时，按式（8-38）或式（8-39）计算，若考虑高振型，则按式（8-41）计算；偏心距 M_e 按式（8-45）计算。

ⅳ. 垂直地震力引起的轴向拉（压）应力 σ_4

$$\sigma_4=\frac{F_V^{I-I}}{\pi D_i \delta_{ei}} (\mathrm{MPa}) \tag{8-53}$$

式中，F_V^{I-I} 为任意计算截面 $I-I$ 处的垂直地震力，N，按式（8-44）计算，仅在最大组合弯矩含有地震弯矩时才计入 σ_4。

设计中，认为上述各项应力同时作用，以其叠加组合应力进行校核计算。

(2) 轴向拉应力强度校核

最大组合拉应力作用于塔的迎风侧，会引起塔壳的强度破坏。其校核条件为

内压塔

$$\sigma_1-\sigma_2+\sigma_3+\sigma_4 \leqslant K[\sigma]^t \phi \tag{8-54}$$

外压塔

$$-\sigma_2+\sigma_3+\sigma_4 \leqslant K[\sigma]^t \phi \tag{8-55}$$

式中 $[\sigma]^t$——设计温度下塔壳材料的许用应力，MPa；

ϕ——环向焊接接头系数；

K——载荷组合系数，取 $K=1.2$，表征短期载荷在组合应力中的作用效果。

此处 K 主要反映地震及风载荷的作用效果，因其作用时间短，且以最大值进行计算，而实际寿命期内出现最大值的可能性很小，即使其应力水平稍高些也不会对塔造成过大危害。故我国将轴向组合拉应力的许用值提高 20%，即 $K=1.2$。

内压塔式（8-54）中，在塔的质量最小时压应力 σ_2 最小，组合拉应力最大。塔在吊装安装后尚未装设塔内可拆件及塔外附件时具有最小的质量 $m_{\min}$，此时 σ_2 最小。在检修时虽塔内无物料，但增加了塔内可拆件及塔外附件的质量，此时 σ_2 较安装工况要大。可见安装工况的组合拉应力要大于检修工况。正常操作时较检修工况多了物料重力，使 σ_2 增大，但此时 $\sigma_1 \neq 0$，使组合拉应力增大。故校核时应对安装和操作两种工况的组合拉应力进行计算，按其中的大者进行校核。但吊装后空塔存在时间较短，因此，通常亦取检修和操作两种工况中的大者进行校核。

对于外压塔，式（8-55）按停产检修工况计算。因为 σ_1 为压应力，检修时 $\sigma_1=0$，且压应力 σ_2 较小，故此时具有最大的组合拉应力。

（3）轴向压应力稳定性及强度校核

最大组合压应力作用于塔的背风侧，会使塔产生失稳或强度破坏。其校核条件为

内压塔按检修工况 $$\sigma_2+\sigma_3+\sigma_4 \leqslant [\sigma]_{cr} \tag{8-56}$$

外压塔按操作工况 $$\sigma_1+\sigma_2+\sigma_3+\sigma_4 \leqslant [\sigma]_{cr} \tag{8-57}$$

式中，$[\sigma]_{cr}$ 为设计温度下材料的许用轴向压应力，MPa，取下式中的较小值。

$$[\sigma]_{cr}=\begin{cases} KB \\ K[\sigma]^t \end{cases}$$

式中，B 由轴向受压 $A=\dfrac{0.094}{R_o/\delta_e}$ 计算后，按设计温度查第 5 章相应的材料外压应力系数 B 曲线求取；K 及 $[\sigma]^t$ 意义与式（8-54）相同。

8.4.5.2 耐压试验工况

耐压试验轴向应力的校核应注意其计算载荷与操作等工况的区别，即耐压试验不计介质充液质量 m_{05}，因其重力由与裙座连接环焊缝以下的封头部分承受，对圆筒壳无作用；试压时一般也不会在地震或 50 年一遇的最大风速时进行，故不计地震载荷，且风弯矩仅取其 30%。

（1）轴向应力计算

ⅰ. 试验压力 p_T 引起的轴向拉应力

$$\sigma_1=\frac{p_T D_i}{4\delta_{ei}} \text{(MPa)} \tag{8-58}$$

式中，p_T 应计入计算截面 $I-I$ 以上液柱高度的静压，MPa。

ⅱ. 质量重力引起的轴向压应力

$$\sigma_2=\frac{m_T^{I-I} g}{\pi D_i \delta_{ei}} \text{ (MPa)} \tag{8-59}$$

式中，m_T^{I-I} 指计算截面以上塔壳、内件、保温层、扶梯及平台、附件质量及偏心质量

之和，不计充液质量。

ⅲ. 风弯矩引起的轴向应力

$$\sigma_3=\frac{M_{\max}}{W}=\frac{4(0.3M_W^{I-I}+M_e)}{\pi D_i^2\delta_{ei}}\ (\text{MPa}) \tag{8-60}$$

（2）迎风侧轴向拉应力强度校核

$$\sigma_1-\sigma_2+\sigma_3\leqslant\begin{cases}0.9R_{eL}（液压试验）\\0.8R_{eL}（气压试验或气液组合试验）\end{cases} \tag{8-61}$$

（3）背风侧轴向压应力稳定性及强度校核

充液尚未升压时最大压应力应满足

$$\sigma_2+\sigma_3\leqslant\min\begin{cases}KB\\0.9R_{eL}\end{cases} \tag{8-62}$$

式中，R_{eL} 为材料常温下的屈服强度，B 由轴向受压 $A=\dfrac{0.094}{R_o/\delta_e}$ 计算后，按常温查第 5 章相应的材料外压应力系数 B 曲线求取。

8.5 裙座设计

8.5.1 裙座结构设计要点

如图 8-30 所示，裙座由裙座壳、人孔或检查孔、管线引出孔加强管、隔气圈、排气孔和地脚螺栓座等组成。螺栓座包括基础环、盖板、筋板和地脚螺栓。下面介绍裙座结构设计要点。

ⅰ. 裙座壳分为圆筒形和圆锥形两种。一般情况首选圆筒形裙座壳，它不仅制作方便，受力也较锥形壳好。但当塔所承受倾覆力矩过大，基础环下面混凝土承压面的压应力过大或地脚螺栓个数过多，需要加大基础环承压面积和地脚螺栓中心圆直径时，则宜采用圆锥形裙座。例如 $D<1\text{m}$ 且 $H/D>25$，或 $D>1\text{m}$ 且 $H/D>30$ 的细高塔，通常采用锥形裙座。裙座壳半锥顶角 $\theta\leqslant15°$，因为其临界许用压应力与 θ 的余弦平方成正比，θ 增大，临界许用压应力将显著下降，导致有关尺寸增大。

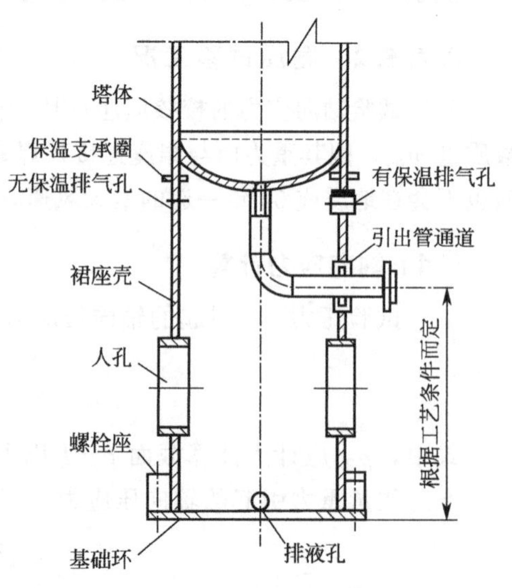

图 8-30 圆筒形裙座结构

ⅱ. 裙座与塔体连接有对接和搭接两种形式。对接时裙座壳外径应与塔壳外径相等，如图 8-31 (a) 所示。其连接焊缝主要受拉压应力，受力情况良好，在焊缝受到较高温度作用时，产生的温差应力较搭接小，抗热疲劳性能较好。故标准中推荐首选对接连接，尤其高温条件时。

搭接连接焊缝处受力状况较对接连接差，既有内压产生的薄膜应力，又有较大的不连续应力和温差应力及重力引起的剪应力等，易使搭接焊缝失效或破坏。但便于组装，安装时易于调整塔

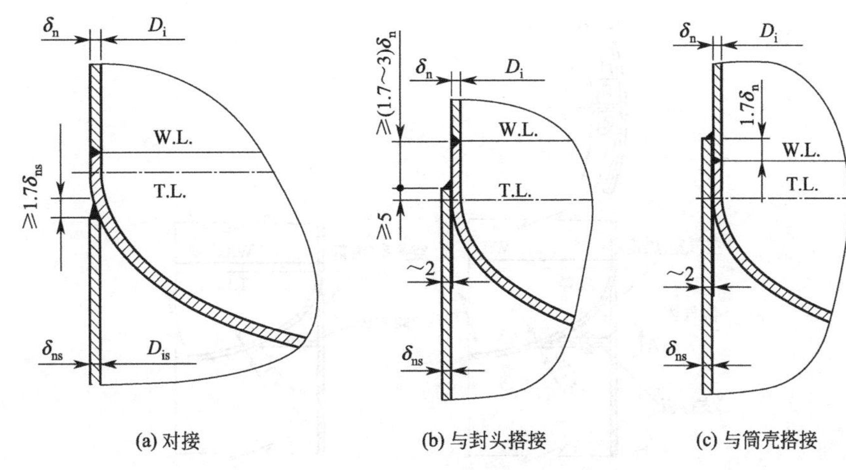

图 8-31 裙座与塔壳连接形式

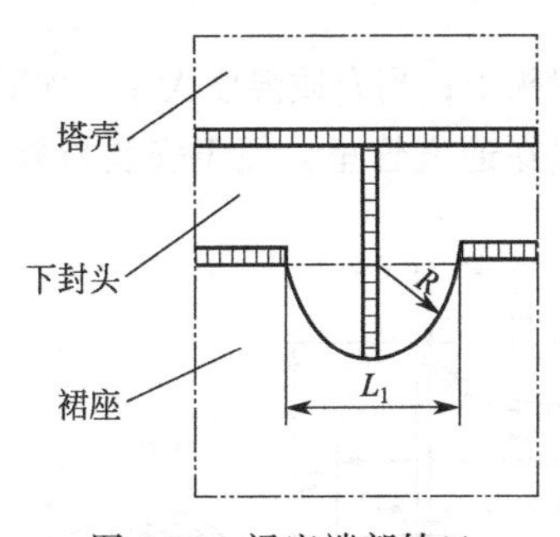

图 8-32 裙座端部缺口

的垂直度，适用于小直径和连接焊缝受力较小的塔。搭接连接分为裙座壳与下封头搭接及与塔体圆筒搭接两种结构，要注意二者连接环焊缝与塔壳环焊缝间距不得小于图 8-31(b)、(c) 的控制值，以防焊接热影响区重叠，而使材料性能指标降低。

图 8-31 所示裙座壳端部均未开坡口。但下列情况时应在端部开设 20°的内坡口：$H/D>20$ 可能产生诱导振动的高塔；塔釜低温操作的塔；连接焊缝处温度高可能产生热疲劳的塔；裙座厚度≥8mm 时。若下封头存在纵向拼接焊缝，则裙座壳端部在该焊缝处应开设缺口，以免形成十字交叉焊缝，如图 8-32 所示。

ⅲ. 裙座虽无操作压力载荷作用，且不与介质接触，但为塔器重要的受力元件，故要求按受压元件选材。然而裙座壳大部处于常温环境，故其用钢要求可低些，适用钢号有 Q245R 和 Q345R 等。但若塔壳材料为低温用钢、Cr-Mo 钢及不锈钢，应设长度为 300～500mm 与塔体材料相同的过渡段，其余采用常温环境用钢即可。设过渡段的目的是保证与塔壳连接焊接接头的组织与性能，同时也可节省贵重金属材料，降低造价。在塔釜温度 $T\leqslant-20$℃或≥350℃时，若裙座高度不超过 2.5m，从安全、经济等因素考虑，亦可不设过渡段，裙座自上而下采用与塔壳相同的材料。

ⅳ. 在下封头设计温度≥400℃时，在裙座壳上部靠近封头处应设置隔气圈，如图 8-33 所示。因为随着温度的升高，裙座与塔壳连接焊缝处会产生越来越大的热应力，尤其在温度变化频繁时，连接焊缝易产生疲劳破坏。为此，20 世纪 70 年代国外采用隔气圈来防止或缓解热应力的危害，方法简单易行，现已被国内设计采用，并取得良好效果。隔气圈的作用是隔离圈内空气与圈外空气的接触，减小二者之间的热交换，使圈内空气处于相对静止并起保温层作用，使连接焊缝处金属温度变化幅值减小。

隔气圈有可拆与不可拆两种结构，设计时应控制其与封头切线间的距离 $L=300\sim500$mm，直径大取大值。

ⅴ. 图 8-34 所示为出料管引出孔结构，在引出孔处设有通道管。通常出料管在裙座外为法兰连接，但当管内物料有结焦须清洗时，在裙座内近封头处亦应设法兰连接。值得注意的问题是：出料管外形尺寸 m 应小于裙座内径，而且通道管内直径应大于出料管法兰外径，这样，

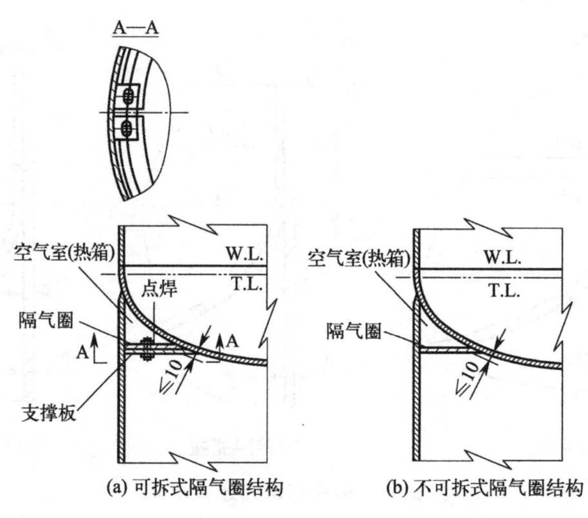

图 8-33　隔气圈

把出料管焊在塔底封头上，焊缝检验合格后，就可以把裙座焊在封头上；当介质温度大于－20℃时，在通道管内的出料管上要均布焊三件支承板，使出料管活嵌在通道管里，便于安装检修；支承板与通道管内壁间应留有空隙 c，以保证出料管具有足够的热膨胀空间。c 值由下式确定

$$c \geqslant 1+\alpha \Delta t H/2$$

式中　Δt——管内介质温度与20℃间的温度差；

α——出料管材料在介质温度与 20℃ 间的平均线膨胀系数；

H——引出管中心线至下封头切线间距离。

ⅵ. 在直径小于 1.6m 时，裙座壳上设置一个人孔（检查孔），大于 1.6m 时可酌情设 1～2 个。人孔一般为圆形，但为减小横断面削弱，亦可采用长轴与塔轴同向的长圆形孔。

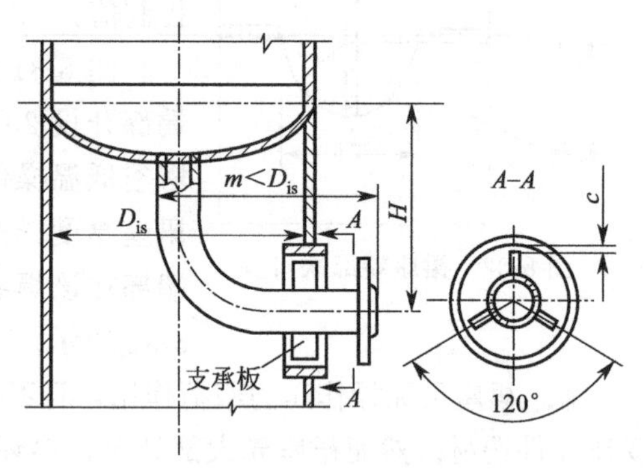

图 8-34　出料管引出孔结构

8.5.2　裙座设计计算

裙座设计计算包括裙座壳轴向应力计算与校核、基础环设计计算及地脚螺栓个数与规格的确定等。

（1）裙座壳轴向应力校核

为便于焊接，通常首先选择裙座壳与塔壳等厚或相近，然后再按轴向应力对壁厚进行校核计算。裙座壳受重力和各种弯矩的作用，但不承受压力。重力和弯矩在裙座底部截面处最大，因而裙座底部截面是危险截面；裙座上的检查孔或人孔、管线引出孔有承载削弱作用，这些孔中心横截面处也是裙座筒体的危险截面。裙座壳不受压力作用，轴向组合拉伸应力总是小于轴向组合压应力，故只需校核最大轴向压应力。另外，裙座壳与塔壳连接焊缝也是薄弱部位，故轴向应力校核一般有以下三个截面。

① 裙座底部 0—0 截面，承受最大弯矩和重力。其轴向压应力强度与稳定性按下列二式校核。

操作工况

$$\frac{1}{\cos\theta}\left(\frac{M_{max}^{0-0}}{Z_{sb}}+\frac{F_V^{0-0}+m_0 g}{A_{sb}}\right)\leqslant \min(KB\cos^2\theta, K[\sigma]_s^t) \tag{8-63}$$

水压试验工况

$$\frac{1}{\cos\theta}\left(\frac{0.3M_W^{0-0}+M_e}{Z_{sb}}+\frac{m_{max}g}{A_{sb}}\right)\leqslant \min(0.9R_{eL}, B\cos^2\theta) \tag{8-64}$$

式中　Z_{sb}——底截面处裙座壳的抗弯截面系数，mm^3，$Z_{sb}=\frac{\pi D_{is}^2\delta_{es}}{4}$；

A_{sb}——底截面处裙座的横截面积，mm^2，$A_{sb}=\pi D_{is}\delta_{es}$；

δ_{es}，D_{is}——裙座的有效厚度和裙座底截面的内直径，mm；

θ——锥形裙座壳半顶角，圆筒裙座 $\theta=0°$，$\cos\theta=1$。

M_{max}^{0-0} 按式（8-52）确定；F_V^{0-0} 按式（8-42）计算，仅在最大组合弯矩含有地震弯矩时计入。

② 裙座最大开孔处 $I-I$ 截面。如果裙座直径大于 700mm，则往往在裙座上开有 ϕ（450～500）mm 的人孔，由于开孔削弱，危险截面可能转到开孔截面处，因而还必须对开孔截面处的强度和稳定性进行校核。校核公式仍然用式（8-63）和式（8-64），只不过将载荷换成开孔截面处的载荷，用开孔截面处的抗弯截面系数 Z_{sm} 和面积 A_{sm} 分别取代底部截面的 Z_{sb} 和 A_{sb}。

$$A_{sm}=\pi D_{im}\delta_{es}-\sum[(b_m+2\delta_m)\delta_{es}-A_m]$$

$$A_m=2l_m\delta_m$$

$$Z_{sm}=\frac{\pi D_{im}^2\delta_{es}}{4}-\sum\left(b_m D_{im}\frac{\delta_{es}}{2}-Z_m\right)$$

$$Z_m=2\delta_{es}l_m\sqrt{\left[\left(\frac{D_{im}}{2}\right)^2-\left(\frac{b_m}{2}\right)^2\right]}$$

各式中尺寸意义见图 8-35，单位均为 mm。

③ 裙座与塔壳连接焊缝处 $J—J$ 截面，分为对接和搭接两种情况。

对接时焊缝在迎风侧产生拉应力，在检修工况有最大值，其强度条件为

$$\frac{4M_{max}^{J-J}}{\pi D_{it}^2\delta_{es}}-\frac{m_0^{J-J}g-F_V^{J-J}}{\pi D_{it}\delta_{es}}\leqslant 0.6K[\sigma]_w^t \tag{8-65}$$

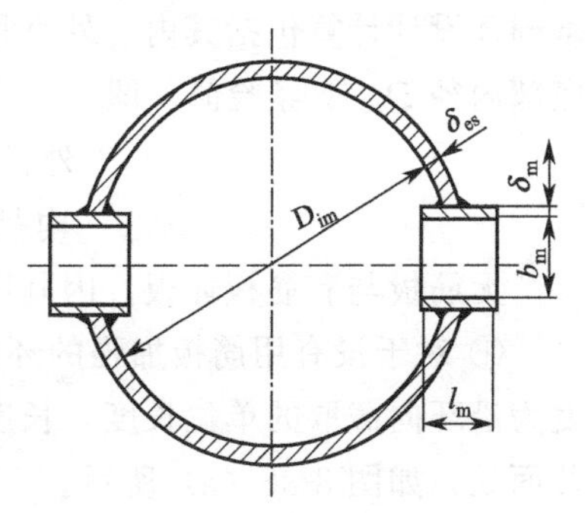

图 8-35　裙座人孔

式中，D_{it} 为裙座顶部截面的内直径，mm；m_0^{J-J} 为连接焊缝处 $J—J$ 截面以上塔式容器的操作质量；M_{max}^{J-J} 按式（8-52）确定，F_V^{J-J} 按式（8-42）计算，仅在最大组合弯矩含有地震弯矩时计入。

搭接时焊接承受剪应力。因为操作与水压试验时焊缝所受载荷及许用应力有差别，故两种工况均要进行强度校核，即：

操作工况
$$\tau=\frac{M_{max}^{J-J}}{Z_w}+\frac{m_0{}^{J-J}g+F_V^{J-J}}{A_w}\leqslant 0.8K[\sigma]_w^t \tag{8-66}$$

水压试验工况
$$\tau_w=\frac{0.3M_w^{J-J}+M_e}{Z_w}+\frac{m_{max}^{J-J}g}{A_w}\leqslant 0.8\times 0.9KR_{eL} \tag{8-67}$$

式中 A_w——焊缝抗剪断面面积，mm^2，$A_w=(0.7\pi D_{ot}\delta_{es})$；

Z_w——焊缝抗剪截面模数，mm^3，$Z_w=0.55D_{ot}^2\delta_{es}$；

$[\sigma]_w^t$——设计温度下焊缝材料的许用应力，MPa；

D_{ot}，δ_{es}——裙座顶部截面的外直径和有效厚度，mm。

（2）基础环直径与厚度计算

塔设备的重力和由风载荷、地震载荷及偏心载荷引起的弯矩通过裙座壳作用在基础环上，而基础环安放在混凝土基础上。在基础环与混凝土基础接触面上，重力引起均布压缩应力，弯矩引起弯曲应力。组合压缩应力始终大于拉伸应力。最大组合压缩应力为 σ_{bmax}，位于塔的背风侧。混凝土基础和基础环均应有足够的强度承受这个最大压应力 σ_{bmax}。

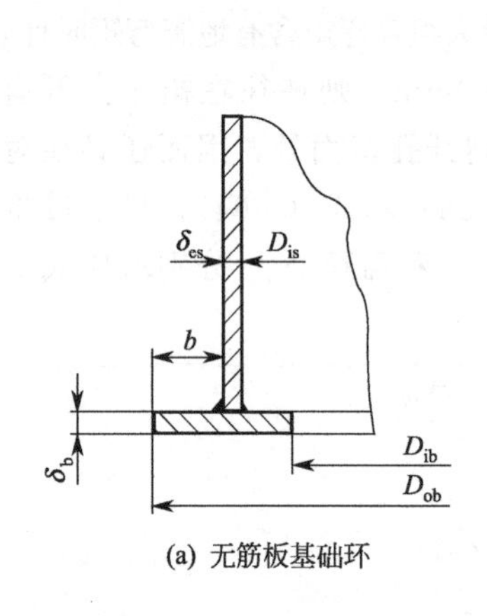

(a) 无筋板基础环

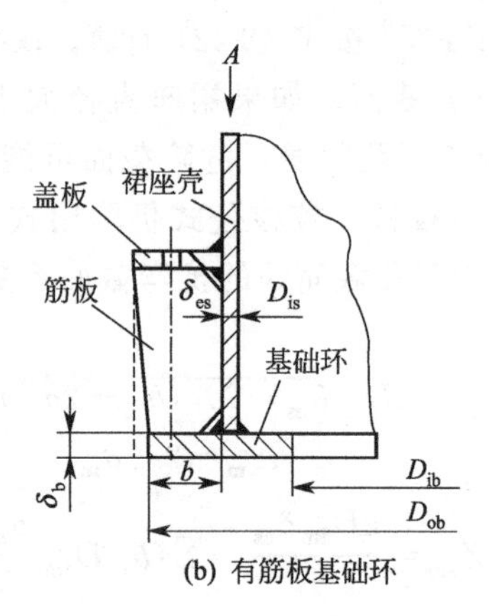

(b) 有筋板基础环

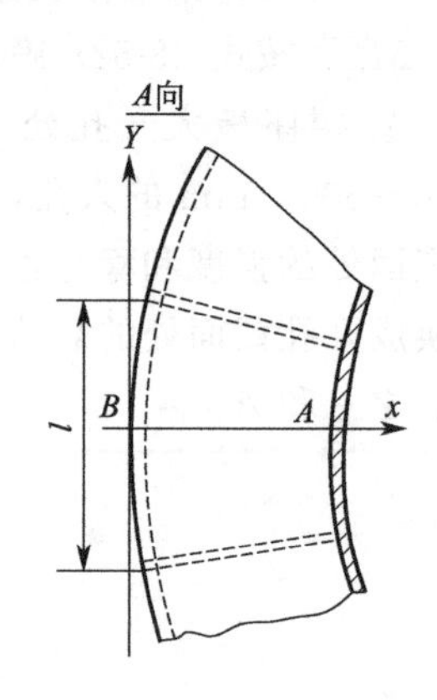

图 8-36 裙座基础环结构

裙座基础环的结构分为无筋板及有筋板两种，如图 8-36 所示。无筋板适用较小直径塔。基础环设计计算包括其内、外直径确定及元件强度计算。基础环内、外直径，常根据裙座壳底部内径 D_{is} 取经验值，即

$$外径\ D_{ob}=D_{is}+(160\sim400)(mm)$$

$$内径\ D_{ib}=D_{is}-(160\sim400)(mm)$$

无筋板与有筋板环板，因其周边约束条件不同，其厚度计算式也不同。

① 对于没有用筋板加强的环板，将它简化为一个承受均布载荷 σ_{bmax} 的悬臂梁，梁的宽度为沿环向截取的单位长度，长度即基础环在裙座外的宽度 b，梁被焊接固支于裙座壳的底截面处，如图 8-36（a）所示。

在悬臂梁的固定端，其弯矩为 $M=b^2\sigma_{bmax}/2$。该弯矩将在直径方向引起弯曲应力，其值为

$$\sigma_b=\frac{M}{W}=\frac{3b^2}{\delta_b^2}\sigma_{bmax}$$

如环板材料的许用应力为 $[\sigma]_b$，则应使 $\sigma_b\leqslant[\sigma]_b$，即

$$\frac{3b^2}{\delta_b^2}\sigma_{bmax}\leqslant[\sigma]_b$$

由此可得无筋板基础环板计算厚度 δ_b 为

$$\delta_b\geqslant b\sqrt{\frac{3\sigma_{bmax}}{[\sigma]_b}}=1.73b\sqrt{\frac{\sigma_{bmax}}{[\sigma]_b}}(mm) \tag{8-68}$$

$$\sigma_{bmax}=\max\left(\frac{M_{max}^{0-0}}{Z_b}+\frac{m_0g+F_V^{0-0}}{A_b},\frac{0.3M_W^{0-0}+M_e}{Z_b}+\frac{m_{max}g}{A_b}\right)(MPa) \tag{8-69}$$

式中　$[\sigma]_b$——基础环材料许用应力，MPa，碳钢为147MPa，低合金钢为170MPa；

Z_b——基础环的抗弯截面系数，mm^3，$Z_b=\frac{\pi(D_{ob}^4-D_{ib}^4)}{32D_{ob}}$；

A_b——基础环面积，mm^2，$A_b=\frac{\pi}{4}(D_{ob}^2-D_{ib}^2)$。

为保证混凝土基础不被压坏，还应控制 $\sigma_{bmax}\leqslant[\sigma]_k$（混凝土基础许用压应力）。这可由加大 A_b 来进行调整。

② 对于直径及载荷较大的塔，其裙座基础环一般如图 8-36（b）设有筋板、盖板和垫板，组成地脚螺栓座。这种结构基础环板不能简化为悬臂梁，而是简化为受均布载荷产生弯曲的矩形板。此矩形板的宽度为 b，长度为筋板间距 l，均布载荷为 σ_{bmax}。在均布载荷作用下，该平板在 x、y 两个方向分别产生 M_x 和 M_y 弯矩。而弯矩的大小和部位与 $\frac{b}{l}$ 大小有关：当 $\frac{b}{l}\leqslant1.5$ 时，最大弯矩 M_s 在固支边的中点 A 处；当 $\frac{b}{l}>1.5$ 时，M_s 则在自由边的中点 B 处。根据平板理论，环板中的最大弯矩为

$$M_s=\max\{|M_x|,|M_y|\}(N\cdot mm) \tag{8-70}$$

式中 $M_x=C_x\sigma_{bmax}b^2$；$M_y=C_y\sigma_{bmax}l^2$；系数 C_x、C_y 根据 $\frac{b}{l}$ 值由表 8-13 查取；σ_{bmax} 由式（8-69）计算。

由此得有筋板环板厚度为

$$\delta_b=\sqrt{\frac{6M_s}{[\sigma]_b}}(mm) \tag{8-71}$$

通常，无论有无筋板，基础环板的最小厚度不宜小于16mm。

表 8-13　矩形板力矩 C_x、C_y 计算表

b/l	C_x	C_y	b/l	C_x	C_y	b/l	C_x	C_y	b/l	C_x	C_y
0	−0.5000	0.0000	0.8	−0.1730	0.0751	1.6	−0.0485	0.1260	2.4	−0.0217	0.1320
0.1	−0.5000	0.0000	0.9	−0.1420	0.0872	1.7	−0.0430	0.1270	2.5	−0.0200	0.1330
0.2	−0.4900	0.0006	1.0	−0.1180	0.0972	1.8	−0.0384	0.1290	2.6	−0.0185	0.1330
0.3	−0.4480	0.0051	1.1	−0.0995	0.1050	1.9	−0.0345	0.1300	2.7	−0.0171	0.1330
0.4	−0.3850	0.0151	1.2	−0.0846	0.1120	2.0	−0.0312	0.1300	2.8	−0.0159	0.1330
0.5	−0.3190	0.0293	1.3	−0.0726	0.1160	2.1	−0.0283	0.1310	2.9	−0.0149	0.1330
0.6	−0.2600	0.0453	1.4	−0.0629	0.1200	2.2	−0.0258	0.1320	3.0	−0.0139	0.1330
0.7	−0.2120	0.0610	1.5	−0.0550	0.1230	2.3	−0.0236	0.1320	—	—	—

（3）地脚螺栓强度计算

在风载和地震载荷的作用下，塔设备有可能倾倒，为此须在裙座上设置地脚螺栓，将其固定在基础上。如果风载荷和地震载荷比较小，塔设备的基础环各个部位上都是压应力，此时塔设备不会倾倒。但这种情况下仍应设置一定数量的地脚螺栓，起水平方向定位作用。

地脚螺栓设计的依据是作用于基础环板上的最大拉应力。在水压试验时，质量重力最大而组合弯矩最小，故最大拉应力不会出现在水压试验工况。设备吊装安装后或停产检修时质量最

小，且有可能遭遇最大风载荷，会出现很大的拉应力；操作时则有可能经受最大的地震载荷，也会存在很大拉应力。故地脚螺栓要按下式中的较大者作为最大拉应力 σ_B 进行设计计算。

$$\sigma_B=\max\begin{cases}\dfrac{M_W^{0-0}+M_e}{Z_b}-\dfrac{m_{\min}g}{A_b}\\[2ex]\dfrac{M_E^{0-0}+0.25M_W^{0-0}+M_e}{Z_b}-\dfrac{m_0 g}{A_b}+\dfrac{F_V^{0-0}}{A_b}\end{cases}(\text{MPa}) \tag{8-72}$$

式中 $m_{\min}$——塔设备安装状态时的最小质量，按式（8-48）计算；

m_0——塔设备的操作质量，按式（8-46）计算；

M_W^{0-0}——塔设备底部截面 0—0 处的风弯矩，按式（8-20）计算；

Z_b，A_b——基础环板的抗弯截面系数和面积。

当 $\sigma_B\leqslant 0$ 时，仅设置一定数量固定位置螺栓；当 $\sigma_B>0$ 时必须设置地脚螺栓，且应按强度条件确定其数量和规格。一般可先按间距不小于 400mm 和 4 的倍数设定螺栓数目，并使全部螺栓允许承受的轴向拉力大于按 σ_B 计算的基础环所承受的轴向拉力，即

$$\frac{\pi n d_1^2}{4}[\sigma]_{bt}\geqslant\sigma_B A_b$$

则由此得地脚螺栓的根径 d_1 为

$$d_1\geqslant\sqrt{\frac{4\sigma_B A_b}{\pi n[\sigma]_{bt}}}+C_2(\text{mm}) \tag{8-73}$$

式中 $[\sigma]_{bt}$——地脚螺栓材料的许用应力，MPa，对 Q235，可取 $[\sigma]_{bt}=147$MPa，对于 Q345 则取 $[\sigma]_{bt}=170$MPa；

C_2——腐蚀裕量，一般取 $C_2=3$mm。

最后，应根据上式算出的 d_1 值，确定地脚螺栓的公称直径。也可先设定一个螺栓的公称直径，由其根径按式（8-73）求螺栓的个数。对于塔设备，地脚螺栓的公称直径不宜小于 M24，埋入混凝土基础内的长度应大于螺栓根径的 25 倍，以防拉脱。

思考题

8-1. 板式塔与填料塔的内部各有哪些主要构件？其功用是什么？

8-2. 塔设备承受哪些载荷？会引起何种应力和破坏？载荷计算中为什么要计算塔的自振周期？

8-3. 风载荷对塔产生的顺风向弯矩和横风向弯矩是如何引起的？各属什么性质载荷？其中顺风向中的阵风脉动风压如何处理？

8-4. 基本风压 q_0，我国是按什么条件确定？任意塔高处的风压 q 和 q_0 有何关系？

8-5. 在塔的顺风向水平风力计算中，K_{2i} 表征何意义？它与哪些因素有关？

8-6. 什么样的塔需要考虑横风向弯矩？试根据式（8-31）和式（8-32）解读横风向共振弯矩的计算。

8-7. 在什么条件下风载荷会引发塔的共振？有何危害？

8-8. 什么是塔的临界风速与锁定区？锁定区与塔高有何关系？

8-9. 如何防止塔发生诱导共振？有什么可行的防振措施？

8-10. 水平地震力与垂直地震力对塔产生的危害有什么区别？

8-11. 地震力的大小有哪些主要影响因素？地震力计算中用什么参数来表征诸多影响因素？

8-12. 地震弯矩计算中何时要考虑高振型的影响？现行标准考虑高振型时，其弯矩如何确定？

8-13. 试分析塔设备在正常操作、停工检修和耐压试验等三种工况下的载荷有何区别？

8-14. 塔设备设计中哪些危险截面需要校核轴向强度和稳定性？为什么？

8-15. 最大组合弯矩有 $M_W^{I-I}+M_e$、$M_E^{I-I}+0.25M_W^{I-I}+M_e$ 和 $0.3M_W^{I-I}+M_e$，三式各表征什么工况？为什么 M_W^{I-I} 前的系数不同？

8-16. 什么情况下裙座应设隔气圈？为什么？

8-17. 裙座出料管结构设计应注意什么问题？为什么？

8-18. 裙座的质量载荷计算中包括水压试验充水质量，而塔壳质量计算中是否也应包括充水质量？为什么？

8-19. 有筋板与无筋板基础环的厚度计算，各按何种力学模型分析？其应力有何区别？

8-20. 为防塔倾倒，裙座何时须设置地脚螺栓？最大拉应力按何种工况计算？为什么？

习题

如图 8-37 所示，分馏塔分为上下两段：上段名义厚度 $\delta_n=12$mm，保温层厚 60mm，壁温为 250℃；下段 $\delta_n=14$mm，保温层厚 120mm，壁温为 375℃。全塔设计压力为 0.2MPa，上下封头均为标准椭圆形封头。全塔从底到顶采用笼式扶梯，且与进出口管成 180°布置。进出口管线的最大外径（包括保温厚）可按 ϕ526mm 计算，且假设从塔顶到塔底都有。操作平台在塔体上每隔一段有一层，为简化计算，可将它的承风面积折算为塔体有效直径要加大 0.368m。裙式支座外表面涂以防火层 60mm。安装地为Ⅱ类场地土，地面粗糙度为 B 类，设计地震烈度为 7 度。塔的各段质量为：上段金属质量 12678kg，保温层质量 1880kg，平台梯子 2463kg，操作液体质量 4431kg；下段与上段相对应的质量依次为 26525kg，7700kg，3928kg，7321kg；裙座金属质量为 3458kg，保温层质量为 410kg；下封头内操作液体质量为 1400kg。水压试验全塔充水质量为 140600kg。

（1）试按轴向应力校核上、下段壁厚（取 $C=3$mm）。

（2）按轴向应力对裙座底截面 0—0 及搭接焊缝 Ⅱ—Ⅱ截面进行校核。

（3）基础环外径为 ϕ2870mm，内径为 ϕ2240mm，筋板间最大间距 $L=396$mm。试求基础环板厚度 δ_b。

（4）设用 20 个地脚螺栓，试确定螺栓直径。

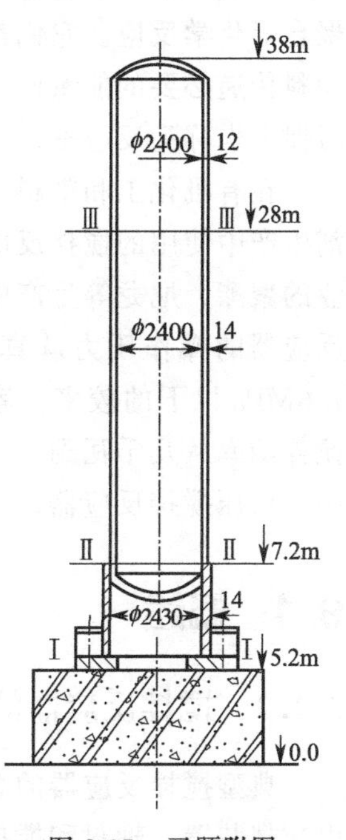

图 8-37　习题附图

能力训练题

8-1 查阅资料，调研工程中存在的塔设备及其元件失效实例及解决措施，形成调研报告。

8-2 查阅资料，调研我国先进塔设备、塔内件的发展历史、研究现状及存在的问题，讨论先进塔设备的发展方向以及本专业当代大学生应承担的使命和责任。

9 反应设备

工业中用来进行化学反应的设备称为反应设备。各种反应设备都有适应于某种反应的形式和结构。反应设备可简略地分为搅拌反应设备、固定床反应设备、沸腾床反应设备等三种。本章就使用极为广泛的搅拌反应设备加以讨论。

搅拌反应设备广泛用于化工、轻工、化纤、制药等工业生产中。这种设备能完成搅拌过程与搅拌下的化学反应。例如，把多种液体物料相混合，把固体物料溶解在液体中，将几种不能互溶的液体制成乳浊液，将固体颗粒混在液体中制成悬浮液，以及磺化、硝化、缩合、聚合等化学反应。它们都是在一定容积的容器中和在一定压力与温度下，借助搅拌器向液体物料传递必要的能量而进行搅拌过程的化学反应设备。在工业生产中通常称为搅拌反应器，习惯上也称为反应釜。

在有机化工和染料中间体、农药、化学试剂、助剂生产中使用的搅拌反应器品种、数量很多，化纤工业的聚酯、尼龙等生产中也要用到搅拌反应器。搅拌反应器的操作压力从真空到高压都有，但以常压与1.6MPa以下的较多，容积大多为几百升到几千升，搅拌功率从几千瓦到几十千瓦。本章重点介绍常用的中、低压搅拌反应器。

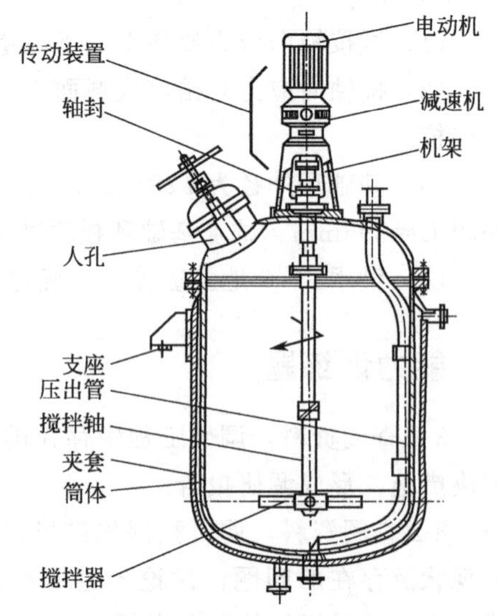

图 9-1　搅拌反应器结构

9.1 概述

9.1.1 搅拌反应器的总体结构

典型搅拌反应器的总体结构如图 9-1 所示，主要由搅拌装置、轴封和搅拌罐三大部分组成。

搅拌装置包括传动装置、搅拌轴和搅拌器。由电动机和减速器驱动搅拌轴，使搅拌器按照一定的转速旋转以实现搅拌的目的。

轴封为罐体和搅拌轴之间的动密封，以封住罐内的流体不致泄漏。

搅拌罐包括罐体、换热元件及安装在罐体上的附件。搅拌罐是反应釜的主体装置，它盛放反应物料；换热元件包括夹套、蛇管；附件包括工艺接管及防爆装置等。

9.1.2 搅拌反应器的类型

(1) 立式容器中心搅拌反应器

这是最普通的一种搅拌反应器。其搅拌装置安装在立式设备筒体的中心线上，如图 9-1 所示。驱动方式一般为皮带传动和齿轮传动。功率从 0.1 kW 到数百千瓦，常用的功率为 0.2～22kW。一般认为功率 3.7kW 以下为小型，5.5 ～22kW 为中型；转速低于 100r/min 为低速，100 ～400r/min 为中速，大于 400r/min 为高速。

中、小型立式容器搅拌反应器，在国外多数已经标准化。转速为 300～360r/min，电机功率大约为 0.4～15kW，用皮带或一级齿轮减速。由于大型搅拌反应器的搅拌器直径大，所传递的扭矩很大，使整个传动装置、轴封等制造困难，因而不易实现标准化。

(2) 偏心式搅拌反应器

搅拌装置在立式容器上偏心安装，能防止液体在搅拌器附近产生圆柱状回转区，可以产生与加挡板时相近似的搅拌效果。偏心搅拌的流型如图 9-2 所示，搅拌中心偏离容器中心，会使液流在各点处的压力不同，因而使液层间相对运动加强，增加了液层间的湍流程度，使搅拌效果得到进一步的提高。但偏心搅拌容易引起振动，一般用于小型设备较为合适。

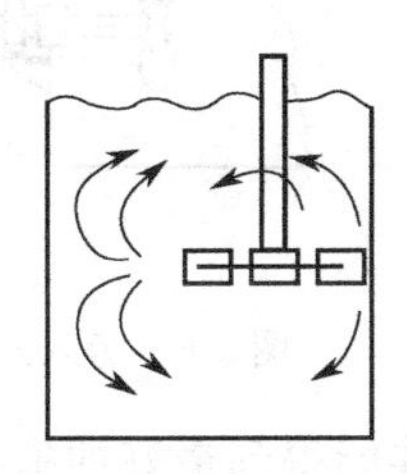

图 9-2 偏心搅拌示意图

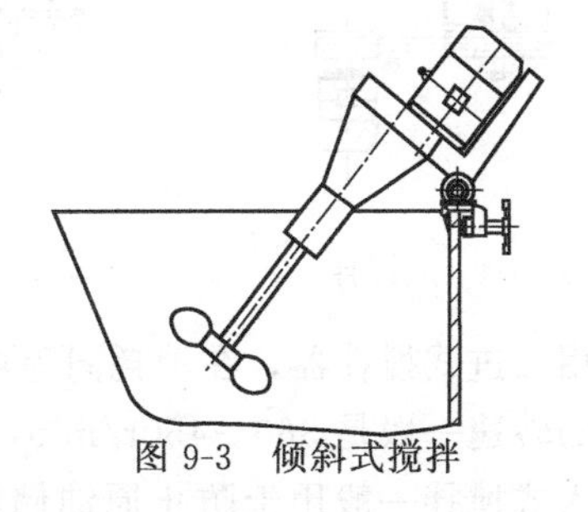

图 9-3 倾斜式搅拌

(3) 倾斜式搅拌反应器

为了防止涡流的产生，对简单的圆筒形或方形敞开的立式设备可将搅拌器用夹板或卡盘直接安装在设备筒体的上缘，搅拌轴倾斜插入筒体内，如图 9-3 所示。此种搅拌设备的搅拌器小型、轻便、结构简单，操作容易，应用范围广。一般采用的功率为 0.1～2.2kW，使用一层或两层桨叶，转速为 36～300r/min。用于药品等稀释、溶解、分散、调和及 pH 值的调整等。

(4) 底搅拌反应器

搅拌装置安装在设备的底部，如图 9-4 所示。底搅拌反应器的优点是，搅拌轴短而细，无中间轴承，轴的稳定性好，既节省原料又节省加工费，而且降低了安装要求。由于把笨重的减速装置和动力装置安放在地面基础上，从而改善了封头的受力状态，同时也便于这些装置的维护和检修。底搅拌装置安装在下封头，有利于上封头接管的排列与安装，特别是上封

头带夹套对冷却气相介质时更为有利。底搅拌有利于底部出料，可使出料口处得到充分的搅动，使出料管路畅通。大型聚合反应器常采用此种结构。

这种结构的缺点是轴封困难，搅拌器下部至轴封处的轴上常有固体物料粘结，时间一长，变成小团物料混入产品中影响产品质量。为此要用一定量的室温溶剂注入其间，注入速度应大于聚合物颗粒的沉降速度以防止聚合物沉降结块。另外，检修搅拌器和轴封时，一般均需将釜内物料排净。

（5）卧式搅拌反应器

搅拌器安装在卧式容器上面，可降低设备的安装高度，提高设备的抗震性，改进悬浮液的状态等。搅拌器可以竖直地装在卧式容器上也可以倾斜地装在容器上。图 9-5 所示为卧式容器上安装四组搅拌装置的结构，用于搅拌气液非均质物料。

（6）旁入式搅拌反应器

旁入式搅拌反应器是将搅拌装置安装在设备筒体的侧壁，如图 9-6 所示。这种结构的轴封困难，在小型设备中，可以抽出设备内的物料，卸下搅拌装置更换轴封，所以搅拌装置的结构要尽量简单。对于大型设备，为了不抽出设备内的物料，多半在设备内设置断流结构。

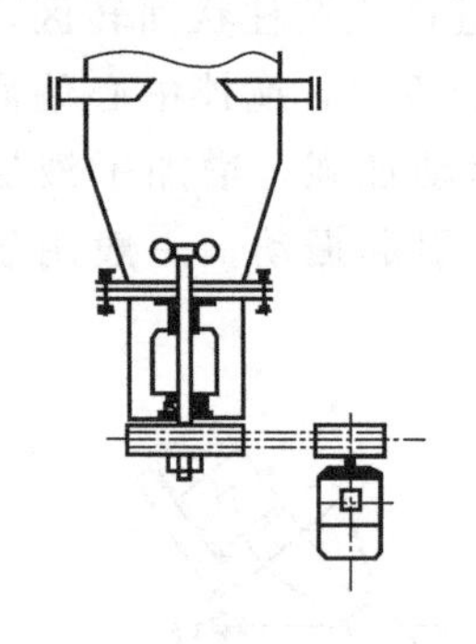

图 9-4　底搅拌

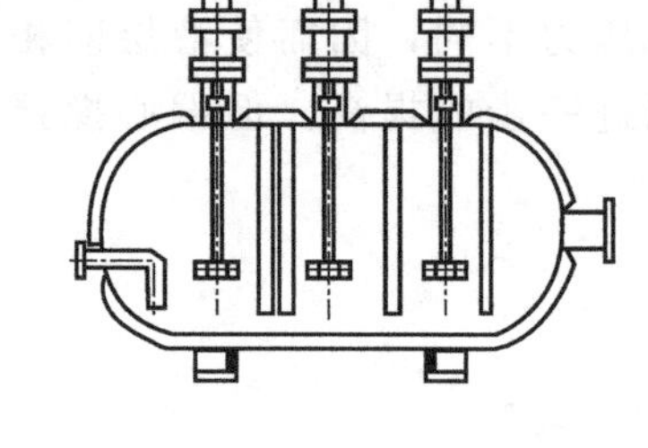

图 9-5　卧式搅拌反应器

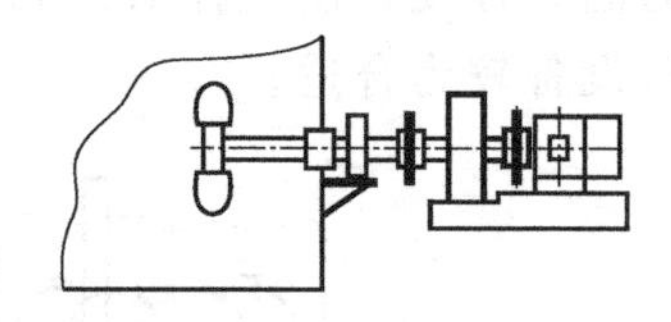

图 9-6　旁入式搅拌反应器

利用推进式搅拌器，在消耗同等功率情况下，旁入式搅拌能得到最好的搅拌效果。这种搅拌器的转速一般是 360～450r/min，驱动方式有齿轮传动和皮带传动两种。

旁入式搅拌一般用于防止原油储罐泥浆的堆积，用于重油、汽油等石油制品的均匀搅拌，用于各种液体的混合和防止沉降等。在大型储槽中消耗少量的功率便可以得到适当的搅拌效果，因而被广泛采用。

9.1.3　新型混合与反应设备

（1）新型轴向流搅拌叶轮

大量的搅拌设备用于低黏度物系的混合和固-液悬浮操作，这时需要叶轮能以低的能耗提供高的轴向循环流量，类似于传统的船舶推进器的叶轮能满足这个要求。这些叶轮的特点是叶片面积率大，即在水平投影面上叶片面积占由叶端画出的圆面积的百分率大。

（2）新型宽黏度域搅拌叶轮

如前述，传统搅拌叶轮分成两大类。一类适用于低黏度流体，如桨式、涡轮式等；另一类适用于高黏度流体，如螺带式叶轮、框式叶轮。有很多聚合反应过程，开始时物料的黏度很低，随着反应的进行黏度越来越高，这种现象使得反应器中叶轮的选用发生问题。当然，使用组合式叶轮可以解决问题，如液体黏度很低时，可将框式叶轮停止旋转，仅使用涡轮式叶轮，将框式叶轮作为挡板使用；黏度增高后将框式叶轮启动，由框式叶轮与多层涡轮共同作用。但组合式叶轮的传动机构比较复杂。

日本开发出数种在很宽的黏度范围内均能进行高效混合的叶轮，且叶轮结构相当简单，也不需要复杂的传动机构，如图 9-7～图 9-9 所示的三种叶轮。其黏度适用范围为 1～100000mPa·s。其中，最大叶片式和泛能式叶轮必须和挡板配合使用，而叶片组合式叶轮可与挡板配合使用，也可以单独使用。

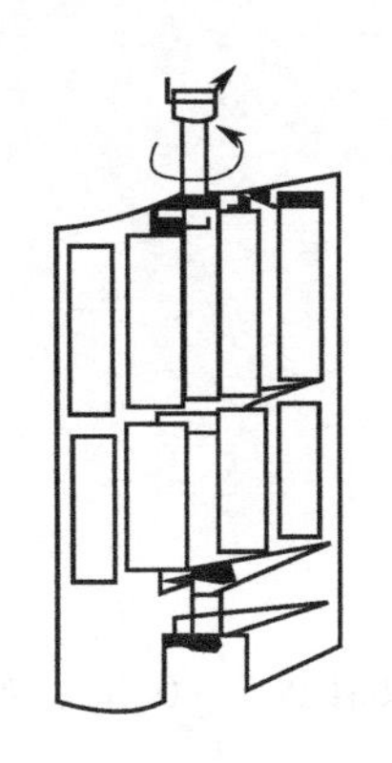

图 9-7　最大叶片式叶轮

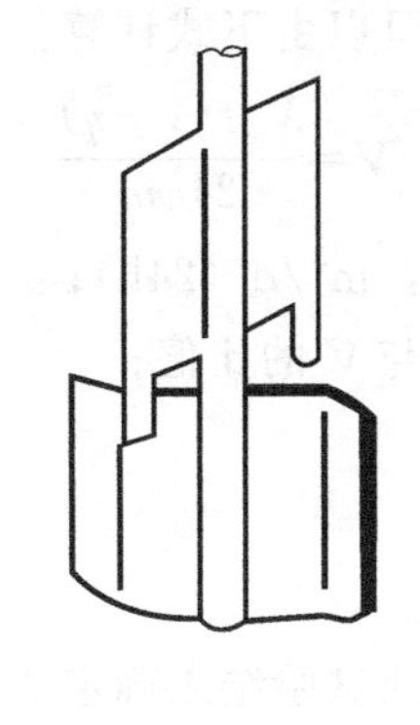

图 9-8　泛能式叶轮

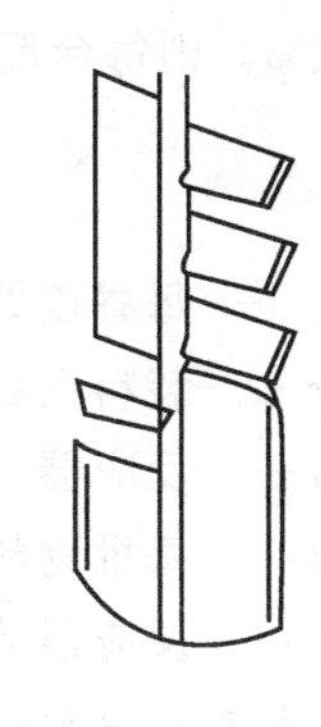

图 9-9　叶片组合式

这三种叶轮都有一个共同的特点，即叶轮在搅拌槽的纵向剖面上的投影面积占槽的纵向剖面面积的比例很大。这些大叶片不仅具有高的混合效率，还能对被搅流体提供较大的剪切，故不仅适合于固-液悬浮及析晶等操作，也适合于液-液分散以及使气体从液体表面吸入的气-液传质过程；同时大叶片的使用不仅使槽壁的局部表面传热系数较均匀，也提高了表面传热系数的数值。

（3）组合式搅拌器

在一个搅拌容器内设置不同构型、不同转速的搅拌器以达到全罐搅拌与混合的目的。组合式搅拌器可减少混合时间，大量节省能耗，提高产品质量。例如用于化妆品、牙膏等生产的搅拌设备，其介质为高黏物料，含有大量固体粉末，混合要求较高，常在一个容器内设有齿片式、锚式和螺杆式三个不同转速搅拌轴。齿片式搅拌器高速旋转，将固体颗粒打碎和分散；锚式搅拌器和螺杆式搅拌器将流体物料输送到高剪切区，使物料循环流动。这三个搅拌器互相配合，使全罐物料达到快速均匀混合。

搅拌器的运动也由单纯的绕固定轴线的旋转运动发展为行星运动，或者旋转加上下往复运动的复杂运动。这类复杂运动的搅拌器更能适合高粉末含量物料的均质混合。

9.2 反应器的搅拌罐

9.2.1 罐体强度设计

常用的搅拌反应釜，其罐体多由内筒和夹套及与其相连的封头组成，为承压容器。其强

度设计计算均按第4、5章有关论述进行。但应注意内、外筒容器元件承压工况的差别及由此带来的强度计算的差别：内筒除以物料压力做内压强度计算外，还应以操作或耐压试验时夹套中的最大极限压力进行外压稳定性校核，取其中大者为设计壁厚；而夹套及其封头仅按夹套内压力确定壁厚。另还应注意内筒和夹套的装配和检验顺序：一般是内筒焊接完成后，接着即对其进行耐压试验，合格后才能装配焊接夹套，最后再对夹套进行耐压试验。夹套耐压试验时应注意防止内筒因受外压过大而失稳，必要时内筒可同时充压保压。

承压容器强度计算必须首先确定其直径，而釜体圆筒的容积、直径和高度等均由工艺设计计算确定。釜体容积与生产能力有关。生产能力以单位时间内处理物料的重量或体积来表示。例如已知间歇操作时，每昼夜处理物料为 $V_a\,m^3$，其中每批物料的反应时间为 th，考虑装料系数 φ，则每台反应器的容积 V 可以由下式计算：

$$V=\frac{V_a t(1+\eta)}{24\varphi m} \tag{9-1}$$

式中 V_a——每昼夜处理的物料体积，m^3/d (24h)；

φ——装料系数，即装料容积与 V 的比值；

m——反应器的台数；

t——每批物料反应时间，h；

η——反应器的容积备用系数。

装料系数 φ 是根据实际生产条件或试验结果确定的，通常 φ 的取值0.7～0.85，如果泡沫严重则取0.4～0.6。反应器的容积备用系数 η 一般取10％～15％。

显然，对一定的产量来讲，m 和 V 之间可能有多种选择。一般应该从设备投资和日常生产等方面综合比较其经济性。

搅拌反应器的容积 V 确定后，即可选择其内径 D 和圆筒高度 H。对于常用的直立反应器，容积 V 通常是指下封头与圆筒的容积之和。反应器的圆筒高度与其内径之比值可以参照表9-1选择，立式机械搅拌反应器亦可根据计算值参考HG/T 3796《搅拌器型式及其基本参数》等系列标准确定。

表9-1 搅拌反应器的 H/D 推荐值

种类	搅拌反应器内物料类型	H/D
反应釜、混合罐、溶解罐	液-液相或液-固相	1～1.3
反应釜、分散罐	气-液相	1～2
发酵罐	气-液相	1.7～2.5

9.2.2 换热元件

有传热要求的搅拌反应器，为维持反应的最佳温度，需要设置换热元件。所需要的传热面积根据传热量和传热速率来计算，具体可参阅化学工程等书籍。常用的传热元件有夹套和内盘管。当夹套的换热面积能满足传热要求时，应优先采用夹套，这样可减少容器内构件，便于清洗，不占用有效容积。

（1）夹套结构

夹套是最常用的外部传热构件。它是一个薄壁筒体，一般还带有一个底封头，套在搅拌反应器内筒与封头的外部，与筒体壁构成一个环形密闭空间。在此空间通入加热或冷却介质，可加热或冷却容器内的物料。

夹套根据需要有多种结构形式可供选择。图 9-10 所示是一种整体式夹套结构，夹套内径 D_2 与筒体内径 D_1 的关系如表 9-2 所示。

表 9-2 夹套内径 D_2 与筒体内径 D_1 的关系

D_1/mm	500～600	700～1800	2000～3000
D_2/mm	D_1+50	D_1+100	D_1+200

有时对于较大型的容器，为了得到较好的传热效果，在夹套空间装设螺旋导流板，如图 9-11 所示，以缩小夹套中流体的流通面积，提高流体的流动速度和避免短路。

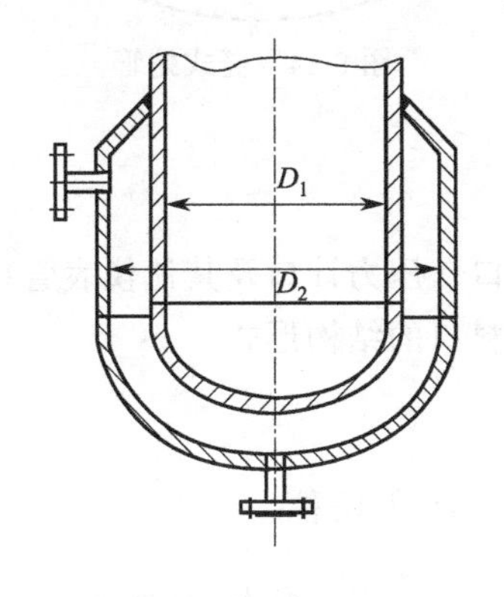

图 9-10 整体夹套

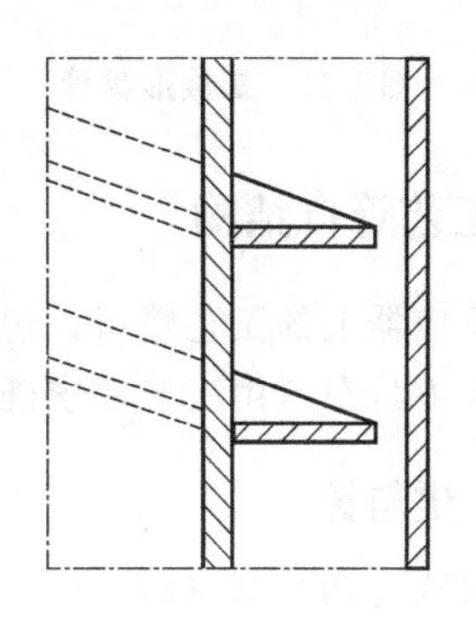

图 9-11 带导流板的夹套

当釜体直径较大，或者传热介质的压力较高时，为了减小筒体的厚度，采用半圆形管或槽钢、角钢结构蜂窝夹套以代替整体夹套结构，如图 9-12 所示。这样不但能提高传热介质的流速，改善传热效果，而且能提高搅拌反应器内筒抗外压的刚度。

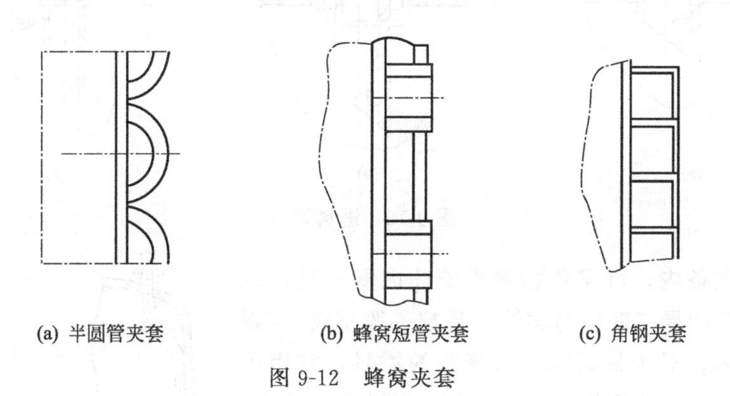

(a) 半圆管夹套　(b) 蜂窝短管夹套　(c) 角钢夹套

图 9-12 蜂窝夹套

(2) 内盘管结构

当搅拌反应器的热量仅靠外夹套传热面积不够时，常采用内盘管。它浸没在物料中，热量损失小，传热效果好，但检修较困难。内盘管可分为螺旋形盘管和竖式蛇管，其结构分别如图 9-13 和图 9-14 所示。对称布置的几组竖式蛇管除传热外，还起到挡板作用。

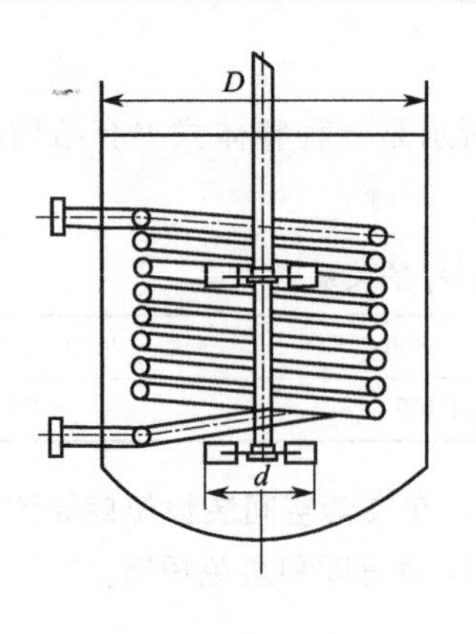

图 9-13 螺旋形盘管

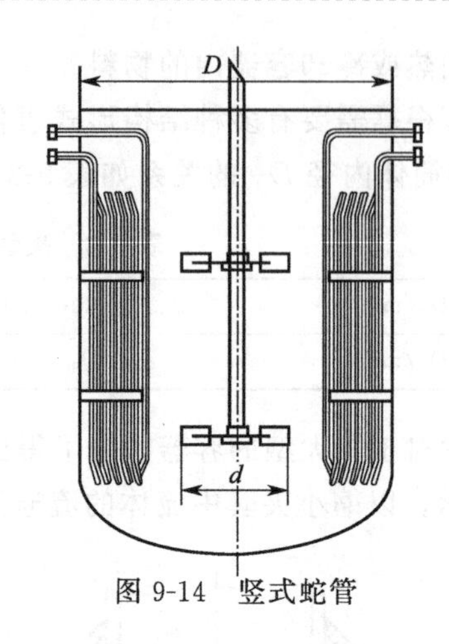

图 9-14 竖式蛇管

9.2.3 工艺管口结构

搅拌反应器上的工艺管口，包括进出料口、温度计口、压力计口及其他仪表管口等。管口的管径及方位布置由工艺要求确定，下面介绍进、出料口的结构形式。

（1）进料管

有固定式［图 9-15（a）、（c）］和可拆式［图 9-15（b）］两种。

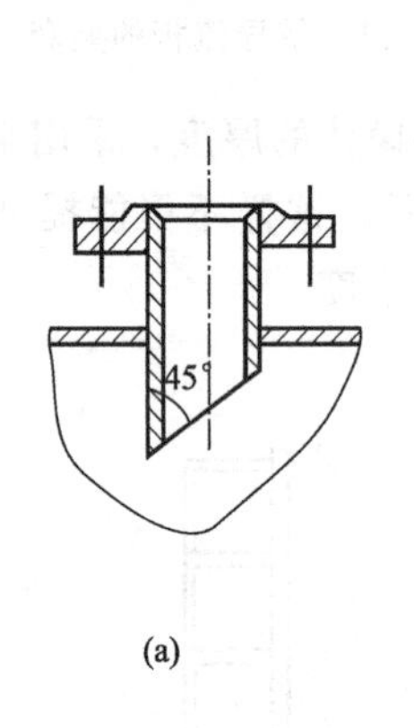

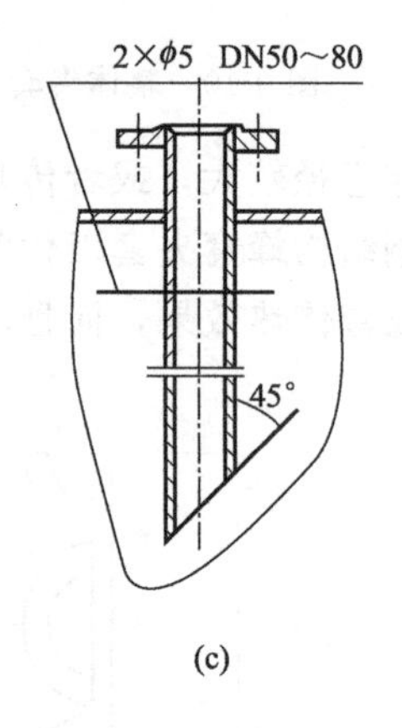

图 9-15 进料管口

接管伸进设备内，可避免物料沿釜体内壁流动，以减少物料对釜壁的局部磨损与腐蚀。管端一般制成45°斜口，以避免喷洒。对于易磨蚀、易堵塞的物料，宜用可拆式管口，以便清洗和检修。进口管如需浸没于料液中，以减少冲击液面而产生泡沫，管可稍长，液面以上部分开小孔（如图中2×ϕ5）可以防止虹吸现象。

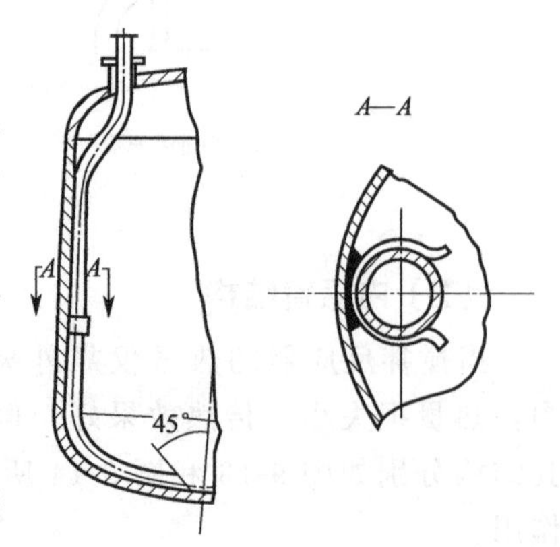

图 9-16 上出料

（2）出料管

出料管有上出料（图 9-16）和下出料（图 9-17）等形式。当反应釜内液体物料需要输送到位置更高或与它并列的另一设备中去时，可以采用压料管装置，利用压缩空气或惰性气体的压力，将物料压出。压料管一般做成可拆式，釜体上的管口大小要保证压料管能顺利取出。为防止压料管在釜内因搅拌影响而晃动，除使其基本与釜体贴合外，还需以管卡（图 9-16 中 $A—A$ 所示）或挡板固定。

当向下放料时，管口及夹套处的结构、尺寸如图 9-17、表 9-3 所示。

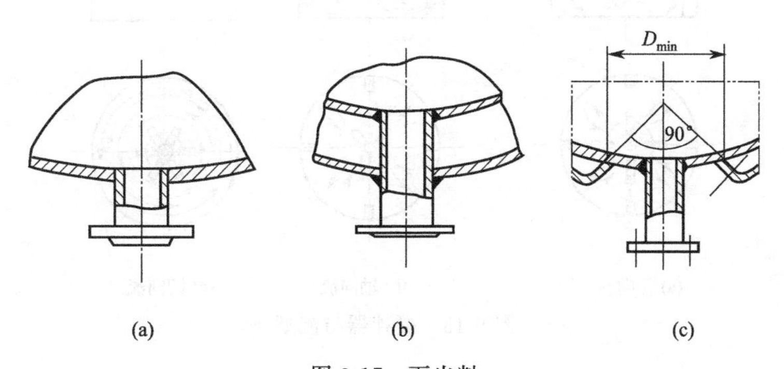

图 9-17 下出料

表 9-3 夹套底部及管口尺寸

管口公称直径 DN/ mm	50	70	100	125	150
D_{min}/ mm	130	160	210	260	290

9.3 反应器的搅拌装置

9.3.1 搅拌器形式、特点及选择

搅拌器亦称搅拌桨或搅拌叶轮，是搅拌反应器的关键部件。其功能是提供过程所需要的能量和适宜的流动状态。搅拌器旋转时把机械能传递给流体，在搅拌器附近形成高湍动的充分混合区，并产生一股高速射流推动液体在容器内循环流功。这种循环流动的途径称为流型。

（1）搅拌器流型、挡板及导流筒作用

液体在桨叶驱动下循环流动的途径就是搅拌设备内的流型。根据各种搅拌器所产生的流型可以把它们分成为轴向流和径向流搅拌器，如图 9-18 所示。使液体与搅拌轴平行方向流动，或液体轴向流出，轴向流入的为轴向流搅拌器。使液体在搅拌器半径和切线方向上流动的，或液体从径向流出、轴向流入的为径向流搅拌器。无挡板的容器内，流体绕轴做旋转运动，流速高时液体表面会形成旋涡，这种流型称为切向流。在这个区域内流体没有相对运动，所以混合效果很差。

上述三种流型通常同时存在．其中轴向流与径向流对混合起主要作用，而对切向流应加以抑制，采用挡板可以削弱切向流，增强轴向流和径向流。

在搅拌设备中心搅拌黏度不高的流体时，只要搅拌器的转速足够高都会产生切向流，严重时可使全部液体围绕搅拌轴的旋转，形成圆柱状回转区。此时外面的空气被吸到液体中，液体混入气体后密度减小，从而降低混合效果。通常在容器中加入挡板以消除这种现象。一般在容器内壁面均匀安装 4 块挡板，其宽度为容器直径的 0.1 倍左右。增加挡板数量和挡板宽度，搅拌功率也会随着增加。当功率消耗不再增加时，称为全挡板条件。挡板的安装如图 9-19 所示。

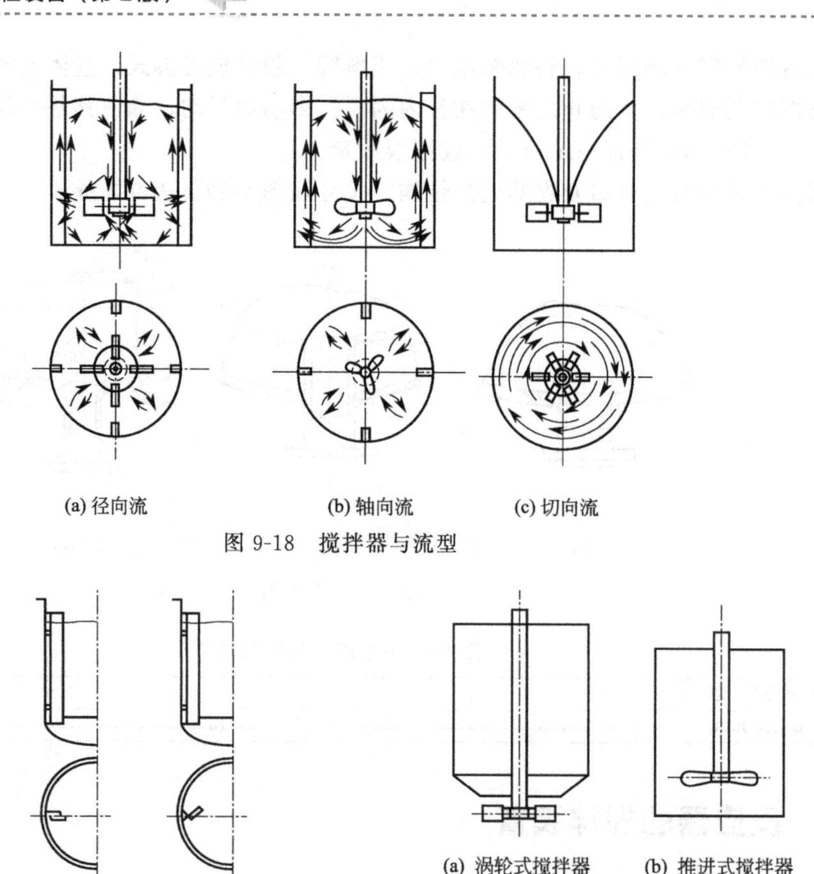

(a) 径向流　(b) 轴向流　(c) 切向流

图 9-18　搅拌器与流型

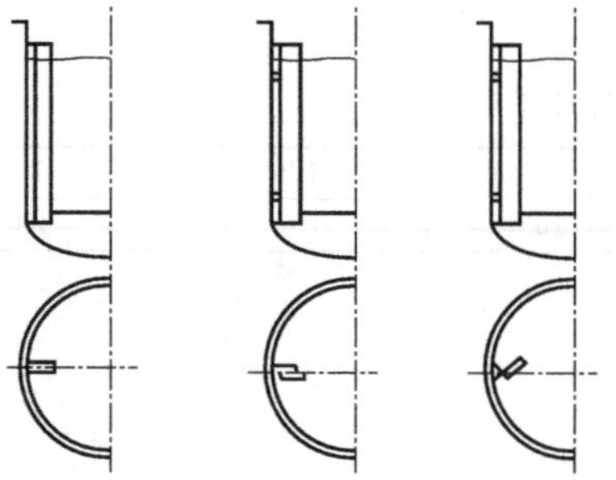

图 9-19　挡板

(a) 涡轮式搅拌器　(b) 推进式搅拌器

图 9-20　导流筒

导流筒是上下开口的圆筒，安装于容器内，在搅拌混合中起导流作用，如图 9-20 所示。对于涡轮式或桨式搅拌器，导流筒刚好置于桨叶的上方；对于推进式搅拌器、导流筒套在桨叶外面，或略高于桨叶。通常导流筒的上端都低于静液面，且筒身上开孔或槽，当液面降落后流体仍能从孔或槽进入导流筒。导流筒直径约为容器直径的 0.7 倍，将搅拌容器截面分成面积相等的两部分。当搅拌器置于导流筒之下，且容器直径较大时，导流筒的下端直径应缩小，使下部开口小于搅拌器的直径。

（2）搅拌器类型、特点及选用

搅拌器使流体产生剪切作用和循环流动。当搅拌器输入流体的能量主要用于流体的循环流动时，称为循环型叶轮，如框式、螺带式、锚式、桨式、推进式等为循环型叶轮；当输入液体的能量主要用于对流体的剪切作用时，则称为剪切型叶轮，如径向蜗轮式、锯齿圆盘式等。

按流体流动形态，搅拌器可分为轴向流搅拌器、径向流搅拌器和混合流搅拌器。各种搅拌桨叶形状按搅拌器的运动方向与桨叶表面的角度可分为平叶、折叶和螺旋面叶三种。桨式、涡轮式、锚式和框式桨叶都有平叶和折叶两种结构，而推进式、螺杆式、螺带式的桨叶则为螺旋面叶。平叶的桨面与运动方向垂直，即运动方向与桨面法线方向一致。折叶的桨面与运动方向成一个倾斜角度 θ，一般 θ 为 45°或 60°。螺旋面叶是连续的螺旋面或其一部分，桨叶曲面与运动方向的角度逐渐变化，如推进式桨叶的根部曲面与运动方向一般可为 40°～70°，而其桨叶前端曲面与运动方向的角度较小，一般为 17° 左右。

平叶的桨式、涡轮式是径向流，螺旋面叶片的螺杆式、螺带式、推进式是轴流型。折叶桨则居于两者之间，一般认为它更接近于轴流型。

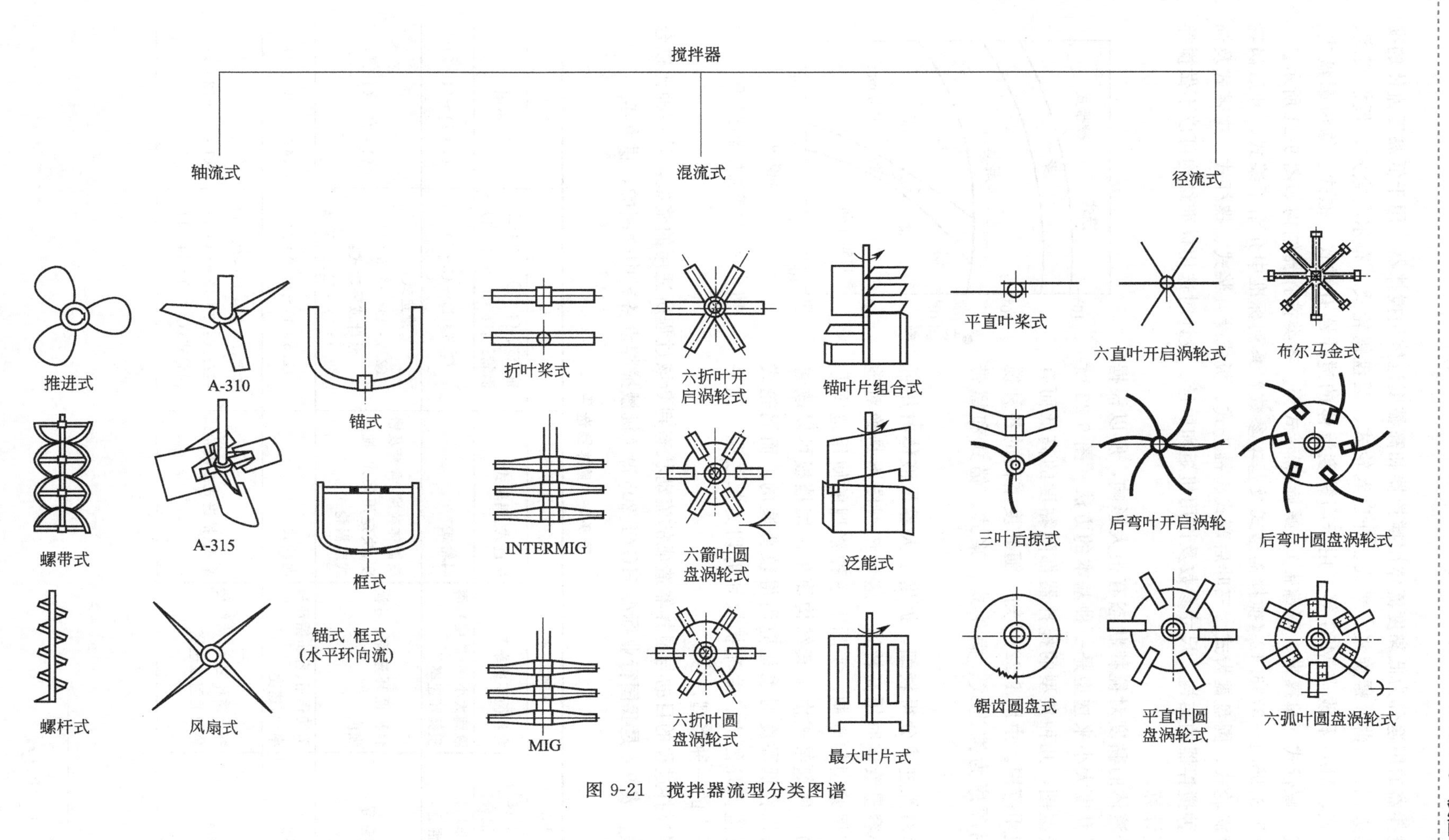

图 9-21 搅拌器流型分类图谱

按搅拌器的用途分为低黏度流体用搅拌器和高黏度流体用搅拌器。用于低黏度流体的搅拌器有推进式、长薄叶螺旋桨、桨式、开启涡轮式、圆盘蜗轮式、布尔马金式、板框桨式、三叶后弯式、MIG和改进MIG等；用于高黏度流体的搅拌器有锚式、框式、锯齿圆盘式、螺旋桨式、螺带式（单螺带、双螺带）、螺旋-螺带式等。各类搅拌器结构如图9-21所示。

HG/T 3796.1～3796.12《搅拌器型式及基本参数》系列标准中介绍了桨式、开启涡轮式、圆盘涡轮式、圆盘锯齿式、三叶后弯式、推进式、板式螺旋桨式、螺杆式、螺带式及锚框式等十种搅拌器的结构、尺寸参数及许用扭矩和质量。设计时选用标准结构可以不做搅拌器的强度计算。

由于液体的黏度对搅拌状态有很大影响，所以根据搅拌介质黏度大小来选型是一种基本的方法。图9-22就是这种选型图，几种典型的搅拌器都随黏度的高低而有不同的使用范围。由图9-22可知，随黏度增高的各种搅拌器使用顺序为推进式、涡轮式、桨式、锚式和螺带式等。

这里对推进式分得较细，提出了大容量液体时用低转速，小容量液体时用高转速。这个选型图不是绝对地规定了使用桨型的限制。实际上各种桨型的使用范围是有重叠的，例如桨式由于其结构简单，用挡板可以改善流型，所以在低黏度时也是应用得较普遍的。而涡轮式由于其对流循环能力、湍流扩散和剪切力都较强，几乎是应用最广的一种桨型。

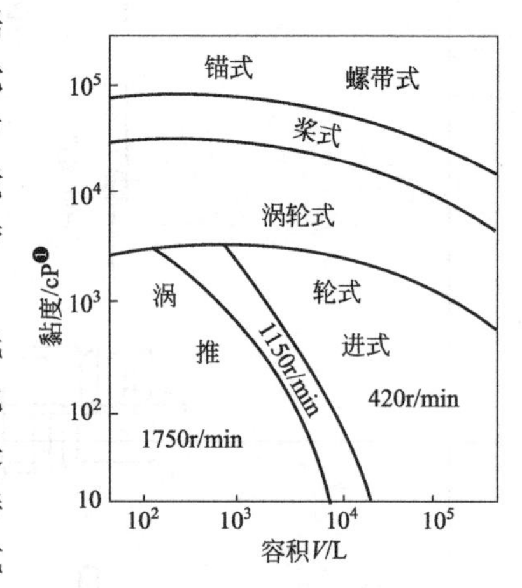

图9-22 常用搅拌器选型图

根据搅拌过程的目的与搅拌器造成的流动状态判断该过程所适用的桨型，是一种比较合适的方法。表9-4是我国行业标准HG/T 20569《机械搅拌设备》中介绍的，供参考。

表9-4 搅拌器选用

工艺过程类别	控制因素	适用搅拌器形式	D/d	h/D
调和（低黏度均相液体混合）	容积循环速率	推进式、涡轮式	推进式：(4∶1)～(3∶1) 涡轮式：(6∶1)～(3∶1)	不限
分散（非均相液体混合）	液滴大小（分散度）、容积循环速率	涡轮式	(3.5∶1)～(3∶1)	(1∶1)～(1∶2)
固体悬浮	容积循环速率、湍流强度	按固体粒度、含量及密度，决定用桨式、推进式或涡轮式	推进式： (2.5∶1)～(3.5∶1) 桨叶或涡轮式： (2.0∶1)～(3.2∶1)	(1∶2)～(1∶1)
气体吸收	剪切作用、容积循环速率、高速度	涡轮式	(2.5∶1)～(4.0∶1)	(4∶1)～(1∶1)
传热	容积循环速率、流经传热面的湍流速度	桨式、推进式或涡轮式	桨式：(1.25∶1)～(2∶1) 推进式：(3∶1)～(4∶1) 涡轮式：(3∶1)～(4∶1)	(1∶2)～(2∶1)

❶ $1cP=10^{-3}Pa\cdot s$。

续表

工艺过程类别	控制因素	适用搅拌器形式	D/d	h/D
高黏度操作	容积循环速率、低速度	涡轮式、框式、螺杆式、螺带式、带横挡板的桨式	涡轮式:(1.5∶1)～(2.5∶1) 桨式:1.25∶1左右	(1∶2)～(1∶1)
结晶	容积循环速率、剪切作用低速度	按控制因素用涡轮式、桨式或桨式的变种	涡轮式: (2.0∶1)～(3.2∶1)	(2∶1)～(1∶1)

注：D—搅拌容器内直径；h—液面高度；d—搅拌器直径。

(3) 搅拌功率

搅拌功率是指搅拌器以一定转速进行搅拌时，对液体做功并使之发生流动所需的功率。计算搅拌功率的目的，一是用于设计或校核搅拌器和搅拌轴的强度和刚度，二是用于选择电机和减速机等传动装置。

影响搅拌功率的因素很多，主要有以下四个方面。

ⅰ. 搅拌器的几何尺寸与转速：搅拌器直径、桨叶宽度、桨叶倾斜角、转速、单个搅拌器叶片数、搅拌器距离容器底部的距离等。

ⅱ. 搅拌容器的结构：容器内径、高度、挡板数、挡板宽度、导流筒的尺寸等。

ⅲ. 搅拌介质的特性：液体的密度、黏度等。

ⅳ. 重力加速度。

一般用因次分析的方法可导出搅拌功率的关联式

$$Np=\frac{P}{\rho n^3 d^5}=K(Re)^r(Fr)^q f\left(\frac{d}{D},\frac{B}{D},\frac{h}{D},\cdots\right) \tag{9-2}$$

式中 Np——功率准数；

P——搅拌功率，W；

ρ——液体的密度，kg/m^3；

n——搅拌器转速，1/s；

d——搅拌器直径，m；

K——系统几何构形的总形状系数，无因次；

Re——雷诺数，$Re=\frac{\rho n d^2}{\mu}$，用以衡量液体运动状态的影响；

Fr——弗劳德数，$Fr=\frac{n^2 d}{g}$，用以衡量重力的影响；

D——搅拌容器内直径，m；

B——桨叶宽度，m；

h——液面高度，m；

μ——液体的黏度，Pa·s；

g——重力加速度，m/s^2；

r，q——指数。

由式 (9-2) 可以得到搅拌功率 P 为

$$P=Np\rho n^3 d^5 \tag{9-3}$$

上式中 ρ、n、d 是已知的，只有功率准数 Np 是未知的。在特定的搅拌装置上可以测得功率准数 Np 与雷诺数 Re 的关系。将此关系绘于对数坐标图上即得功率准数曲线。图 9-23 为全挡板条件下的六种搅拌器的功率准数曲线。由图可知，功率准数随雷诺数变化。在低雷诺数（$Re \leqslant 10$）的层流区内，流体不会打漩，重力影响可以忽略。功率准数曲线为斜率等于 -1 的直线；当 $10 \leqslant Re \leqslant 10000$ 时为过渡流区，功率准数曲线为一下凹曲线；当 $Re > 10000$ 时，流动为充分湍流区，功率准数曲线为一条水平曲线，即功率准数与雷诺数无关，保持不变。由此图查得功率准数并代入式（9-3），即可计算出搅拌功率。

需要指出的是，图 9-23 所示的功率准数曲线只适用于具有图示几何比例关系的六种搅拌器。如果比例关系不同，功率准数也不同。不同比例关系搅拌器的功率准数曲线，可参见有关文献。该图功率准数曲线是在单一液体下测得的，对于非均相的液-液或液-固系统，用该图计算时，需用混合物的平均密度 ρ 与修正黏度 μ 代替式（9-3）中的 ρ 与 μ。

计算气-液两相系统搅拌功率时，搅拌功率与通气量的大小有关。通气时，气泡的存在降低了搅拌液体的有效密度。与不通气相比，搅拌功率要低得多。

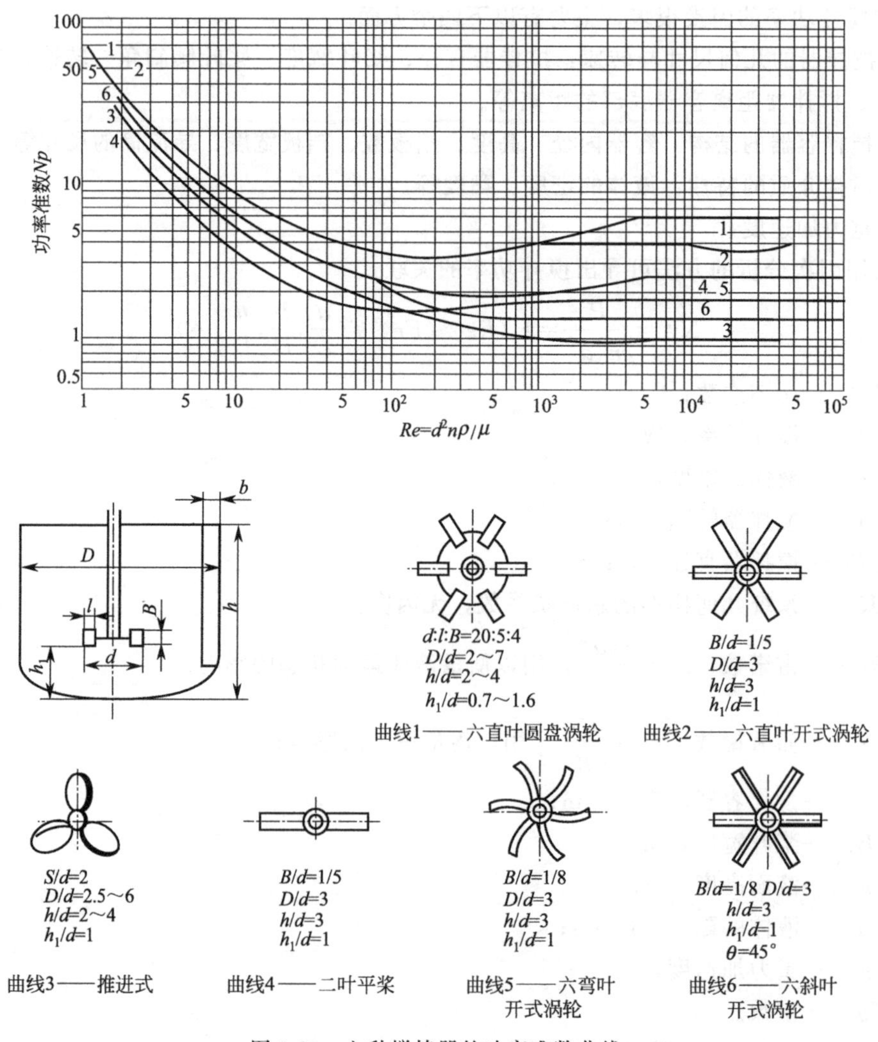

图 9-23　六种搅拌器的功率准数曲线

设计举例

有一内径 $D=1800$mm 的搅拌反应器，内装一个直径 $d=600$mm 的六片平直叶圆盘涡轮搅拌器，搅拌器距器底高度 $h_1=1$m，转速 $n=160$r/min。器壁安装 4 块挡板，宽度 $b=0.3$m，液面深度 $h=3$m。液体黏度为 $\mu=0.12$Pa·s，密度 $\rho=1300$kg/m^3，计算搅拌功率。

解：(1) 计算 Re

$$Re=\frac{d^2 n\rho}{\mu}=\frac{0.6^2\times\frac{160}{60}\times 1300}{0.12}=10400$$

(2) 由图 9-23 查曲线 1 可知 $Np=6.0$。

(3) 按式 (9-3) 计算搅拌功率

$$P=Np\rho n^3 d^5=6.0\times 1300\times\left(\frac{160}{60}\right)^3\times 0.6^5=11.5(\text{kW})$$

9.3.2 搅拌轴

搅拌反应器的振动、轴封性能等直接与搅拌轴的设计相关。对于大型或高径比大的搅拌反应器，尤其要重视搅拌轴的设计。

设计搅拌轴时，主要应考虑四个因素：扭转变形、临界转速、转矩和弯矩联合作用下的强度、轴封处允许的径向位移。考虑上述因素计算所得的轴径是指危险截面处的最小直径，确定轴的实际直径时，通常还要考虑腐蚀裕量等因素，最后把直径圆整为标准轴径。

搅拌轴可设计成一段，但当轴较长时考虑安装、检修、制造等因素，有时将轴分成上下两段。搅拌轴可以是实心轴，也可以是空心轴。

(1) 按扭转变形计算轴径

搅拌轴承受扭转和弯曲联合作用，扭转变形过大会造成轴的振动，使轴封失效，因此应将轴单位长度最大扭转角 γ 限制在允许范围内。轴扭转的刚度条件为

$$\gamma=\frac{5836M_{\text{nmax}}}{Gd^4(1-N_0^4)}\leqslant[\gamma] \tag{9-4}$$

式中 d——搅拌轴直径，mm；

G——轴材料的剪切弹性模量，MPa；

M_{nmax}——轴传送的最大扭矩，$M_{\text{nmax}}=9553\frac{P_n}{n}\eta_1$，N·m；

n——搅拌轴转速，r/min；

P_n——电动机额定功率，kW；

N_0——空心轴内径和外径的比值；

η_1——传动侧轴承之前那部分的传动装置效率；

γ——轴的扭转角，(°) /m；

$[\gamma]$——轴的许用扭转角，(°) /m，对于悬臂梁 $[\gamma]=0.35$ (°) /m，对于单跨梁 $[\gamma]=0.7$ (°) /m。

故搅拌轴的直径为

$$d=155.4\sqrt[4]{\frac{M_{nmax}}{[\gamma]G(1-N_0^4)}} \tag{9-5}$$

（2）按强度计算搅拌轴径

搅拌轴承受扭转和弯曲联合作用，其强度条件为

$$d=17.2\sqrt[3]{\frac{M_{te}}{[\tau](1-N_0^4)}} \tag{9-6}$$

式中 M_{te}——轴上扭转和弯矩联合作用时的当量转矩，$M_{te}=\sqrt{M_n^2+M^2}$，N·m；

M_n——轴上扭矩，$M_n=9553\frac{P_n}{n}\eta_2$，N·m；

M——弯矩，$M=M_R+M_A$；

M_R——水平推力引起轴的弯矩，N·m；

M_A——由轴向力引起轴的弯矩，N·m；

η_2——包括传动侧轴承在内的传动装置效率；

$[\tau]$——轴材料的许用剪应力，$[\tau]=\frac{R_m}{16}$，MPa；

R_m——轴材料的抗拉强度，MPa。

（3）根据临界转速核算搅拌轴的直径

当搅拌轴的转速达到轴的自振频率时会发生强烈振动，并出现很大的弯曲，这个转速称为临界转速 n_c。轴的转速接近临界转速时，常因强烈振动而损坏，因此工程上要求轴的旋转速度应避开临界转速。通常把工作转速 n 低于第1临界转速的轴称为刚性轴，要求 $n\leqslant 0.7n_c$；当工作转速大于第1临界转速时称为柔性轴，要求 $n\geqslant 1.3n_c$。搅拌轴大都为低于第1临界转速下工作的刚性轴。搅拌轴转速的选取可参考表9-5。搅拌轴的转速在200r/min以上时，应进行临界转速的验算。

表9-5 搅拌轴临界转速的选取

搅拌介质	刚性轴		柔性轴
	搅拌器（叶片式搅拌器除外）	叶片式搅拌器	高速搅拌器
气体	$n/n_c\leqslant 0.7$	$n/n_c\leqslant 0.7$	不推荐
液体-液体 液体-固体		$n/n_c\leqslant 0.7$ 和 $n/n_c\neq(0.45\sim 0.55)$	$n/n_c=1.3\sim 1.6$
液体-气体	$n/n_c\leqslant 0.6$	$n/n_c\leqslant 0.4$	不推荐

注：叶片式搅拌器包括桨叶、开启涡轮式、圆盘涡轮式、三叶后掠式、推进式等搅拌器，不包括锚式、框式、螺带式等搅拌器。

临界转速与支承方式、支承点距离及轴径有关。对于图9-24所示常用的双支承、一端外伸单层及多层搅拌器，其第1临界转速 n_c 按下式计算

$$n_c=\frac{30}{\pi}\sqrt{\frac{3EI(1-N_0{}^4)}{L_1^2(L_1+B)m_s}}\ (\text{r/min}) \tag{9-7}$$

式中 B——悬臂轴两支点间距离，m；

E——轴材料的弹性模量，Pa；

I——轴的惯性矩，m^4；

n_c——临界转速，r/min；

m_s——轴及搅拌器有效质量在 s 点的等效质量之和，kg。

(4) 按轴封处允许径向位移验算搅拌轴的直径

轴封处径向位移的大小直接影响密封性能，径向位移大，易造成泄漏或密封失效。轴封处的径向位移主要由三个因素引起：轴承的径向游隙、流体形成的水平推力、搅拌器及附件组合质量不均匀产生的离心力。其计算模型如图 9-25 所示，要分别计算其径向位移，然后叠加，使总径向位移 δ_{L_0} 小于允许的径向位移 $[\delta_{L_0}]$，即

$$\delta_{L_0} \leqslant [\delta_{L_0}] \tag{9-8}$$

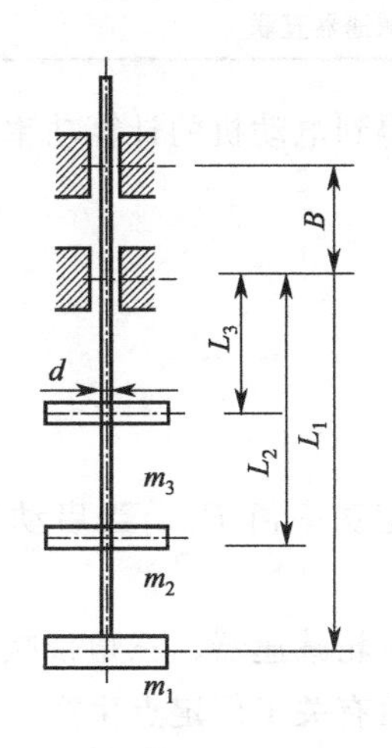

图 9-24 搅拌轴临界转速计算图

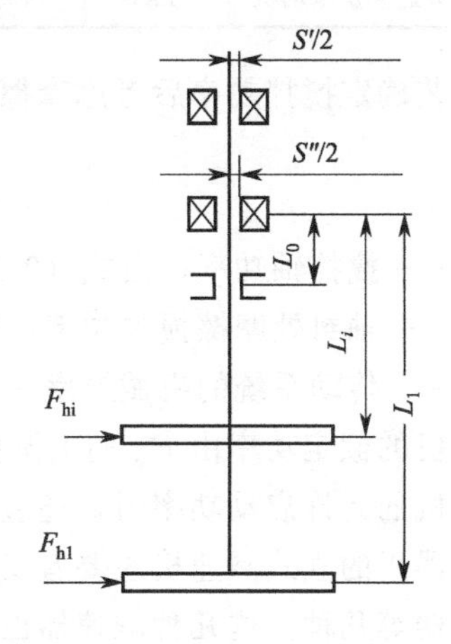

图 9-25 径向位移计算模型

搅拌轴直径 d 必须满足强度和临界转速要求，当有要求时，还应满足扭转变形或径向位移的要求。

9.4 反应器的传动装置

带搅拌的反应器，需要电动机和传动装置来带动搅拌器转动。传动装置通常设置在反应釜的顶部，一般采用立式布置，如图 9-26 所示。电动机经减速装置将转速减至工艺要求的搅拌转速再通过联轴器带动搅拌轴旋转。减速器下设置一个机架，以便安装在反应釜的封头上。由于考虑到传动装置与轴封装置安装时要求保持一定的同轴度以及装卸检修方便，常在封头上焊一个凸缘，整个传动装置连机架及轴封装置都一起安装在凸缘上。因此，反应器传动装置的设计内容一般应包括选用电动机、减速器和联轴器与选用或设计机架和凸缘等。

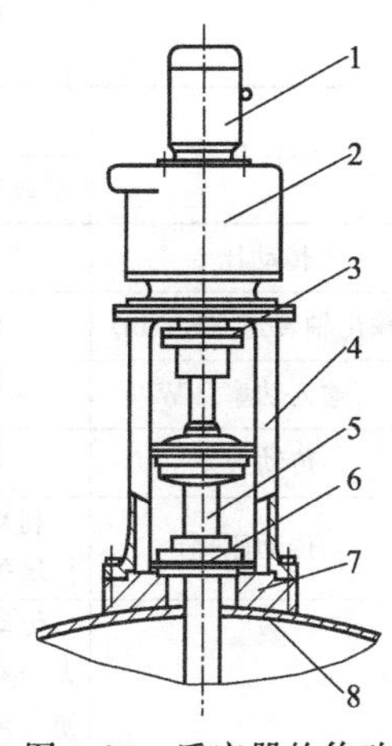

图 9-26 反应器的传动装置

1—电动机；2—减速器；3—联轴器；4—机架；5—搅拌轴；6—轴封装置；7—凸缘；8—上封头

9.4.1 电动机与减速器的类型及选用

搅拌反应器的电动机绝大部分与减速器配套使用，只有在搅拌转速很高时电动机才不经减速器而直接驱动搅拌轴。因此电动机的选用

一般应与减速器的选用互相配合考虑。设计时可根据选定的减速器选用配套的电动机。

反应器传动装置上的电动机选用，主要是确定系列型号、功率、转速以及安装形式和防爆要求等几项内容。

反应器常用的电动机系列有Y、YB、Y-F、YXJ等几种，其特点和使用范围见表9-6。

表9-6 反应器常用电动机

名称	型号	结构特征
异步电动机	Y	铸铁外壳，小机座上有散热筋，铸铝转子，有防护式与封闭式之分
隔爆型异步电动机	YB	防爆式，钢板外壳、铸铝转子，小机座上有散热筋
化工防腐用异步电动机	Y-F	结构同Y型，采取密封及防腐措施
摆线针轮减速异步电动机	YXJ	由封闭式异步电动机与摆线针轮减速器直联

在工艺确定搅拌功率后考虑摩擦损失和传动效率可以得到电动机的计算功率

$$P_e=\frac{P+P_m}{\eta}(\text{kW}) \tag{9-9}$$

式中 P——搅拌轴功率，由式（9-3）确定，kW；

P_m——轴封处摩擦损失功率，kW；

η——传动系统的机械效率。

电动机的额定功率由 P_e 向上圆整到电动机系列的额定功率值 P_n。当启动功率较大且超过电动机的允许启动功率时，还应适当提高 P_n。

反应器用的立式减速机主要有摆线针轮减速器、两级齿轮减速器、三角带减速器、蜗轮蜗杆减速器等几种。这几种减速器已设计出标准系列，并由有关工厂定点生产。这几种减速器的有关数据、主要特点、应用条件等基本特性列于表9-7中。选用时应优先考虑传动效率高的齿轮减速器和摆线针轮行星减速器。

表9-7 几种釜用立式减速器的基本特性

特性参数	减速器类型			
	摆线针轮行星减速器	齿轮减速器	三角带减速器	圆柱蜗杆减速器
传动比 i	87～9	12～6	4.53～2.96	80～15
输出轴转速/(r/min)	17～160	65～250	200～500	12～100
输入功率/kW	0.04～55	0.55～315	0.55～200	0.55～55
传动效率	0.9～0.95	0.95～0.96	0.95～0.96	0.80～0.93
传动原理	利用少齿差内啮合行星传动	两级同中距并流式斜齿轮传动	单级三角带传动	圆弧齿圆柱蜗杆传动
主要特点	传动效率高、传动比大，结构紧凑，拆装方便，寿命长，重量轻，体积小，承载能力高，工作平稳。对过载和冲击载荷有较强的承受能力，允许正反转，可用于防爆要求	在相同传动比范围内体积小，传动效率高，制造成本低，结构简单，装配检修方便，可以正反转，不允许承受外加轴向载荷，可用于防爆要求	结构简单，过载时能打滑，可起安全保护作用，但传动比不能保持精确，不能用于防爆要求	凹凸圆弧齿廓啮合，磨损小，发热低，效率高，承载能力高，体积小，重量轻，结构紧凑，广泛用于搪玻璃反应罐，可用于防爆要求

9.4.2 机架与凸缘

（1）机架

反应器立式传动装置是通过机架安装在反应器封头的凸缘上的，机架上端与减速器装配，下端则与凸缘装配。在机架上一般还需要有容纳联轴器、轴封装置等部件及其安装操作所需的空间，有时机架中间还要安装中间轴承以改善搅拌轴的支承条件。选用时，首先考虑上述需要，然后根据所选减速器的输出轴轴径及其安装定位面的结构尺寸选配合适的机架。有些减速器与机架连成整体，如三角带减速器；有些制造厂，机架与减速器配套供应，这样就不存在机架的设计或选用问题了。

一般应优先选用 HG 21566《搅拌传动装置——单支点机架》及 HG 21567《搅拌传动装置——双支点机架》规定的标准机架，这两种机架结构如图 9-27 所示。

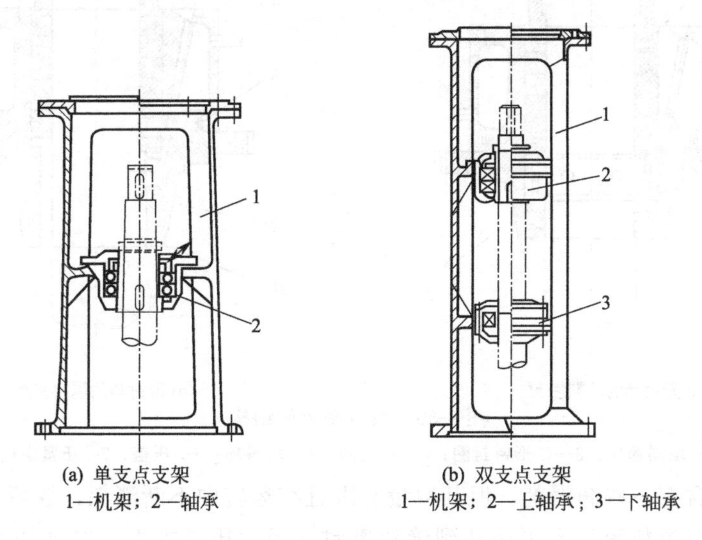

(a) 单支点支架
1—机架；2—轴承

(b) 双支点支架
1—机架；2—上轴承；3—下轴承

图 9-27 两种标准支架结构

（2）凸缘

凸缘焊接在设备的顶盖上用以连接减速器和轴的密封装置。设计时应优先选用 HG 21564《搅拌传动装置——凸缘法兰》，其结构如图 9-28 和图 9-29 所示，有无衬里和有衬里两种。当介质的腐蚀性较强时，应选用具有衬里防腐层的凸缘。

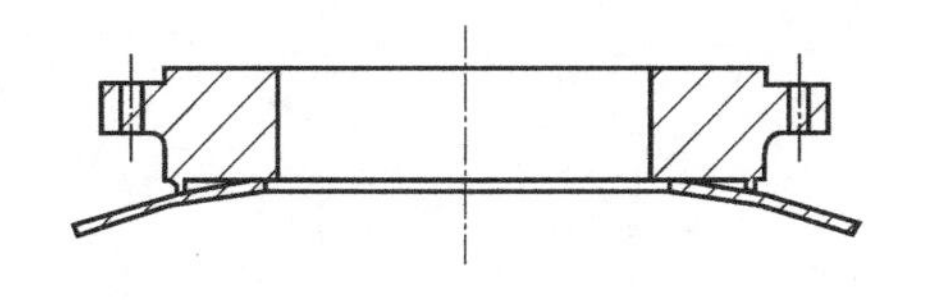

图 9-28 无衬里凸缘法兰

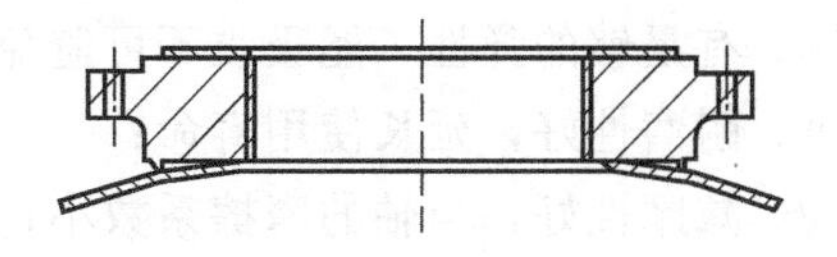

图 9-29 有衬里凸缘法兰

9.4.3 轴封装置

轴封是搅拌反应器的重要组成部分。搅拌反应器轴封的作用是保证设备内处于正压或真空状态，并防止反应物料逸出或杂质渗入。主要形式有填料密封和机械密封两种。

（1）填料密封

填料密封是搅拌反应器最早采用的一种轴封结构，它的特点是结构简单且易于制造，适用于低压、低转速场合。

填料密封的结构如图9-30所示。在搅拌轴和填料函之间环隙中的填料，在压盖压力作用下，对搅拌轴表面产生径向压紧力。由于填料中含有润滑剂，在径向压紧力作用下形成液膜，它一方面使搅拌轴得到润滑，另一方面阻止设备内流体逸出或外部流体渗入而起到密封的作用。

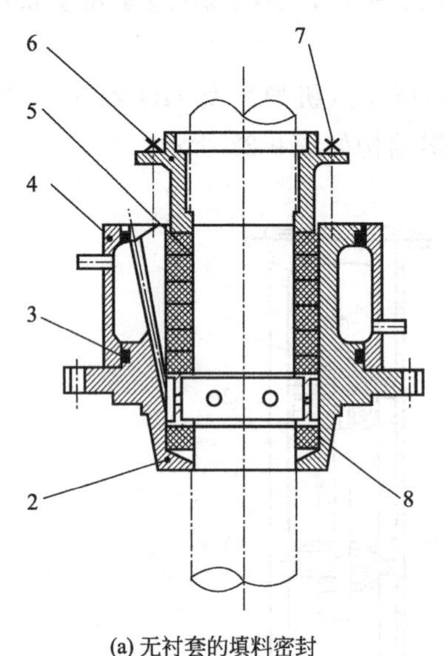

(a) 无衬套的填料密封

(b) 带衬套的填料密封

图9-30 填料密封的结构

1—衬套；2—填料箱体；3—O形密封圈；4—水夹套；5—填料环；6—压盖；7—压紧螺栓；8—油杯

虽然填料中含有一些润滑剂，但其数量有限且在运转中不断消耗，故填料箱上常设置添加润滑剂的装置。填料密封不可能达到绝对密封，因为压紧力太大时会加速轴及填料的磨损，使密封失效更快。为了延长密封寿命，允许一定的泄漏量（＜150～450mL/h），运转过程中需调整压盖的压紧力，并规定更换填料的周期。当设备内温度高于100℃或转轴线速度大于1m/s时，填料密封需有冷却装置，将摩擦产生的热量带走。

对填料的要求如下：

ⅰ. 有足够的塑性，在压盖压紧力作用下能产生塑性变形；

ⅱ. 耐介质及润滑剂的浸泡和腐蚀；

ⅲ. 有足够的弹性，能吸收不可避免的振动；

ⅳ. 耐磨性好，延长使用寿命；

ⅴ. 减摩性好，与轴的摩擦系数小；

ⅵ. 耐温性好。

通常根据搅拌反应器内的介质、操作压力、操作温度、转速等来选择填料。在压力小于0.2MPa而介质又无毒、不易燃、不易爆，可用一般石棉填料，安装时外涂工业用黄油。在压力较高和介质有毒、易燃、易爆时，常用浸渍石墨石棉填料。石棉绳浸渍聚四氟乙烯填料，具有耐磨、耐腐蚀和耐高温等优点，可用在高真空的条件下，但搅拌轴转速不宜过高。

工程设计中常选用HG 21537.1《碳钢填料箱》、HG 21537.2《不锈钢填料箱》、HG

21537.3《常压碳钢填料箱》和 HG 21537.4《常压不锈钢填料箱》等四种标准填料箱，其适用范围为操作压力在−0.03～1.6MPa之间，介质温度在300℃以下。

(2) 机械密封

机械密封是把转轴的密封面从轴向改为径向，通过动环和静环两个端面的相互贴合，并做相对运动达到密封的装置，又称端面密封。它具有耗功小、泄漏量低、密封可靠、使用寿命长等优点，在搅拌反应器中得到了广泛应用。

机械密封一般有四个密封处，如图 9-31 中的 *A*、*B*、*C*、*D* 所示。

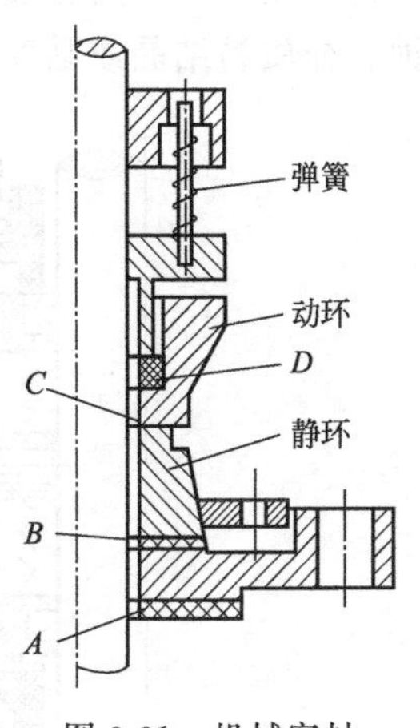

图 9-31 机械密封

A 处一般是指静环座和设备之间的密封。这种静密封比较容易处理，很少发生问题。通常采用凹凸密封面，焊在设备封头上的凸缘做成凹面，静环座做成凸面，采用一般静密封用垫片。

B 处是指静环与静环座之间的密封，这也是静密封，通常采用各种形状、有弹性的辅助密封圈来防止介质从静环与静环座之间泄漏。

C 处是动环和静环相对运动面之间的密封，这是动密封，是机械密封的关键。它是依靠弹簧加荷装置（有些结构则还利用介质压力）在相对运动的动环和静环的接触面（端面）上产生一合适的压紧力，使这两个光洁、平直的端面紧密贴合，端面间维持一层极薄的流体膜（这层膜起着平衡压力和润滑端面的作用）而达到密封目的。两端面之所以必须高度光洁平直，是为了给端面创造完全贴合和使压力均匀的条件。

D 处是指动环与轴（或轴套）之间的密封，这也是一个相对静止的密封，但在端面磨损时，允许其做补偿磨损的轴向移动。常用的密封元件是O形环。

动环和静环之间的密封面上单位面积所受的力称为端面比压，它是动环在介质压力和弹簧力的共同作用下，压紧在静环上引起的，是操作时保持密封所必需的静压力。端面比压过大，将造成摩擦面发热使磨损加剧，功率消耗增加，使用寿命缩短；端面比压过小，密封面因压不紧而泄漏，使密封失效。

端面比压是关系到密封性能与密封寿命的重要数据，对于一定的工作条件（密封介质特性、压力、温度、轴径、转速等），端面比压有一个最佳范围，通常端面比压取0.3～0.6MPa。对介质压力高、润滑性良好、摩擦副材料好的可选定更高的端面比压；对润滑性差、易挥发的介质选用较小的端面比压；对气体介质，端面比压取得较小。目前，还没有完整的理论与计算公式来确定最佳端面比压，都要结合试验与生产确定。搅拌反应器的操作特点是压力易于波动而搅拌轴的转速一般不高，所以确定端面比压时可以适当取得大些。

机械密封有单端面和双端面之分。所谓单端面即密封机构中仅有一对摩擦副，即一个密封端面，如图 9-31 所示。双端面就是密封机构有两对摩擦副，即两个密封端面，如图 9-32 所示。单端面的结构简单，制造与安装都较容易，使用较多。双端面要将带压力的密封液送到密封腔中，起密封和润滑作用，所以结构复杂。当操作压力较高或介质的毒性大、易燃、易爆时应选用双端面密封。密封液的压力一般大于介质压力0.05～0.1MPa。

机械密封还分为内装式和外装式。内装式的弹簧置于工作介质之中，外装式的弹簧置于工作介质之外。如图 9-33 中，(a) 为内装式，(b) 为外装式。搅拌反应器所用的机械密封多为外装式，因为它便于安装维修和观察。外装式还适用于密封零件和弹簧材料不耐介质腐蚀、介质易结晶或黏度很大影响弹簧工作的场合。

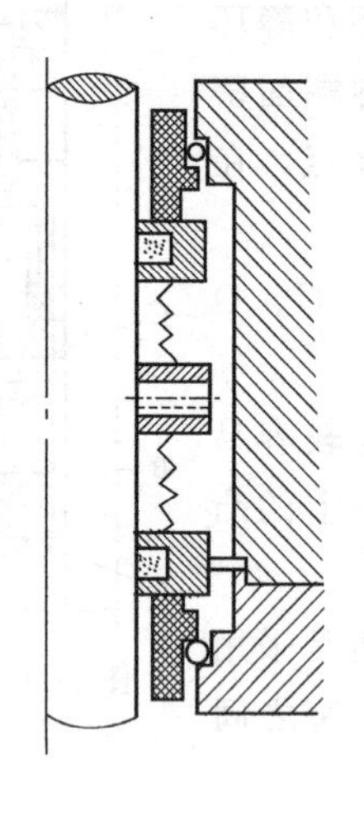

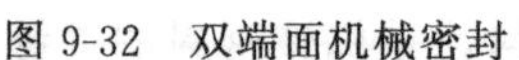

图 9-32 双端面机械密封

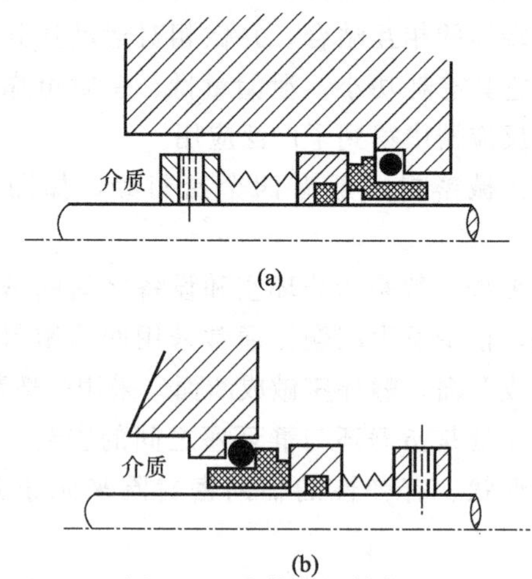

图 9-33 内装式和外装式

机械密封的形式还分成平衡型与非平衡型两类。这种分类是根据介质压力负荷面积对端面密封面积的比值 K 的大小判别的。当 $K\geqslant1$ 时是非平衡型，如图 9-34 (a) 所示。这时介质在端面上的推开力与弹簧力的方向相反，随介质压力的升高，若保持端面间一定的比压，就必须预先加大弹簧力，可是当操作刚开始还处于低负荷时，过大的弹簧力却会使端面磨损加剧和发热严重，这又是很不利的。所以这种非平衡型机械密封比较适于介质压力较低的场合，根据使用经验，一般在 0.1～0.6MPa 以内。当比值 $K<1$ 时是平衡型，如图 9-34 (b) 所示。平衡型的结构使得介质压力的变化对端面比压的影响比较小或没有影响。这时介质压力在动环上部有一定大小的作用范围，它对动环的作用力方向向下，可以平衡或部分平衡介质压力对端面的推开力，它和弹簧力一起保证动环不致被介质压力推开，使得端面仍能维持一定的比压，而无须增大弹簧力。这种结构比非平衡型合理，可以应用在介质压力波动或介质压力较高的场合。

工程设计中常选用 HG 2098《釜用机械密封系列及主要参数》和 HG 21571《搅拌传动装置——机械密封》等两种标准机械密封。HG 2098 机械密封适用于介质操作压力在 1.33×10^{-4}MPa (绝压) ～2.5MPa (表压) 之间，温度在 0～80℃范围内的机械搅拌容器；HG 21571 机械密封适用于设计压力 −0.1～1.6MPa，设计温度 −20～300℃的机械搅拌容器。

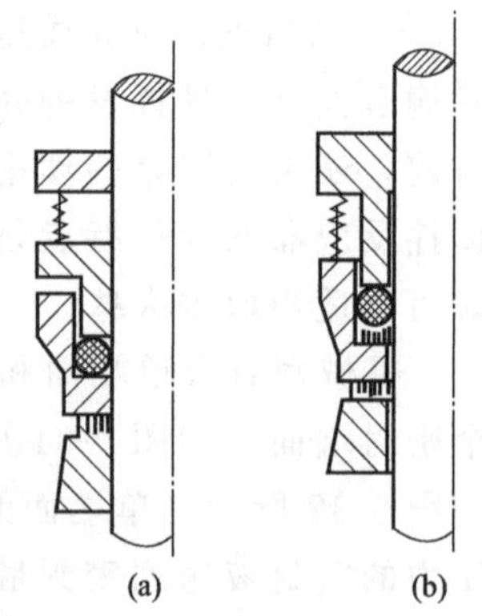

图 9-34 非平衡型与平衡型

机械密封与填料密封相比有很多优点。虽然目前高压力、高转速和高温下的机械密封还没有标准，但在 5.0MPa 以下密封效果很好，泄漏量比填料密封小得多，甚至可以做到不泄漏。摩擦功率消耗只有填料密封的 10%～15%，使用寿命也比填料密封长，经常是半年到一年以上而无须经常检修。它的缺点是结构复杂些，加工与安装的技术要求较高。

思考题

9-1. 机械搅拌反应器主要由哪些零部件组成?

9-2. 搅拌容器的传热元件有哪几种? 各有什么特点?

9-3. 搅拌轴的设计需要考虑哪些因素?

9-4. 搅拌反应器的密封装置有哪几种? 各有什么特点?

9-5. 试说明带夹套反应器内筒及夹套圆筒的强度设计要求与装配检验程序。

习题

9-1 某产品生产为间歇操作，每昼夜处理 $40m^3$ 的物料，每次反应的时间为 1.5h，生产中无沸腾现象。如果要求最多用 3 台搅拌反应器，试求每台搅拌反应器的容积，并决定其直径和高度。

9-2 搅拌反应器的筒体内直径为 1200mm，液深为 1800mm，容器内均布四块挡板，搅拌器采用直径为 400mm 的推进式以 320r/min 转速进行搅拌，反应器的黏度为 0.1Pa · s，密度为 $1050kg/m^3$，试求:

(1) 搅拌功率;

(2) 改用六直叶圆盘涡轮搅拌器，其余参数不变时的搅拌功率;

(3) 如反应液的黏度改为 25Pa · s，搅拌器采用六斜叶开式涡轮，其余参数不变，试求此时的搅拌功率。

能力训练题

9-1 调研工程中存在的反应设备及其元件失效实例及解决措施，形成调研报告。

9-2 调研我国先进反应设备的发展历史、研究现状及其存在的问题，讨论先进反应设备的发展方向以及本专业当代大学生应承担的使命和责任。

9-3 调研华龙一号、大型加氢反应器等大国重器的技术指标及研发历程，线上学习相关科研技术人员的研发经验和使命担当，树立“四个自信”，浅谈学习心得。

附录

附录Ⅰ　承压设备重要及常用法规和标准名录

1.《中华人民共和国特种设备安全法》
2.《特种设备安全监察条例》
3. TSG 07—2019《特种设备生产和充装单位许可规则》
4. TSG 08—2017《特种设备使用管理规则》
5. TSG 21—2016《固定式压力容器安全技术监察规程》
6. GB 150—2011《压力容器》
7. JB 4732—1995《钢制压力容器——分析设计标准》(2005 年确认)
8. NB/T 47003. 1《钢制焊接常压容器》
9. NB/T 47042—2014《卧式容器》
10. GB/T 151—2014《热交换器》
11. NB/T 47041—2014《塔式容器》
12. HG/T 20569—2013《机械搅拌设备》
13. HG/T 20660—2017《压力容器中化学介质毒性危害和爆炸危险程度分类》
14. HG/T 20580—2011《钢制化工容器设计基础规定》
15. HG/T 20581—2011《钢制化工容器材料选用规定》
16. HG/T 20582—2011《钢制化工容器强度计算规定》
17. HG/T 20583—2011《钢制化工容器结构设计规定》
18. HG/T 20584—2011《钢制化工容器制造技术要求》
19. HG/T 20585—2011《钢制低温压力容器技术规定》
20. GB/T 25198—2010《压力容器封头》
21. NB/T 47065. 1～47065. 5—2018《容器支座》

22. JB/T 4736—2002《补强圈》
23. HG/T 21514～21535—2014《钢制人孔和手孔》
24. GB/T 16749—2018《压力容器波形膨胀节》
25. GB/T 12522—2009《不锈钢波形膨胀节》
26. HG/T 20592～20635—2009《钢制管法兰、垫片和紧固件》
27. NB/T 47020～47027《压力容器法兰、垫片和紧固件》
28. GB/T 29465—2012《浮头式热交换器用外头盖侧法兰》
29. JB/T 4714—1992《浮头式换热器和冷凝器型式与基本参数》
30. JB/T 4715—1992《固定管板式换热器型式与基本参数》
31. GB/T 29463. 1～29463. 3—2012《管壳式热交换器用垫片》
32. SH/T 3098—2011《石油化工塔器设计规范》
33. HG 20563～21572—1995《搅拌传动装置》
34. HG/T 3796. 1～3796. 12—2005《搅拌器型式及基本参数》
35. JB/T 4730. 1～4730. 6—2005《承压设备无损检测》
36. NB/T 47008—2017《承压设备用碳素钢和合金钢锻件》
37. NB/T 47009—2017《低温承压设备用低合金钢锻件》
38. NB/T 47010—2017《承压设备用不锈钢和耐热钢锻件》
39. JB/T 4711—2003《压力容器涂敷与运输包装》
40. HG/T 20668—2000《化工设备设计文件编制规定》
41. TCED 41002—2012《化工设备图样技术要求》
42. GB 713—2014《锅炉和压力容器用钢板》
43. GB 3531—2016《低温压力容器用低合金钢钢板》
44. GB/T 24511—2017《承压设备用不锈钢和耐热钢钢板和钢带》
45. GB19189—2011《压力容器用调质高强度钢板》
46. NB/T 47002. 1～47002. 4—2009《压力容器用爆炸焊接复合板》
47. GB/T 5310—2017《高压锅炉用无缝钢管》
48. GB 6479—2013《高压化肥设备用无缝钢管》
49. GB/T 9948—2013《石油裂化用无缝钢管》
50. GB13296—2013《 锅炉、热交换器用不锈钢无缝钢管》
51. GB/T 14976—2012《流体输送用不锈钢无缝钢管》
52. GB/T 8163—2018《输送流体用无缝钢管》

附录Ⅱ　承压设备用钢板国内外牌号对照表

中国现行标准	中国旧标准	美国 ASTM	日本 JIS	德国 DIN
Q245R	20R、20g	A285-C	SPV24	—
Q345R	16MnR、16Mng	A299	SPV36	19Mn6
Q370R	15MnNbR	—	—	—

续表

中国现行标准	中国旧标准	美国 ASTM	日本 JIS	德国 DIN
18MnMoNbR	18MnMoNbR	A302-B	—	—
15CrMoR	15CrMog、15CrMoR	A387Cr12 CL2	G4109 SCMV2	13CrMo44
12Cr2Mo1R	—	A387Cr22 L2	G4109 SCMV4	10CrMo9.01
06Cr13Al	0Cr13Al	405	SUS405	X7CrAl13
06Cr13	0Cr13	410S	SUS4108	X7Cr13
06Cr19Ni10	0Cr18Ni9	304	SUS304	X5CrNi18.9
022Cr19Ni10	00Cr19Ni10	304L	SUS304L	X2CrNi18.9 W-Nr1.4306
06Cr18Ni11Ti	0Cr18Ni10Ti	321	SUS321	X10CrNiTi18.9
06Cr25Ni20	0Cr25Ni20	310S	SUS310S	X12CrNi25.21 W-Nr1.4845
06Cr17Ni12Mo2	0Cr17Ni12Mo2	316	SUS316	X5CrNiMo18.10
022Cr17Ni12Mo2	00Cr17Ni14Mo2	316L	SUS316L	X2CrNiMo18.10
022Cr17Ni13Mo2N	00Cr17Ni13Mo2N	316LN	SUS316LN	X2CrNiMo18.12
022Cr19Ni13Mo3	00Cr19Ni13Mo3	317L	SUS317L	X2CrNiMo18.6
022Cr19Ni5Mo3Si2N	00Cr18Ni5Mo3Si2	S31500(UNS)	DP1	W-Nr1.4417
022Cr22Ni5Mo3N	00Cr22Ni5Mo3N	S31803(UNS)	DP8	W-Nr1.4462
019Cr19Mo2NbTi	00Cr18Mo2	444	SUS444	—

ASTM—美国试验与材料协会标准；UNS—美国金属与合金钢号；JIS—日本工业标准；DIN—德国国家标准

附录Ⅲ 我国部分地区基本风压与地震基本烈度

地区	50年一遇基本风压/(N/m²)	地震基本烈度	地区	50年一遇基本风压/(N/m²)	地震基本烈度	地区	50年一遇基本风压/(N/m²)	地震基本烈度
北京市	450	8	哈尔滨市	550	6	茂名市	700	7
天津市	500	7	沈阳市	550	7	九江市	350	6
上海市	550	7	大连市	650	7	宁波市	500	6
南京市	400	7	石家庄市	350	6	武汉市	350	6
安庆市	400	6	锦州市	600	6	岳阳市	400	7
济南市	450	6	兰州市	300	8	重庆市	400	6
淄博市	400	7	银川市	650	8	乌鲁木齐市	600	8
洛阳市	400	6	沧州市	400	6	—	—	—
大庆市	550	6	深圳市	750	7	—	—	—

附录Ⅳ 常用钢板许用应力

钢号	钢板标准	使用状态	厚度/mm	常温强度指标		在下列温度(℃)下的许用应力/MPa																注
				R_m/MPa	R_{eL}/MPa	≤20	100	150	200	250	300	350	400	425	450	475	500	525	550	575	600	
碳素钢和低合金钢钢板																						
Q245R	GB 713	热轧，控轧，正火	3～16	400	245	148	147	140	131	117	108	98	91	85	61	41	—	—	—	—	—	
			16(不含)～36	400	235	148	140	133	124	111	102	93	86	84	61	41	—	—	—	—	—	
			36(不含)～60	400	225	148	133	127	119	107	98	89	82	80	61	41	—	—	—	—	—	
Q345R		热轧，控轧，正火	3～16	510	345	189	189	189	183	167	153	143	125	93	66	43						
			16(不含)～36	500	325	185	185	183	170	157	143	133	125	93	66	43						
			36(不含)～60	490	315	181	181	173	160	147	133	123	117	93	66	43						

钢号	钢板标准	厚度/mm	在下列温度(℃)下的许用应力/MPa																		注
			≤20	100	150	200	250	300	350	400	450	500	525	550	575	600	625	650	675	700	
高合金钢钢板																					
06Cr19Ni10(S30408)	GB 24511	1.5～80	137	137	137	130	122	114	111	107	103	100	98	91	79	64	52	42	32	27	1
			137	114	103	96	90	85	82	79	76	74	73	71	67	62	52	42	32	27	
06Cr18Ni11Ti(S32168)		1.5～80	137	137	137	130	122	114	111	108	105	103	101	83	58	44	33	25	18	13	1
			137	114	103	96	90	85	82	80	78	76	75	74	58	44	33	25	18	13	
022Cr17Ni12Mo2 (S31603)		1.5～80	120	120	117	108	100	95	90	86	84	—	—	—	—	—	—	—	—	—	1
			120	98	87	80	74	70	67	64	62	—	—	—	—	—	—	—	—	—	

注 1：该行许用应力仅适用于允许产生微量永久变形之元件，对于法兰或其他有微量永久变形就引起泄漏或故障的场合不能采用。

附录Ⅴ　钢管许用应力

钢号	钢管标准	使用状态	厚度/mm	常温强度指标		在下列温度(℃)下的许用应力/MPa																注
				R_m/MPa	R_{eL}/MPa	≤20	100	150	200	250	300	350	400	425	450	475	500	525	550	575	600	
碳素钢钢管																						
10	GB/T 8163	热轧	≤10	335	205	124	121	115	108	98	89	82	75	70	61	41	—	—	—	—	—	
10	GB/T 9948	正火	≤16	335	205	124	121	115	108	98	89	82	75	70	61	41	—	—	—	—	—	
			16(不含)～30	335	195	124	117	111	105	95	85	79	73	67	61	41	—	—	—	—	—	
20	GB/T 8163	热轧	≤10	410	245	152	147	140	131	117	108	98	88	83	61	41	—	—	—	—	—	
20	GB 9948	正火	≤16	410	245	152	147	140	131	117	108	98	88	83	61	41	—	—	—	—		
			16(不含)～30	410	235	152	140	133	124	111	102	93	83	78	61	41	—	—	—	—	—	
20	GB 6479	正火	≤16	410	245	152	147	140	131	117	108	98	88	83	61	41	—	—	—	—	—	
			16(不含)～40	410	235	152	140	133	124	111	102	93	83	78	61	41	—	—	—	—	—	
低合金钢钢管																						
16Mn	GB 6479	正火	≤16	490	320	181	181	180	167	153	140	130	123	93	66	43	—	—	—	—	—	
			16(不含)～40	490	310	181	181	173	160	147	133	123	117	93	66	43	—	—	—	—	—	
12CrMo	GB 9948	正火＋回火	≤16	410	205	137	121	115	108	101	95	88	82	80	79	77	74	50	—	—	—	
			16(不含)～30	410	195	130	117	111	105	98	91	85	79	77	75	74	72	50	—	—	—	

高合金钢钢管

钢号	钢管标准	壁厚/mm	在下列温度(℃)下的许用应力/MPa																		注
			≤20	100	150	200	250	300	350	400	450	500	525	550	575	600	625	650	675	700	
0Cr18Ni9 (S30408)	GB 13296	≤14	137	137	137	130	122	114	111	107	103	100	98	91	79	64	52	42	32	27	1
			137	114	103	96	90	85	82	79	76	74	73	71	67	62	52	42	32	27	
	GB/T 14976	≤28	137	137	137	130	122	114	111	107	103	100	98	91	79	64	52	42	32	27	1
			137	114	103	96	90	85	82	79	76	74	73	71	67	62	52	42	32	27	
0Cr18Ni10Ti (S32168)	GB 13296	≤14	137	137	137	130	122	114	111	108	105	103	101	83	58	44	33	25	18	13	1
			137	114	103	96	90	85	82	80	78	76	75	74	58	44	33	25	18	13	
	GB/T 14976	≤28	137	137	137	130	122	114	111	108	105	103	101	83	58	44	33	25	18	13	1
			137	114	103	96	90	85	82	80	78	76	75	74	58	44	33	25	18	13	
00Cr17Ni14Mo2 (S31603)	GB 13296	≤14	117	117	117	108	100	95	90	86	84	—	—	—	—	—	—	—	—	—	
			117	97	87	80	74	70	67	64	62	—	—	—	—	—	—	—	—	—	
	GB/T 14976	≤28	117	117	117	108	100	95	90	86	84	—	—	—	—	—	—	—	—	—	1
			117	97	87	80	74	70	67	64	62	—	—	—	—	—	—	—	—	—	

注1：该行许用应力仅适用于允许产生微量永久变形之元件，对于法兰或其他有微量永久变形就引起泄漏或故障的场合不能采用。

附录Ⅵ 锻件许用应力

钢号	锻件标准	使用状态	公称厚度/mm	常温强度指标		在下列温度(℃)下的许用应力/MPa																注
				R_m/MPa	R_{eL}/MPa	≤20	100	150	200	250	300	350	400	425	450	475	500	525	550	575	600	
碳素钢锻件																						
20	NB/T 47008	正火、正火+回火	≤100	410	235	152	140	133	124	111	102	93	86	84	61	41	—	—	—	—	—	1
35	NB/T 47008	正火、正火+回火	≤100	510	265	177	157	150	137	124	115	105	98	85	61	41	—	—	—	—	—	1
			100(不含)～300	490	245	163	150	143	133	121	111	101	95	85	61	41	—	—	—	—	—	1
低合金钢锻件																						
16Mn	NB/T 47008	正火、正火+回火、调质	≤100	480	305	178	178	167	150	137	123	117	110	93	66	43	—	—	—	—	—	
20MnMo	NB/T 47008	调质	≤300	530	370	196	196	196	196	196	190	183	173	167	131	84	49	—	—	—	—	
			300(不含)～500(含)	510	350	189	189	189	189	187	180	173	163	157	131	84	49	—	—	—	—	
			500(不含)～700	490	330	181	181	181	181	180	173	167	157	150	131	84	49	—	—	—	—	
16MnD	NB/T 47009	调质	≤100	480	305	178	178	167	150	137	123	117	—	—	—	—	—	—	—	—	—	

高合金钢锻件

钢号	锻件标准	公称厚度/mm	在下列温度(℃)下的许用应力/MPa																		注
			≤20	100	150	200	250	300	350	400	450	500	525	550	575	600	625	650	675	700	
0Cr18Ni9 (S30408)	NB/T 47010	≤300	137	137	137	130	122	114	111	107	103	100	98	91	79	64	52	42	32	27	1
			137	114	103	96	90	85	82	79	76	74	73	71	67	62	52	42	32	27	
0Cr18Ni10Ti (S32168)	NB/T 47010	≤300	137	137	137	130	122	114	111	108	105	103	101	83	58	44	33	25	18	13	1
			137	114	103	96	90	85	82	80	78	76	75	74	58	44	33	25	18	13	
00Cr17Ni14Mo2 (S31603)	NB/T 47010	≤300	117	117	117	108	100	95	90	86	84	—	—	—	—	—	—	—	—	—	1
			117	98	87	80	74	70	67	64	62	—	—	—	—	—	—	—	—	—	

注1：该行许用应力仅适用于允许产生微量永久变形之元件，对于法兰或其他有微量永久变形就引起泄漏或故障的场合不能采用。

附录Ⅶ 螺柱许用应力

钢号	钢棒标准	使用状态	螺柱规格/mm	常温强度指标		在下列温度(℃)下的许用应力/MPa															
				R_m/MPa	R_{eL}/MPa	≤20	100	150	200	250	300	350	400	425	450	475	500	525	550	575	600
碳素钢螺柱																					
35	GB/T 699	正火	≤M22	530	315	117	105	98	91	82	74	69	—	—	—	—	—	—	—	—	—
			M24～M27	510	295	118	106	100	92	84	76	70	—	—	—	—	—	—	—	—	—
低合金钢螺柱																					
40MnB	GB/T 3077	调质	≤M22	805	685	196	176	171	165	162	154	143	126	—	—	—	—	—	—	—	—
			M24～M36	765	635	212	189	183	180	176	167	154	137	—	—	—	—	—	—	—	—
40Cr	GB/T 3077	调质	≤M22	805	685	196	176	171	165	162	157	148	134	—	—	—	—	—	—	—	—
			M24～M36	765	635	212	189	183	180	176	170	160	147	—	—	—	—	—	—	—	—
30CrMoA	GB/T 3077	调质	≤M22	700	550	157	141	137	134	131	129	124	116	111	107	103	79	—	—	—	—
			M24～M48	660	500	167	150	145	142	140	137	132	123	118	113	108	79	—	—	—	—
			M52～M56	660	500	185	167	161	157	156	152	146	137	131	126	111	79	—	—	—	—
35CrMoA	GB/T 3077	调质	≤M22	835	735	210	190	185	179	176	174	165	154	147	140	111	79	—	—	—	—
			M24～M48	805	685	228	206	199	196	193	189	180	170	162	150	111	79	—	—	—	—
			M52～M80	805	685	254	229	221	218	214	210	200	189	180	150	111	79	—	—	—	—

高合金钢螺柱

钢号	钢材标准	使用状态	螺柱规格/mm	常温强度指标		在下列温度(℃)下的许用应力/MPa															
				R_m/MPa	$R_{p0.2}$/MPa	≤20	100	150	200	250	300	350	400	450	500	550	600	650	700	750	800
0Cr18Ni19 (S30408)	GB/T 1220	固溶	≤M22	520	205	128	107	97	90	84	79	77	74	71	69	66	58	42	27	—	—
			M24～M48	520	205	137	114	103	96	90	85	82	79	76	74	71	62	42	27		
0Cr18Ni10Ti (S32168)	GB/T 1220	固溶	≤M22	520	205	128	107	97	90	84	79	77	75	73	71	69	44	25	13		
			M24～M48	520	205	137	114	103	96	90	85	82	80	78	76	74	44	25	13		
0Cr17Ni12Mo2 (S31608)	GB/T 1220	固溶	≤M22	520	205	128	109	101	93	87	82	79	77	76	75	73	68	50	30		
			M24～M48	520	205	137	117	107	99	93	87	84	82	81	79	78	73	50	30		

参考文献

[1] GB 150. 1～150. 4—2011《压力容器》.

[2] GB/T 151—2014《热交换器》.

[3] JB 4732—1995《钢制压力容器——分析设计标准》(2005 年确认).

[4] NB/T 47042—2014《卧式容器》.

[5] NB/T 47041—2014《塔式容器》.

[6] SH/T 3098—2011《石油化工塔器设计规范》.

[7] HG/T 20569—2013《机械搅拌设备》.

[8] HG 20563～21572—1995《搅拌传动装置》.

[9] TSG 21—2016《固定式压力容器安全技术监察规程》.

[10] 全国锅炉压力容器标准化技术委员会，李世玉主编．压力容器设计工程师培训教程：基础知识 零部件．北京：新华出版社，2019.

[11] 郑津洋，董其伍，桑芝富．过程设备设计．第五版．北京：化学工业出版社，2021.

[12] 王志文，蔡仁良．化工容器设计．第三版．北京：化学工业出版社，2011.

[13] 蔡仁良．化工容器设计例题、习题集．北京：化学工业出版社，1996.

[14] 聂清德．化工设备设计．北京：化学工业出版社，1991.

[15] 秦叔经，叶文邦，等．化工设备设计全书　换热器. 北京：化学工业出版社，2005.

[16] 化工设备设计全书编辑委员会．搅拌设备设计．上海：上海科学技术出版社，1985.

[17] 化学工业部基本建设司，中国五环化学工程总公司．化工压力容器技术问答．武汉：《氮肥设计》编辑部，1993.

[18] 王非，林英．化工设备用钢．北京：化学工业出版社，2004.

[19] 冯兴奎，等．圆筒松衬里的稳定问题及其设计．石油化工设备，1990，19 (5).

[20] 丁伯民，黄正林，等．高压容器．北京：化学工业出版社，2003.

[21] ASME Boiler & Pressure Vessel Code，Section Ⅷ，Rules for Construction of Pressure Vessels，Division 1，2015.

[22] ASME Boiler & Pressure Vessel Code，Section Ⅷ，Rules for Construction of Pressure Vessels，Division 2，Alternative Rules，2015.

[23] ASME Boiler & Pressure Vessel Code，Section Ⅷ，Rules for Construction of Pressure Vessels，Division 3，Alternative Rules for Construction of High Pressure Vessels，2015.

[24] James R. Far，Man H. Jawed. Guidebook for the Design of ASME Section Ⅷ Pressure Vessels. New York：ASME Press，2001 (中译本．ASME 压力容器设计指南．郑津洋，等译．北京：化学工业出版社，2003).